计算机精品教材

大学文科计算机应用基础
（应用型）

主编　薛鸿民

上海交通大学出版社
SHANGHAI JIAO TONG UNIVERSITY PRESS

内容提要

本书共8章，内容涵盖：计算机网络应用与安全、多媒体工具软件、Word 2010高级应用、Excel 2010高级应用、PowerPoint 2010高级应用、计算机软件技术基础、计算机网页设计基础、计算机新技术及应用。

本书可作为高等院校及培训机构的专用教材，尤其适合学过计算机基础课程和准备二级MS Office高级应用考试的学生使用，也可作为电脑爱好者的自学或技术提高用书。

图书在版编目（CIP）数据

大学文科计算机应用基础 ： 应用型 / 薛鸿民主编
. -- 上海 ： 上海交通大学出版社， 2018
ISBN 978-7-313-20850-7

Ⅰ. ①大… Ⅱ. ①薛… Ⅲ. ①电子计算机－高等学校－教材 Ⅳ. ①TP3

中国版本图书馆CIP数据核字(2019)第006959号

大学文科计算机应用基础（应用型）

主　　编：薛鸿民
出版发行：上海交通大学出版社　　地　　址：上海市番禺路951号
邮政编码：200030　　电　　话：021-64071208
印　　制：三河市祥达印刷包装有限公司　　经　　销：全国新华书店
开　　本：787mm×1092mm　1/16　　印　　张：18.5　　字　　数：427千字
版　　次：2019年2月第1版　　印　　次：2019年2月第1次印刷
书　　号：ISBN　978-7-313-20850-7/TP
定　　价：45.00元

前言 QIANYAN

随着信息技术的飞速发展，计算机已经渗透到人们生产、生活的各个领域，正迅速改变着人们的工作、学习和生活方式。熟练地操作计算机、掌握计算机的基础知识和应用技术已成为当代大学生必须具备的基本技能，也是学生争取优秀工作岗位的重要前提。

由此，我们结合目前计算机与信息技术的发展状况，以及国家关于大学计算机基础教学的最新指示文件精神，针对高等院校已经学习过计算机基础课程的学生，编写了这本书。

本书特色

- 理实一体，易教易学：本书注重讲、学、练相结合，循序渐进，逐步深入，精讲知识点，强化实践。在讲解知识点时，力求做到概念准确，语言精炼，通俗易懂。这样，既便于老师教，又便于学生学。
- 内容丰富，安排合理：本书根据现代教育教学改革理念、高等院校人才培养目标和高等院校关于计算机基础教学的课程目标精心安排内容，包括计算机网络、多媒体工具软件、Office 2010 高级应用、软件技术、网页设计、计算机新技术等。
- 案例众多，精彩实用：书中各章都安排了大量的课堂案例，这些案例与当前所讲知识点、实际应用和二级 MS Office 高级应用考试紧密结合，且篇幅不长，方便老师上课演示或学生自己操作。
- 及时巩固，强化技能：每章后都安排了丰富的理论题和操作题，这些习题与本章所讲知识重点、二级 MS Office 高级应用考试和实际应用紧密结合，可以让学生及时巩固本章所学知识，并能学以致用。

本书适用范围

本书可作为高等院校及培训机构的专用教材，尤其适合学过计算机基础课程和准备二级 MS Office 高级应用考试的学生使用，也可作为电脑爱好者的自学或技术提高用书。

教学资源下载

本书配有丰富的教学资源，书中用到的全部素材和制作的教学案例都已整理和打包，读者可以登录网站（http://www.bjjqe.com）下载。

本书作者团队

本书由陕西学前师范学院的薛鸿民、杨丽军、李娟、刘炜、邓志龙、刘闫锋、杨莉杰及山东科学院海洋仪表研究所的张浩共同编写。其中薛鸿民任主编，杨丽军、李娟、邓志龙任副主编。章节编写分配为：杨丽军编写第 1 章，张浩编写第 2 章，李娟编写第 3 章，刘炜编写第 4 章，刘闫锋编写第 5 章，邓志龙编写第 6 章，杨莉杰编写第 7 章，薛鸿民编写第 8 章和附录部分。

由于编者水平有限，加之时间仓促，且计算机技术发展日新月异，尽管我们在编写的过程中已竭尽全力，但书中仍可能存在不妥之处，恳请各位读者、朋友批评指正。

编　者

2019 年 1 月

本书编委会

Contents

目录

第 1 章　计算机网络应用与安全

【本章导读】

计算机网络是计算机科学技术与通信技术相互结合的产物，是计算机应用中的一个重要领域，它给人类的生活和工作带来了巨大便利。如今，人们足不出户就可以在线预订酒店和火车票、进行生活缴费和话费充值，还可以实时查看股市行情并进行买卖交易，以及在电商平台购买家电、服装、日用品等……这些现代人习以为常的生活方式，全都离不开计算机网络的支持。

但随着计算机网络技术的迅猛发展，信息安全问题也日益突出。近年来，计算机网络信息泄露和信息破坏事件呈不断上升的趋势，计算机信息安全问题已经从单一的技术问题，演变成突出的社会问题。此时，了解一定的信息安全技术、计算机职业道德规范和相关法律法规就显得格外重要。

【学习目标】

- 掌握计算机网络的相关概念、分类和组成。
- 掌握组建家庭/办公局域网的方法（包括有线和无线方式）。
- 了解 Internet 与电子商务的相关概念。
- 掌握从网上下载资源和收发电子邮件的方法。
- 了解信息安全的内容、计算机职业道德与知识产权，以及相关法律法规。

1.1　组建计算机网络

计算机网络是把分布在不同地点且具有独立功能的多台计算机，通过通信设备和通信线路连接起来，并通过功能完善的网络软件实现资源共享的系统。计算机网络中各计算机之间的互连主要有两种方式：一种是有线方式，即通过双绞线、电话线和光纤等有形介质连接；另一种是无线方式，即通过微波等无形介质连接。

1.1.1 认识计算机网络软硬件

简单地说，计算机网络就是以实现远程通信和资源共享为目的的大量分散但又互联的计算机的集合，如图 1-1 所示。按照网络覆盖的地理范围的大小，可以把计算机网络分为局域网、城域网和广域网。其中，局域网的地理范围最小，实现起来比较容易，应用也最为广泛。

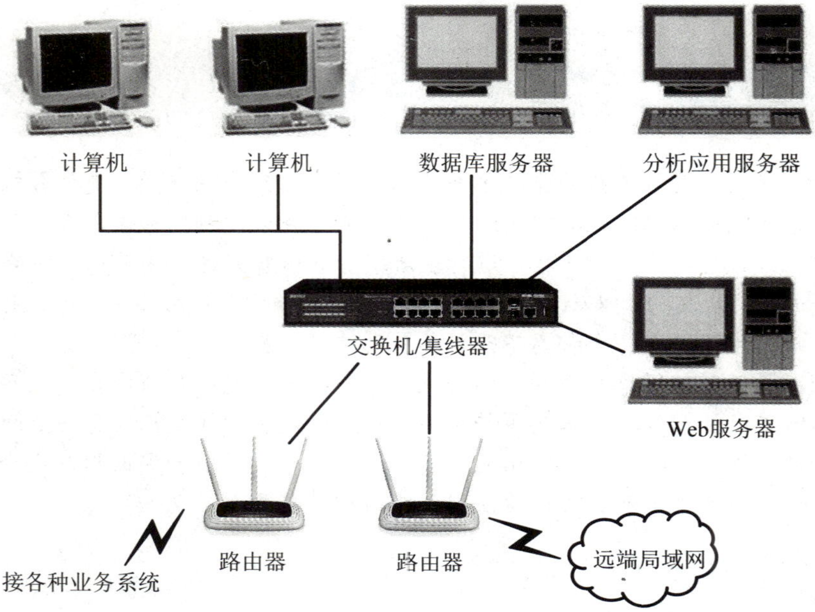

图 1-1 计算机网络示意图

小提示

局域网是局部地区网络的简称。例如，由一栋或几栋建筑物内的计算机、一个小区内的计算机或一个单位内的计算机构成的网络，基本上都属于局域网。局域网一般采用星型拓扑结构进行连接，此连接方式以一个中央节点（如交换机）为中心，其他节点都连接到中央节点上，由中央节点控制各节点之间的通信。

计算机网络系统由网络硬件和网络软件两部分组成。

1. 网络硬件

计算机网络硬件是计算机网络的物质基础，一个计算机网络就是通过网络设备和通信线路将不同地点的计算机及其外围设备在物理上实现连接的。因此，网络硬件主要由可独立工作的计算机、网络设备和传输介质等组成，它是网络连接的基础。

（1）计算机。可独立工作的计算机是计算机网络的核心，也是用户主要的网络资源。根据用途的不同可将其分为服务器和网络工作站。

① 服务器一般由功能强大的计算机担任，如小型计算机、专用 PC 服务器或高档微机。它向网络用户提供服务，并负责对网络资源进行管理。一个计算机网络系统至少要有一台服务器。根据服务器所承担的功能不同又可将其分为文件服务器、通信服务器、备份服务器和打印服务器等。

② 网络工作站是一台供用户使用网络的本地计算机，对它没有特殊要求。工作站作为独立的计算机为用户服务，同时又可以按照被授予的一定权限访问服务器。各工作站之间可以相互通信，也可以共享网络资源。

（2）网络设备。网络设备是构成计算机网络的一些部件，如网卡、调制解调器、中继器、网桥、交换机、路由器和网关等。独立工作的计算机可通过网络设备访问网络上的其他计算机。

① 网卡（Network Interface Card，NIC）。网卡是计算机与传输介质的接口，一方面它负责接收网络上传过来的数据包，解包后将数据通过主板上的总线传输给本地计算机；另一方面它将本地计算机上的数据打包后送入网络。

② 调制解调器（Modem）。调制解调器是利用调制解调技术来实现数字信号与模拟信号在通信过程中的相互转换。确切地说，调制解调器的主要工作是将数据设备送来的数字信号转换成能在模拟信道（如电话交换网）传输的模拟信号，反之，它也能将来自模拟信道的模拟信号转换为数字信号。

③ 中继器（Repeater）。中继器是最简单的局域网延伸设备，其主要作用是放大在传输介质上传输的信号，以便在网络上传输得更远。不同类型的局域网采用不同的中继器。

④ 网桥（Bridge）。网桥用于连接使用相同通信协议、传输介质和寻址方式的网络。

⑤ 交换机（Switch）。交换机有多个端口，每个端口都具有桥接功能，可连接一个局域网或一台高性能服务器或工作站。交换机所有端口由专用处理器进行控制，并经过控制管理总线转发信息。

⑥ 路由器（Router）。路由器用于连接局域网和广域网，它有判断网络地址和选择路径的功能。其主要工作是为经过路由器的报文寻找一条最佳路径，并将数据传送到目的站点。

⑦ 网关（Gateway）。网关不仅具有路由功能，而且还能实现不同网络协议之间的转换，并将数据重新分组后传送。

（3）传输介质。传输介质是网络通信用的信号线路，它提供了数据信号传输的物理通道。传输介质按其特征可分为有线通信介质和无线通信介质两大类。有线通信介质包括双绞线、同轴电缆和光纤等；无线通信介质包括无线电、微波和卫星通信等。它们具有不同的传输速率和传输距离，分别支持不同的网络类型。

2. 网络软件

网络软件一般指网络操作系统、网络通信协议和提供网络服务功能的应用软件。其中，网络操作系统是用于管理网络软硬件资源、提供简单网络管理功能的系统软件，常见的网络操作系统有 UNIX，Windows，Linux 等。网络通信协议是网络中计算机交换信息时的规则。

提供网络服务功能的应用软件是指在网络环境中能够为用户提供各种服务的软件。例如，浏览器软件 Internet Explorer 和 Chrome、文件传输软件 FlashFXP、远程登录软件 Telnet、电子邮件管理软件 Foxmail、即时通信软件 QQ 和微信、下载工具软件迅雷、流媒体播放软件暴风影音等。

课堂互动

> 计算机网络还有哪些分类形式？按照网络的拓扑结构进行分类，可将计算机网络分为哪几种？此外，计算机网络系统与计算机系统主要有哪些不同？

1.1.2 认识 TCP/IP 协议

网络协议是为计算机网络中进行数据交换而建立的规则、标准或约定的集合。它是网络中所有设备（网络服务器、计算机、交换机、路由器、防火墙等）之间通信规则的集合。其中，TCP/IP 协议族（也称互联网协议族）规范了网络中所有通信设备，尤其是一个主机与另一个主机之间的数据往来的格式及传送方式。

从协议分层模型方面来讲，TCP/IP 由 4 个层次组成：网络接口层、网络层、传输层、应用层，如图 1-2 所示。

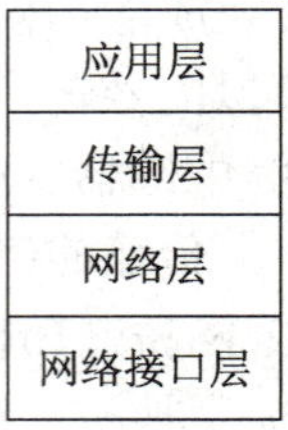

图 1-2　TCP/IP 分层结构

（1）网络接口层是 TCP/IP 模型的最低层，面向硬件。

（2）网络层是在 Internet 标准中正式定义的第一层。网络层所执行的主要功能是处理来自传输层的分组，将分组形成数据包（IP 数据包），并为该数据包进行路径选择，最终将数据包从源主机发送到目的主机。在网络层中，最常用的协议是 IP（网际协议），其他一些协议（如控制报文协议 ICMP 和网际组管理协议 IGMP 等）用来协助 IP 完成特定操作。

（3）TCP/IP 的传输层也被称为主机至主机层，主要负责主机到主机之间的端对端通信，该层定义了两个主要的协议：TCP（传输控制协议）和 UDP（用户数据报协议）。

（4）在 TCP/IP 模型中，应用层是最高层，用于提供网络服务，如文件传输、远程登录、域名服务和简单网络管理等。应用层常用的协议有 Telnet（远程登录协议）、FTP（文件传输协议）、POP3（邮件收发协议）、SMTP（简单邮件传输协议）、HTTP（超文本传输协议）等。

在 TCP/IP 协议族中，最重要和最著名的协议是 IP（网际协议）、TCP（传输控制协议）、UDP（用户数据报协议）。

- IP（网际协议）：IP 是 TCP/IP 协议族中最核心的协议，用于提供无连接（通信双方事先不建立会话）、不可靠（即不负责数据包的完整，可靠性由上层协议 TCP 负责）的数据包传输服务。

➢ TCP（传输控制协议）：TCP 是面向连接的、可靠的传输协议。在传送数据之前必须先建立连接，数据传送结束后释放连接。它能把报文分解成数段，在目的端再重新装配这些段，支持重新发送没有被收到的段。
➢ UDP（用户数据报协议）：UDP 在网络中与 TCP 一样，用于处理数据包，是一种无连接的协议，提供面向事务的简单不可靠信息传送服务。

小提示

除了 TCP/IP 四层模型，当前常用的网络体系结构还有 OSI 七层模型。OSI（开放系统互联）模型把网络通信的工作分为 7 层：物理层、数据链路层、网络层、传输层、会话层、表示层和应用层。TCP/IP 模型可以理解成是 OSI 模型的一个浓缩版本，其中：

① 网络接口层：对应着 OSI 的物理层和数据链路层。
② 网络层：对应着 OSI 的网络层。
③ 传输层：对应着 OSI 的传输层。
④ 应用层：对应着 OSI 的会话层、表示层和应用层。

应当注意，OSI 模型的网络层同时支持面向连接和无连接的通信，但是传输层只支持面向连接的通信；TCP/IP 模型的网络层只提供无连接的服务，但是传输层上同时提供两种通信模式。

1.1.3 认识 IP 地址

在计算机网络中，每一台计算机都有一个 IP 地址，用以识别自己的网络身份。每台计算机的 IP 地址在其所处的网络中都是唯一的。

1. IP 地址

按照 TCP/IP 协议的规定，通常每个 IP 地址用一组 32 位（bit）二进制数表示。为了方便记忆，常使用“点分十进制记法”，即将 32 位 IP 地址中的每 8 个二进制位用与其等效的十进制数字表示，并用“.”分隔。

例如，一个二进制形式的 IP 地址 00001010 00000000 00000000 00000001，表示为十进制的 IP 地址是 10.0.0.1。

小提示

简单地讲，IP 地址即 Internet 地址，它是 Internet 上主机的唯一标识。IP 地址的长度为 32 位，即 4 个字节。将每个字节转换为十进制数表示并用“.”分隔，即为 IP 地址，如 131.107.16.200。

IP 地址主要有两个版本：IPv4 和 IPv6，目前所讲的 IP 地址指的都是 IPv4 地址。但由于互联网的发展，网络节点的数量不断增加，IPv4 地址逐渐匮乏。为解决 IPv4 地址所面临的各种问题，我国正在加快推进 IPv6 建设。新的 IP 协议 IPv6 采用了 128 位的地址长度，地址数量几乎不可能用完，并且具有更高的安全性等优势。

IP 地址由网络地址和主机地址构成，用于表示该地址所属的网络及主机在本网络中所处的位置。根据网络规模的差异，Internet 的 IP 地址由大到小分为五类：A 类～E 类。常用的有 A，B，C 三类地址，D，E 类保留给专门的机构使用，如图 1-3 所示。

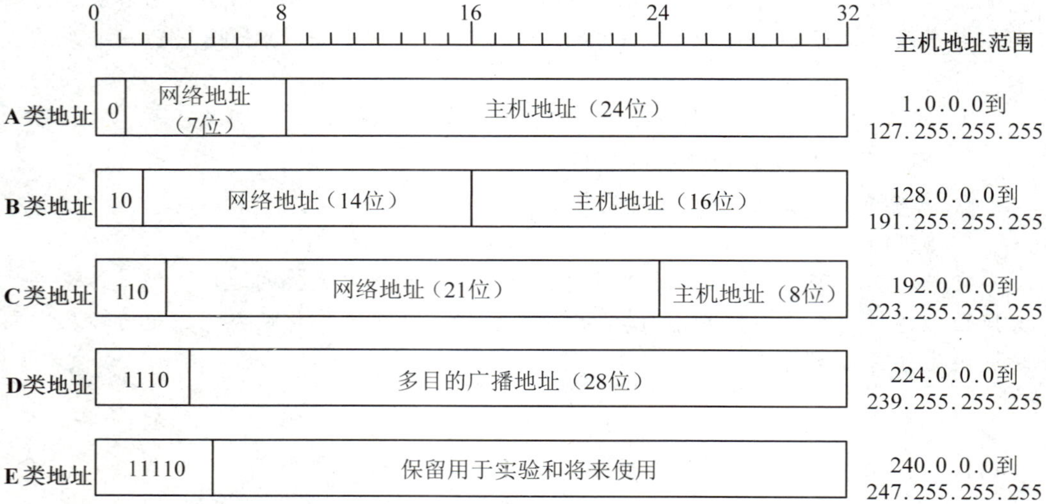

图 1-3　IP 地址的分类

2. 子网掩码

子网掩码又叫网络掩码、地址掩码，用来指明一个 IP 地址的哪些位标识的是主机所在的子网地址，哪些位标识的是主机地址。子网掩码不能单独存在，它必须结合 IP 地址一起使用。子网掩码只有一个作用，就是将某个 IP 地址划分成网络地址和主机地址两部分。

子网掩码使用与 IP 地址相同的编址格式，即 32 位长度的二进制比特位，也可分为 4 个 8 位组并采用点分十进制来表示。在子网掩码中，网络地址都取值为“1”，主机地址都取值为“0”。例如，对于 C 类地址来说，默认的子网掩码是 255.255.255.0。

课堂互动

如何给自己的计算机设置一个固定的 IP 地址，如 192.168.1.103？

课堂案例 1　组建家庭/办公局域网

对于拥有几台或几十台计算机的家庭或办公室，可以组建一个小型的有线/无线混合局域网，以便共享彼此的资源，或者共享一个 Internet 连接。目前，常见的 Internet 接入方式有 ADSL、小区宽带、有线通（Cable Modem）等。

- ADSL：利用电话线路上网，上网时可拨打或接听电话。其优点是上网方便，只要安装过电话即可开通，服务商会提供一个 ADSL Modem。
- 小区宽带：如果用户所在办公楼或小区已进行了综合布线，可选择这种方式上网。服务商将光纤接入到小区，再通过网线接入到用户家，以提供共享带宽。此方式在大中城市较为普及。
- 有线通（Cable Modem）：这是一种通过有线电视网络实现高速接入 Internet 的方式。与前面两种上网方式相比，有线通无需拨号，价格低，绝对上网速度快，但当同时上网的用户比较多时，速度会有所下降。

下面以通过 ADSL 上网为例，介绍组建家庭/办公局域网的方法。

1. 硬件准备与连接

组建有线/无线混合局域网需要一台无线宽带路由器。此外，对于使用有线连接的计算机，还需要准备网线；对于使用无线连接的计算机，计算机中需要安装有无线网卡（一般笔记本电脑都内置有无线网卡，若没有，则需另行购买安装）。

组建有线/无线混合局域网的硬件连接示意图如图 1-4 所示。

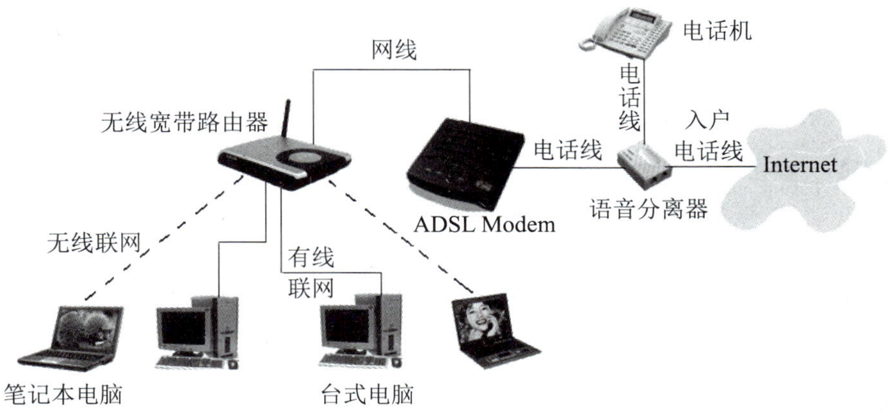

图 1-4　有线/无线混合局域网示意图

其中有线部分的连接步骤如下：

步骤 1▶　将网线的一端插入使用有线连接的电脑网络接口，另一端插入无线宽带路由器的普通接口（LAN 接口）。

步骤 2▶　将 ADSL Modem 自带网线的一端插入 ADSL Modem 的网络接口，另一端插入无线宽带路由器的 WAN 接口。如果是小区宽带，则将网线一端插入宽带服务商提供的网络接口，另一端插入无线宽带路由器的 WAN 接口即可。

连接无线部分，应注意无线宽带路由器的摆放：无线宽带路由器的传输范围是一个球体，通常所说的传输距离是这个球体的半径，因此把无线宽带路由器放置在房屋中间，让球体直径覆盖各个房间，传输效果最理想。

2. 设置计算机名称和工作组

将硬件连接好以后，还需要为有线/无线局域网中的各计算机设置在网络上的名称和工作组，以便在网络中找到相应的计算机。

步骤 1▶ 右击桌面上的“计算机”图标，在弹出的快捷菜单中选择“属性”项，在打开的“系统”窗口中单击“更改设置”选项，如图 1-5 所示。

步骤 2▶ 弹出“系统属性”对话框，单击“更改”按钮，如图 1-6 所示。

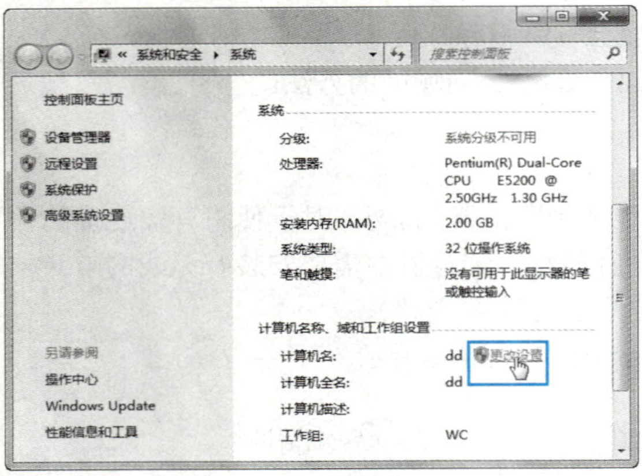

图 1-5 “系统”窗口

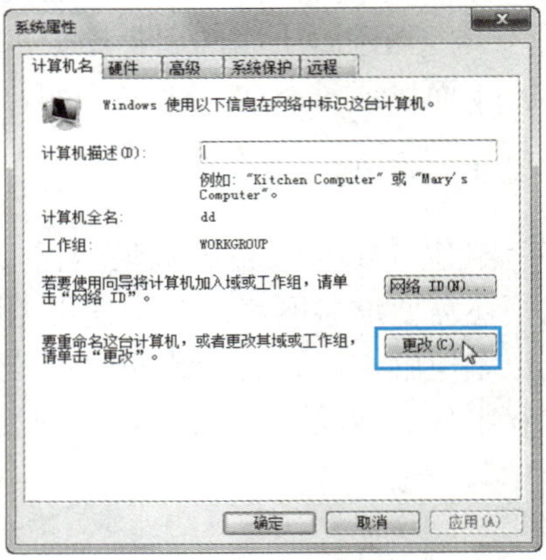

图 1-6 单击“更改”按钮

步骤 3▶ 弹出“计算机名/域更改”对话框，在“计算机名”编辑框中输入计算机名称，如输入使用者姓名的拼音（也可以使用汉字），在“工作组”编辑框中输入工作组名称，然后单击“确定”按钮，如图 1-7 所示。

步骤 4▶ 在弹出的如图 1-8 所示的对话框中单击“确定”按钮；弹出如图 1-9（a）所示对话框，单击“确定”按钮；弹出如图 1-9（b）所示对话框，单击“立即重新启动”按钮，系统会自动重启计算机，以应用设置。

步骤 5▶ 参考以上操作，为局域网中的其他计算机设置不同的名称，以及相同的工作组名称。

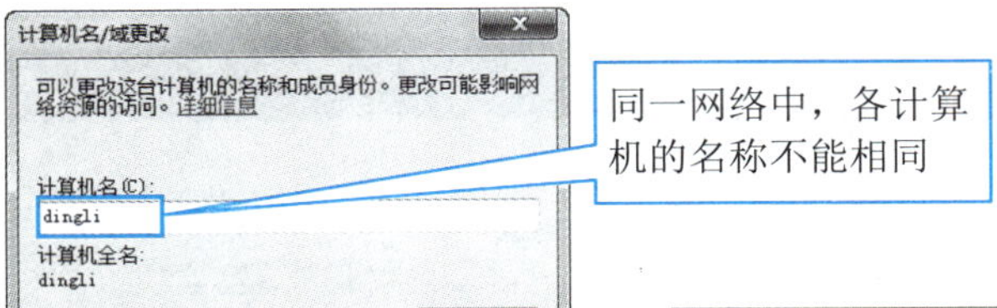

图 1-7　设置计算机和工作组名

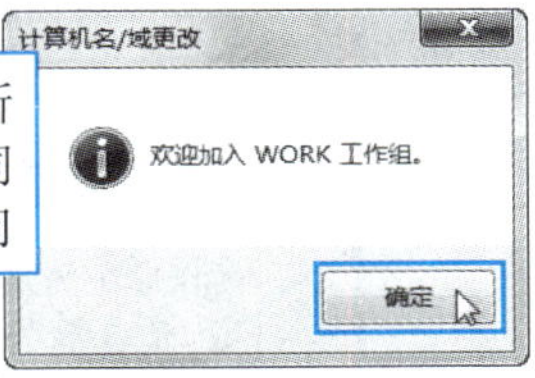

图 1-8　单击“确定”按钮

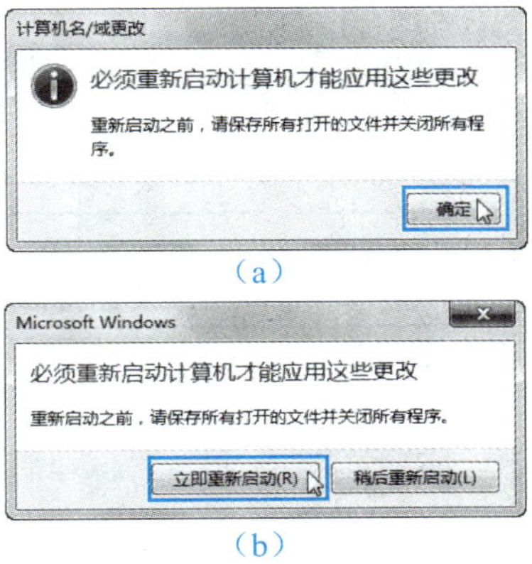

(a)

(b)

图 1-9　重启计算机以应用设置

3. 设置网络位置

在 Windows 7 中可以为计算机选择网络位置，系统将根据用户选择的网络位置（家庭网络、工作网络或公用网络）自动为计算机设置访问控制和安全级别，从而使计算机不被非法入侵。具体操作步骤如下：

步骤 1▶ 右击桌面上的“网络”图标，从弹出的快捷菜单中选择“属性”项，打开“网络和共享中心”窗口，在该窗口中单击“网络”下方的网络位置选项，如图 1-10 所示。

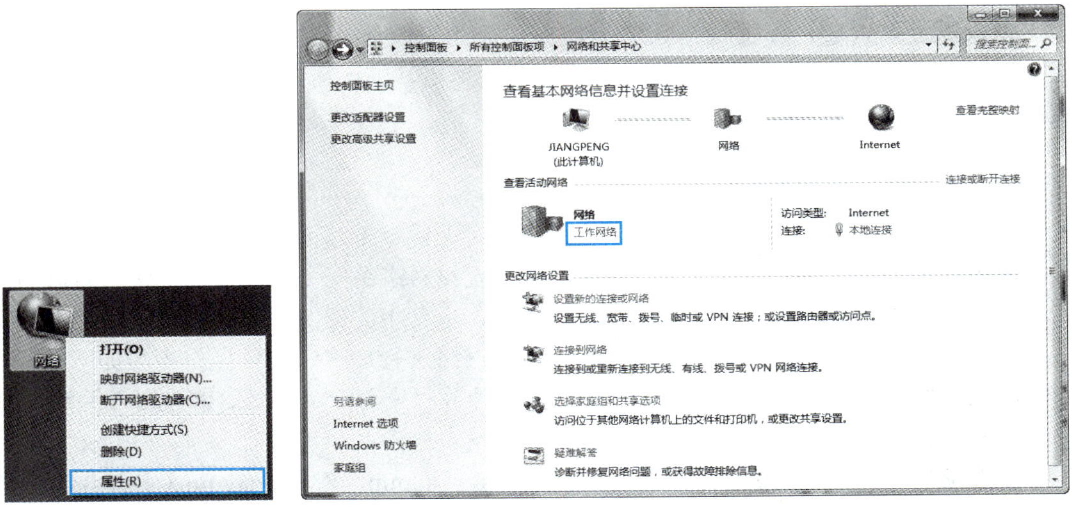

图 1-10　打开“网络和共享中心”窗口

步骤 2▶ 打开“设置网络位置”对话框，设置计算机所处的网络，如选择“家庭网络”项，然后在打开的对话框中单击“关闭”按钮，完成网络位置的设置，如图 1-11 所示。可使用同样的方法设置局域网中其他计算机的网络位置。

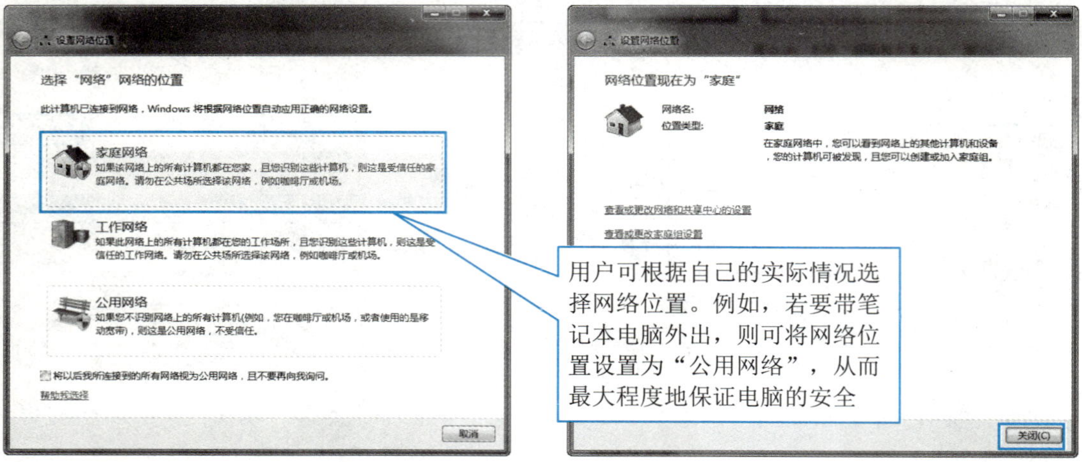

图 1-11　设置网络位置

小提示

用户也可以在“控制面板”窗口中单击“网络和共享中心”选项，打开“网络和共享中心”窗口。该窗口是 Windows 7 用来管理网络的主要场所，用户可在此处查看和诊断网络连接状态，设置网络连接，以及设置如何共享和访问局域网中的资源等。

完成以上设置后，有线/无线混合局域网中利用有线方式连接的计算机便能彼此访问了（但还不能上网）。对于利用无线方式连接的计算机，则还需要将计算机加入无线网络，然后才能访问网络中的资源。

4. 配置宽带路由器

要使局域网中的计算机能共享上网，还需要对无线宽带路由器进行设置，以将上网账号和密码“绑定”在宽带路由器中。此外，由于无线网络是一个开放式的网络，附近的计算机只要安装了无线网卡，就可以连接到该网络，享有相关资源。因此，为了保证无线网络的安全，还有必要通过设置无线宽带路由器对网络进行加密。具体操作步骤如下：

步骤 1▶ 在使用有线方式连接的任意一台计算机中打开浏览器，在地址栏中输入宽带路由器后台管理地址，如 192.168.1.1（具体值请参照产品使用手册），按“Enter”键。

步骤 2▶ 在弹出的登录对话框中输入用户名：admin，密码：admin（具体值请参照产品使用手册），然后单击“确定”按钮，如图 1-12 所示。

步骤 3▶ 进入宽带路由器设置界面，单击左侧的“设置向导”选项，启动路由器设置向导，再单击“下一步”按钮，如图 1-13 所示。

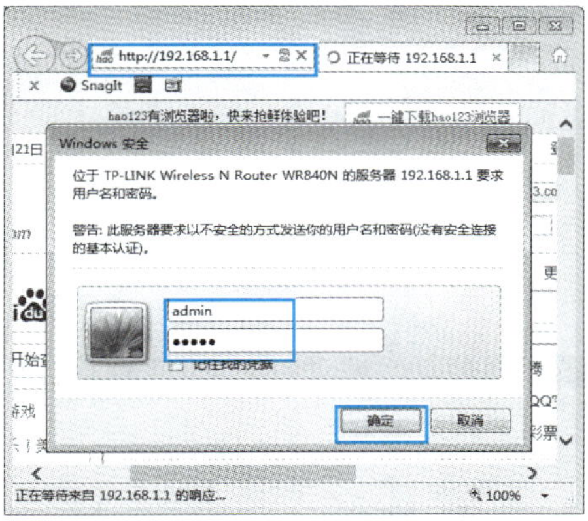

图 1-12　登录宽带路由器后台

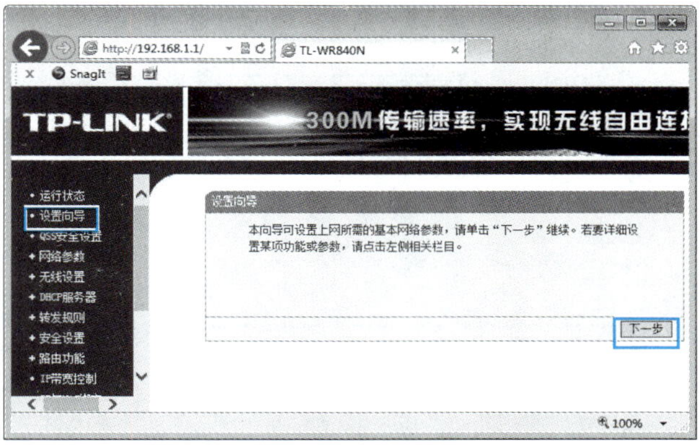

图 1-13　启动设置向导

步骤 4▶ 在出现的界面中根据实际情况选择上网（连接 Internet）方式，其中，ADSL 和 PPPoE 拨号认证的小区宽带上网需要选择"PPPoE（ADSL 虚拟拨号）"单选按钮，然后单击"下一步"按钮，如图 1-14 所示。

步骤 5▶ 在出现的界面中输入网络服务商提供的上网账号及口令（密码），然后单击"下一步"按钮，如图 1-15 所示。

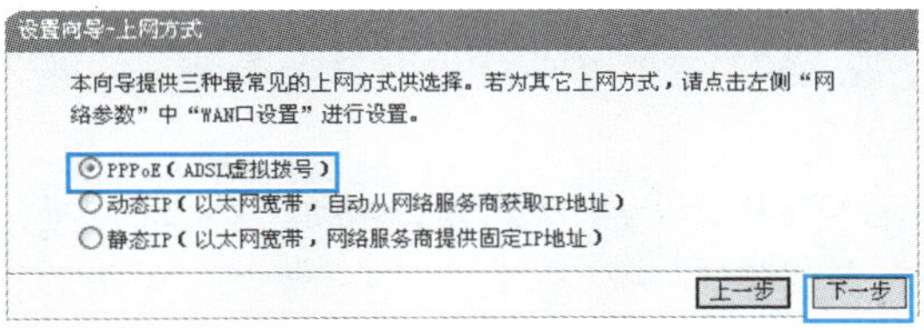

图 1-14　选择上网方式

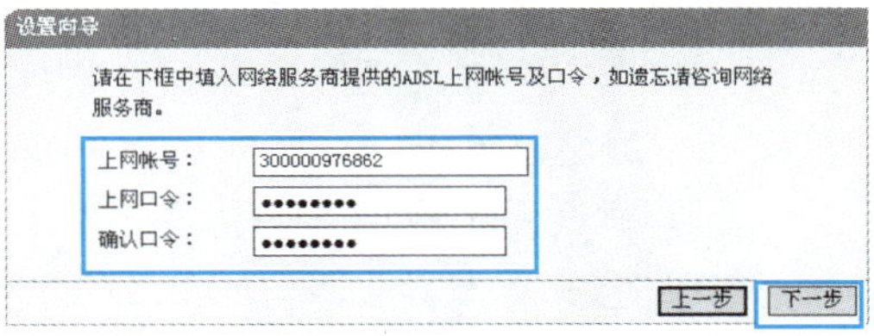

图 1-15　输入上网账号和密码

步骤 6▶ 在出现的界面中设置无线网络的基本参数和安全选项，然后单击"下一步"按钮，如图 1-16 所示。一般需要设置的选项如下：

- 在"无线状态"下拉列表框中选择"开启"，这样才能让安装有无线网卡的计算机使用无线方式连接到无线网络。
- 在"SSID"编辑框中为无线网络取一个名称。
- 在"无线安全选项"设置区选择"WPA-PSK/WPA2-PSK"单选按钮，然后在"PSK 密码"文本框中输入无线网络密码。如此一来，安装有无线网卡的计算机需要输入密码才能连接到该无线网络。

步骤 7▶ 在出现的界面中单击"完成"按钮，如图 1-17 所示。稍微等待一会（有可能提示需要重启宽带路由器，确认即可），宽带路由器就会自动连接上 Internet，此时局域网中的计算机便都可以上网了。

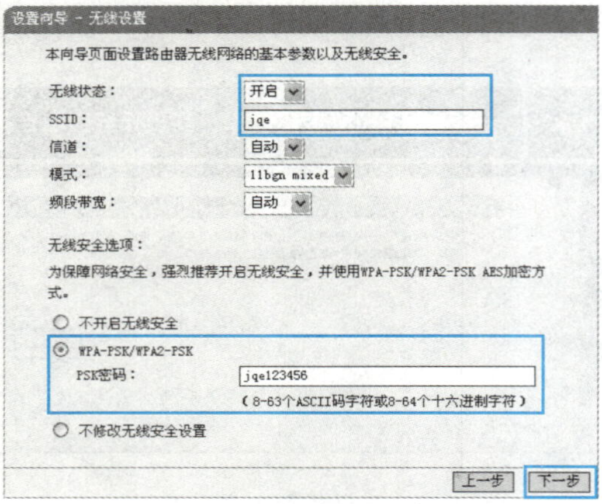

图 1-16　设置网络的基本参数和安全选项

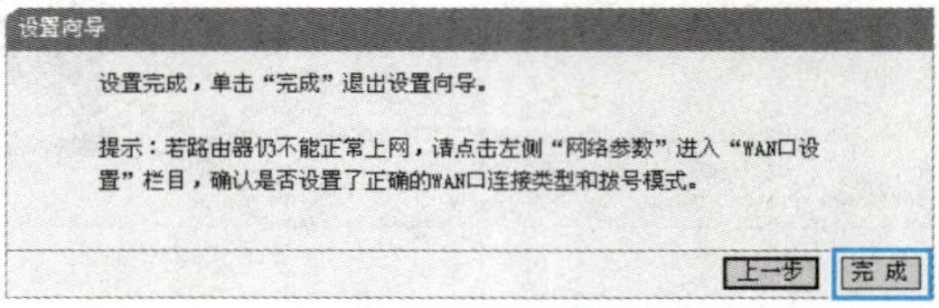

图 1-17　完成宽带路由器设置

步骤 8▶　在宽带路由器管理界面的左侧选择“运行状态”选项，查看网络连接状态，在该界面中还可以断开或手动连接 Internet。

小技巧

依次在宽带路由器管理界面的左侧选择“网络参数”→“WAN 口设置”选项，在打开的界面中可设置用何种方式连接到 Internet，还可以重设上网账号和密码。设置完后，别忘记单击“保存”按钮保存设置。

要单独设置无线网络的基本参数，如网络名称和是否开启无线功能、无线广播等，可在宽带路由器管理界面左侧选择“无线设置”→“基本设置”选项；要单独设置无线网络的加密参数，可选择“无线设置”→“无线安全设置”选项。

通过以上设置，局域网中利用有线方式连接的计算机便可以上网了。但对于利用无线方式连接的计算机，则还需要将它们连接到无线网络中，这样才可以使用局域网资源和上网。

5. 将计算机连接到无线局域网

要将安装有无线网卡的计算机连接到无线网络，可执行以下操作步骤：

步骤 1▶　单击任务栏右侧的无线网卡工作状态图标，打开“无线网络连接”界面，在该界面中列出了计算机周围可用的无线网络名称，单击要连接的无线网络名称，再单击“连接”按钮，如图 1-18 所示。

步骤 2▶　弹出如图 1-19 所示对话框，在“安全密钥”编辑框中输入密钥后单击“确定”按钮。

步骤 3▶　稍微等待一会，在所选无线网络的右侧出现提示“已连接上”。此时计算机就可以正常上网和使用局域网中的资源了。

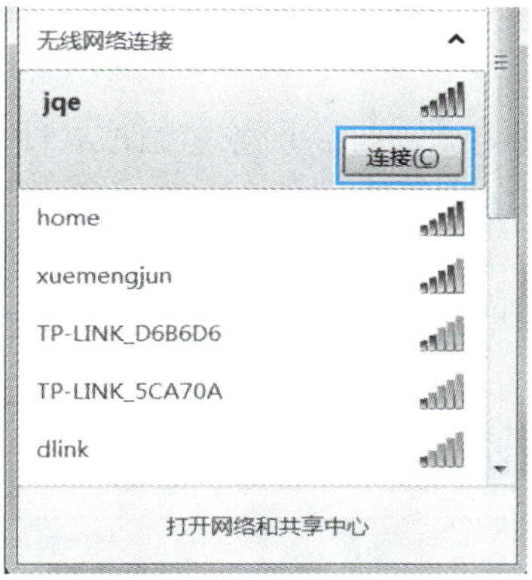

图 1-18　选择要连接的网络

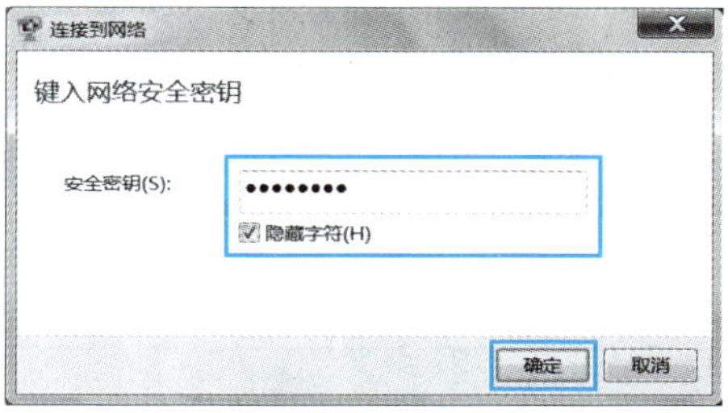

图 1-19　输入安全密钥

课堂互动

如果想将自己计算机中的资源（如文件夹或打印机）共享给局域网中的其他用户使用，应当如何设置？如果才能访问到局域网中其他用户共享的资源呢？

1.2　Internet 与电子商务

Internet 是目前世界上最大的计算机网络，又称互联网或因特网，它连接了世界上无数的网络与计算机，将整个地球“一网打尽”。任何计算机只要加入 Internet，就可以利用其各种各样的资源，以及同世界各地的朋友相互通信和交换信息等。

Internet 的典型应用包括信息服务、电子商务、网络通信、文件共享、网上娱乐等。其中，电子商务是一项新兴的业务（如在网上买卖东西，预订机票、火车票或酒店等），目前正处于迅猛发展阶段。

1.2.1　Internet 相关概念

1. 域名

由于 IP 地址在使用过程中难于记忆和书写，人们又发明了一种与 IP 地址对应的字符来表示计算机在网络上的地址，这就是域名。Internet 上每一个网站都有自己的域名，并且域名是独一无二的。例如，只需在浏览器地址栏中输入域名：www.qq.com，就可以访问腾讯网站。

域名信息存放于域名服务器（DNS）的主机中，由 DNS 提供 IP 地址与域名的转换，这个转换过程称为域名解析。人们输入的域名在 DNS 上转换为对应的 IP，找到相应的服务器，打开相应的网页。

DNS 系统是分层次的，一般由主机名、机构名、机构类别与高层域名组成，即域名从左到右构造，表示的区域范围从小到大，也就是后面的名字所表示的区域包含前面的名字所表示的区域，由“.”分开。

互联网上的顶级域分为两大类：一类是国家和特殊地区类，另一类是基本类。常见的国家和特殊地区类及基本类域名如表 1-1 所示。

表 1-1　常见互联网顶级域名

	域　类	顶级域名	域　类	顶级域名
国家和特殊地区类	中国	.cn	法国	.fr
	俄罗斯	.ru	日本	.jp
	澳大利亚	.au	朝鲜	.kp
	韩国	.kr	中国台湾地区	.tw
	中国香港地区	.hk	中国澳门地区	.mo
基本类	商业机构	.com	教育机构	.edu
	政府部门	.gov	国际组织	.int
	美国军事部门	.mil	网络组织	.net
	非盈利组织	.org	商业	.biz
	网络信息服务组织	.info	会计、律师和医生	.pro

2. 网址

浏览器是用于获取和查看 Internet 信息（网页）的应用程序。目前使用最为广泛的就是 Windows 自带的 IE 浏览器（Internet Explorer），其他的浏览器有火狐浏览器（Firefox）、谷歌浏览器（Chrome）、360 浏览器等。

网页是用户在浏览器中看到的页面，用于展示 Internet 中的信息。

网站是若干网页的集合，用于为用户提供各种服务，如浏览新闻、下载资源和买卖商品等。网站包括一个主页和若干分页，主页就是访问某个网站时打开的第一个页面，是网站的门户，通过主页可以打开网站的其他网页。

网址用于标识网页在 Internet 上的位置，每一个网址对应一个网页。要访问某一网页，首先要知道它的网址。人们通常所说的网站网址是指它的主页网址，一般也是网站的域名。例如，京东商城的主页网址是：www.jd.com。

3. 电子邮件地址

电子邮件也称为 E-mail，是指通过 Internet 传递的邮件。与传统信件相比，电子邮件具有速度快、成本低、使用方便等优点，利用它可以发送文本信件、图片和动画等。

电子信箱就像现实生活中的邮箱一样，用于收发电子邮件。目前，提供免费电子信箱的网站有很多，如新浪、搜狐、网易、腾讯、TOM 等。

电子邮件地址的格式是“用户名@域名”，如 jqe@sina.com。其中“用户名”是收件人的账号；“域名”是电子邮件服务器名；@是一个功能分隔符号，用于连接前后两部分。

1.2.2 电子商务相关概念

电子商务是指在互联网（Internet）、企业内部网（Intranet）和增值网（VAN）上以电子交易的方式进行交易和相关服务的活动，是传统商业活动各环节的电子化、网络化。电子商务正改变着人们购物的方式，同时网上购物也推动着快递物流行业的发展。

简单地讲，电子商务就是利用电子化和网络化手段进行的商务活动。它具有交易虚拟化、交易成本低、交易效率高、交易透明化等特点，能提升企业竞争力、促进经济全球化。

电子商务按服务对象通常分为以下几类。

- 企业对企业（Business to Business，B2B）：企业间的电子商务主要是指企业在开放的网络中寻求贸易伙伴、与伙伴谈判、订购到结算的整个贸易过程。例如，1688（阿里巴巴）就是典型的第三方 B2B 交易平台网站。
- 企业对消费者（Business to Customer，B2C）：企业与消费者之间的电子商务又称网络直销模式，是指企业与消费者在 Internet 的虚拟环境中进行的交易活动。例如，京东商城、天猫商城、苏宁易购就是采用这一商业模式的典型网站。
- 消费者对消费者（Customer to Customer，C2C）：C2C 模式的商务活动发生在消费者之间，这是伴随 Internet 的普及而发展起来的一种商务模式。消费者可以在第三方平台上建立自己的个人店铺来销售商品，如淘宝网就属于此类商业模式。

小提示

网上购物作为一种新兴的购物方式，有其独特的优势，用户可以坐在家中挑选自己喜爱的商品，下单后网站还负责送货上门，大大节省了时间。

网上购物的一般流程为：注册为购物网站的会员，用注册的账号登录购物网站，选择要购买的商品并加入购物车，结算并选择支付和配送方式，提交订单并确认。

网上购物的支付方式有货到付款和在线支付两种形式。在线支付包括使用银行卡支付、使用第三方支付工具（如支付宝、财付通）等支付。使用第三方支付工具由于具有中间的担保环节，因此安全性更高，但需要事先注册账号并将银行卡和账号绑定。

课堂案例 2 从网上搜索并下载资源

Internet 可以说是一个巨大的信息资源宝库，用户可以借助搜索引擎从 Internet 中查找所需资源，并将其下载到本地电脑。

小提示

目前，国内比较好的搜索引擎有：百度（www.baidu.com）、360 搜索（www.so.com）、必应（cn.bing.com）、搜狗搜索（www.sogou.com）等，它们都是专业的搜索引擎，其中使用百度的用户最多。

步骤 1▶ 搜索资源。打开搜索引擎（如百度）主页，在搜索框中输入所要搜索资源的关键词，如“5G”，然后按“Enter”键，结果将随即显示在页面中，如图 1-20 所示。找到合适的超链接并单击，可打开相应的网页进行浏览。

步骤 2▶ 下载网页的文本信息。如果要保存网页中的部分内容，可采用复制粘贴法进行，即在网页中选择文本并复制，然后在文本编辑软件中进行粘贴保存；如果要保存整个网页，可在菜单栏的“文件”下拉列表中选择“另存为”选项，弹出“保存网页”对话框，在其中进行保存设置，如图 1-21 所示。

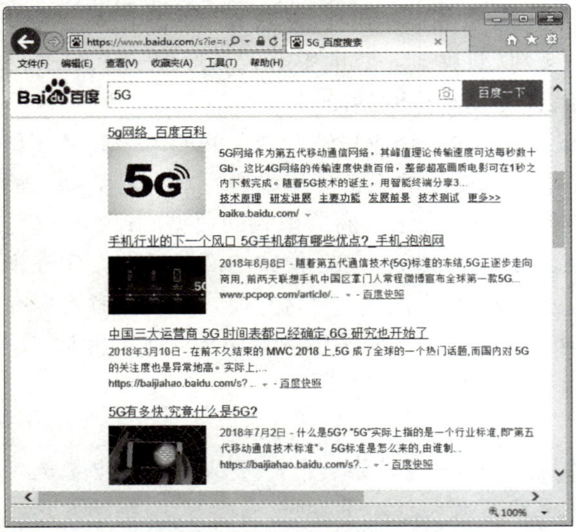

图 1-20 搜索资源示例

图 1-21 保存网页

步骤 3▶ 下载网页的单幅图片。在网页中感兴趣的图片上单击鼠标右键，在弹出的快捷菜单中选择“图片另存为”选项，如图 1-22 所示。系统弹出“保存图片”对话框，在其中对图片进行保存设置即可。

步骤 4▶ 下载文件。在某些网页中提供了文件（如音乐、视频、文档等文件）下载的超链接，如图 1-23 所示。单击超链接即可进行下载，或者可以通过下载工具（如迅雷、IDM 等）进行下载。

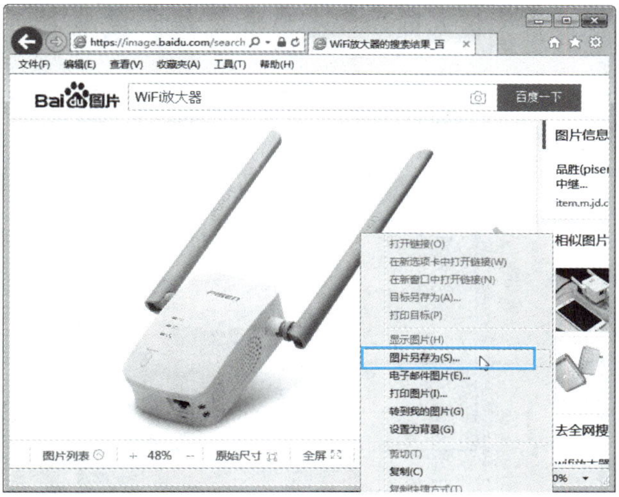

图 1-22　下载图片

图 1-23　下载文件

小提示

随着版权保护的加强，文件资源的下载方式和途径已不像以前那么多样和随意。对于音乐、视频和文档等资源，如今都有大型的专业网站平台，如音乐类网站（网易云音乐、QQ 音乐、千千音乐、酷狗音乐等）、视频类网站（爱奇艺、腾讯视频、优酷等）、文档类网站（百度文库、豆丁网、道客巴巴等）等。

当从这些专业网站内搜索到文件资源后，要想完成下载，首先必须注册并登录，并且大都还要通过它们各自提供的客户端来实现下载（个别文件还可能需要付费）。不过，并非所有文件都提供下载服务，如个别影视剧文件。

课堂案例 3　收发电子邮件

电子邮件（E-mail）是互联网上最早出现的用于传递信息的服务，其应用十分广泛。本案例将具体介绍收发和管理电子邮件的一般方法。

1. 申请电子邮箱

在不同网站申请电子邮箱的过程大同小异，下面以申请一个网易公司的 126 邮箱为例进行说明。

步骤 1▶ 在 IE 浏览器的地址栏中输入 126 网易免费邮（即 126 邮箱）的网址“www.126.com”，按“Enter”键打开其主页，然后单击“注册”按钮，如图 1-24 所示。

步骤 2▶ 弹出注册电子邮箱的网页，如图 1-25 所示。在“邮件地址”编辑框中输入用户名（一般由英文字母和数字等组成，可任意输入，但不能与该网站的其他用户重复）；

由于网易邮箱提供了 126.com、163.com 和 yeah.net 三个域名，因此可在用户名后面的下拉列表框中选择邮箱域名。

图 1-24　打开 126 邮箱主页并开始注册

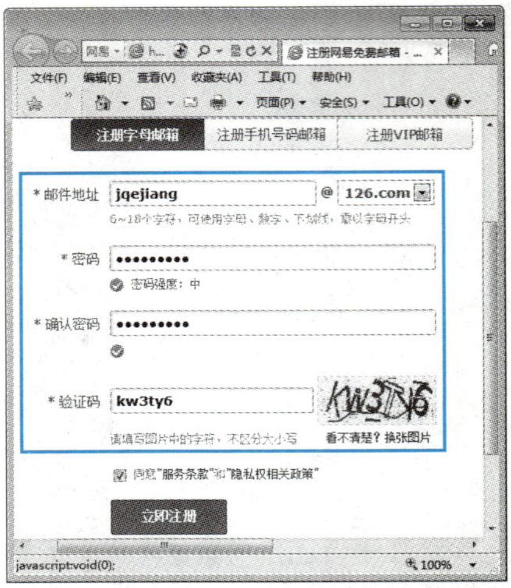

图 1-25　输入注册信息

步骤 3▶ 在“密码”和“确认密码”编辑框中输入相同的登录密码（可由数字、符号和字母组成）；在“验证码”编辑框中输入右侧提示的验证字符。如果看不清楚验证字符，可单击“看不清楚？换张图片”超链接，重新换一个验证字符再输入。

步骤 4▶ 完成相关信息的输入后，单击“立即注册”按钮。

步骤 5▶ 在弹出页面的“验证码”编辑框中输入上方提示的验证码，单击“提交”按钮，如图 1-26 所示。

步骤 6▶ 注册成功后，将自动登录电子邮箱，如图 1-27 所示。电子邮箱页面的顶部显示了当前登录者的电子邮件地址，用户可以让其他人按照此地址给自己写信。

大多数网站的电子邮箱页面左侧为功能导航区，包括“写信”“收信”超链接，以及“收件箱”“草稿箱”“已发送”“已删除”等文件夹超链接，单击某个超链接，即可在电子邮箱页面右侧进行相关操作。例如，单击“写信”超链接，可进行写信和发送电子邮件操作。电子邮箱页面中几个重要文件夹的作用如下：

- **收件箱**：保存接收到的电子邮件。
- **草稿箱**：保存还未写完或写完后没有发送的电子邮件。
- **已发送**：已发送的电子邮件默认会被保存在该文件夹中。
- **已删除**：保存从收件箱、草稿箱等文件夹中删除的电子邮件。

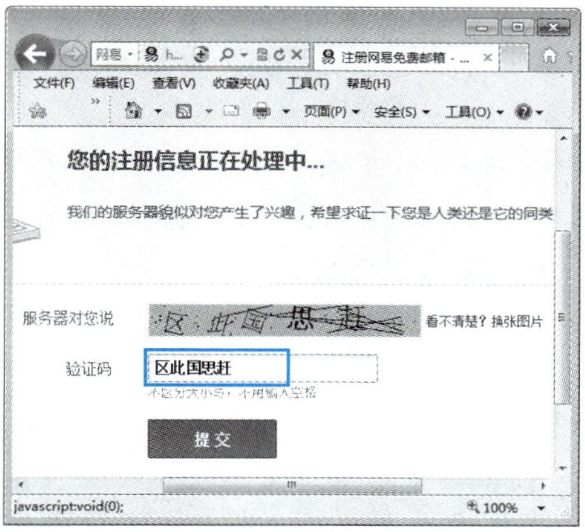

图 1-26　输入验证码

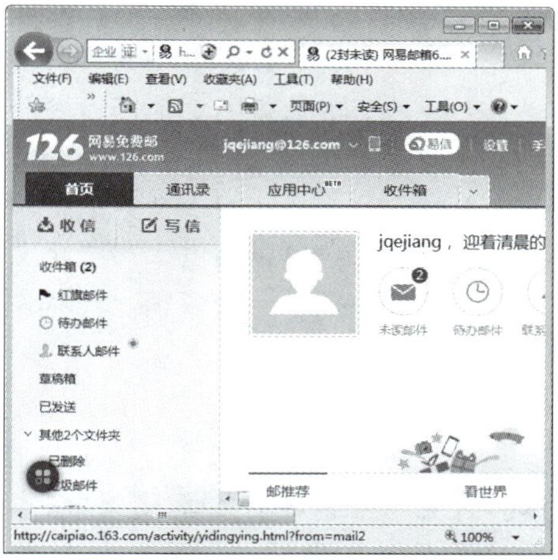

图 1-27　注册成功后自动登录邮箱

2. 发送电子邮件

要通过网页方式收发电子邮件，首先需要在申请电子邮箱的网站登录电子邮箱。用户可以在连接到 Internet 的任何一台计算机上登录已申请到的电子邮箱。写信和发送电子邮件的操作步骤如下：

步骤 1▶　打开 126 网易免费邮（即 126 邮箱）的主页，输入邮箱账号和密码，然后单击“登录”按钮，登录电子邮箱。

步骤 2▶　在电子邮箱页面中单击左侧的“写信”超链接，打开写信页面，分别在“收件人”“主题”“正文”编辑框中输入收件人的电子邮件地址、邮件主题和具体内容，然后单击“发送”按钮，如图 1-28 所示。

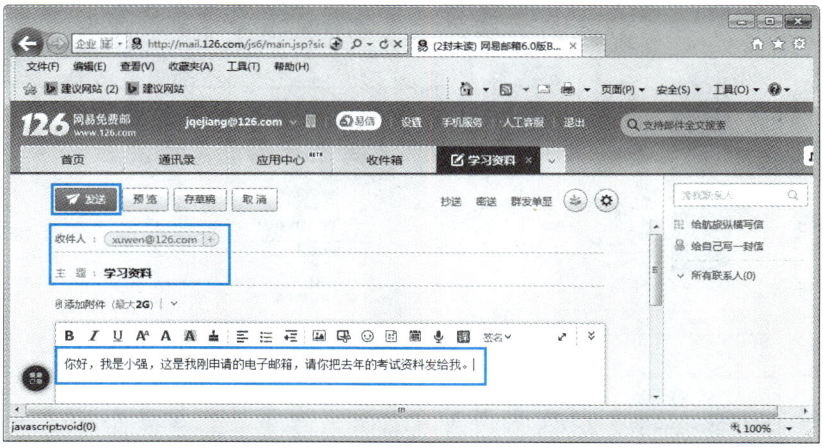

图 1-28　写信并发送电子邮件

- **收件人：** 一般是指收件人的电子邮件地址。如果需要将一封信同时发送给多人，可输入多个收件人的电子邮件地址，中间用英文逗号“,”隔开。
- **主题：** 主题是对电子邮件内容的概括和提炼，合适的主题能让收信方一看便知邮件的作用和主要内容，从而能区分轻重缓急，并方便对电子邮件进行分类和管理。
- **正文：** 电子邮件的正文一般不像现实中的信件一样正式，甚至可以是一两句简单的话。用户可以通过单击“正文”编辑框上方的相应工具按钮设置正文格式，或在邮件中插入一个表情、一幅图片，还可以使用漂亮的信纸。

小技巧

> 当编写的电子邮件正文内容较多时，为避免丢失内容，应及时单击“存草稿”按钮，将电子邮件保存在草稿箱中。对于已写好但还不想马上发送的电子邮件，也应将其保存到草稿箱中。要编辑和发送草稿箱中的电子邮件，可单击窗口左侧的“草稿箱”超链接，然后单击电子邮件，在打开的电子邮件内容页面中进行编辑后发送。

如果想通过电子邮件将图片、文档等文件发送给对方，可执行如下操作：

步骤 1▶ 在写信页面中输入收件人的电子邮件地址、主题和具体内容。

步骤 2▶ 单击“添加附件”超链接，弹出选择文件对话框，选择要发送的文件，单击“打开”按钮，如图 1-29 所示。

步骤 3▶ 返回写信页面，显示文件的上传进度，如图 1-30 所示。如果有多个文件需要发送给对方，可继续单击“添加附件”超链接上传文件；如果不小心上传错了文件，可单击文件名称右侧的“删除”超链接将其删除。

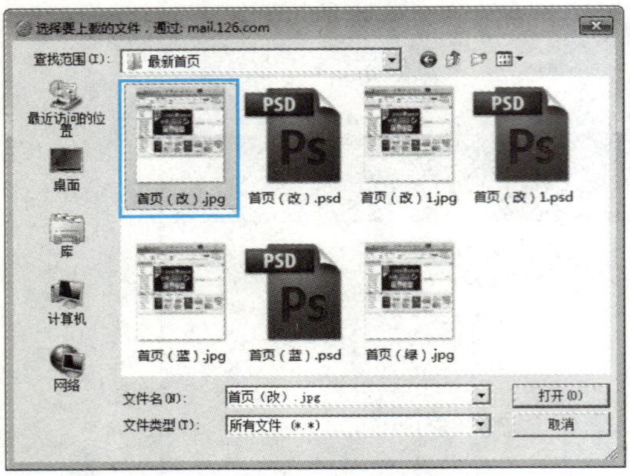

图 1-29　选择要发送给对方的文件

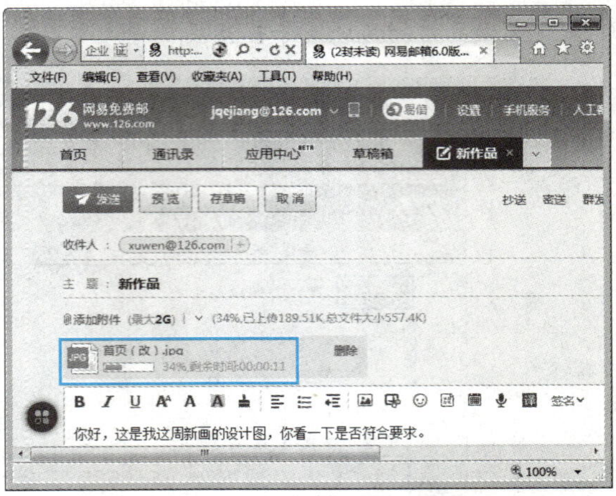

图 1-30　查看上传的文件

步骤 4▶ 文件上传完毕后进度条消失，此时即可单击“发送”按钮，将带附件的电子邮件发送给收件人。

3. 阅读、回复和转发电子邮件

要阅读别人发送给自己的电子邮件，可执行如下操作：

步骤 1▶ 在电子邮箱页面左侧单击“收信”超链接，显示收信页面。

步骤 2▶ 查看电子邮件列表，然后单击要阅读的电子邮件主题或发件人，此时电子邮件正文内容就会显示出来，如图 1-31 所示。

步骤 3▶ 如果电子邮件包含附件，在电子邮件中将显示附件的名称、大小，将光标移至附件上方会显示下载、预览、存网盘等操作按钮，用户可单击“下载”按钮将附件下载到计算机中，其方法与下载普通文件相同。

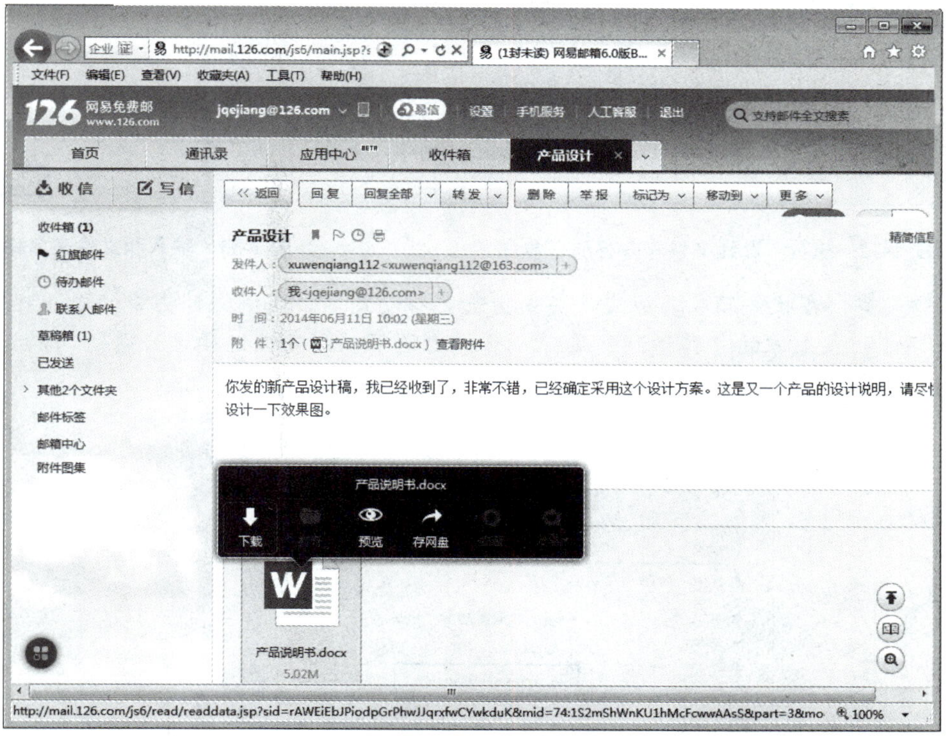

图 1-31　阅读电子邮件内容

阅读电子邮件时，可单击电子邮件上方的“回复”按钮，给发件人回信；单击“转发”按钮，将电子邮件转发给别人；单击“删除”按钮，将电子邮件删除。

4. 管理电子邮件

当收件箱中的电子邮件越来越多时，难免会显得杂乱无章。为了有效管理电子邮件，可以分类存放，或将不需要的电子邮件删除。例如，新建“私函”“公函”“重要邮件”几个文件夹，然后根据电子邮件的性质，将它们分类存放在这些文件夹中。

（1）分类存放电子邮件。具体操作步骤如下：

步骤 1▶ 单击电子邮箱页面左侧的“收件箱”文件夹，然后单击电子邮件列表上方的“移动到”按钮，从弹出的下拉列表中选择“新建文件夹并移动”，如图 1-32 所示。

步骤 2▶ 弹出“新建文件夹”对话框，输入文件夹名称，如“公函”，单击“确定”按钮，如图 1-33 所示。此时，在电子邮箱页面左侧会显示新建的文件夹。

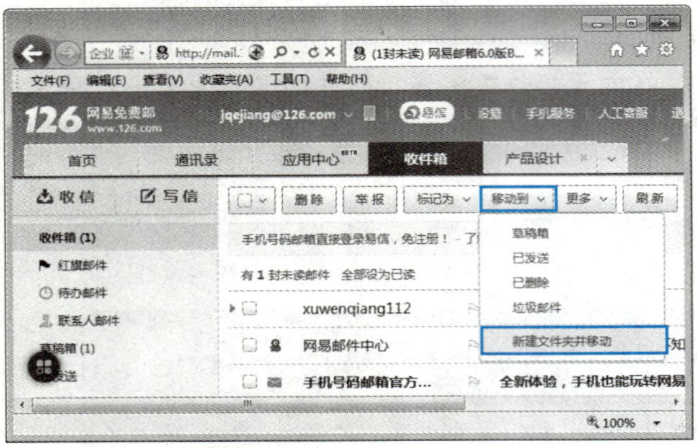

图 1-32　执行“新建文件夹并移动”命令

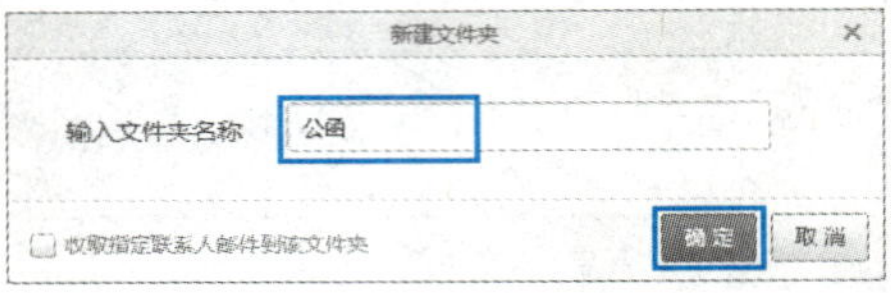

图 1-33　输入新文件夹名称

步骤 3▶ 在收件箱或其他文件夹中勾选要移动到“公函”文件夹中的电子邮件，单击电子邮件列表上方的“移动到”按钮，从弹出的下拉列表中选择“公函”，将电子邮件移动到公函文件夹中，如图 1-34 所示。

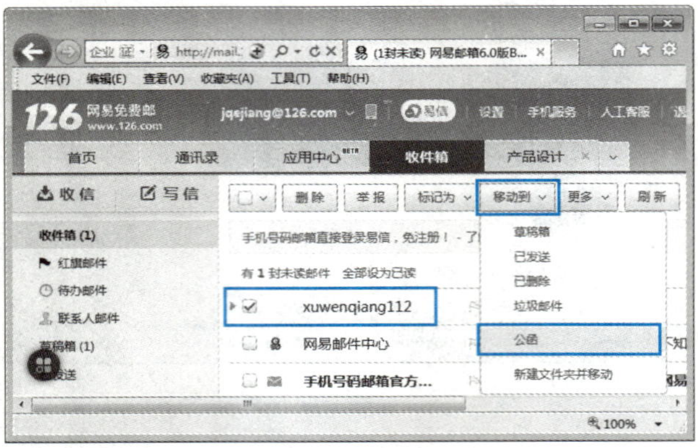

图 1-34　将电子邮件移动到指定的文件夹中

（2）删除电子邮件。若想删除不需要的电子邮件，可在“收件箱”“草稿箱”“已发送”等文件夹中勾选要删除的电子邮件，然后单击“删除”按钮。执行以上删除操作后，电子邮件被转移到“已删除”文件夹中，依然占据着电子邮箱空间。要将电子邮件彻底删除，可在“已删除”文件夹中勾选电子邮件，然后单击“彻底删除”按钮。

要选择当前文件夹中的全部电子邮件，可单击电子邮件列表上方的按钮，在弹出的列表中选择“全选”项。

课堂互动

此外，用户还可以通过第三方邮件客户端（如 Foxmail，Outlook，Thunderbird，网易邮箱大师）来收发和管理电子邮件。特别提示：操作之前，需要在 Web 页面登录电子信箱，在邮箱设置中开启 POP3/SMTP/IMAP 服务。

请从网上搜索并下载和安装 Foxmail 邮件客户端，然后用其收发和管理电子邮件。

1.3　信息安全技术及应用

信息安全本身包括的范围很大，大到国家军事、政治等机密安全，小到商业机密、个人信息的安全等。网络环境下的信息安全体系是保证信息安全的关键，包括计算机操作系统、安全协议、安全机制，直至安全系统，其中任何一个安全漏洞都可能威胁全局安全。

1.3.1　信息安全的基本内容

1. 信息安全的概念

信息安全是一门涉及计算机科学、网络技术、通信技术、密码技术、信息安全技术、应用数学、数论、信息论等多种学科的综合性学科。

所谓信息安全，是指防止信息财产被故意地或偶然地非授权泄露、更改、破坏或使信息被非法的系统辨识、控制。信息安全主要面临两类威胁，一类是计算机信息泄露，另一类是数据破坏。

2. 信息安全策略

信息安全策略是一组规则，它们定义了一个组织要实现的安全目标和实现这些安全目标的途径。简单来说，信息安全策略是指为保证提供一定级别的安全保护所必须遵守的规则。实现信息安全，需要依靠先进的技术，同时还要有严格的安全管理，以及法律法规的约束和安全教育。

（1）先进的信息安全技术是信息安全的根本保证。用户对自身面临的威胁进行风险评估，决定其所需要的安全服务种类，选择相应的安全机制，制定信息安全解决方案，然后集成先进的安全技术，形成一个全方位的安全系统。

（2）严格的安全管理。各计算机使用机构、企业和单位应建立相应的网络安全管理办法，加强内部管理，建立合适的网络安全管理系统，加强用户管理和授权管理，建立安全审计和跟踪体系，提高整体信息安全意识。

（3）制定严格的法律法规。面对日趋严重的信息犯罪，必须建立与信息安全相关的法律法规，使非法分子慑于法律，不敢轻举妄动。

3. 信息安全技术简介

信息安全作为一门学科，在社会上得到了广泛的推广和应用，其技术也发展到了攻防兼备、测控管评（即监测、控制、管理、评估）一体化的程度，其核心技术包括密码技术、防火墙技术、VPN（虚拟专用网）技术、反病毒技术，以及其他安全保密技术。

（1）密码技术。密码技术是网络信息安全与保密的核心。通过密码技术，可以将机密、敏感的信息变换成难以读懂的乱码型文字，以此达到两个目的：其一，使不知道如何解密的人无法读懂密文中的信息；其二，使他人无法伪造或篡改密文信息。

（2）防火墙技术。防火墙是用来阻挡网络外部不安全因素的内部网络屏障，其目的是防止外部网络用户未经授权的访问。目前，防火墙采取的技术主要是包过滤、应用网关、子网屏蔽等。

（3）VPN 技术。VPN（Virtual Private Network，即虚拟专用网）技术是一种利用公用网络来构建私有专用网络的技术。VPN 采用了多种安全机制，如隧道技术、加解密技术、密钥管理技术、身份认证技术等，确保资料在公众网络中传输时不被窃取，或是即使被窃取了，对方亦无法正确地读取数据包内所传送的资料，因此，VPN 具有极强的安全性。

此外，VPN 还具有较好的稳定性和易管理性。通常，VPN 是对企业内部网的扩展，通过它可以帮助远程用户、公司分支机构、商业伙伴及供应商与公司的内部网建立可信的安全连接，保证数据的安全传输。VPN 可用于移动用户的互联网接入，以实现安全连接；还可用于实现企业网站之间的安全通信。

（4）反病毒技术。计算机病毒具有较大的危害性，给网络用户带来极大的麻烦。因此，很多机构和计算机安全专家对计算机病毒进行了广泛的研究，从而开发了一系列查、杀、防病毒的工具软件和硬件设备，建立了较为成熟的反病毒机制，使计算机用户面对病毒时不再束手无策。

（5）审计和入侵检测。审计实际上是通过事后追查的手段来保证系统的安全。审计对涉及系统安全的操作做了一个完整的记录，当有违反系统安全策略的事件发生时，能够有效地追查事件发生的地点及过程。审计是操作系统的一个独立的过程，它保留的记录包括事件发生的时间、产生这一事件的用户、操作的对象、事件的类型及该事件成功与否等。

入侵检测能够对用户的非法操作或误操作进行实时监控，并将该事件报告给管理员。入侵检测有基于主机和分布式两种方式，通常是与系统的审计功能结合使用的，能够监视系统中的多种事件，包括访问系统资源、登录系统、修改用户特权文件、改变超级用户或其他用户的口令等。

1.3.2　计算机职业道德及相关法律法规

1. 计算机职业道德教育

目前我国高校的计算机专业教育侧重于学生的专业技能与专业素质，侧重对基础知识、编程实验与动手能力的教育培养，也已经开始加强灵活性和适应能力及团队配合方面的训练，而对计算机从业人员所应具备的职业修养与职业道德方面涉及不多。由于以下一些原因，应全力培养学生的计算机职业道德意识。

（1）特殊的技能和专业。计算机从业人员的职业被定位为工程师，通常是在不同的团队中承担不同的任务，个人工作成果与整个项目或系统的外在表象可能没有直接关系。

（2）社会越来越依赖计算机。计算机技术已经深入地影响了整个人类社会。然而随着社会对计算机和网络依赖的加深，我们对计算机故障的应对能力显得越来越弱。

（3）从业人员可能带来的风险越来越大。由于大部分计算机产品的最终用户涉及整个社会的各行各业，因此其带来的风险往往无法简单估计。

（4）已经发现越来越多的计算机职业犯罪。

鉴于以上原因，我们要学会一些基本的计算机防护知识，如隐私保护、防止计算机犯罪、注重知识产权，以及杜绝软件盗版问题等。

2. 计算机职业道德规范

（1）计算机安全有关规范。计算机安全是指计算机信息系统的安全。计算机信息系统是由计算机及其相关的设备、设施（包括网络）构成的，为维护计算机系统的安全，防止病毒的入侵，我们应该注意如下几点：

① 不要蓄意破坏和损伤他人的计算机系统设备及资源；

② 不要制造病毒程序，不要使用带病毒的软件，更不要有意传播病毒（含传播带有病毒的软件）给其他计算机系统；

③ 要采取预防措施，在计算机内安装防病毒软件；要定期检查计算机系统内文件是否有病毒，如发现病毒，应及时用杀毒软件清除；

④ 维护计算机的正常运行，保护计算机系统数据的安全；

⑤ 被授权者对自己享用的资源负有保护责任，口令密码不得泄露给外人。

（2）网络行为有关规范。计算机网络正在改变着人们的行为方式、思维方式乃至社会结构，它对于信息资源的共享起到了不可替代的作用，并且蕴藏着无尽的潜能。但是网络的作用不是单一的，在它广泛的积极作用背后，也有使人堕落的陷阱，这些陷阱产生着巨大的反作用。其主要表现在：网络文化的误导，传播暴力、色情内容；网络诱发不道德和犯罪行为；网络的神秘性“培养”了计算机“黑客”等。

各个国家都制定了相应的法律法规，以约束人们使用计算机及在计算机网络上的行为。例如，我国公安部公布的《计算机信息网络国际联网安全保护管理办法》中规定：任何单位和个人不得利用国际联网制作、复制、查阅和传播下列信息：

① 煽动抗拒、破坏宪法和法律、行政法规实施的；

② 煽动颠覆国家政权，推翻社会主义制度的；

③ 煽动分裂国家、破坏国家统一的；

④ 煽动民族仇恨、民族歧视，破坏民族团结的；

⑤ 捏造或者歪曲事实，散布谣言，扰乱社会秩序的；

⑥ 宣扬封建迷信、淫秽、色情、赌博、暴力、凶杀、恐怖，教唆犯罪的；

⑦ 公然侮辱他人或者捏造事实诽谤他人的；

⑧ 损害国家机关信誉的；

⑨ 其他违反宪法和法律、行政法规的。

但是，仅仅靠制定一项法律来制约人们的所有行为是不可能的，也是不实用的。相反，社会依靠道德来规定人们普遍认可的行为规范。在使用计算机时应该抱着诚实的态度、无恶意的行为，并要求自身在道德意识方面取得进步。

总之，我们必须明确认识到，任何借助计算机或计算机网络进行破坏、偷窃、诈骗和人身攻击的行为都是非道德的或违法的，必将承担相应的责任或受到相应的制裁。

3. 相关法律法规

20 世纪 90 年代以来，针对计算机网络与利用计算机网络从事刑事犯罪的数量，在许多国家都以较快的速度增长。因此，以法律手段打击网络犯罪，在许多国家较早就开始实行了。到 20 世纪 90 年代末，这方面的国际合作也迅速发展起来。

为保障网络安全，着手在刑事领域作出国际间规范的典型是欧盟。欧盟委员会于 2000 年初及 12 月底两次颁布了《网络刑事公约（草案）》。这个公约草案对非法进入计算机系统、非法窃取计算机中未公开的数据等针对计算机网络的犯罪活动，以及利用网络造假、侵害他人财产、传播有害信息等使用计算机网络从事犯罪的活动，均详细规定了罪名和相应的刑罚。之后，有共计 43 个国家（包括美国、日本等）表示了对这一公约草案的兴趣。

在不同国家的刑事立法中，印度的有关做法具有一定代表性。印度于 2000 年 6 月颁布了《信息技术法》，其刑法部分的主要内容与欧盟的“刑事公约”大致相同。不同处有两点：一是规定了向任何计算机或计算机系统释放病毒或导致释放病毒的行为，均认定为犯罪（这点在欧盟公约中是没有的）；二是对于商业活动中的犯罪行为列举得十分具体，并对犯罪的惩罚作了详细的规定。此外，还有一些国家修订了原有刑法，以适应保障计算机网络安全的需要。

1996 年 12 月，世界知识产权组织在两个版权条约中，作出了禁止擅自破解他人数字化技术保护措施的规定。至今，绝大多数国家都把它作为一种网络安全保护规定在本国的法律中，欧盟、日本、美国莫不如此。

有一些发展中国家，除了制定保障网络健康发展的部门法之外，还专门制定了综合性的、原则性的网络基本法。

无论是发达国家还是发展中国家，在规范与管理网络行为方面都很注重发挥民间组织的作用，尤其是行业的作用。在德国、英国、澳大利亚等国家中，学校中网络使用的行业规范均十分严格：有的学校要求教师填写一份保证书，申明不从网上下载违法内容；有的学校，如慕尼黑大学、明斯特大学等，订有《关于数据处理与信息技术设备使用管理办法》，要求师生严格遵守。

我国对网络信息安全立法工作一直十分重视，制定了一批法律、法规、规章等规范性文件，涉及网络与信息系统安全、信息内容安全、信息安全系统与产品、保密及密码管理、计算机病毒与危害性程序防治等特定领域的信息安全，以及信息安全犯罪制裁等多个方面。

1994 年 2 月，国务院发布《计算机信息系统安全保护条例》；1997 年 12 月，公安部发布《计算机信息网络国际联网安全保护管理办法》，同年，全国人大常委会修订的《中华人民共和国刑法》也增加了计算机犯罪的新内容；2000 年 12 月 28 日，第九届全国人大十九次会议通过了《全国人大常委会关于维护互联网安全的决定》，这是我国针对信息网络安全制订的第一部法律性决定，其中规定了若干应按照《中华人民共和国刑法》予以惩处的行为。

2016 年 11 月 7 日，中华人民共和国第十二届全国人民代表大会常务委员会第二十四次会议通过了《中华人民共和国网络安全法》，自 2017 年 6 月 1 日起施行。

目前，我国针对信息安全的法律法规有 50 多部，属于部门规章与地方性法规的有上百部。我国法院也已受理并审结了一批涉及信息网络安全的民事与刑事案件。虽然网络安全问题至今仍然存在，但目前的技术手段、法律手段、行政手段已初步构成一个综合防范体系。

1.3.3 知识产权及相关法律法规

知识产权是智力劳动产生的成果所有权，它是依照各国法律赋予符合条件的著作者、发明者或成果拥有者在一定期限内享有的独占权利。知识产权分为两类：一类是著作权，另一类是工业产权。

- **著作权：**著作权又称版权，是指自然人、法人或者其他组织对文学、艺术和科学作品依法享有的财产权利和精神权利的总称，主要包括著作权及与著作权有关的邻接权。通常我们说的知识产权主要是指计算机软件著作权和作品登记。
- **工业产权：**工业产权则是指工业、商业、农业、林业和其他产业中具有实用经济意义的一种无形财产权，它主要包括专利权与商标权。

随着科技的发展，为了更好地保护产权人的利益，知识产权制度应运而生并不断完善。1990 年 9 月，我国颁布了《中华人民共和国著作权法》，把计算机软件列为享有著作权保护的作品；1991 年 6 月，我国颁布了《计算机软件保护条例》，规定计算机软件是个人或者团体的智力产品，同专利、著作一样受法律的保护；2017 年 4 月 24 日，最高人民法院首次发布《中国知识产权司法保护纲要》；2018 年 2 月 27 日，中共中央办公厅、国务院办公厅印发《关于加强知识产权审判领域改革创新若干问题的意见》等重要文件。

人们在使用计算机软件或数据时，应遵照国家有关法律规定，尊重其作品的版权，这是使用计算机的基本道德规范。建议人们养成良好的道德规范，具体如下：

（1）应该使用正版软件，坚决抵制盗版，尊重软件作者的知识产权。

（2）不对软件进行非法复制。

（3）不要为了保护自己的软件资源而制造病毒保护程序。

（4）不要擅自篡改他人计算机内的系统信息资源。

小提示

《中华人民共和国民法通则》中规定了6种知识产权类型，即著作权、专利权、商标权、发现权、发明权和其他科技成果权，并规定了知识产权的民法保护制度。《中华人民共和国刑法》也在第二编第三章第七节，以八条的篇幅，确定了知识产权犯罪的有关内容，从而确定了中国知识产权的刑法保护制度。此外，《中华人民共和国专利法》《商标法》《著作权法》《发明奖励条例》等单行法和行政法规也都对相关的知识产权作了规定。

课堂案例4　讨论信息安全相关案例

1. Facebook用户数据泄露事件

（1）事件始末。

2018年3月中旬，《纽约时报》等媒体揭露称，一家服务特朗普竞选团队的数据分析公司Cambridge Analytica，获得Facebook公司5 000万用户数据并进行违规滥用。

根据告密者克里斯托夫•维利的指控，Cambridge Analytica在2016年美国总统大选前获得了5 000万名Facebook用户的数据。这些数据最初通过一款名为“this is your digital life”的心理测试应用程序收集。通过这款应用，Cambridge Analytica不仅从接受测试的用户处收集信息，还获得了他们好友的资料。

2018年3月19日，消息称Facebook已经聘请外部公司对相关数据公司进行调查。

2018年3月22日凌晨，Facebook创始人马克•扎克伯格发表声明，承认平台曾犯下的错误，随后相关国家和机构开启调查。

2018年4月5日，Facebook首席技术官又发表报告称，Facebook上约有8 700万用户受影响，随后Cambridge Analytica驳斥称受影响用户不超过3 000万。

2018年4月6日，Facebook已经确认有270万欧洲公民的数据被Cambridge Analytica公司不当利用。

（2）事件分析。

此次事件的爆发，从根本上打击了Facebook的商业运作逻辑，即通过用户的行为偏好进行特征分析，完成用户画像，进而借助相应的算法模型向用户精准投放广告。过去Facebook可以依靠用户的不断增长实现业绩红利，现在却不得不依靠更高质量的广告投放来获得客户青睐。

自移动互联网爆发，大数据、人工智能等技术大行其道以来，数据似乎成了一座巨大的财富矿山。现在看来，数据的滥用却正在使其成为个人的有毒资产。与此同时，与数据保护相关的法律法规也在逐步完善，如 2018 年 5 月 25 日生效的欧盟《统一数据保护条例》。

从全球范围来看，《统一数据保护条例》对数据隐私的强调更加严格，更加强化对自然人数据的保护。例如，在将数据运用于智能决策方面，它要求将关键数据排除在智能决策之外。该条例所列举的敏感数据包括种族、政治倾向、宗教信仰、健康、性生活、性取向等数据，以及可唯一识别自然人的基因数据、生物数据。

同时，《统一数据保护条例》也要求增加进行数据采集时的透明度，即明确数据采集的范围、使用的目的等，并且要求数据进行分析的过程必须是可被理解的。

2. 珊瑚虫 QQ 侵权案

（1）事件始末。

从 2001 年开始，北京理工大学计算中心老师陈寿福从腾讯网站下载了不同版本的腾讯 QQ 系列软件后，未经腾讯公司许可，在腾讯 QQ 软件中加入珊瑚虫插件，并重新制作成安装包，命名为“珊瑚虫 QQ”后放到珊瑚虫工作室网站上供用户下载。为谋取非法利益，陈寿福在其制作的珊瑚虫 QQ 软件中加入了其他公司的商业插件并收取广告费。

2006 年 8 月 20 日，腾讯公司对珊瑚虫 QQ 的作者陈寿福提起诉讼；同年 12 月 20 日，北京市海淀区人民法院判决腾讯公司起诉珊瑚虫 QQ 侵犯著作权胜诉，软件作者陈寿福被判向腾讯赔偿经济损失 10 万元。

（2）事件分析。

根据《中华人民共和国刑法》第二百一十七条的规定，侵犯著作权罪的主客观构成要件包括以营利为目的，未经著作权人许可，复制发行其计算机软件等作品，违法所得数额较大或者有其他严重情节。被告行为已构成对腾讯 QQ 软件的复制发行，并据此获利，违法所得数额巨大，其行为已构成侵犯著作权罪，依法应予惩处。

小提示

《中华人民共和国刑法》第二百一十七条 侵犯著作权罪，规定如下：

以营利为目的，有下列侵犯著作权情形之一，违法所得数额较大或者有其他严重情节的，处三年以下有期徒刑或者拘役，并处或者单处罚金；违法所得数额巨大或者有其他特别严重情节的，处三年以上七年以下有期徒刑，并处罚金：① 未经著作权人许可，复制发行其文字作品、音乐、电影、电视、录像作品、计算机软件及其他作品的；② 出版他人享有专有出版权的图书的；③ 未经录音录像制作者许可，复制发行其制作的录音录像的；④ 制作、出售假冒他人署名的美术作品的。

刑法之所以规定侵犯软件著作权罪的最根本原因是，一旦侵权人的行为达到刑法规定的标准时，其社会危害性是无法通过承担民事责任就能达到维持社会秩序的目的的。鉴于侵犯知识产权犯罪案件（包括侵犯商标、专利、商业秘密、著作权等）的复杂性，刑法对该类案件规定了多种情节以认定其社会危害性的大小，如非法经营数额、销售金额、侵权复制品数量、违法所得数额、损失数额等。根据刑法的规定，认定计算机软件著作权的社会危害性是以违法所得、非法经营数额、侵权产品的数量来进行的，计算标准如下：

（1）违法所得。违法所得是指实施违法行为的获利。它包括两个方面：一是侵权人实施了违法行为，二是侵权人因实施违法行为而获得了利润。这个利润是去除其因实施违法行为而支出的成本费用的。

（2）非法经营数额。非法经营数额是指侵权人通过销售侵权产品所取得的收入，即货款的大小，其并没有去除成本。

（3）侵权产品的数量。即侵权人销售侵权产品数量的多少。当侵权产品是计算机软件时，可以计算软件被下载的次数。

课堂互动

2018年，国内发生了很多重大信息安全事件，如华住酒店5亿条信息泄露、阿里云因 bug 禁用内部 IP 导致大规模故障、爱奇艺起诉今日头条擅播《延禧攻略》等，请选取一两个事件进行讨论。

本章总结

本章主要介绍了计算机网络应用与信息安全的知识。学完本章内容，读者应重点掌握以下知识：① 组建小型有线/无线局域网的方法；② 从网上搜索并下载资源，以及收发电子邮件的方法；③ 信息安全的基本内容及相关法律法规。

本章习题

1. 选择题

（1）下列选项中，（　　）不是组建局域网的设备。

A．网卡　　B．交换机　　C．声卡　　D．网线

（2）Internet 实现了分布在世界各地的各类网络的互联，其最核心的协议是（　　）。

A．TCP/IP　　B．FTP　　C．HTML　　D．HTTP

（3）下列各项中，非法的 IP 地址是（　　）。

A．33.112.78.6　　B．45.98.12.145　　C．79.45.9.234　　D．166.277.13.98

（4）下列选项中，（　　）不是目前流行的 Internet 接入方式。

A．ADSL　　B．小区宽带　　C．新浪网　　D．有线通

（5）下列域名中，书写正确的是（　　）。

A．_catch.gov.cn　B．catch.gov.cn　C．catch,edu,cn　D．catch..gov.cn1

（6）邮件地址“beta@public.mba.net.cn”中的 beta 代表（　　）。

A．用户名　B．网络地址　C．域名　D．主机名

（7）在互联网上最常用的一类查询工具叫做（　　）。

A．网络加速器　B．搜索引擎　C．ISP　D．离线浏览器

（8）下列不属于系统安全技术的是（　　）。

A．防火墙　B．加密狗　C．CA认证　D．防病毒

2. 操作题

（1）查看个人计算机的 IP 地址，并修改个人计算机名和工作组。

（2）将现有无线局域网的名称改为“WiFi_2019”，密码改为“jqe13579”，并将笔记本电脑重新连接到该无线局域网。

（3）从互联网上搜一首名称为“纸短情长”的歌曲，并将其下载到本地磁盘。

（4）申请一个搜狐闪电邮箱，并向其他同学发送一封关于“新年”的电子邮件。

（5）2018 年 7 月，北京海淀分局警务支援大队接到辖区内某科技公司报案称：2018 年 3 月 14 日，其公司员工陈某等人违反公司规定，私自开通公司多个重要技术项目权限，下载公司独立开发的三个项目源代码并倒卖。在掌握大量证据的前提下，民警于 2018 年 9 月 6 日在海淀区上地某写字楼内将犯罪嫌疑人陈某、孙某某抓获。经询问，嫌疑人陈某交代，自己受公司主管孙某某授意，在离职前夕，通过非法提权盗取公司数据，而后倒卖获利 800 万元。经鉴定，陈某伙同孙某某非法出售的代码与公司源代码认定同一。请利用本章所学知识，对该案件进行分析。

第 2 章　多媒体工具软件

【本章导读】

多媒体技术是 20 世纪 80 年代末兴起并迅速发展的一门技术。它使计算机具备了综合处理文字、图像、音频、视频和动画的能力，帮助人们创作了许多丰富多彩、赏心悦目的作品，给人们的生活、工作和学习增添了色彩和乐趣。

目前，多媒体技术及其应用已经成为信息技术的一个重要领域，日益深入社会生活的各个方面，使人们的工作和生活方式发生了巨大的改变。本章主要介绍多媒体基本知识及多媒体工具软件的应用。

【学习目标】

- 了解图像文件的常用格式和处理软件，能够使用光影魔术手处理图像。
- 了解提供文档下载的常用网站及制作和阅读 PDF 文档的常用软件，能够使用冰点下载器下载文档，以及使用 Adobe Acrobat 制作和阅读 PDF 文档。
- 了解音频文件的常用格式和处理软件，能够使用 Adobe Audition 处理音频。
- 了解视频文件的常用格式和处理软件，能够使用格式工厂转换视频格式，以及使用 FlashBack 录制和编辑微课视频。

2.1　使用图像处理软件

图像是人们接触最多的媒体之一，利用它可以生动、形象、直观地表现大量的信息。下面介绍图像文件的常用格式、相关概念和处理软件。

2.1.1　图像文件的常用格式

为了适应不同方面的应用，可以将图像以不同的格式进行存储。表 2-1 列出了一些常用的图像文件格式及其用途。

表 2-1 常用的图像文件格式及其用途

格 式	格式说明	用 途
BMP	微软推出的图像文件格式，采用无损压缩，图像质量高，但文件体积大	适合保存原始图像素材
JPG	一种压缩率很高的图像文件格式。由于它采用的是具有破坏性的压缩算法，因此会降低图像的质量	广泛用于数码相片、网页图像等
GIF	网络上经常使用的图像文件格式，支持透明背景和动画，但由于它最多只包含 256 种颜色，因此图像的色彩表现不够丰富	常用于网页图像和制作 GIF 动画
PNG	具有很高的压缩比，支持透明背景	常用于网页图像
TIFF	采用无损压缩方式来存储图像信息，图像质量高，但体积大	广泛地应用于对图像质量要求较高的图像的存储，如作为印前文件等
PSD	Photoshop 的专用文件格式，可保存图层和透明信息	适合保存使用 Photoshop 处理但尚未制作完成的图像

2.1.2 像素与图像分辨率

像素是组成图像的最基本单位，每个像素只能显示一种颜色，它们共同组成整幅图像。

图像分辨率通常是指图像中每平方英寸所包含的像素数，其单位是“像素/英寸”（ppi）。一般情况下，如果图像仅用于显示器显示，可将其分辨率设置为 72 ppi；如果图像用于印刷输出，则应将其分辨率设置为 300 ppi 或更高。

图像分辨率有时也指一幅图像中像素的数量，通常用“水平方向像素数量×垂直方向像素数量”的方式来表示，例如 1 440×960，1 920×1 440 等，它决定了图像的大小。

分辨率与图像的品质有着密切的关系。当图像尺寸固定时，分辨率越高，意味着图像中包含的像素越多，图像也就越清晰，相应地，文件也会越大；反之，分辨率较低时，意味着图像中包含的像素越少，图像的清晰度自然也会降低，相应地，文件也会变小。

课堂互动

你能用自己的手机拍摄一张照片，并查看它的分辨率吗？试一下！

2.1.3 图像处理常用软件

可用于处理图像的工具软件有很多，常用的见表 2-2。

表 2-2　常用的图像处理软件

软件名称	说　明	图　例
Photoshop	目前最流行的专业图像处理软件，被广泛应用于平面广告设计、艺术图形创作、数码相片处理等领域	
光影魔术手	一款针对图像画质进行改善及效果处理的软件。它简单、易用，不需要任何专业的图像处理知识，就可以制作出各种专业的相片效果，是摄影作品后期处理的必备图像处理软件，能够满足绝大部分用户的需要	
美图秀秀	一款好用的免费图像处理软件，它操作简单，具有图片特效、美容、饰品、边框、场景、拼图等功能，可快速制作出影楼级的相片。此外，利用美图秀秀还能制作非主流相片、闪图、QQ 表情等，因此用户群很广	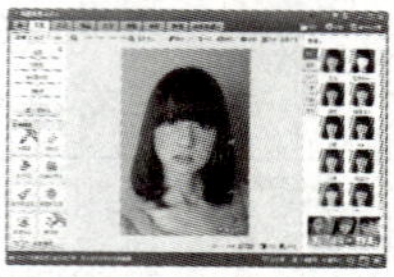
ACDSee	目前流行的图像处理软件，广泛应用于获取、管理、浏览、编辑和优化图像等	

课堂案例 1　使用光影魔术手处理图像

下面用光影魔术手对图像素材进行裁剪、调整亮度和对比度、添加文字和边框等处理。

步骤 1▶　从网上下载并安装光影魔术手到计算机中，然后运行。单击“打开”按钮，在打开的对话框中选择要处理的图像文件，如本书配套素材“素材与实例”>“第 2 章”>“相片.jpg”文件，如图 2-1 所示。

图 2-1　打开要处理的图像文件

步骤 2▶ 调整图像的亮度和对比度。在窗口右侧“基本调整”选项的“基本”类别中调整图像的亮度和对比度，如图 2-2 所示。

步骤 3▶ 裁剪图像。单击窗口上方的“裁剪”按钮，将光标移至图像窗口中，在图像的左上角按下鼠标左键并向右下角拖动，将要保留的区域选中，如图 2-3 所示。

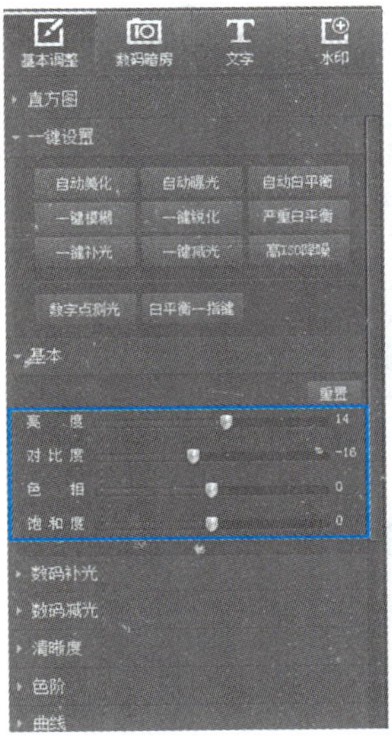

图 2-2　调整亮度和对比度

图 2-3　裁剪图像

小技巧

绘制好裁剪框以后，将光标移至裁剪框内并拖动，可以移动裁剪框。

将光标移至裁剪框四条边中间或四个角的控制点上，当其变为双向箭头形状时拖动鼠标，可调整裁剪框的大小。

此外，还可在右侧的“裁剪”面板中设置裁剪框的旋转角度（对于一些倾斜的相片，可将裁剪框旋转为与其倾斜角度一致，从而可以合理裁剪和矫正相片）。

步骤 4▶ 单击“确定”按钮，完成裁剪操作，此时可以看到裁剪后的图像效果，如图 2-4 所示。

步骤 5▶ 单击窗口右上角的“数码暗房”按钮，在打开的列表中选择“负片效果”选项，然后单击“确定”按钮，对图像应用负片效果，如图 2-5 所示。

步骤 6▶ 单击“文字”按钮，在打开的文字列表中单击“添加新的文字”按钮，然后在上方的文字编辑框中输入要添加到图像中的文字，如“北京摄影”，再在“字体”列表中选择一种字体，如“华文彩云”，设置文字大小为 50，单击“加粗”按钮，设置文字的排列方向为竖向，最后将文字移到图像的左下位置，如图 2-6 所示。

图 2-4　裁剪后的效果

图 2-5　设置“负片效果”

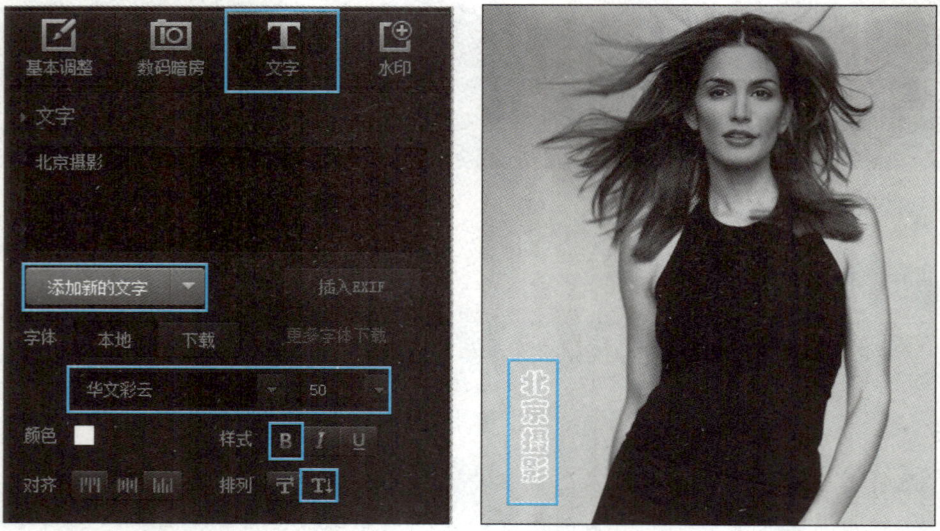

图 2-6　添加文字并设置格式

步骤 7▶　单击“边框”按钮，在打开的列表中选择“轻松边框”选项，再在右侧显示的边框列表中选择一种边框类型，即可为图像添加选择的边框，最后单击“确定”按钮，如图 2-7 所示。

步骤 8▶　单击“保存”按钮保存图像；或者单击“另存”按钮另存图像。

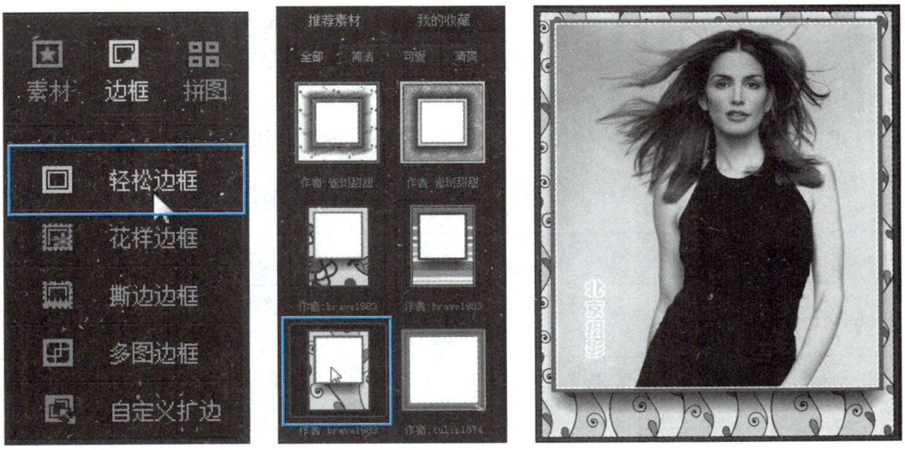

图 2-7　为图像添加边框

2.2　使用文档下载与阅读软件

在日常学习和工作中，难免要从网上下载文档资料或者制作 PDF 文档。下面就来学习文档下载与阅读软件的使用方法。

2.2.1　提供文档下载的常用网站

提供文档下载的常用网站见表 2-3。

表 2-3　提供文档下载的常用网站

网站名称	网　址	说　明
百度文库	https://wenku.baidu.com	百度旗下供网友在线分享文档的平台，支持.doc，.ppt，.xls，.pdf 等文档格式
MBA 智库文档	https://doc.mbalib.com	主要提供经管方向电子文档的分享与下载
豆丁网	https://www.docin.com	全球优秀的电子文档销售与分享平台
道客巴巴	http://www.doc88.com	一个专注于电子文档在线分享的平台
文档投稿赚钱	https://max.book118.com	提供文档付费阅读和下载服务

2.2.2　PDF 文档阅读、转换和下载常用软件

PDF 的全称为 Portable Document Format，是 Adobe 公司开发的电子文件格式。这种

文件格式在 Windows，macOS 及其他操作系统中都可以通用，因此成为 Internet 上进行电子文档发布和数字化信息传播的理想文档格式。目前，越来越多的电子图书、产品说明、公司文告、网络资料和电子邮件都开始使用 PDF 格式。

提供 PDF 文档阅读、转换（与 Word 文档之间的转换）和下载的常用软件见表 2-4。

表 2-4　提供 PDF 文档阅读、转换和下载的常用软件

软件名称	说　明
Adobe Acrobat Pro	Adobe 官方出品的 PDF 文档全能解决方案套件，可用来创建、编辑、阅读和转换 PDF 文档，而且稳定性比同类其他软件更出色
Adobe Reader	一款小巧而实用的 PDF 文档阅读与转换软件，可一键将 PDF 文档转换为 Word 文档等
福昕 PDF 阅读器	能够快速创建、打开、浏览、审阅、注释及打印 PDF 文档，而且具有轻快、高效、安全等特性
金山 PDF 阅读器	一款精巧而稳定的 PDF 阅读工具
冰点下载器	一款下载网络分享文档的工具。使用它无需注册和登录，就可以自由下载百度文库、MBA 智库文档、豆丁网、道客巴巴等平台的文档，最终生成高清晰度的 PDF 格式文档

课堂案例 2　使用冰点下载器下载文档

下面以从豆丁网下载文档为例，说明冰点下载器的使用方法。

步骤 1▶ 冰点下载器是一款绿色软件，无需安装即可运行。从网上将最新版的冰点下载器软件下载到计算机中后，双击其中的 Fish 文件图标将其启动。

步骤 2▶ 打开豆丁网的主页（https://www.docin.com），在搜索框中输入关键词以搜索要下载的文档，如输入“虚拟现实技术”，搜索与虚拟现实技术相关的文档。

步骤 3▶ 在搜索结果中找到需要的文档并打开，如打开“虚拟现实技术漫谈”文档。

步骤 4▶ 选中所打开文档的网址并将其复制到剪贴板中，如图 2-8 所示。

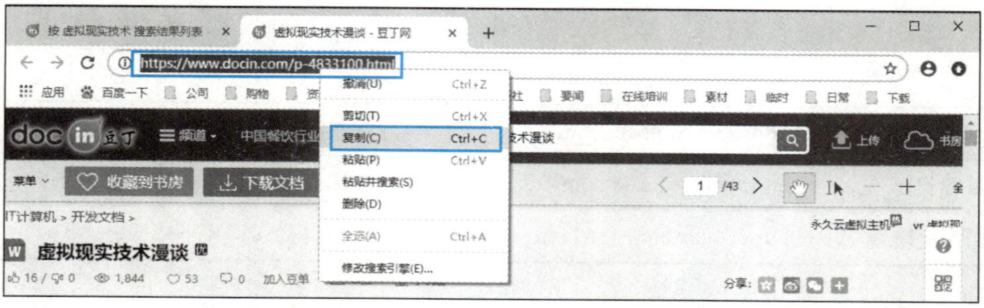

图 2-8　复制文档的网址

步骤 5▶ 返回冰点下载器主界面，将前面复制的网址粘贴到其地址栏中，然后单击

“下载”按钮，开始下载文档，如图 2-9 所示。

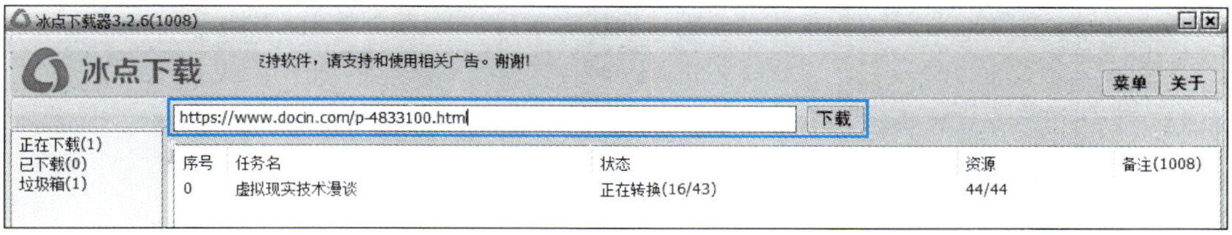

图 2-9 冰点下载器主界面

步骤 6▶ 文档下载完毕后，在“已下载”类别中右击下载的文件名，从弹出的快捷菜单中选择“打开保存文件夹”选项，可查看下载的文件，如图 2-10 所示。用户也可在冰点下载器主界面中单击“菜单”按钮，从弹出的列表中选择“系统设置”选项，在打开的对话框中设置文档的默认保存目录。

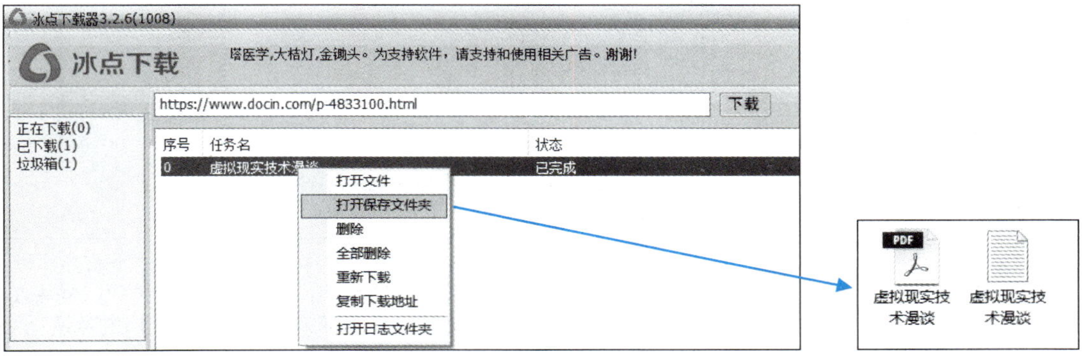

图 2-10 查看下载的文件

课堂案例 3 使用 Adobe Acrobat 制作和阅读 PDF 文档

本案例将使用 Adobe Acrobat Pro DC 制作、阅读和编辑 PDF 文档。

步骤 1▶ 将 Adobe Acrobat Pro DC 软件安装在计算机中并启动，然后单击“工具”标签切换到该界面，如图 2-11 所示。在“工具”界面中可看到 Adobe Acrobat Pro DC 提供的功能，包括创建和编辑 PDF 文件、审查和批准 PDF 文件、保护 PDF 文件等。

步骤 2▶ 用户可以将 Word 文档、Excel 电子表格、PowerPoint 演示文稿和纯文本文档等创建为 PDF 格式的文档，为此，在“工具”界面中单击“创建 PDF”按钮。

步骤 3▶ 从打开的界面中单击“选择文件”按钮，弹出“打开”对话框，在其中选择要创建为 PDF 文件的文档，如本书配套素材“素材与实例”>“第 2 章”>“毕业设计成果”Word 文档，然后单击“打开”按钮将其打开，效果如图 2-12 所示。

步骤 4▶ 单击“高级设置”按钮，在打开的对话框中设置 PDF 文件的质量和安全性

（见图 2-13），完成后单击“确定”按钮返回 PDF 创建界面，再单击“创建”按钮。

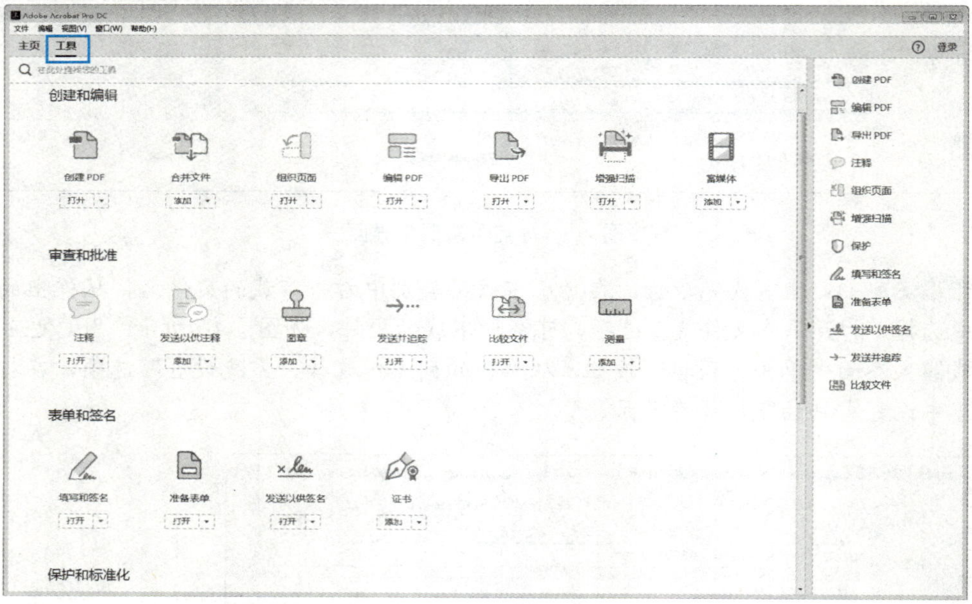

图 2-11　Adobe Acrobat Pro DC 的“工具”界面

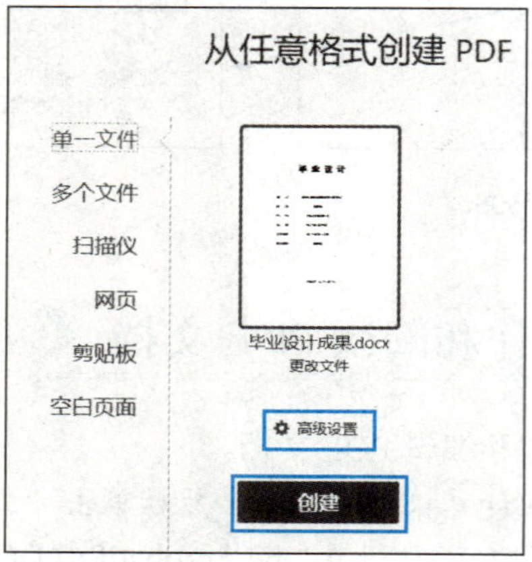

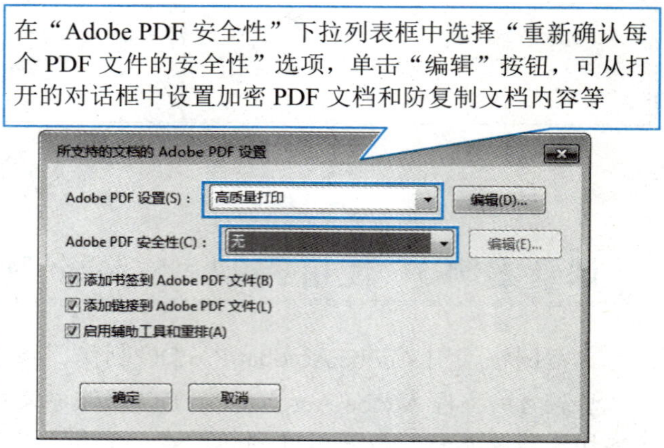

图 2-12　打开要创建为 PDF 文件的文档　　　　图 2-13　设置 PDF 文件的质量和安全性

步骤 5▶　等待一会儿，即可将所选的 Word 文档转换成 PDF 文件并自动打开，用户只需选择“文件”→“保存”菜单将其保存即可，如图 2-14 所示。

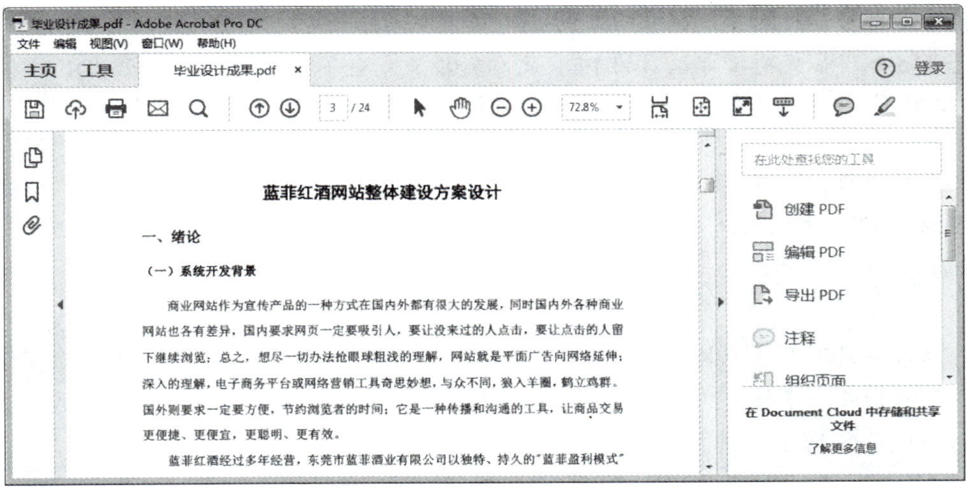

图 2-14 创建的 PDF 文件

步骤 6▶ 用户可将光标分别移至 PDF 文档窗口工具栏的各按钮上方，从弹出的提示框中了解其作用，然后选择相应的按钮进行操作。例如，单击“查找”按钮，然后从文档中查找指定内容；单击“文本和图像选择工具”按钮，然后在文字或图像上方拖动光标以选择文本或图像，再右击所选对象，从弹出的快捷菜单中执行相应命令；单击“添加附注”按钮，然后在正文中需要添加注释的位置单击并输入注释。

步骤 7▶ 在右侧的导航栏中选择“组织页面”选项，在打开的界面中选择一个或多个页面，然后对所选页面进行提取（将页面提取为单个 PDF 文件，注意提取后需要保存）、旋转、删除、从文件插入等操作，如图 2-15 所示。完成后单击“关闭组织页面”按钮×，返回正常的文档浏览状态并保存编辑后的 PDF 文档。

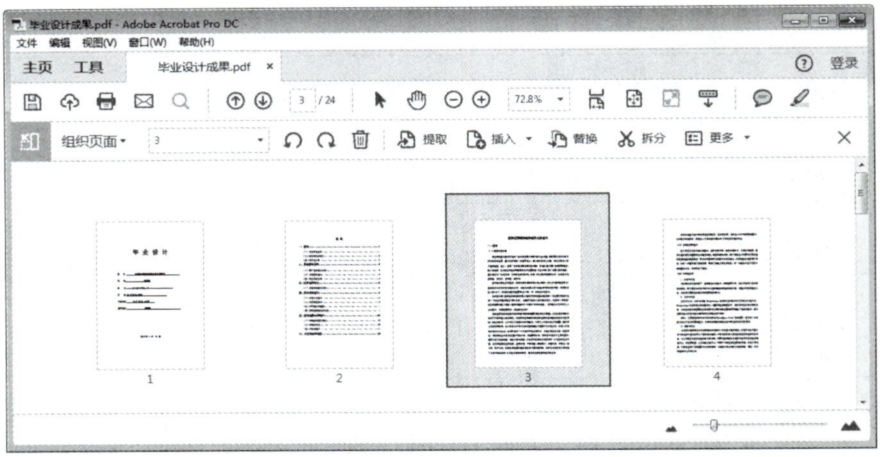

图 2-15 组织页面

步骤 8▶ 如果要将 PDF 文件转换为 Word 文档、电子表格、图像等格式，可在右侧的导航栏中选择“导出”选项，再从打开的界面中选择相应的选项。

步骤 9▶ 如果要将可编辑的 PDF 文档转换成完全不可编辑的图像版 PDF 文档，可选择“文件”→“打印”菜单，打开“打印”对话框。在“打印机”下拉列表框中选择“Adobe PDF”选项，单击“高级”按钮，在打开的对话框中选中“作为图像打印”复选框并设置分辨率，然后单击“确定”按钮返回“打印”对话框，最后单击“打印”按钮，根据提示设置图像版 PDF 文档的保存位置即可。

小提示

在计算机中安装 Adobe Acrobat Pro 软件后，在 Word 程序“打印”界面的“打印机”下拉列表框中将出现“Adobe PDF”选项，利用它可快速将当前编辑的 Word 文档转换成普通 PDF 文件，操作与步骤 9 类似。

2.3 使用音频处理软件

音频也是日常学习、生活和工作中经常遇到的一种媒体类型，下面就来学习常用的音频文件格式和音频处理软件，以及处理音频的方法。

2.3.1 音频文件的常用格式

常用的音频文件格式及其用途见表 2-5。

表 2-5 常用的音频文件格式及其用途

格 式	格式说明	用 途
WAV	微软公司开发的一种音频文件格式，被大多数应用程序所支持。由于 WAV 格式的音频文件没有经过压缩，所以音质很好	适合保存原始音频素材
AIFF	苹果公司开发的一种音频文件格式，与 WAV 相似，被大多数应用程序所支持	适合保存原始音乐数据
MP3	一种采用有损压缩的音频文件格式，其压缩率可达 1∶10。它是目前 Internet 上最流行的音频文件格式	适合 Internet 应用
WMA	微软力推的一种音频文件格式，其压缩率可达 1∶18，音质与 MP3 相似	适合 Internet 应用

2.3.2　音频采样率和码率

音频采样率是指将模拟音频信号转换成能在计算机中存储的数字音频信号时，每秒采集的声音样本数。例如，CD 音频的采样率为 44.1 kHz，表示每秒钟采样 44 100 个数据。常用的采样率有 8 kHz，11.025 kHz，22.05 kHz，15 kHz，44.1 kHz，48 kHz 等。

很显然，采样率越高，即采样的间隔时间越短，在单位时间内得到的声音样本数据就越多，对声音波形的表示也越精确，音质就越有保证。

音频码率（比特率）是指每秒播放的音频数据量，单位通常为 kbps。同格式的音频文件，码率越高，文件体积越大，相对来说音质也越好。通常当音频码率为 192 kbps 时，其音质已接近于 CD 音乐的音质。目前 MP3 歌曲的码率大多为 128 kbps。

2.3.3　音频处理常用软件

最简单的音频处理软件是 Windows 自带的“录音机”，利用它可以进行简单音频的录制和编辑。此外，常用的音频处理软件还有 Adobe Audition 和 GoldWave 等，见表 2-6。

表 2-6　常用的音频处理软件

软件名称	说　明	图　例
Adobe Audition	原名为 Cool Edit Pro，后被 Adobe 收购，改名为 Adobe Audition。Adobe Audition 支持多条音轨、多种音频特效、多种音频格式，可以很方便地录制音频，以及对音频进行编辑、添加特效、降噪和混音等处理操作	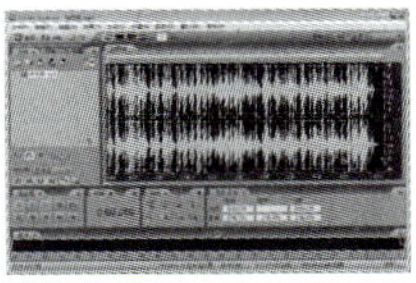
GoldWave	一款操作简单、功能强大的音频处理软件，内含丰富的音频处理特效，如多普勒、回声、混响、降噪等，支持从 DVD 或其他视频文件中提取音频	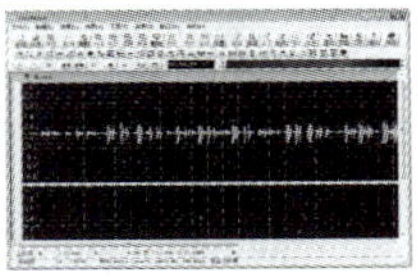

课堂案例 4　使用 Adobe Audition 处理音频

本案例首先使用 Adobe Audition 录制一段音频，然后对素材音频进行编辑。

1. 录制音频

首先将麦克风插入电脑的音频输入接口，然后按以下步骤录制音频。

步骤 1▶ 在计算机中安装 Adobe Audition，将其启动，进入其操作界面，如图 2-16 所示。可看到其默认的操作界面由菜单栏、工具栏、面板组、音轨区、功能面板区、电平显示区和状态栏等元素组成。

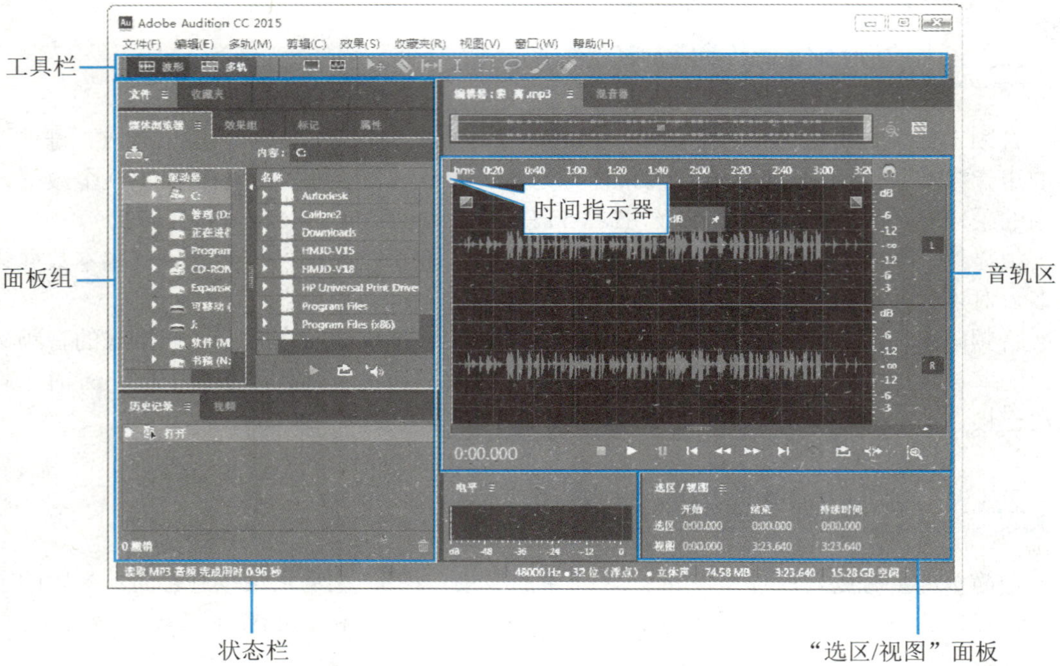

图 2-16　Adobe Audition 操作界面

下面介绍其中一些重要组成元素。

- 工具栏：包括程序模式切换按钮（波形编辑和多轨编辑）和基本工具按钮等。
- 面板组：包括“文件”“媒体浏览器”“效果组”等面板。其中，“文件”面板中列出了已打开或导入的音频文件；利用“媒体浏览器”面板可打开保存在电脑中的音频文件；“效果组”面板中列出了一些用于处理音频的特殊效果。
- 音轨区：编辑音频的具体区域。用户可以选择任意音频片段并进行剪切、复制、删除或添加特效等操作。音轨区上有一个时间指示器，用来指示当前播放或编辑的音频时间点，可任意拖动改变其位置。此外，单击音轨区下方的按钮，可对当前音轨上的音频进行播放、停止、暂停、录制，以及调整显示比例等操作。
- “选区/视图”面板：显示当前所选音频片段的开始时间、结束时间和持续时间；也可直接通过在开始时间和结束时间编辑框中输入数值来选取音频片段。

步骤 2▶ 选择“文件”→“新建”→“音频文件”菜单，打开“新建音频文件”对话框，输入文件名，单击“确定”按钮，完成音频文件的创建，如图 2-17 所示。

步骤 3▶ 单击音轨区下方红色的“录制”按钮，然后对着麦克风讲话或唱歌，开始录制音频。录制结束后，单击“停止”按钮结束录制。此时，单击“播放”按钮可播放已录制的音频，如图 2-18 所示。

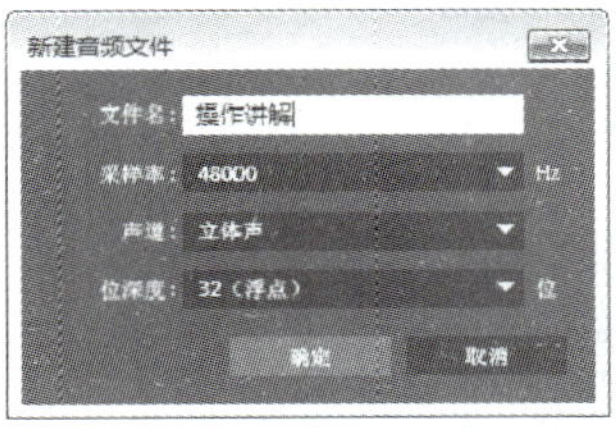

图 2-17　新建音频文件

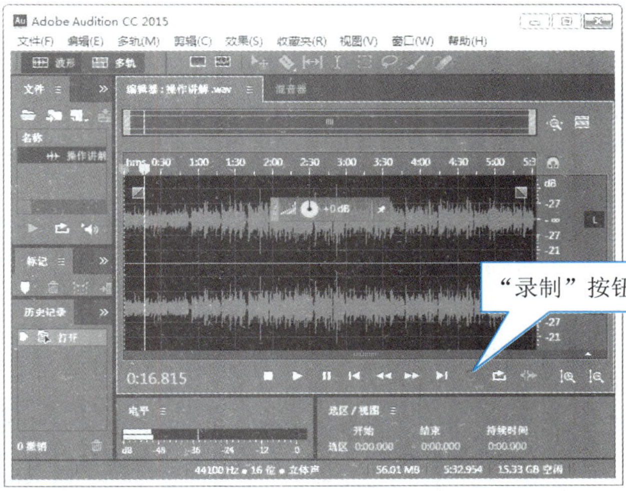

图 2-18　录制并播放音频

步骤 4▶　选择“文件”→“保存”菜单，打开“另存为”对话框。在“文件名”编辑框中输入文件名，单击“位置”右侧的“浏览”按钮，从弹出的对话框中选择文件的保存位置，然后在“格式”下拉列表框中选择音频格式，如“MP3 音频（*.mp3）”。再视情况单击“采样类型”和“格式设置”右侧的“更改”按钮，在弹出的对话框中设置采样类型和格式，最后单击“确定”按钮保存文件，如图 2-19 所示。

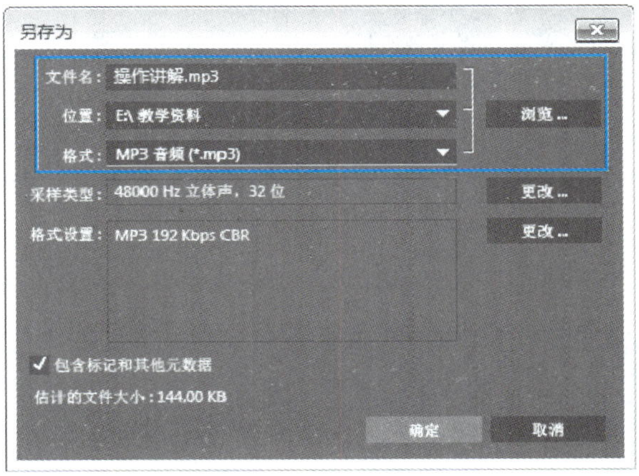

图 2-19　保存音频文件

2. 编辑音频

下面以编辑素材文件夹中的音频为例，学习使用 Adobe Audition 编辑音频的操作。

步骤 1▶　启动 Adobe Audition，选择“文件”→“打开”菜单（或按快捷键“Ctrl+O”），

在打开的对话框中选择需要进行处理的素材文件，如本书配套素材“素材与实例”>“第2章”>“操作讲解.wav”文件，单击“打开”按钮将其打开。

步骤 2▶ 向上滚动鼠标滚轮，放大显示音频时间的显示比例，然后在声音波形的7.9秒左右按住鼠标左键向右拖动，至17.1秒左右释放鼠标左键，从而选取7.9～17.1秒的音频片段，如图2-20所示。

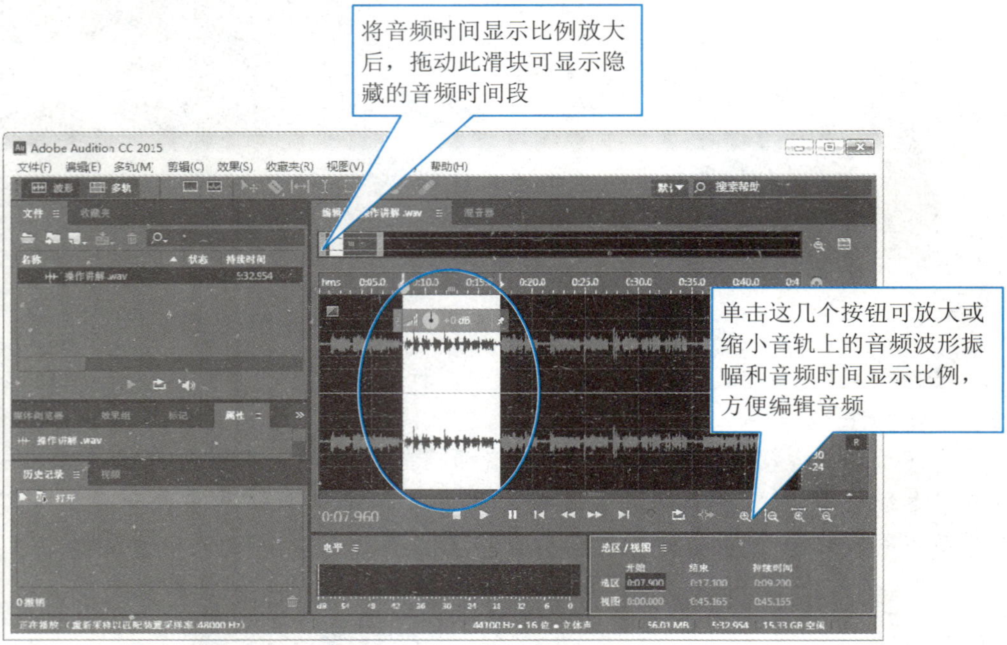

图 2-20　选择要编辑的波形

步骤 3▶ 在“编辑”菜单中选择“删除”选项，或者按“Delete”键，将所选音频片段删除。

小提示

> 如果要复制音频片段，可选中音频片段后按“Ctrl+C”组合键，然后将时间指示器拖到要复制到的目标位置，按“Ctrl+V”组合键粘贴音频。
>
> 如果要移动音频片段，可选中音频片段后按“Ctrl+X”组合键，然后确定目标位置并按“Ctrl+V”组合键。

步骤 4▶ 将波形振幅放大显示，选择一段噪音，然后选择“效果”→“降噪/恢复”→“捕捉噪声样本”菜单，将所选噪音片段设置为样本，如图2-21所示。下一步将根据此样本对音频降噪。

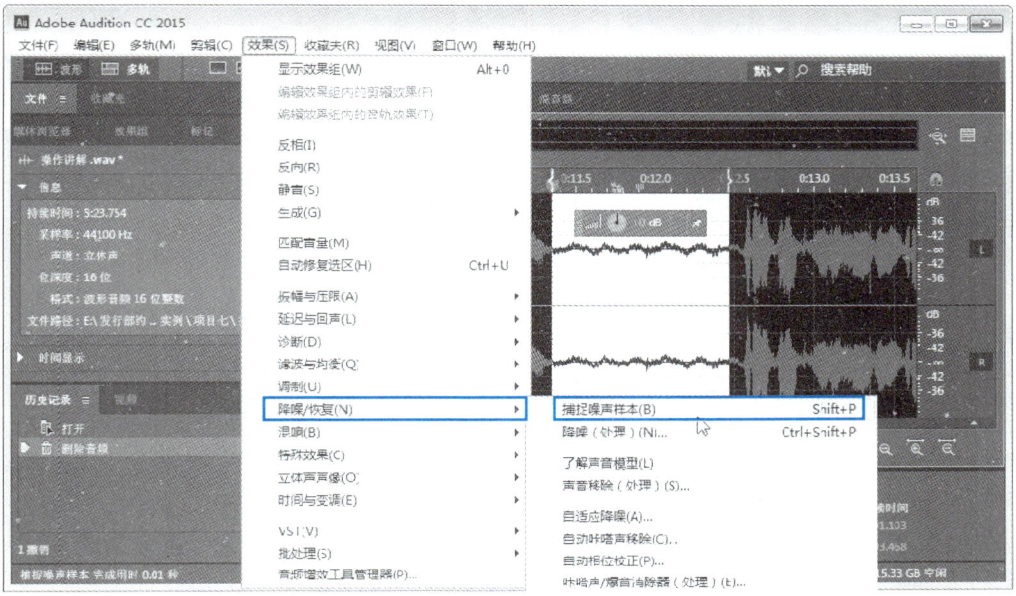

图 2-21　采集噪音样本

步骤 5▶　选择"效果"→"降噪/恢复"→"降噪（处理）"菜单，打开"效果-降噪"对话框，单击"捕捉噪声样本"按钮，再单击"选择完整文件"按钮（表示对整个音频进行降噪），然后单击"应用"按钮（见图 2-22），即可根据前面采集的噪声样本对所选音频进行降噪，效果如图 2-23 所示。

步骤 6▶　选择"文件"→"另存为"菜单，以 MP3 格式另存音频文件。

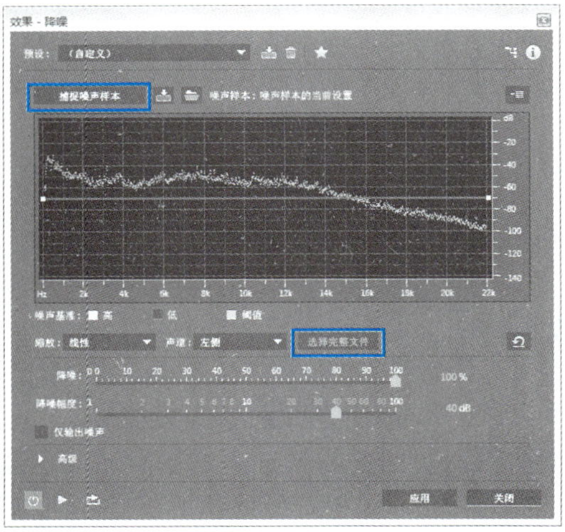

图 2-22　"效果-降噪"对话框

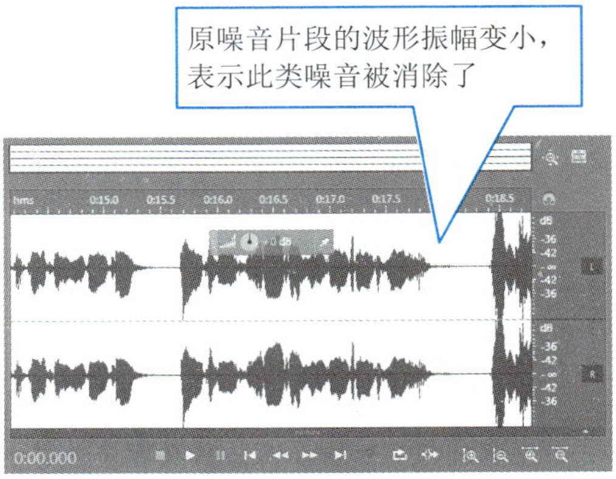

图 2-23　降噪效果

小提示

Adobe Audition 提供了两种编辑音频的模式：一种是波形编辑器模式，另一种是多轨编辑器模式(需要先创建多轨会话文件才能使用该模式)。单击工具栏左侧的“波形”按钮和“多轨”按钮，可在这两种模式之间切换。波形编辑器模式下的音轨区只有一个音轨。当打开音频文件或新建音频进行操作时，只能使用波形编辑器模式。

多轨道模式下的音轨区包含多个音轨，用户可将不同的音频文件放入不同的音轨中进行编辑，然后混合输出为一个音频文件。例如，可将讲解放在一个音频轨道中，将背景音乐放在另一个音频轨道中进行编辑，然后输出。用户可尝试进行以下操作：

（1）选择“文件”→“新建”→“多轨会话”菜单，新建一个多轨文件。

（2）选择“文件”→“导入”→“文件”菜单，导入本书配套素材“素材与实例”>“第 2 章”文件夹中的“操作讲解.wav”和“背景音乐.mp3”文件。

（3）从“文件”面板中将“操作讲解.wav”拖到“轨道 1”，将“背景音乐.mp3”拖到“轨道 2”。单击选中“轨道 2”上的音频片段，按“Ctrl+C”组合键复制，然后将时间指示器移动到“背景音乐.mp3”片段末尾，按“Ctrl+V”组合键粘贴。

（4）选择工具栏中的“时间选择工具”，选择“轨道 2”上 5.23.9 时间后的音频片段，按“Delete”键将其删除。

（5）在“轨道 2”左侧的设置区将“轨道 2”的音量设置为“-12”。

（6）选择“文件”→“导出”→“多轨混音”→“整个会话”菜单，将编辑好的会话导出为 MP3 格式的音频文件。

2.4 使用视频处理软件

视频处理也是多媒体技术的一项重要应用，下面首先了解视频处理的基础知识及常用软件，然后利用格式工厂转换视频格式，以及利用 FlashBack 录制并编辑微课视频。

2.4.1 视频文件的常用编码和格式

视频编码是指使用特定技术对视频进行压缩，以在尽量不损害播放效果的情况下减少其体积的一种方式。常用的视频编码标准有国际电信联盟制定的 H.264，国际标准化组织制定的 MPEG-1，MPEG-2，MPEG-4 等标准。此外，在互联网上广泛应用的编码还有微软公司的 WMV，VC-1，以及苹果公司的 QuickTime 等。其中，H.264 和 MPEG-4 是目前流行的高清视频编码标准，它们最大的特点是具有极高的压缩比且视频质量较高。

视频格式是指对编码后的视频流进行封装的方式。目前常用的视频文件格式见表 2-7。

表 2-7　常用的视频文件格式

格　式	格式说明	用　途
AVI	微软推出的视频文件格式，可用来封装多种编码的视频流	在多媒体中应用广泛，一般视频采集都使用此格式存储视频
MKV	与 AVI 格式一样，可用来封装多种编码的视频流，被誉为万能封装器	常用于在本地计算机中播放的视频
MOV	苹果公司开发的音视频文件格式，常用来封装 QuickTime 编码的视频流	支持 macOS 和 Windows 操作系统
WMV	微软公司推出的一种网络视频格式，常用来封装采用 WMV、VC-1 编码的视频流	可以直接在网上实时观看视频节目
MP4	被广泛应用于封装 H.264 和 MPEG-4 编码的视频流，具有很高的压缩比	用于在移动端和 PC 端播放的视频

2.4.2　视频分辨率和清晰度

视频分辨率是指视频的一幅画面中像素的数量，通常用“水平方向像素数量×垂直方向像素数量”的方式来表示，如 1 280×720。

标清视频的英文为 Standard Definition，缩写为 SD，是指分辨率在 1 280×720 以下的 DVD、电视节目等视频。常见的标清视频分辨率有 720×576 和 720×480 等。

高清视频的英文为 High Definition，缩写为 HD，是指具备 720p 或 1080p 及以上垂直分辨率，画面宽高比为 16∶9 的数字视频。一般使用垂直分辨率来界定视频属于标清还是高清。在描述视频的垂直分辨率时，通常都会在分辨率后添加 p 或 i 标识。其中，1080p 高清的视频又被称为全高清（Full HD），它的分辨率达到 1 920×1 080。

小提示

总的来说，视频的清晰度与视频编码、视频分辨率和视频比特率（码率）相关。视频比特率是指每秒播放的视频数据量，单位通常为 kbps。同编码的视频文件，码率和分辨率越高，视频文件体积就越大，相对来说视频质量也越好。

2.4.3　视频处理常用软件

可用于处理视频的工具软件有很多，表 2-8 列出了其中常用的几款。

表 2-8　常用的视频处理软件

软件名称	说　明	图　例
Adobe Premiere	Adobe 公司开发的一款专门用于视频后期处理的软件，利用它可以快速地对视频进行剪辑、添加特效和转场等处理，广泛应用于电视节目、广告制作和电影剪辑等领域	
格式工厂	一款国内开发的多媒体格式转换软件，可以实现大多数视频、音频及图像不同格式之间的相互转换，并且可根据需要设置文件的输出配置	
爱剪辑	一款功能强大且易用的国内首款免费视频剪辑软件，具有好莱坞级特效、专业滤镜效果等	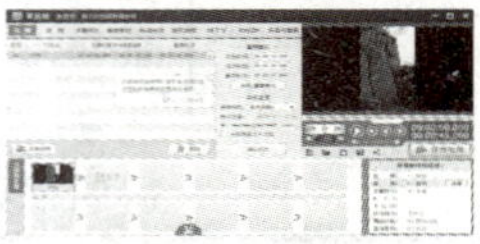
FlashBack	一款功能强大的屏幕录制工具，可以将录屏结果保存为 Flash 动画或 AVI，MP4 等格式的视频。此外，还可以对录制的视频进行各种编辑操作	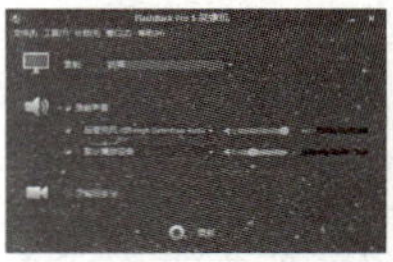

课堂案例 5　使用格式工厂转换视频格式

下面以使用格式工厂将 AVI 格式的视频转换为 MP4 格式，并截取其中的视频片段为例，学习转换视频文件格式和剪辑视频的方法。

步骤 1▶ 安装格式工厂，打开其工作界面，如图 2-24 所示。

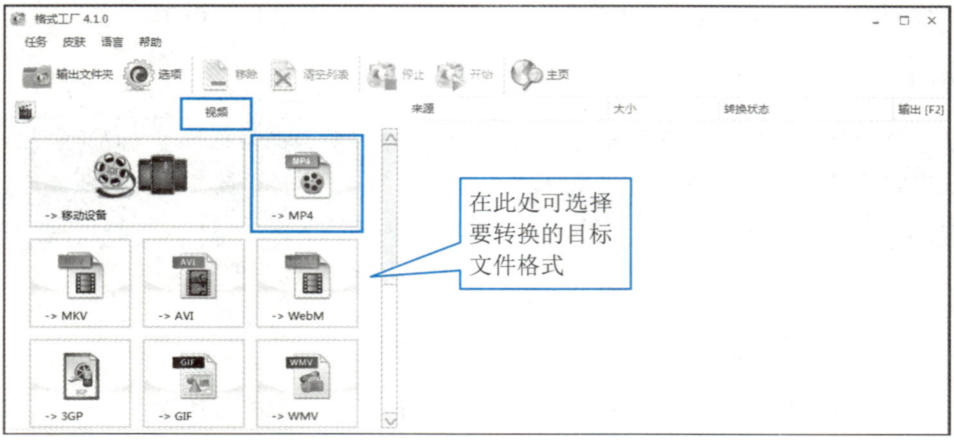

图 2-24　格式工厂工作界面

步骤 2▶ 在工作界面的左侧单击“视频”类别中的“MP4”按钮，打开“MP4”对话框，单击“添加文件”按钮，在打开的对话框中选择要转换为 MP4 格式的视频文件，如本书配套素材“素材与实例”>“第 2 章”>“转换素材.avi”视频文件，单击“打开”按钮将其添加，如图 2-25 所示。

图 2-25　添加要转换格式的视频文件

步骤 3▶ 在“MP4”对话框中单击“输出配置”按钮，可在打开的“视频设置”对话框中设置输出视频的视频流、音频流等参数。本例保持默认参数不变。

步骤 4▶ 单击“MP4”对话框中的“选项”按钮，可在打开的对话框中截取要转换的视频片段，本例将视频的开始时间设为第 2 秒，结束时间设为第 40 秒，单击“确定”按钮，如图 2-26 所示。

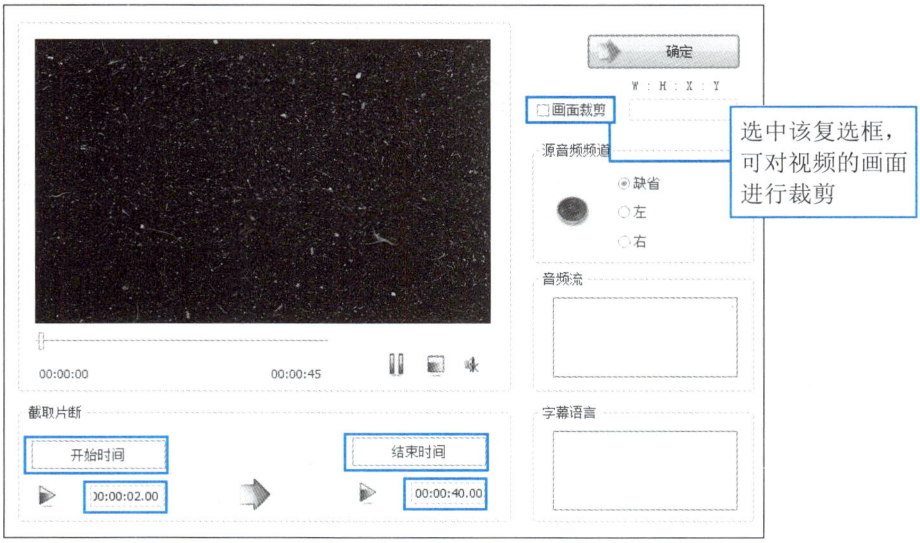

图 2-26　截取视频片段

步骤 5▶ 单击“MP4”对话框中的“确定”按钮，然后单击格式工厂工作界面上方的

“选项”按钮，在打开的“选项”对话框中单击“改变”按钮，设置视频的输出文件夹，如图 2-27 所示。单击“确定”按钮，完成设置。

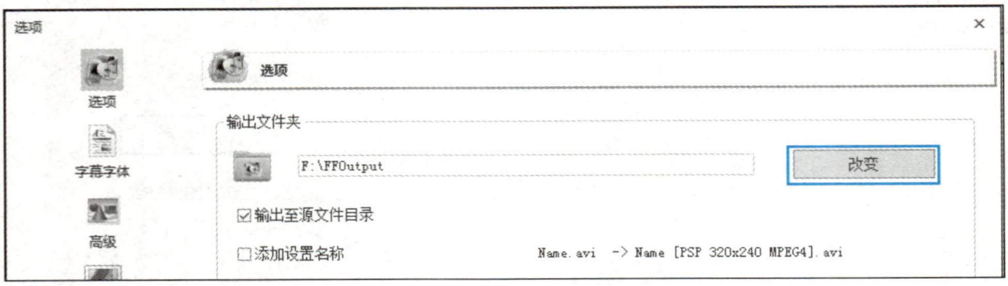

图 2-27　设置视频输出路径

步骤 6▶　单击格式工厂工作界面上方的“开始”按钮，开始转换视频格式，等待一段时间，即可在选定的文件夹中生成转换格式后的视频文件，如图 2-28 所示。

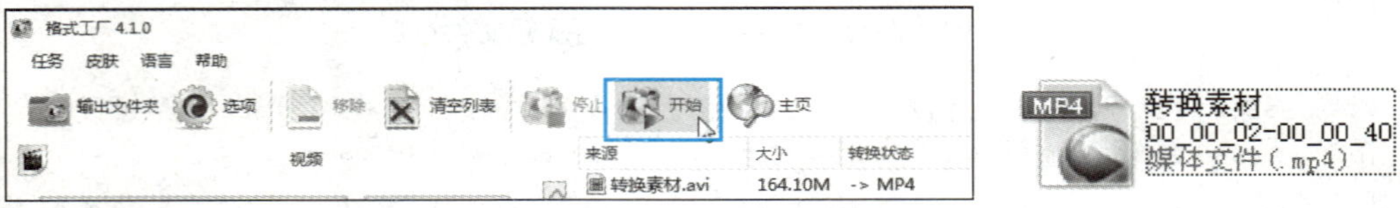

图 2-28　转换视频格式

课堂案例 6　制作微课

微课是一种能在很短的时间内将一个碎片化的知识点讲解清楚的视频。其特点如下：

（1）主持人可以出镜，也可以用话外音。

（2）它是基于网络流媒体播放的视频或动画。

（3）教学时间较短：5～10 分钟为宜，最少的 1～2 分钟。

（4）教学内容较少：突出讲解某个知识点或技能点。

（5）视频容量较小：适用于基于移动设备的移动学习。

（6）精致教学设计：采用精心的信息化教学设计。

（7）制作简便实用：可利用多种途径和设备制作。例如，可以使用屏幕录制软件录制 Word 2010 的操作视频；使用手机录制教师对某个知识点的讲解视频（配合 PPT）；使用 PPT 制作知识点幻灯片，并在播放 PPT 时录制旁白，然后将 PPT 导出成视频格式等。

下面以使用 FlashBack 录制 Word 文档的基本操作微课为例，学习微课的制作方法。

1. 准备脚本

本例准备的微课脚本见表 2-9。

表 2-9　微课脚本

讲解步骤	讲解内容及操作
概述	（做好录制的准备工作，包括启动 Word 2010，启动 FlashBack 并进入录制状态）要使用 Word 2010 编排文档，首先需要掌握新建、保存和打开文档的操作
新建文档	（画面继续停留在 Word 2010 的起始工作界面）每次启动 Word 2010 时，它都会自动创建一个空白文档。如果还需要新建其他文档，（根据讲解进行操作，注意操作与讲解同步）可切换到“文件”界面，选择左侧的“新建”选项，然后在右侧选择要创建的文档类型，如“空白文档”，最后单击“创建”按钮即可
保存文档	（画面停留在上步操作后）在新建或修改了文档时，都需要对文档进行保存操作，否则文档只是存放在计算机内存中，一旦出现意外，文档或修改的信息就会丢失。要保存文档，（根据讲解进行操作）可单击快速访问工具栏中的“保存”按钮或按“Ctrl+S”组合键，打开“另存为”对话框，从中选择用来保存文档的磁盘和文件夹，输入文件名，单击“保存”按钮即可
打开文档	要打开文档进行查看或编辑，（根据讲解进行操作）可直接在存放文档的文件夹中双击该文档，此时系统将自动启动 Word 程序打开该文档；也可在启动 Word 后，在“文件”界面中选择“打开”选项，打开“打开”对话框，在该对话框中选择要打开的文档，单击“打开”按钮将其打开

2. 录制微课

下面使用 FlashBack Pro 5 录制前述操作和讲解。录制前，请为计算机连接上麦克风。

步骤 1▶ 从网上下载 FlashBack Pro 5 软件并将其安装在计算机中，然后从“开始”菜单中选择其组件“FlashBack Pro 5 Recorder”，将其启动。

步骤 2▶ 在 FlashBack 软件的欢迎界面中单击“录制您的屏幕”按钮，打开“FlashBack Pro 5 录像机”窗口，在该窗口的“录制”下拉列表框中选择“区域”，选中“录制声音”复选框，单击“录制”按钮，如图 2-29 所示。

步骤 3▶ 打开“选择区域”对话框，使用鼠标在屏幕上拖出一个要录屏的大致区域，然后在对话框中设置宽度和高度为 1 280×720，单击“录制”按钮，如图 2-30 所示。

步骤 4▶ 单击 FlashBack 录像机中的“暂停”按钮暂停录制，然后启动 Word 2010，将其工作窗口拖到录制区域并缩放到与录制区域一样大小，完成后单击“录制”按钮继续录制，如图 2-31 所示。

步骤 5▶ 按照微课脚本对 Word 2010 进行操作并对着麦克风进行讲解。录制完毕后，在 FlashBack 录像机中单击“停止”按钮停止录制，此时将弹出一个提示框（见图 2-32），提示用户保存录制的文件，单击“保存”按钮，在弹出的“另存为”对话框中设置保存路径和文件名，单击“保存”按钮保存录制的文件（FlashBack 影片文件）。

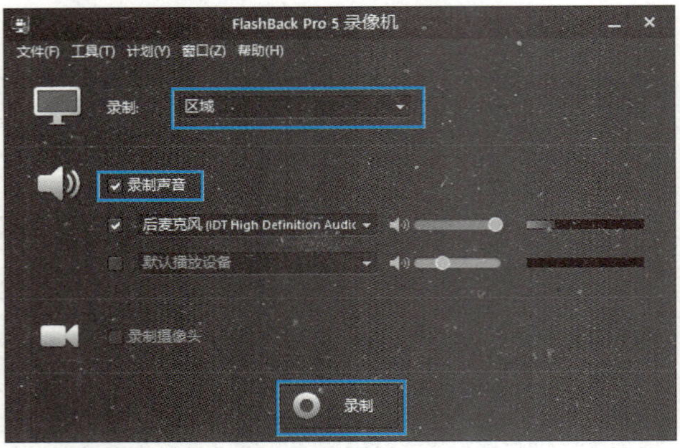

图 2-29　设置录屏方式和录制声音

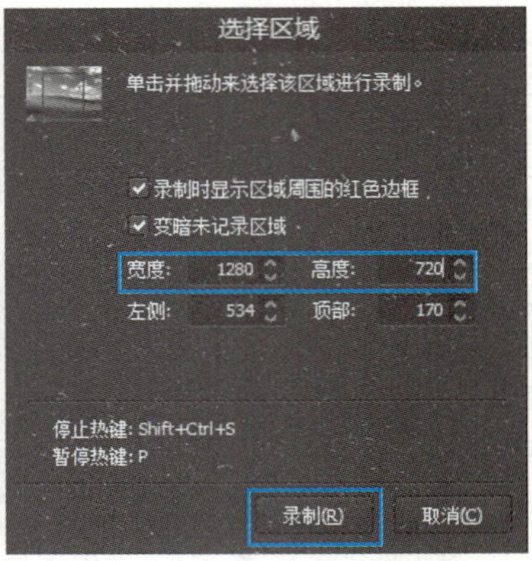

图 2-30　设置要录制的区域大小

图 2-31　录制 Word 2010 的操作视频

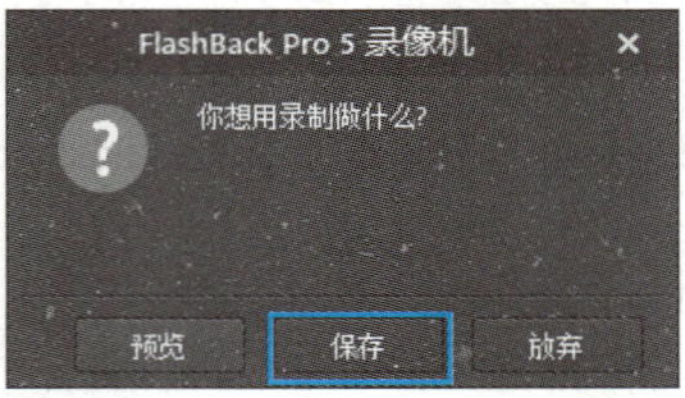

图 2-32　提示框

步骤 6▶ 在资源管理器中双击保存的 FlashBack 影片文件，将自动启动 FlashBack Pro 5 Player 将其打开，如图 2-33 所示。利用 FlashBack Pro 5 Player 可对录制的影片进行剪辑、添加注释和效果等操作。例如，利用鼠标拖动方式在时间线上选中视频开头的不合适部分，然后右击，从弹出的快捷菜单中选择“删除帧”菜单，将其删除，如图 2-34 所示。

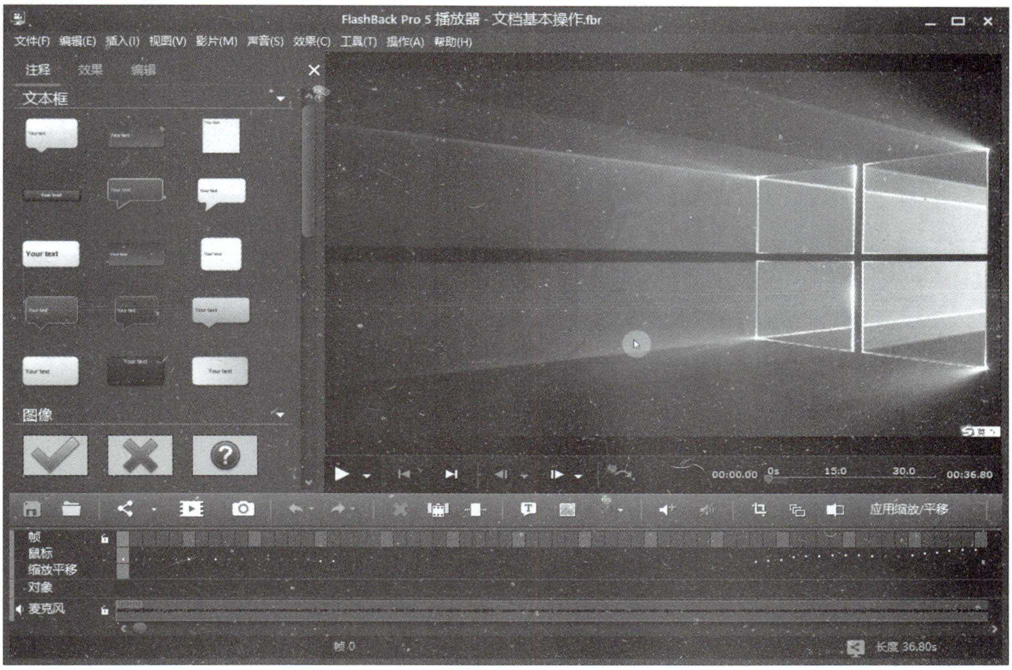

图 2-33　FlashBack Pro 5 Player 工作界面

图 2-34　删除不需要的帧

步骤 7▶ 用户可根据需要对录制的影片进行编辑，完成后选择“文件”→“导出”菜单，打开“选择导出格式”对话框，在其中选择需要导出的格式，如“MPEG4”，单击“确定”按钮，再在弹出的“导出到 MPEG4”对话框中单击“导出”按钮，如图 2-35 所示。最后在打开的“另存为”对话框中选择文件的保存位置，单击“保存”按钮即可。

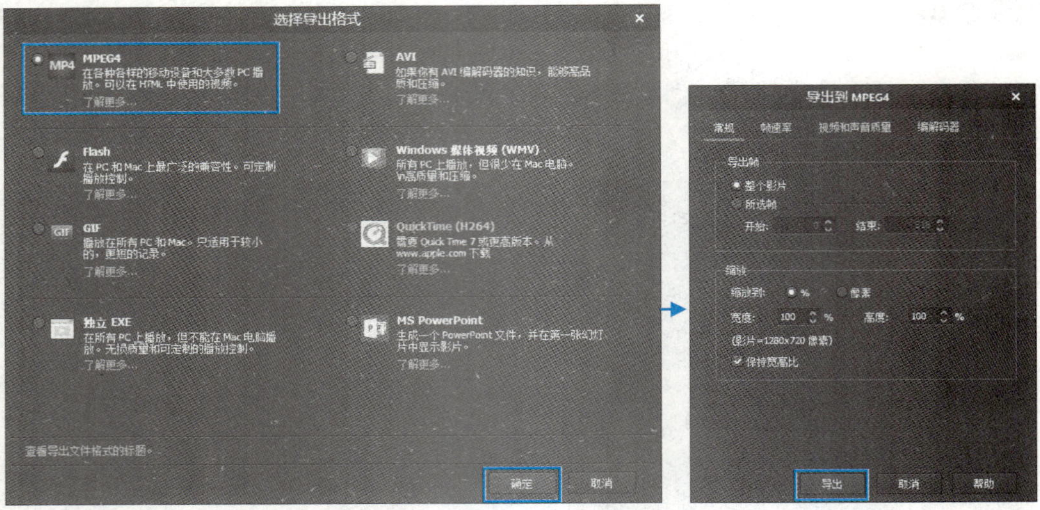

图 2-35　导出视频

本章总结

本章主要介绍了多媒体的基础知识和相关软件的应用。学完本章内容，读者应重点掌握以下知识：① 图像文件的常用格式和图像处理常用软件；② 用光影魔术手处理图像；③ 阅读、转换和下载 PDF 文档的常用软件；④ 用冰点下载器下载文档；⑤ 用 Adobe Acrobat 制作和阅读 PDF 文档；⑥ 音频文件的常用格式和音频处理常用软件；⑦ 用 Adobe Audition 处理音频；⑧ 视频文件的常用格式和视频处理常用软件；⑨ 用格式工厂转换视频格式；⑩ 用 FlashBack 录制和编辑微课视频。

本章习题

1. 选择题

（1）下列图像文件格式中，没有对图像进行压缩的格式是（　　）。

A．TIFF　　B．JPG　　C．GIF　　D．PNG

（2）组成图像的最基本单位是（　　）。

A．颜色模式　　B．像素　　C．分辨率　　D．颜色

（3）目前最流行且功能最强大的图像处理软件是（　　）。

A．美图秀秀　　B．Flash　　C．Photoshop　　D．光影魔术手

（4）提供文档下载的常用网站不包括（　　）。

A．百度文库　B．豆丁网　C．道客巴巴　D．腾讯网

（5）（　　）是 Adobe 公司开发的电子文件格式。

A．WPS　B．TXT　C．PDF　D．DOC

（6）适合保存原始音频素材的音频文件格式是（　　）。

A．MP3　B．WAV　C．WMA　D．AIFF

（7）与数字音频的音质无关的是（　　）。

A．编码方式　B．网站　C．采样率　D．码率

（8）下列属于目前流行的视频编码标准的是（　　）。

A．AVI　B．MPEG2　C．MPEG1　D．H.264

（9）下列与视频播放质量无关的是（　　）。

A．时间　B．分辨率　C．码率　D．编码方式

2．操作题

（1）使用手机拍摄照片，并将其传输到计算机中，然后利用光影魔术手进行处理。

（2）从网上复制关于微课制作的资料并利用 Word 整理，然后将其转换成 PDF 文件。

（3）使用 Adobe Audition 录制诗歌朗诵音频，然后从网上下载合适的背景音乐，利用 Adobe Audition 将朗诵音频和背景音乐合成在一起。

（4）利用 FlashBack 录制使用光影魔术手处理图像的视频并编辑，然后将其导出为 MP4 格式的视频。

第 3 章　Word 2010 高级应用

【本章导读】

Office 2010 是微软公司推出的一款广受欢迎的计算机办公组合套件，它主要包括文字处理软件 Word 2010、电子表格制作软件 Excel 2010 及演示文稿（PPT）制作软件 PowerPoint 2010 等。利用 Word 2010 可以轻松地制作各种形式的文档，如报告、论文、简历、杂志和图书等，以满足日常办公的需要。本章将主要介绍 Word 2010 的一些高级应用。

【学习目标】

- 掌握 Word 2010 的日常使用技巧。
- 掌握利用样式统一文档格式的方法。
- 掌握为文档分页、分栏与分节的方法。
- 掌握为文档设置页眉、页脚与页码的方法。
- 掌握在文档中添加引用内容的方法。
- 掌握修订、添加批注、比较与合并等审阅文档的方法。
- 掌握利用邮件合并功能批量处理文档的方法。
- 掌握一些其他的高级操作（如插入公式、拼写检查、保护文档等）。

3.1　Word 2010 日常使用技巧

为文档设置必要的格式，不仅可以使文档看起来更加美观，还可以让读者能更加轻松地阅读和理解文档的内容。本节将介绍一些设置文档格式、插入和编辑对象的技巧。

3.1.1　文档格式设置技巧

1. 设置字符格式

字符格式是指文本的字体、字号、字形、下划线和字体颜色等。为了使文档版面美观，增加文档的可读性，突出标题和重点等，经常需要为文档的指定文本设置字符格式。在 Word 2010 中，可使用“开始”选项卡“字体”组中的相应按钮（或“字体”对话框）设置字符格式，如图 3-1 所示。

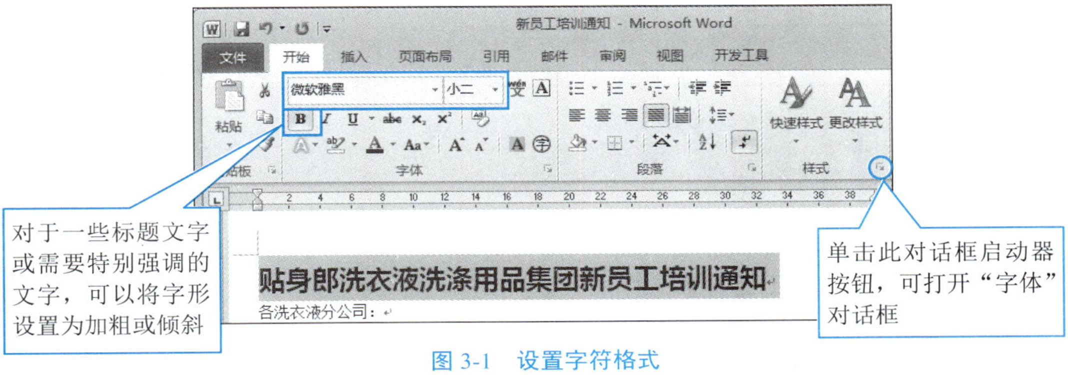

图 3-1　设置字符格式

“开始”选项卡“字体”组中其他常用按钮的作用如图 3-2 所示。设置时，一般直接单击相应按钮即可；但也有些设置项需要单击按钮右侧的三角按钮，从展开的列表中选择需要的选项。

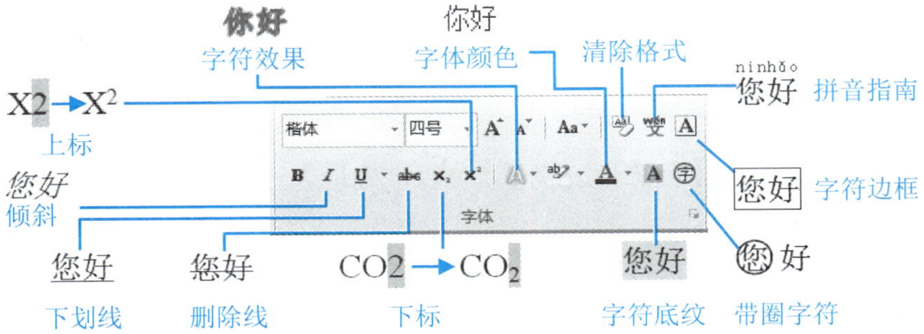

图 3-2　“字体”组中各按钮的意义

2. 设置段落格式

段落是以回车符“↵”为结束标记的内容。段落的格式设置主要包括段落的对齐方式、段落缩进、段落间距及行间距等。在 Word 2010 中，若要设置某个段落的格式，需将插入点置于该段落中；若要同时设置多个段落的格式，可同时选中这些段落，然后可使用“开始”

选项卡“段落”组中的相应按钮（或“段落”对话框）设置段落格式，如图 3-3 所示。

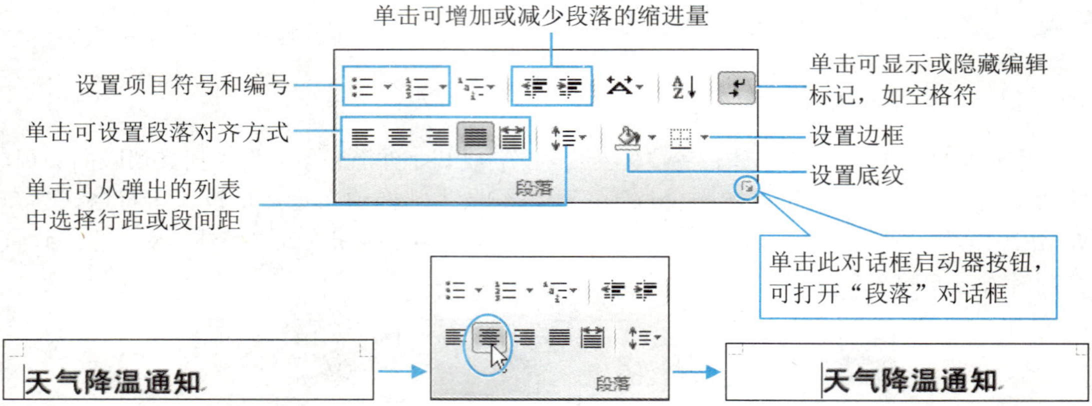

图 3-3　设置段落格式

3. 复制格式

在 Word 2010 中，用户可利用格式刷复制段落格式或字符格式，具体操作步骤如下：

步骤 1▶ 选中要复制格式的源段落文本，单击“开始”选项卡“剪贴板”组中的“格式刷”按钮，此时光标变为“”形状。

步骤 2▶ 使用拖动方式选中希望应用源段落格式的目标段落，即可完成格式复制。

若只希望复制段落格式（而不复制字符格式），则只需将插入点置于源段落中，然后单击“格式刷”按钮，再在目标段落中单击即可；若只希望复制字符格式，则在选择文本时不要选中段落标记。

若要将所选格式应用于文档中的多处内容，可双击“格式刷”按钮，然后依次选择要应用该格式的文本或段落即可；再次单击“格式刷”按钮可取消其选择。

4. 设置项目符号和编号

为文档的某些内容设置项目符号或编号，可以准确地表达各部分内容之间的并列或顺序关系，使文档更有条理。

选中要设置项目符号或编号的段落，单击“开始”选项卡“段落”组中“项目符号”按钮或“编号”按钮右侧的三角按钮，在展开的列表中选择一种项目符号或编号样式，即可为所选段落设置所选项目符号或编号，如图 3-4 所示。

如果对系统预设的项目符号和编号不满意，还可以通过在图 3-4 中选择“定义新项目符号”选项或“定义新编号格式”选项，为段落设置自定义的项目符号和编号样式。

若要取消为段落设置的项目符号或编号，可选中这些段落，然后展开“项目符号”或“编号”下拉列表，从中选择“无”选项。

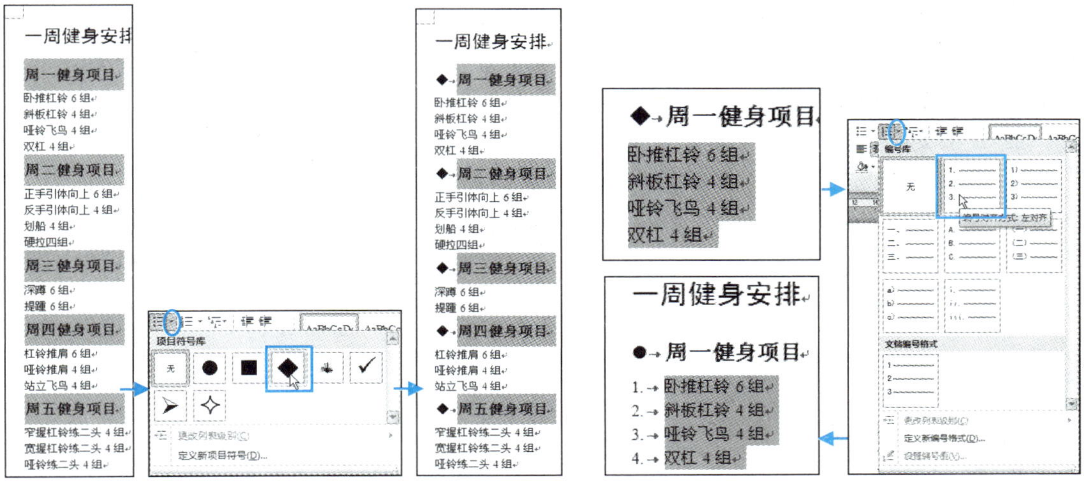

（a）为段落设置项目符号　（b）为段落设置编号

图 3-4　为段落设置项目符号和编号

5. 设置边框和底纹

边框和底纹是美化文档的重要方式之一，在 Word 2010 中不但可以为选择的文本设置边框和底纹，还可以为段落及页面设置边框和底纹。

要为文本或段落设置简单的边框和底纹样式，可在选中要设置的对象后，单击“段落”组中“边框”按钮右侧的三角按钮，在展开的列表中选择所需边框类型；单击“底纹”按钮右侧的三角按钮，在展开的列表中选择一种底纹颜色，如图 3-5 所示。

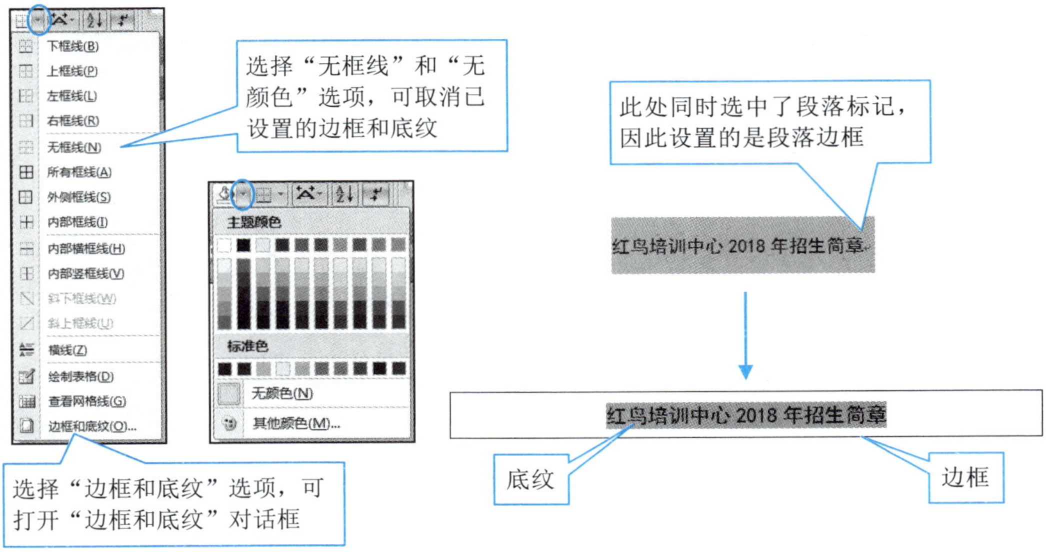

图 3-5　使用快捷方式设置边框和底纹

使用上述方式设置边框时，若选中的是字符（即不选中段落标记），则设置的是字符边框；若选中的是段落（即将段落标记一起选中），则设置的是段落边框。设置底纹时，无论选中的是字符还是段落，设置的都是字符底纹。

通过“边框和底纹”对话框，可对所选文字的边框和底纹进行更为复杂的设置。打开“边框和底纹”对话框，在“边框”选项卡的“设置”区选择边框类型，在“样式”、“颜色”和“宽度”设置区分别选择边框样式、颜色和线型，然后在“预览”设置区单击相应的按钮来添加或取消上、下、左、右边框，在“应用于”下拉列表中选择边框是应用于段落还是文本，最后单击“确定”按钮即可，如图 3-6 所示。

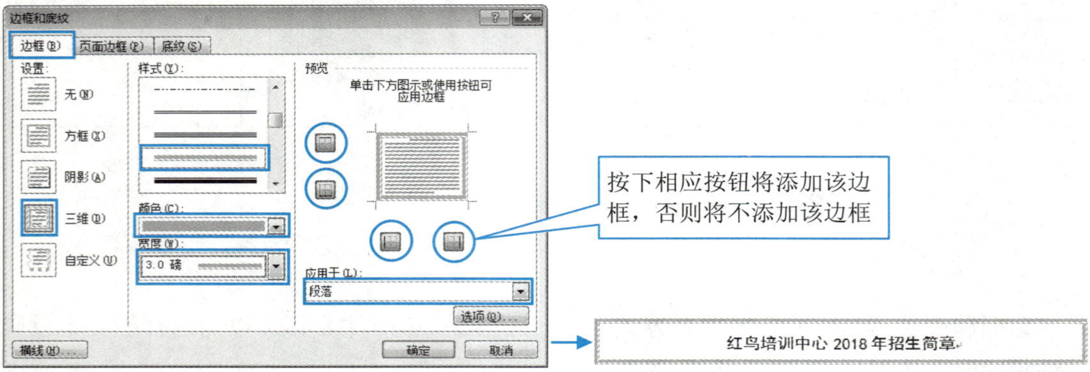

图 3-6　设置复杂边框

要设置复杂底纹，可将“边框和底纹”对话框切换到“底纹”选项卡，在“填充”下拉列表中选择一种底纹颜色，再在“样式”下拉列表中选择一种底纹图案，并在“颜色”下拉列表中为底纹图案选择一种颜色，最后在“应用于”下拉列表中选择底纹的应用对象，单击“确定”按钮即可，如图 3-7 所示。

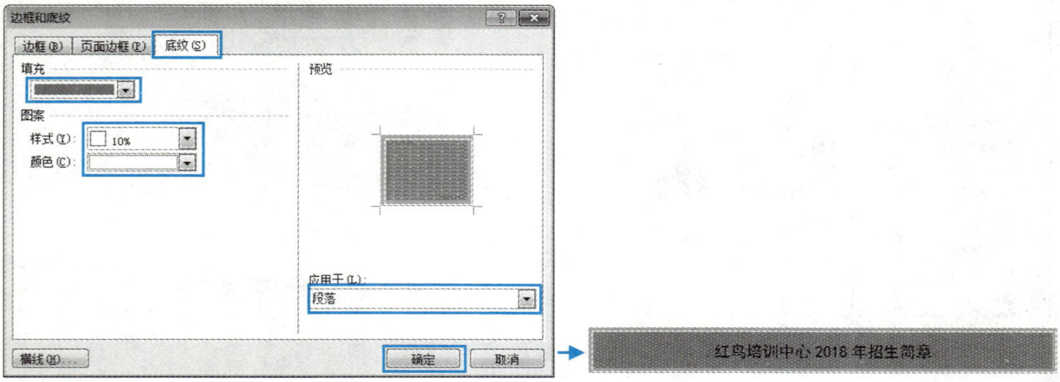

图 3-7　设置复杂底纹

3.1.2 插入和编辑对象技巧

在 Word 2010 中，用户可利用“插入”选项卡中的相应按钮（见图 3-8），在文档中插入图片、图形、文本框、图表、SmartArt 图形、艺术字、表格等对象，以丰富文档内容和方便排版，使文档更加具有表现力。

图 3-8 “插入”选项卡中的相应按钮

插入图片和图形等对象后，在 Word 功能区将自动出现“×××工具 格式”等选项卡，利用它们可以对插入的对象进行各种编辑和美化操作。在 Word 2010 中，对图片、图形和文本框等对象进行编辑和美化的操作方法基本相同。

例如，单击“插入”选项卡“插图”组中的“图片”按钮，打开“插入图片”对话框，可以选择图片并将其插入。选中插入的图片，功能区将出现“图片工具 格式”选项卡，利用该选项卡可以对图片进行各种编辑和美化操作，如图 3-9 所示。

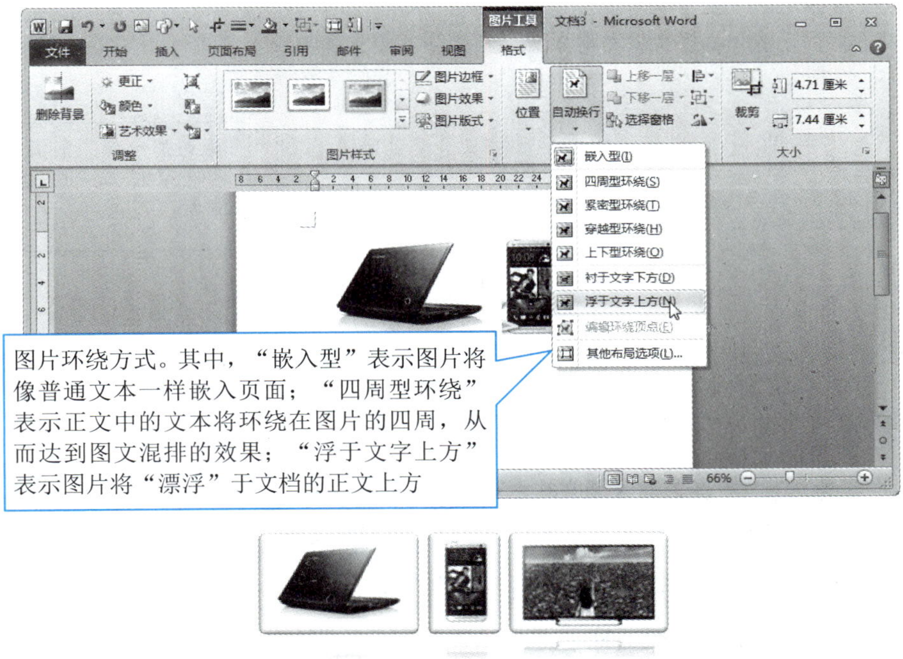

图 3-9 插入和编辑图片

小技巧

选中插入的图片，其四周会显示 8 个蓝色的控制点，将光标移至某个角控制点上，此时光标会变为“⤢”或“⤡”形状，按住鼠标左键并拖动，可以等比例缩放图片。如果拖动图片中间的控制点，则可以调整图片的高度或宽度。

单击“插入”选项卡“文本”组中的“文本框”按钮，在展开的列表中选择“绘制文本框”选项，然后按住鼠标左键并拖动，可以绘制一个文本框，适当调整文本框的大小和位置后，输入文本并设置其格式即可，如图 3-10 所示。

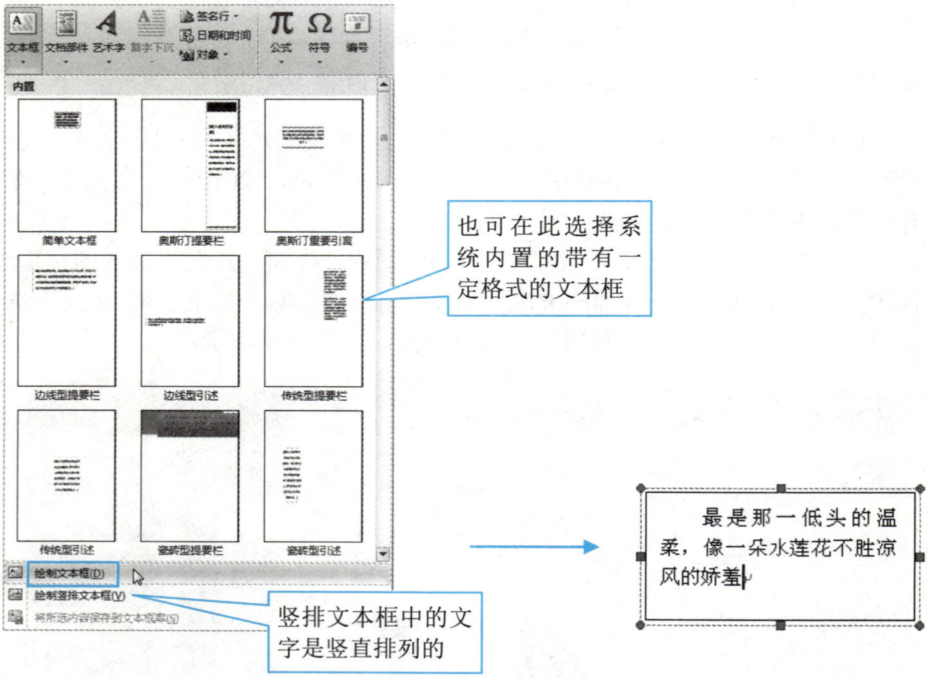

图 3-10　插入和编辑文本框

小提示

选中文本框，可利用“文本框工具 格式”选项卡对文本框的样式、边框、填充、效果、排列、大小和文本框内的文字方向等进行设置。

单击“插入”选项卡“插图”组中的“形状”按钮，在展开的列表中可以选择要绘制的形状，然后按住鼠标左键并拖动即可完成绘制，如图 3-11 所示。

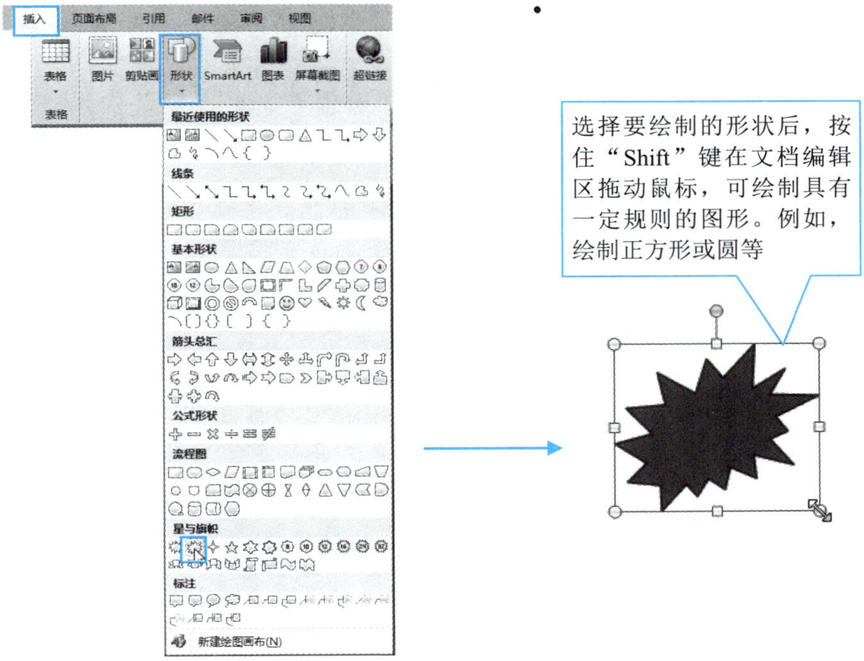

图 3-11　绘制图形

小 提 示

选中图形，可利用“绘图工具 格式”选项卡改变自选图形的边框线型（如边框粗细）、颜色和样式，以及设置自选图形的填充颜色、阴影效果和三维效果等，还可利用系统自带的样式快速美化自选图形。

此外，如果想插入表格，可单击“插入”选项卡“表格”组中的“表格”按钮，在展开的列表中选择“插入表格”选项，然后在打开的“插入表格”对话框中设置其列数和行数，单击“确定”按钮即可。将插入点置于表格中，可以利用“表格工具 设计”和“表格工具 布局”选项卡对表格进行编辑和美化。

课堂互动

你能编排一个失物招领启事，并附上物品（如公交卡等）的照片吗？试一下！

课堂案例 1　编排房屋租赁协议书

本案例将编排一个“房屋租赁协议书”文档，以练习 Word 2010 的日常使用技巧。

步骤 1▶　打开本书配套素材“素材与实例”>“第 3 章”>“房屋租赁协议书（素材）”

文档，如图 3-12 所示。

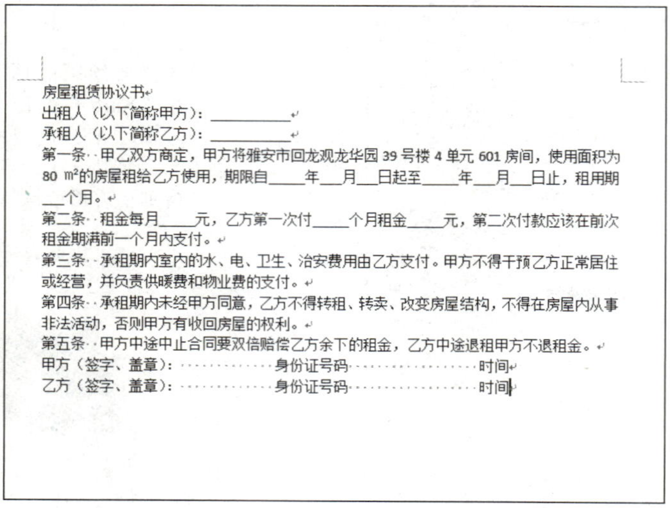
房屋租赁协议书
出租人（以下简称甲方）：__________
承租人（以下简称乙方）：__________
第一条 甲乙双方商定，甲方将雅安市回龙观龙华园 39 号楼 4 单元 601 房间，使用面积为 80 m²的房屋租给乙方使用，期限自_____年___月___日起至_____年___月___日止，租用期___个月。
第二条 租金每月_____元，乙方第一次付_____个月租金_____元，第二次付款应该在前次租金期满前一个月内支付。
第三条 承租期内室内的水、电、卫生、治安费用由乙方支付。甲方不得干预乙方正常居住或经营，并负责供暖费和物业费的支付。
第四条 承租期内未经甲方同意，乙方不得转租、转卖、改变房屋结构，不得在房屋内从事非法活动，否则甲方有收回房屋的权利。
第五条 甲方中途中止合同要双倍赔偿乙方余下的租金，乙方中途退租甲方不退租金。
甲方（签字、盖章）：身份证号码 时间
乙方（签字、盖章）：身份证号码 时间

图 3-12 素材文件

步骤 2▶ 选中标题文本“房屋租赁协议书”，在“开始”选项卡“字体”组的“字体”下拉列表中选择“楷体”；在“字号”下拉列表中选择“二号”；单击“加粗”按钮，将所选文本设置为加粗效果，如图 3-13 所示。

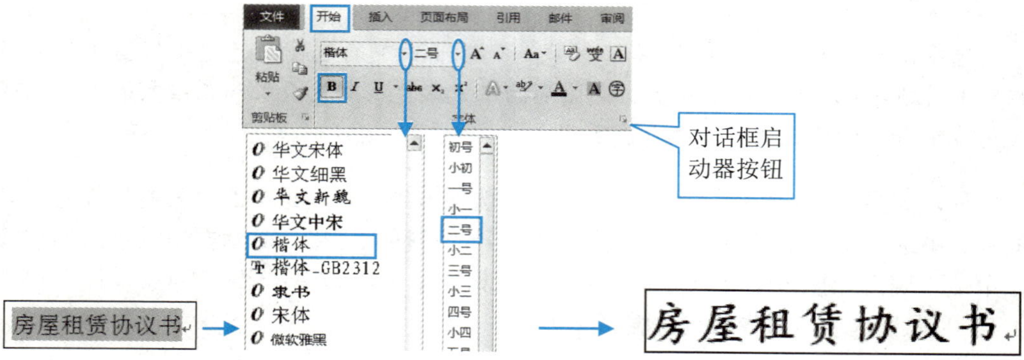

图 3-13 设置标题文本的字符格式

步骤 3▶ 选中所有正文文本，如图 3-14 所示，然后单击“开始”选项卡“字体”组右下角的对话框启动器按钮。

步骤 4▶ 此时弹出“字体”对话框，在“中文字体”下拉列表框中选择“楷体”；在“西文字体”下拉列表框中选择“Times New Roman”；在“字号”列表框中选择“四号”，如图 3-15 所示。

步骤 5▶ 在对话框下方的“预览”框中预览设置效果，然后单击“确定”按钮。

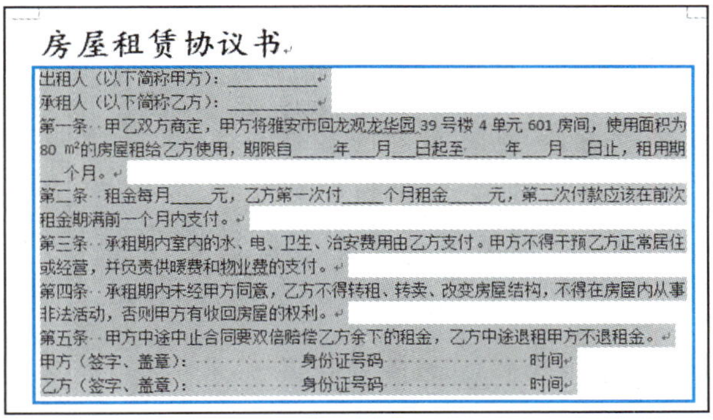

房屋租赁协议书

出租人（以下简称甲方）：________

承租人（以下简称乙方）：________

第一条 甲乙双方商定，甲方将雅安市回龙观龙华园 39 号楼 4 单元 601 房间，使用面积为 80 m²的房屋租给乙方使用，期限自____年__月__日起至____年__月__日止，租用期__个月。

第二条 租金每月____元，乙方第一次付____个月租金____元，第二次付款应该在前次租金期满前一个月内支付。

第三条 承租期内室内的水、电、卫生、治安费用由乙方支付。甲方不得干预乙方正常居住或经营，并负责供暖费和物业费的支付。

第四条 承租期内未经甲方同意，乙方不得转租、转卖、改变房屋结构，不得在房屋内从事非法活动，否则甲方有收回房屋的权利。

第五条 甲方中途中止合同要双倍赔偿乙方余下的租金，乙方中途退租甲方不退租金。

甲方（签字、盖章）：…………身份证号码…………时间

乙方（签字、盖章）：…………身份证号码…………时间

图 3-14 选中所有正文

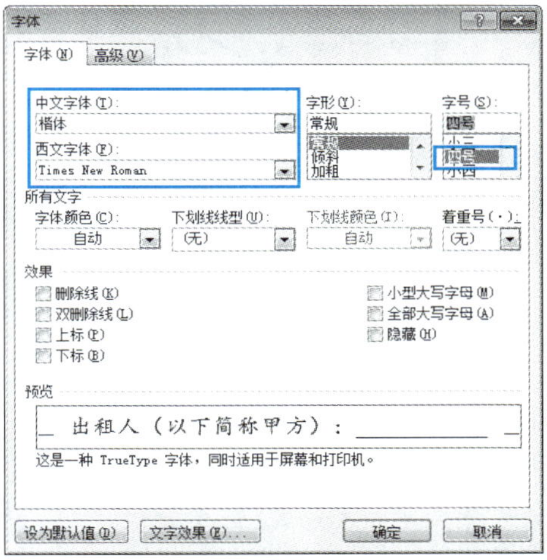

图 3-15 设置字体

步骤 6▶ 将插入点置于标题文本段落中，单击“开始”选项卡“段落”组中的“居中”按钮，如图 3-16 所示。这几个对齐按钮的作用分别是将段落沿左端、居中、沿右端、两端和分散对齐，默认为两端对齐。

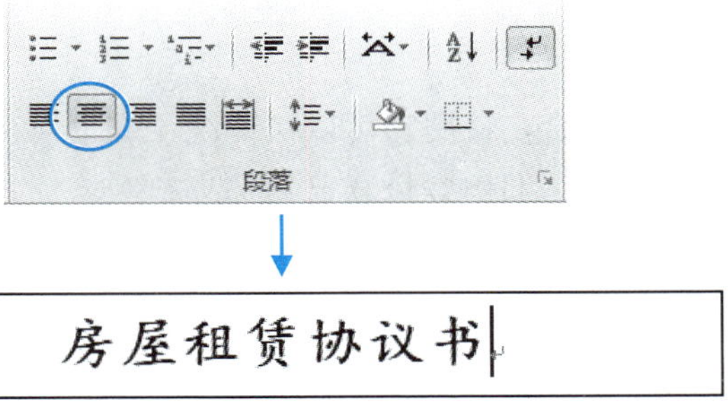

图 3-16 设置段落对齐方式

步骤 7▶ 同时选中除标题外的多个段落（即所有正文），单击“开始”选项卡“段落”组右下角的对话框启动器按钮，打开“段落”对话框，如图 3-17 所示。

步骤 8▶ 在“缩进”设置区设置缩进方式。在“特殊格式”下拉列表框中选择“首行缩进”，然后在右侧输入磅值为“2 字符”，即首行缩进两个字符。

步骤 9▶ 在“间距”设置区设置段落间距和行距。这里保持段前段后间距为 0（默认），将行距设为“多倍行距”，设置值为 1.25。

步骤 10▶ 设置完毕，单击“确定”按钮，文档的最终编排效果如图 3-18 所示。

步骤 11▶ 到此，房屋租赁协议书便制作好了，按“Ctrl+S”组合键保存文档。

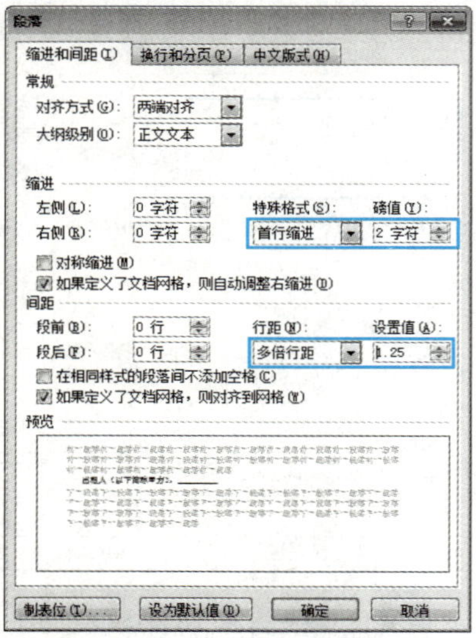

图 3-17　设置段落格式

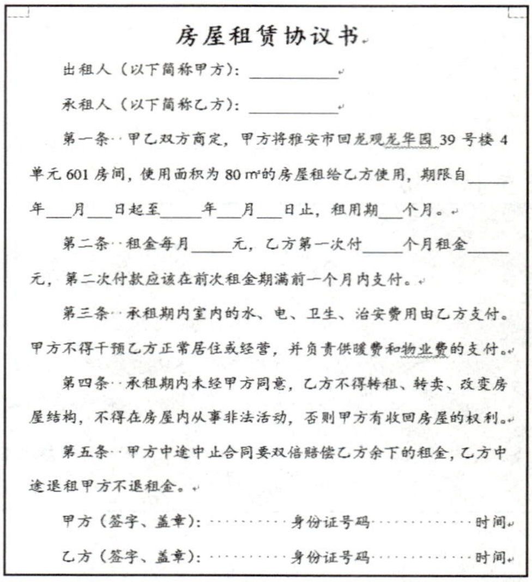
房屋租赁协议书

出租人（以下简称甲方）：__________

承租人（以下简称乙方）：__________

第一条　甲乙双方商定，甲方将雅安市回龙观龙华园 39 号楼 4 单元 601 房间，使用面积为 80 m²的房屋租给乙方使用，期限自____年___月___日起至____年___月___日止，租用期___个月。

第二条　租金每月____元，乙方第一次付____个月租金____元，第二次付款应该在前次租金期满前一个月内支付。

第三条　承租期内室内的水、电、卫生、治安费用由乙方支付。甲方不得干预乙方正常居住或经营，并负责供暖费和物业费的支付。

第四条　承租期内未经甲方同意，乙方不得转租、转卖、改变房屋结构，不得在房屋内从事非法活动，否则甲方有收回房屋的权利。

第五条　甲方中途中止合同要双倍赔偿乙方余下的租金，乙方中途退租甲方不退租金。

甲方（签字、盖章）：…………身份证号码……………时间

乙方（签字、盖章）：…………身份证号码……………时间

图 3-18　最终效果

3.2　利用样式统一文档格式

样式是一系列格式的集合，使用它可以快速统一或更新文档的格式。例如，一旦修改了某个样式，所有应用该样式的内容格式会自动更新。

3.2.1　认识和应用样式

Word 2010 中的样式有 3 类：字符样式、段落样式、链接段落和字符样式。

- 字符样式：字符样式只包含字符格式，如字体、字号、字形等，用来控制字符的外观。要应用字符样式，需要先选中要应用样式的文本。
- 段落样式：段落样式既可包含字符格式，又可包含段落格式，用来控制段落的外观。段落样式可以应用于一个或多个段落。当需要对一个段落应用段落样式时，只需将插入点置于该段落中即可。
- 链接段落和字符样式：这类样式包含了字符格式和段落格式设置，它既可用于段落，又可用于选定字符。

要应用系统内置样式，可先将插入点置于要应用样式的段落中，然后在“开始”选项卡的“样式”组中单击希望应用的样式即可，如图 3-19 所示，此时该段落将应用所选样式规定的字符格式和段落格式。

图 3-19　应用系统内置样式

3.2.2　创建和修改样式

1. 创建样式

要创建样式，可将插入点置于要应用所创建样式的任一段落中，然后单击“样式”组右下角的对话框启动器按钮，打开“样式”任务窗格，并单击窗格左下角的“新建样式”按钮，如图 3-20 所示。

此时弹出“根据格式设置创建新样式”对话框，如图 3-21 所示。首先设置新样式的名称、样式类型、样式基准（若对基准样式进行修改，基于该样式创建的样式也将被修改）、后续段落样式；然后单击“格式”按钮，从弹出的列表中选择要为样式设置的格式，如字体、段落、边框等；设置完格式后，单击“确定”按钮，即可在“样式”任务窗格和“样式”组中看到新创建的样式。

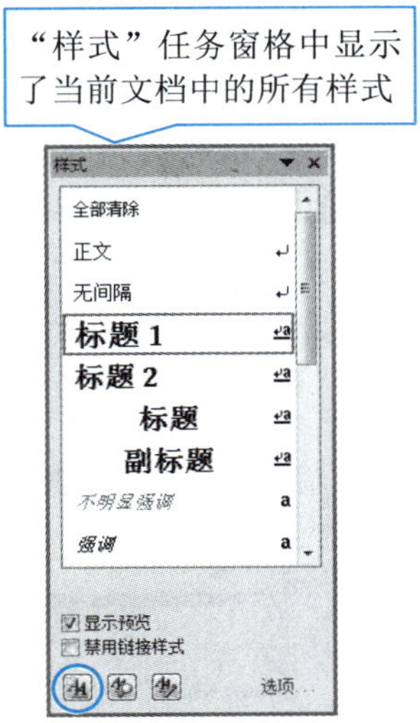

图 3-20　“样式”任务窗格

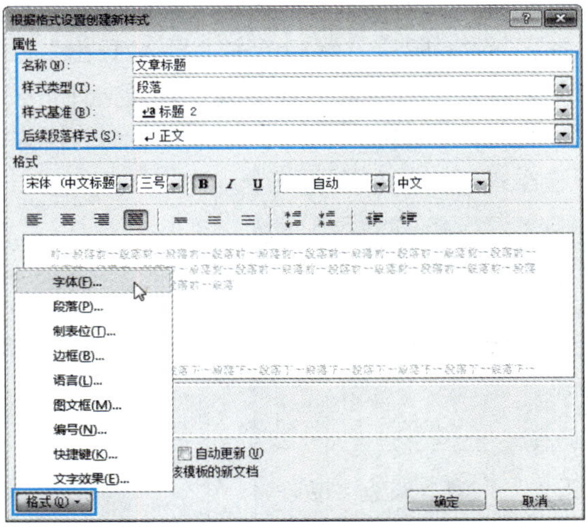

图 3-21　“根据格式设置创建新样式”对话框

2. 修改样式

要修改样式，可将光标移至“样式”任务窗格中要修改的样式上方，然后单击样式右侧显示的三角按钮，在展开的列表中选择“修改”选项，如图 3-22 所示；然后在打开的“修改样式”对话框中对该样式进行相应修改，最后单击“确定”按钮，如图 3-23 所示，则应用该样式的所有段落的格式均会自动更新。

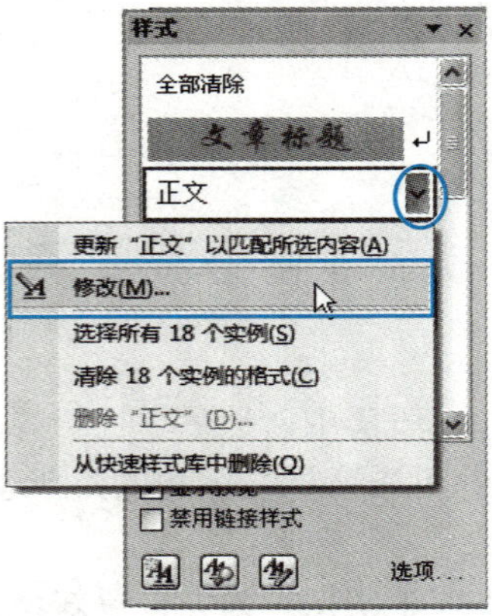

图 3-22　选择样式并执行修改命令

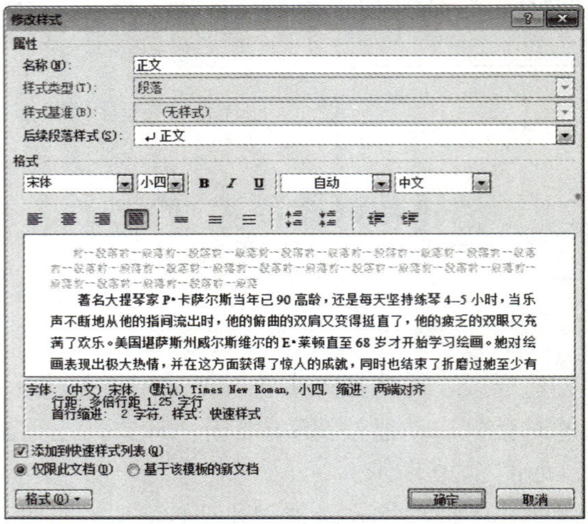

图 3-23　修改样式

3.2.3　复制和管理样式

若要复制样式，可单击“样式”任务窗格中的“管理样式”按钮，打开“管理样式”对话框，如图 3-24 所示，然后单击“导入/导出”按钮，打开“管理器”对话框，单击其右侧的“关闭文件”按钮，将其变成“打开文件”按钮，再单击该按钮，找到并打开要被复制样式的文档，在右侧列表框中选择要复制的样式，单击“← 复制(C)”按钮，如图 3-25 所示，即可将所选样式复制到左边文档中。

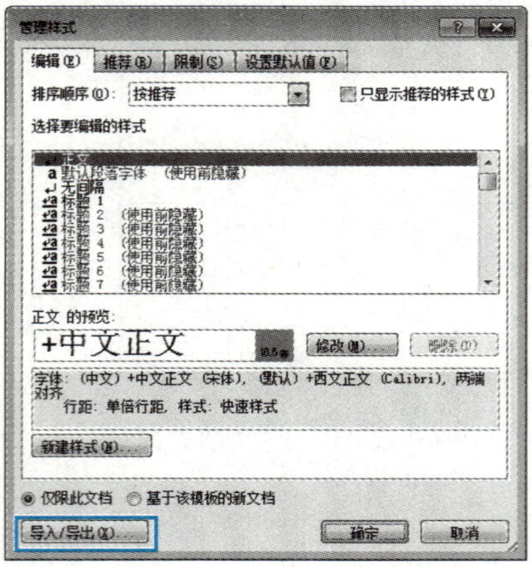

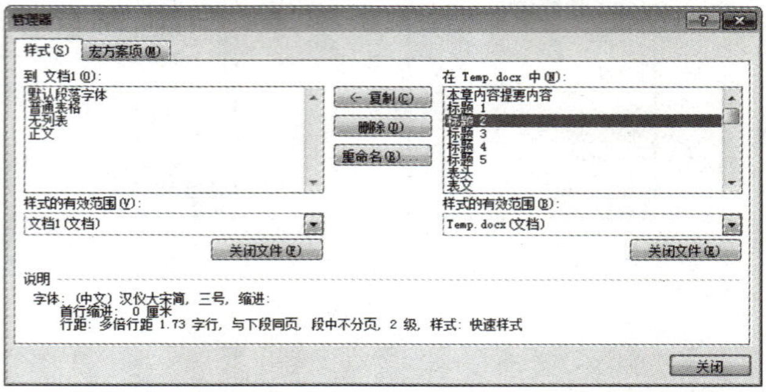

图 3-24　“管理样式”对话框

图 3-25　“管理器”对话框

若在图 3-22 所示的下拉列表中选择“删除×××”选项，会将所选样式删除（但不能删除系统内置的样式）；选择“清除×个实例的格式”选项，会将应用该样式的文本或段落的格式清除；选择“选择所有×个实例”选项，可选中文档中应用该样式的所有文本。其中，清除样式和删除样式后，所有应用该样式的文本将应用正文样式。

课堂案例 2　使用样式编排毕业论文

本案例将使用样式对一篇毕业论文进行编排，将毕业论文中的红色文字（章名）设置为一级目录，蓝色文字（节名）设置为二级目录，鲜绿色文字设置为三级目录。

步骤 1▶ 打开本书配套素材“素材与实例”>“第 3 章”>“毕业论文（素材）”文档，如图 3-26 所示。

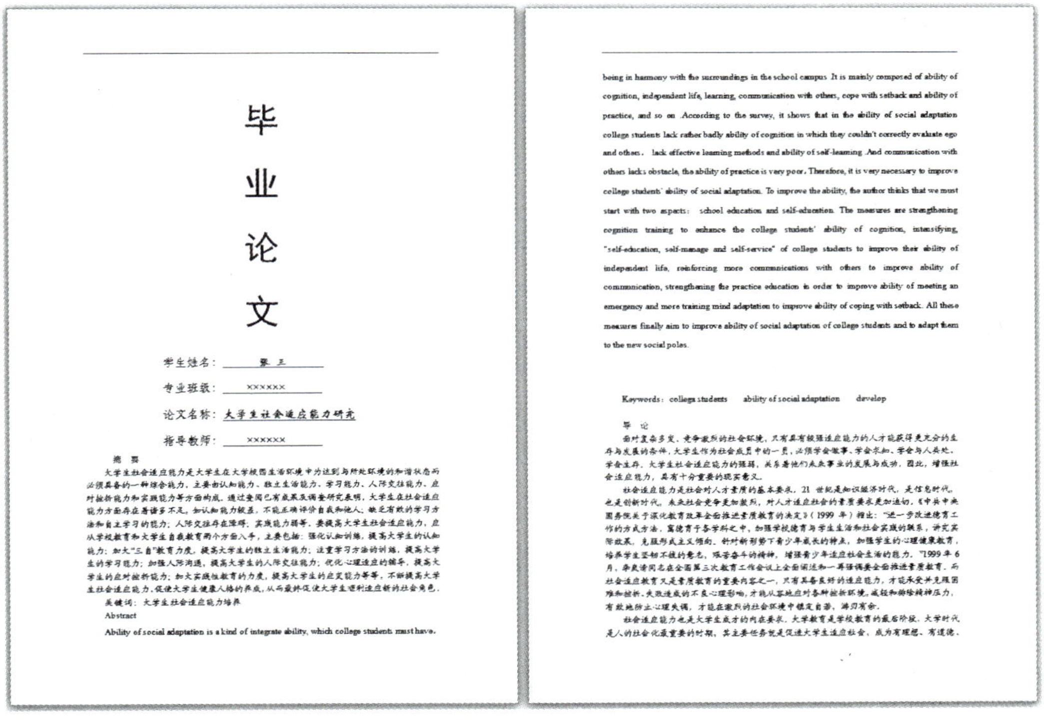

毕业论文

学生姓名：张三

专业班级：××××××

论文名称：大学生社会适应能力研究

指导教师：××××××

摘　要

大学生社会适应能力是大学生在大学校园生活环境中为达到与所处环境的和谐状态而必须具备的一种综合能力，主要由认知能力、独立生活能力、学习能力、人际交往能力、应对挫折能力和实践能力等方面构成。通过查阅已有成果及调查研究表明，大学生在社会适应能力方面存在着诸多不足。如认知能力较差，不能正确评价自我和他人；缺乏有效的学习方法和自主学习的能力；人际交往存在障碍；实践能力弱等。要提高大学生社会适应能力，应从学校教育和大学生自我教育两个方面入手，主要包括：强化认知训练，提高大学生的认知能力；加大“三自”教育力度，提高大学生的独立生活能力；注重学习方法的训练，提高大学生的学习能力；加强人际沟通，提高大学生的人际交往能力；优化心理适应的辅导，提高大学生的应对挫折能力；加大实践性教育的力度，提高大学生的应变能力等等。不断提高大学生社会适应能力，促使大学生健康人格的养成，从而最终促使大学生顺利适应新的社会角色。

关键词：大学生社会适应能力培养

Abstract

Ability of social adaptation is a kind of integrate ability, which collage students must have. being in harmony with the surroundings in the school campus It is mainly composed of ability of cognition, independent life, learning, communication with others, cope with setback and ability of practice, and so on .According to the survey, it shows that in the ability of social adaptation college students lack rather badly ability of cognition in which they couldn't correctly evaluate ego and others. lack effective learning methods and ability of self-learning .And communication with others lacks obstacle, the ability of practice is very poor. Therefore, it is very necessary to improve college students' ability of social adaptation. To improve the ability, the author thinks that we must start with two aspects: school education and self-education. The measures are strengthening cognition training to enhance the college students' ability of cognition, intensifying "self-education, self-manage and self-service" of college students to improve their ability of independent life, reinforcing more communications with others to improve ability of communication, strengthening the practice education in order to improve ability of meeting an emergency and more training mind adaptation to improve ability of coping with setback. All these measures finally aim to improve ability of social adaptation of college students and to adapt them to the new social poles.

Keywords: college students　ability of social adaptation　develop

导　论

面对复杂多变、竞争激烈的社会环境，只有具有较强适应能力的人才能获得更充分的生存与发展的条件，大学生作为社会成员中的一员，必须学会做事、学会求知、学会与人共处、学会生存。大学生社会适应能力的强弱，关系着他们未来事业的发展与成功，因此，增强社会适应能力，具有十分重要的现实意义。

社会适应能力是社会对人才素质的基本要求。21 世纪是知识经济时代，是信息时代，也是创新时代。未来社会竞争更加激烈，对人才适应社会的素质要求更加迫切。《中共中央国务院关于深化教育改革全面推进素质教育的决定》（1999 年）指出：“进一步改进德育工作的方式方法，寓德育于各学科之中，加强学校德育与学生生活和社会实践的联系，讲究实际效果，克服形式主义倾向。针对新形势下青少年成长的特点，加强学生的心理健康教育，培养学生坚韧不拔的意志，艰苦奋斗的精神，增强青少年适应社会生活的能力。”1999 年 6 月，李岚清同志在全国第三次教育工作会议上全面阐述和一再强调要全面推进素质教育。而社会适应教育又是素质教育的重要内容之一，只有具备良好的适应能力，才能承受并克服困难和挫折、失败造成的不良心理影响，才能从容地应对各种挫折环境，减轻和排除精神压力，有效地防止心理失调，才能在激烈的社会环境中镇定自若，游刃有余。

社会适应能力也是大学生成才的内在要求。大学教育是学校教育的最后阶段，大学时代是人的社会化最重要的时期，其主要任务就是促进大学生适应社会，成为有理想、有道德、

图 3-26　素材文件

步骤 2▶ 分别选中文档中的红色文本所在段落，在“开始”选项卡“样式”组的“样式”列表中选择“标题 1”。然后右击“标题 1”样式，在弹出的快捷菜单中选择“修改”选项，在打开的对话框中修改段落的缩进为无，字号为小二，居中对齐，段前段后间距为 15 磅，如图 3-27 所示。

步骤 3▶ 用同样的方法分别选中蓝色文本所在段落，为其应用“标题 2”样式。

步骤 4▶ 对各个鲜绿色文本所在段落应用“标题 3”样式，然后修改“标题 3”样式

的字号为小三，段前段后间距为 6 磅，如图 3-28 所示。

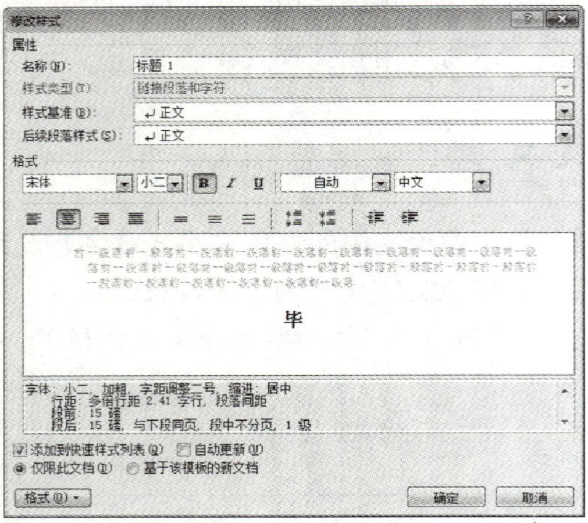

图 3-27　修改样式“标题 1”

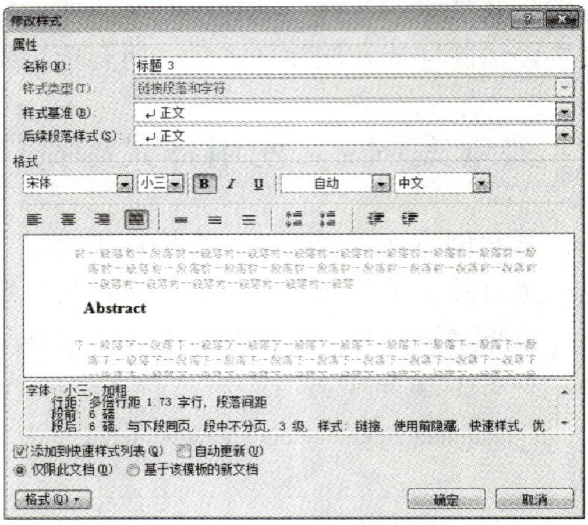

图 3-28　修改样式“标题 3”

3.3　文档分页、分栏与分节

通常情况下，用户在编辑文档时，系统会自动分页。如果要对文档进行强制分页，可通过插入分页符实现。通过为文档插入分节符，可将文档分为多节。节是文档格式化的最大单位，只有在不同的节中，才可以对同一文档中的不同部分进行不同的页面设置，如设置不同的页眉和页脚等。

3.3.1　设置分页与分节

要插入分页符，可将插入点置于需要分页的位置，然后在功能区“页面布局”选项卡中单击“页面设置”组中的“分隔符”按钮，在展开的列表中选择“分页符”类别中的“分页符”选项，如图 3-29 所示。

要插入分节符，可将插入点置于需要分节的位置，然后在“分隔符”下拉列表中选择“分节符”类别中的“下一页”或其他选项，如图 3-30 所示。

小提示

若在“分节符”类别中选择“连续”选项，表示新节与前一节同处于当前页中；若选择“偶数页”或“奇数页”选项，表示新节显示在下一偶数页或奇数页上。

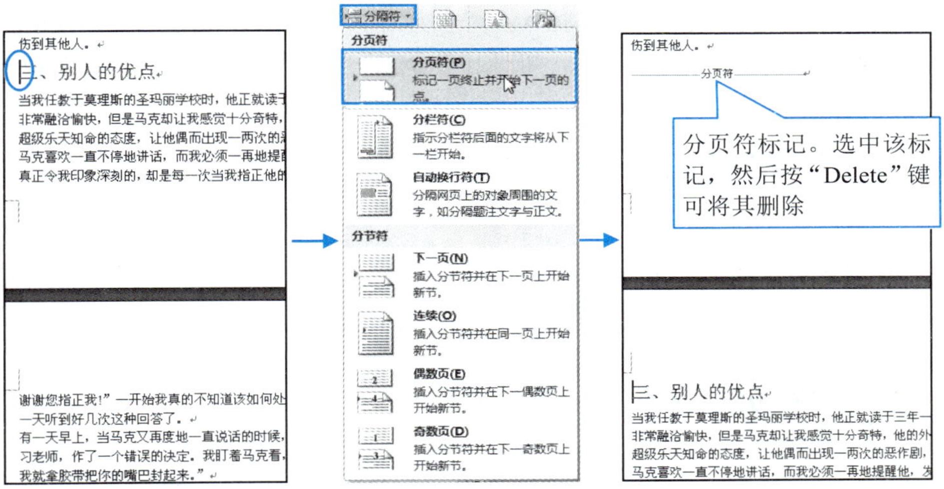

图 3-29　插入分页符

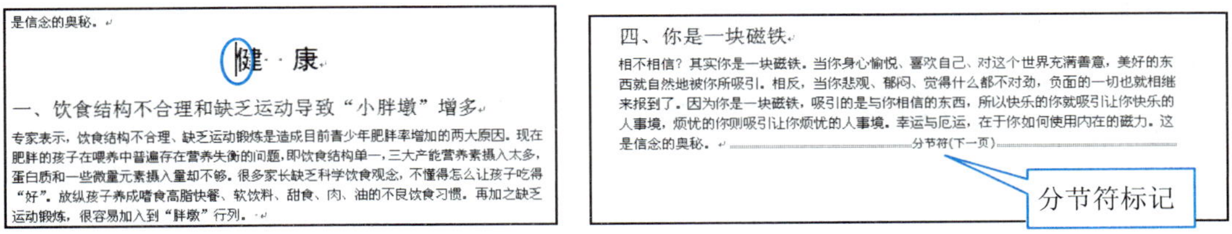

图 3-30　插入分节符

3.3.2　设置分栏

默认创建的文档只有一栏，为使文档更加美观和便于阅读，可对文档进行多栏排版。例如，报刊、杂志的内页通常都采用多栏排版。

选定要分栏的文本，单击“页面布局”选项卡“页面设置”组中的“分栏”按钮，在展开的列表中选择分栏类型，如“两栏”，即可设置分栏，如图 3-31 所示。

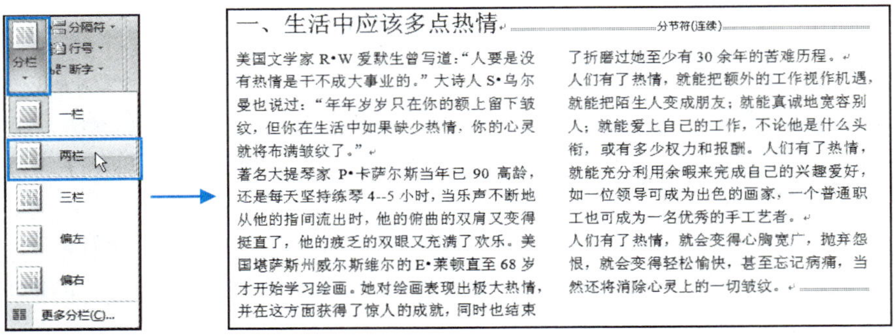

图 3-31　设置分栏

要对文档的全部内容分栏，可将插入点置于文档中任意位置，再选择分栏类型。在“分栏”下拉列表中选择“更多分栏”项，可打开“分栏”对话框，对分栏选项进行更多设置。

3.4 设置页眉、页脚与页码

页眉和页脚分别位于页面的顶部和底部，常用来插入页码、文章名、作者姓名或公司徽标等内容。在页眉和页脚编辑区中设置的内容一般将自动显示在文档的每一页上。

3.4.1 设置页眉和页脚

要设置页眉，可单击“插入”选项卡“页眉和页脚”组中的“页眉”按钮，在展开的列表中选择一种页眉样式，进入页眉和页脚编辑状态，同时显示“页眉和页脚工具 设计”选项卡，在“键入文档标题”编辑框中单击并输入页眉文本即可，如图 3-32 所示。

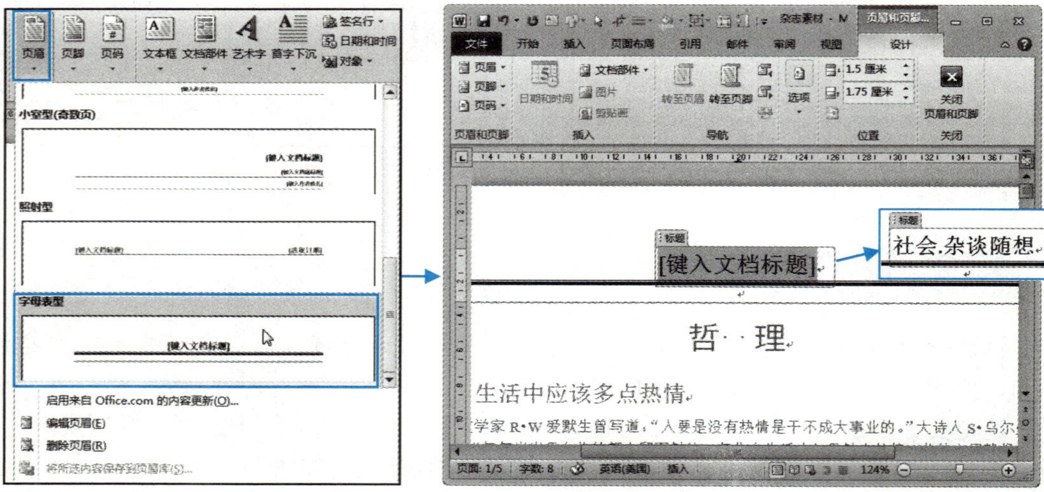

图 3-32 设置页眉

要设置页脚，可单击“页眉和页脚工具 设计”选项卡“导航”组中的“转至页脚”按钮，或直接在页脚区单击，切换到页脚编辑区，然后在页脚编辑区输入所需的页脚，或单击“页眉和页脚”组中的“页脚”按钮，在展开的列表中选择一种页脚样式，再输入页脚内容，如图 3-33 所示。

单击“页眉和页脚工具 设计”选项卡中的“关闭页眉和页脚”按钮，可退出页眉和页脚编辑状态，返回正文编辑状态。当为文档设置过页眉和页脚后，只需在页眉和页脚区双击，便可进入页眉和页脚编辑状态。

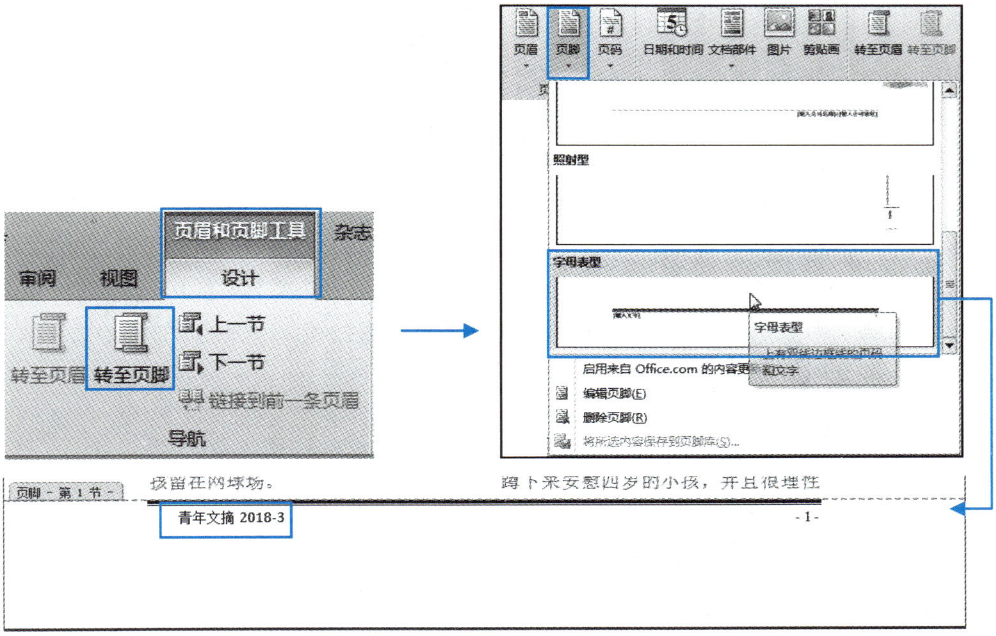

图 3-33　设置页脚

3.4.2　设置页码

插入系统内置的页脚后，一般会自动插入页码，该页码从第 1 页开始自动进行编号。要设置页码，可单击“页眉和页脚工具 设计”选项卡“页眉和页脚”组中的“页码”按钮，在展开的列表中选择“设置页码格式”选项，打开“页码格式”对话框，对页码格式进行设置即可，如图 3-34 所示。

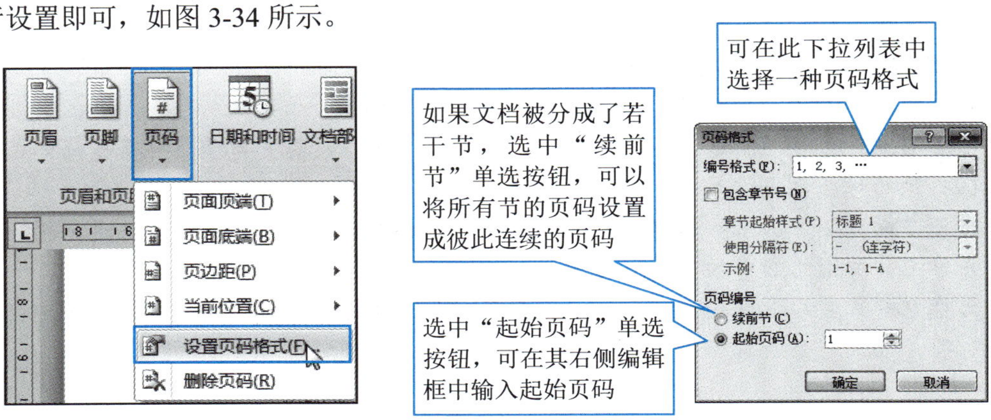

图 3-34　设置页码格式

如果设置页脚时没有自动添加页码，可手动在“页码”下拉列表中选择希望插入的页码位置和页码类型。若在该下拉列表中选择“删除页码”选项，可删除为文档添加的页码。

3.4.3　删除页眉和页脚

双击文档中的页眉或页脚区，进入页眉和页脚编辑状态，然后单击“页眉和页脚工具设计”选项卡“页眉和页脚”组中的“页眉”或“页脚”按钮，在展开的列表中选择“删除页眉”或“删除页脚”选项，可将该节中的页眉或页脚删除。

删除页眉后，可能还会留下页眉线，为此，可选中页眉线上方的段落标记，然后单击“开始”选项卡“段落”组中“边框”按钮右侧的三角按钮，从展开的列表中选择“无框线”选项，将页眉线删除。

课堂案例 3　为毕业论文设置页眉、页脚和页码

本案例将接着为前面使用样式编排后的毕业论文分页和分节，并设置页眉、页脚和页码。具体实现功能如下：（1）将封面、摘要和导论分别放在新页中，然后将文档分为 3 个节，其中封面为一节，摘要、导论和正文为一节，新页（用于放置目录）为一节；（2）为文档设置页眉和页脚，页眉文本为居中对齐的“毕业论文”，页脚为居中对齐的页码。

步骤 1▶　打开本书配套素材“素材与实例”>“第 3 章”>“毕业论文（效果-使用样式）”文档。

步骤 2▶　将插入点置于“摘要”的“摘”字左侧，单击“页面布局”选项卡“页面设置”组中的“分隔符”按钮，在展开的列表中选择“分节符”类别中的“下一页”项。

步骤 3▶　分别在“Abstract”的“A”字、“导论”的“导”字和“第一章”的“第”字左侧单击，然后在“分隔符”列表中选择“分页符”类别中的“分页符”项。

步骤 4▶　单击“插入”选项卡“页眉和页脚”组中的“页眉”按钮，在展开的列表中选择“编辑页眉”选项，进入页眉和页脚编辑状态，然后输入页眉文本“毕业论文”。

步骤 5▶　单击“页眉和页脚工具 设计”选项卡“页眉和页脚”组中的“页码”按钮，在展开的列表中选择“页面底端”→“普通数字 2”选项。

步骤 6▶　选中“摘要”页的页码，然后在“页码”列表中选择“设置页码格式”选项，在打开的对话框中设置“起始页码”为 1。

步骤 7▶　在“页眉和页脚工具 设计”选项卡的“选项”组中选中“首页不同”复选框，并单击“关闭”组中的“关闭页眉和页脚”按钮。

步骤 8▶　在文档的末尾单击，然后在“分隔符”列表中选择“分节符”类别中的“下一页”项，插入一个新页（用于放置目录）。

3.5　在文档中添加引用内容

Word 2010 的文字处理功能十分强大，它不但可以进行简单的文字处理，还可以进行复杂的排版操作，如插入脚注、创建目录等。

3.5.1　插入脚注和尾注

当对文档进行编辑时，可能需要对文档中的某些内容进行注释说明，此时可利用脚注或尾注功能对注释进行编排。

脚注和尾注的作用基本相同，都是对文档中文本的补充说明，如单词解释、备注说明或提供文档的引文来源等。

通常情况下，脚注位于页面底端，用来说明每页中要注释的内容；尾注一般列于文档结尾处，用来集中解释文档中要注释的内容或标注文档的参考文献等。

小提示

脚注和尾注都由两个关联的部分组成，即注释引用标记和相应的注释文本。注释引用标记出现在正文中，一般是一个上标字符，用来表示脚注或尾注的存在。Word 会自动对脚注或尾注进行编号，当添加、删除或移动注释时，Word 会对注释引用标记重新编号。

1. 插入脚注

将插入点置于需要插入脚注的位置，在“引用”选项卡的“脚注”组中单击“插入脚注”按钮AB¹，插入点会跳至系统设定的脚注输入区，供用户输入脚注，脚注前的编号与文中编号对应，如图 3-35 所示。插入脚注后，若要查看脚注，可将光标移至脚注标记上，此时光标变为“I”形状，并且标记旁将出现浮动窗口，显示注释内容。

2. 插入尾注

尾注的插入和查看方法与脚注类似，确定插入位置后，单击“脚注”组中的“插入尾注”按钮，此时会在所选位置显示尾注引用标记，插入点跳转至文档结束位置的尾注编辑区，输入尾注文本即可。

若要设置脚注或尾注的格式，可单击“脚注”组右下角的对话框启动器按钮，在打开的“脚注和尾注”对话框中进行设置，如图 3-36 所示。

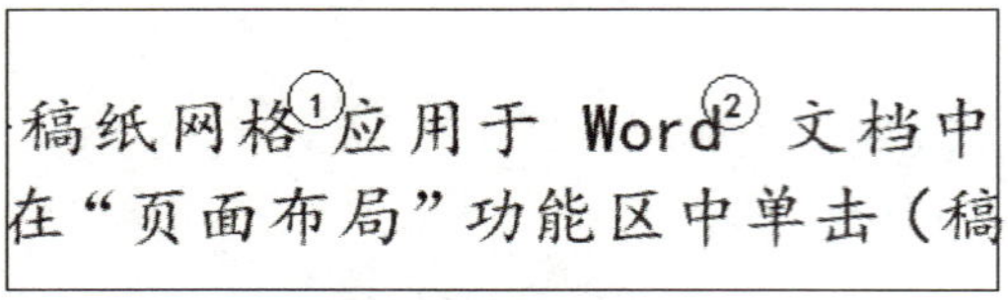

原文中脚注标记及编号（圆圈内）

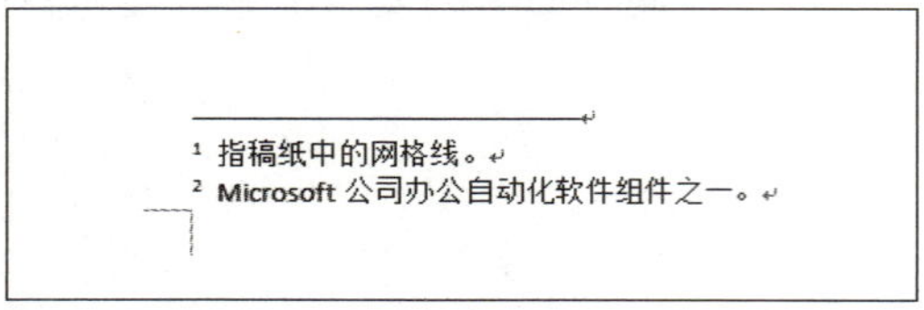

脚注效果（一般位于页面底端，与正文间用一横线分隔）

图 3-35　插入脚注

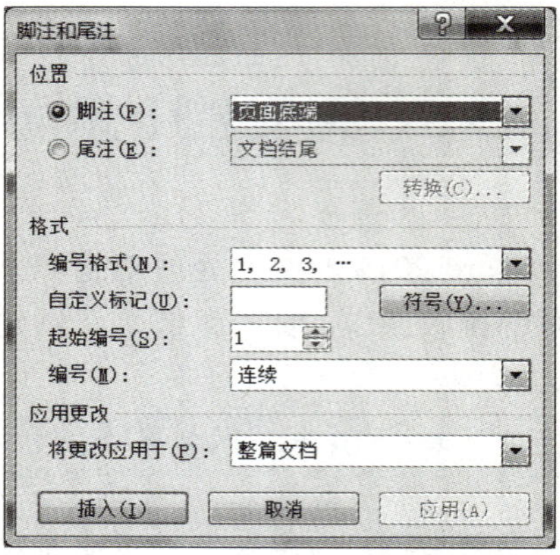

图 3-36　“脚注和尾注”对话框

3.5.2　插入题注并引用

题注是对插入到文档中的图片、图形、公式、表格及其他对象进行标示的编号及说明。其显示格式一般为：标签＋题注自动编号＋题注说明。为文档中插入的对象添加题注后，当插入的对象发生增减或顺序调整时，Word 会自动更改其编号，以保证按文档中出现的先后顺序进行排列，且不断号。

选中要插入题注的对象，在“引用”选项卡的“题注”组中单击“插入题注”按钮，弹出“题注”对话框，对题注进行题注说明、题注标签名、题注相对于对象所在的位置等设置后，单击“确定”按钮即可，如图 3-37 所示。

当需要引用本文档中的某个内容（如题注等），并希望这些引用会随原内容进行同步更新时，可以通过插入交叉引用来实现。单击要插入引用的位置，在“插入”选项卡的“链接”组中单击“交叉引用”按钮，弹出“交叉引用”对话框，选择引用类型、引用内容及引用题注后，单击“插入”按钮即可，如图 3-38 所示。

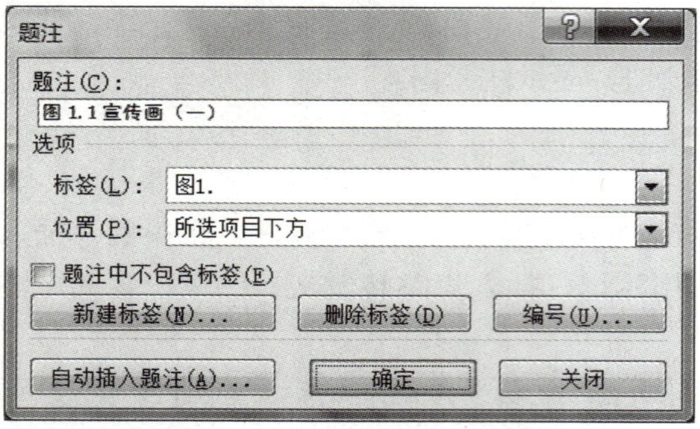

图 3-37　插入题注示例

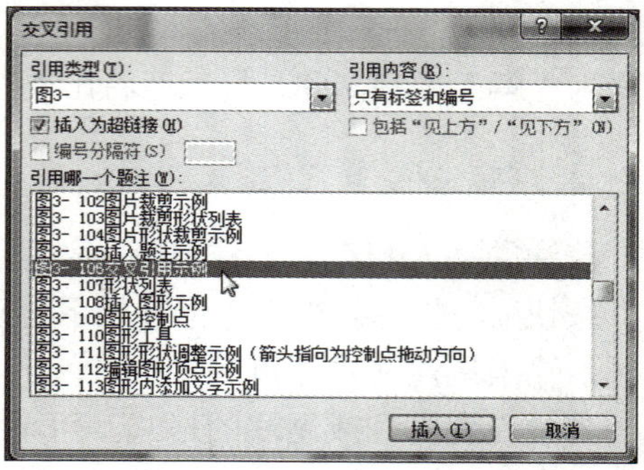

图 3-38　插入交叉引用示例

小提示

如果对文档中的题注内容进行了修改，或对题注的对象进行了增减、顺序调整等操作，都需要对整个交叉引用进行更新，方法是：选中全文，右击鼠标，从弹出的快捷菜单中选择“更新域”选项。

3.5.3　插入标记并创建索引

索引是将文档中出现的单词或短语的列表与它们所在的页码建立关联。在 Word 2010 中，创建一个索引分为两步：（1）在整个文档中标记出用户想要索引的条目，称为“标记索引项”；（2）根据标记的条目创建索引。

选中要作为索引项的文本，在“引用”选项卡的“索引”组中单击“标记索引项”按钮，打开“标记索引项”对话框，如图 3-39 所示，其中“主索引项”文本框中的文字正是索引选中的文本，单击“标记”按钮将标记当前条目；单击“全部标记”按钮将对文档中所有出现索引条目的位置给予标记。Word 将在文档中插入具有隐藏文字格式的 XE（索引项）作为索引标记。

标记了索引项之后，就可以创建索引了。将插入点移至要创建索引的位置，在“引用”选项卡的“索引”组中单击“插入索引”按钮，打开“索引”对话框，设置索引格式、制表符样式、栏数、排序依据等，如图 3-40 所示，单击“确定”按钮，即可创建索引。

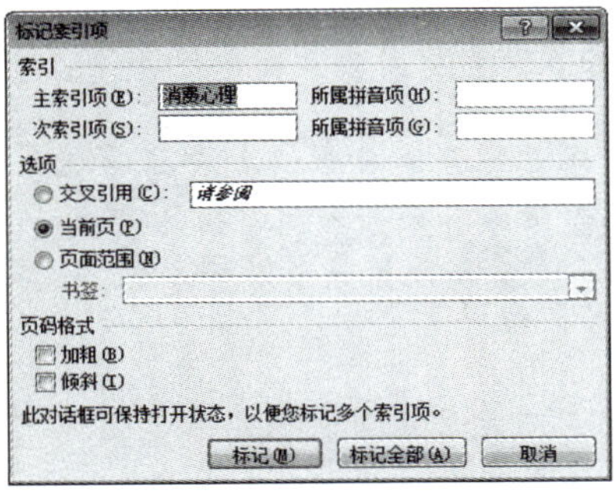

图 3-39　“标记索引项”对话框

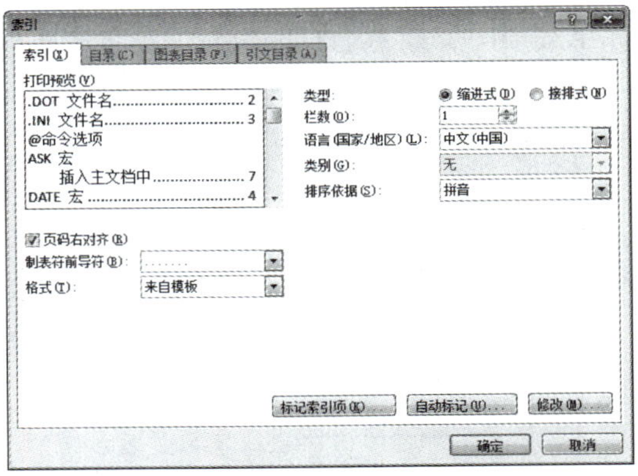

图 3-40　“索引”对话框

3.5.4　创建书目

书目是在创建文档时参考或引用的源文档的列表，通常位于文档的末尾。例如，论文结尾处的参考文献就可以通过 Word 2010 的创建书目功能来实现。创建书目时，需要先准备源，然后才能根据源生成书目。

在“引用”选项卡的“引文与书目”组中单击“管理源”按钮，打开“源管理器”对话框，可以从左侧主列表中选取要使用的源，然后单击“复制”按钮将其添加到右侧的当前列表中；也可以单击“新建”按钮，打开“创建源”对话框，新建一个源，如图 3-41 所示。

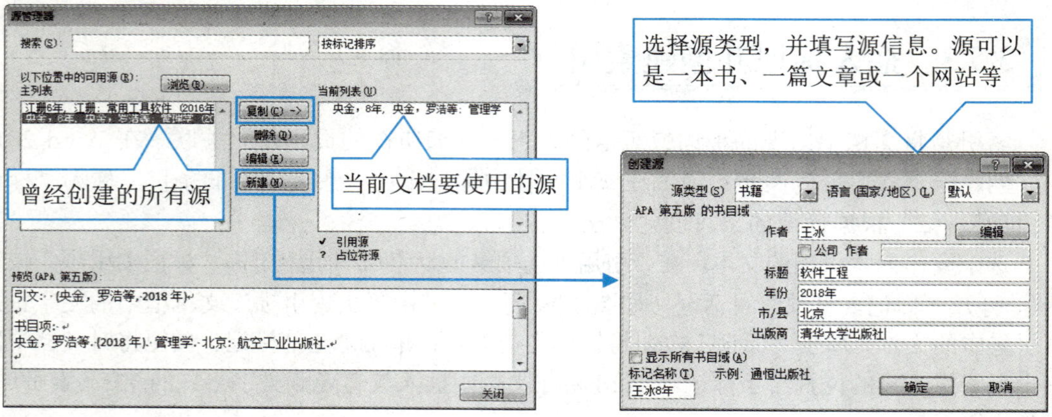

图 3-41　准备源

准备好源以后，在“引用”选项卡的“引文与书目”组中单击“样式”右侧的三角按钮，在展开的列表中选择一种要用于源的样式，如图 3-42 所示。

在文档中要插入书目的位置（通常是文档的末尾）单击，然后在“引用”选项卡的“引文与书目”组中单击“书目”按钮，从展开的列表中选择一种内置的书目格式，或者直接选择“插入书目”选项，如图 3-43 所示，即可将书目插入文档。

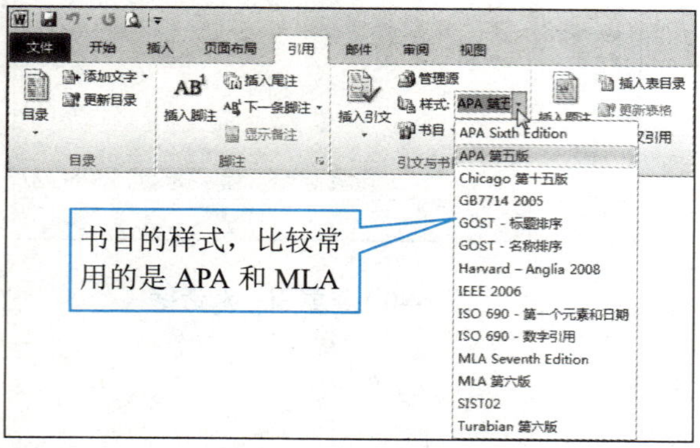

图 3-42　选择源样式

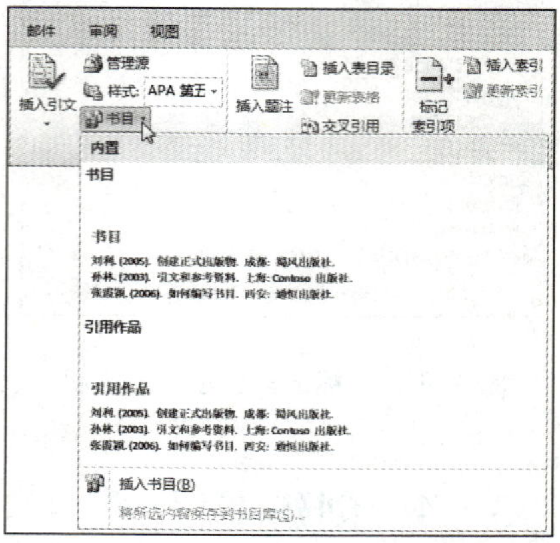

图 3-43　创建书目

3.5.5　创建和更新目录

目录的作用是列出文档中的各级标题及其所在的页码。一般情况下，所有正式出版物都有一个目录，其中包含书刊中的章、节及各章节的页码位置等信息，方便读者查阅。

Word 具有自动创建目录的功能，但在创建目录之前，需要先为要提取为目录的标题设置标题级别（不能设置为正文级别），并为文档添加页码。

在 Word 中主要有 3 种设置标题级别的方法：（1）利用大纲视图设置；（2）应用系统内置的标题样式（或基于标题样式创建的样式）；（3）在“段落”对话框的“大纲级别”下拉列表中选择。

1. 创建目录

将插入点置于要插入目录的位置，单击“引用”选项卡“目录”组中的“目录”按钮，在展开的列表中选择一种目录样式，Word 将搜索整个文档中 3 级及以上的标题，以及标题所在的页码，并把它们创建为目录，如图 3-44 所示。

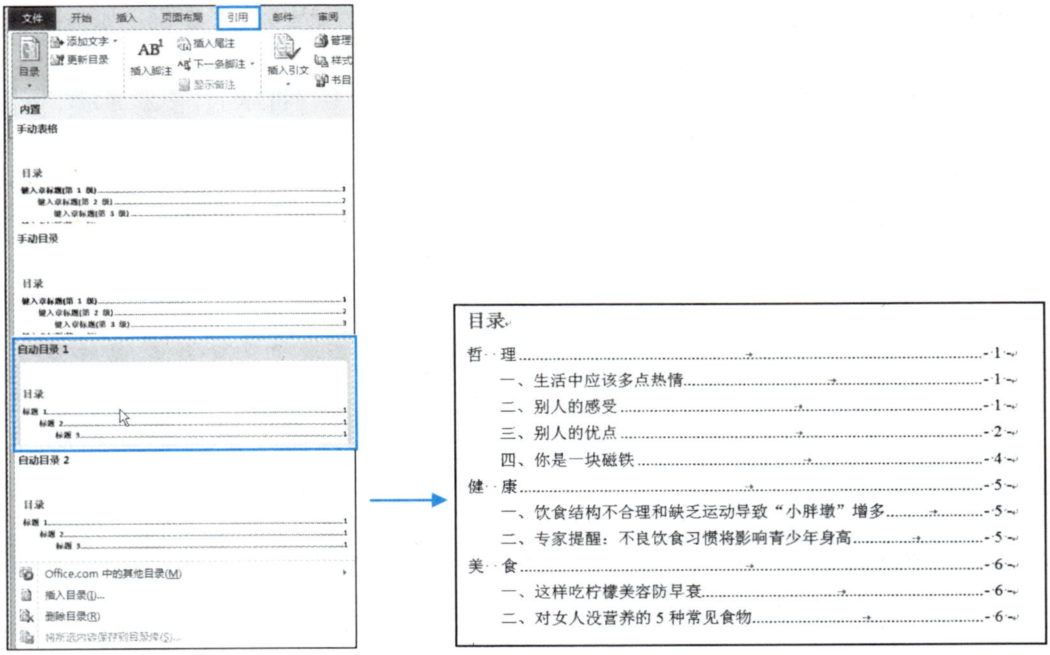

图 3-44　创建目录

若选择目录样式列表底部的“插入目录”选项，可打开如图 3-45 所示的“目录”对话框，在其中可自定义目录的样式。

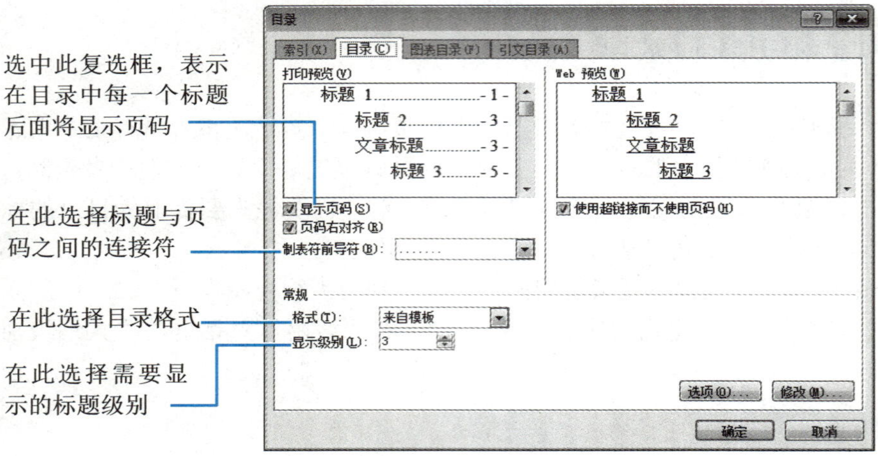

图 3-45 “目录”对话框

2. 更新和删除目录

Word 所创建的目录以文档的内容为依据，如果文档的内容发生了变化，如页码或者标题发生了变化，就要更新目录，使其与文档的内容保持一致。

若要更新目录，可单击目录的任意位置，此时在目录左上角将显示“更新目录”按钮，单击该按钮或按“F9”键，或者单击“引用”选项卡“目录”组中的“更新目录”按钮，弹出“更新目录”对话框，选择要执行的操作，如“更新整个目录”，如图 3-46 所示，然后单击“确定”按钮，目录即可被更新。

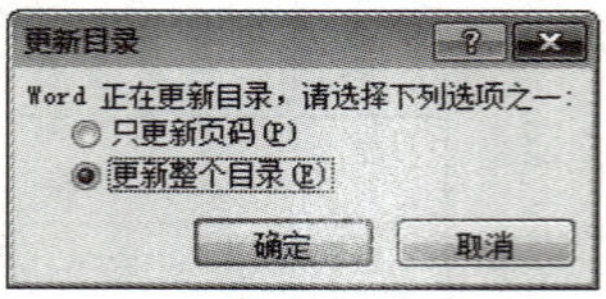

图 3-46 更新目录

小提示

若要删除在文档中插入的目录，可选择目录样式列表底部的“删除目录”选项，或者选中目录后按“Delete”键。

课堂案例 4 为毕业论文添加引用内容

本案例将继续为前面的毕业论文添加引用内容，在文档末尾的新页中放置一个目录，具体操作步骤如下：

步骤 1▶　打开本书配套素材“素材与实例”>“第 3 章”>“毕业论文（效果-设置页眉页脚）”文档。

步骤 2▶　在文档末尾的新页中单击，输入“目　录”文本并设置其格式（宋体、小三、加粗，居中对齐，段前段后间距为 1 行）。

步骤 3▶　插入一个空行并设置其样式为“正文”。

步骤 4▶　单击“引用”选项卡“目录”组中的“目录”按钮，在展开的列表中选择“插入目录”选项，打开“目录”对话框，设置目录选项如图 3-47 所示。

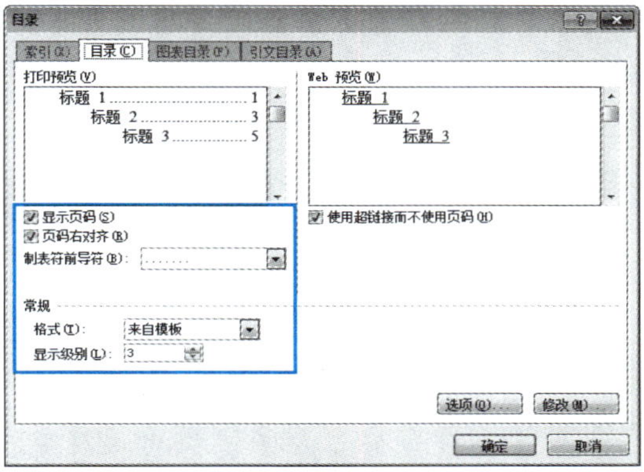

图 3-47　设置目录选项

步骤 5▶　单击“确定”按钮，即可创建目录，效果如图 3-48 所示。

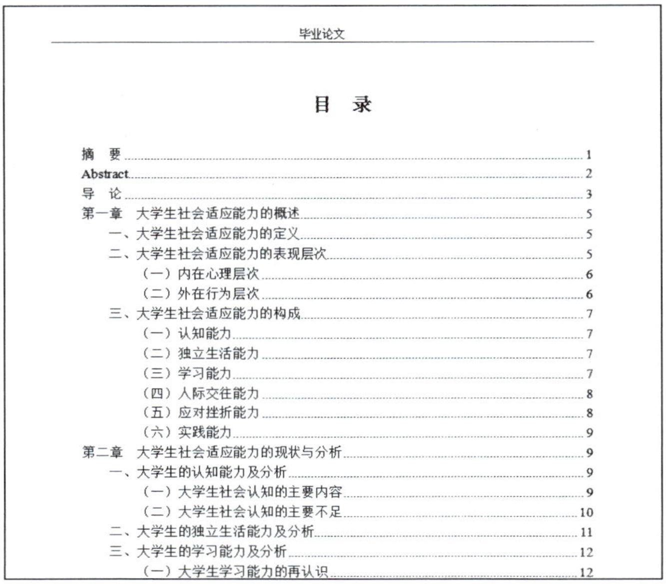

毕业论文

目　录

摘　要......1
Abstract......2
导　论......3
第一章　大学生社会适应能力的概述......5
一、大学生社会适应能力的定义......5
二、大学生社会适应能力的表现层次......5
（一）内在心理层次......6
（二）外在行为层次......6
三、大学生社会适应能力的构成......7
（一）认知能力......7
（二）独立生活能力......7
（三）学习能力......7
（四）人际交往能力......8
（五）应对挫折能力......8
（六）实践能力......9
第二章　大学生社会适应能力的现状与分析......9
一、大学生的认知能力及分析......9
（一）大学生社会认知的主要内容......9
（二）大学生社会认知的主要不足......10
二、大学生的独立生活能力及分析......11
三、大学生的学习能力及分析......12
（一）大学生学习能力的再认识......12

图 3-48　目录效果

3.6 审阅文档

在对文档进行阅读或审阅时，可以对文档中的特定内容加以辅助说明或提出修改意见，以便在传阅或交流过程中进行共同研究。修订是指对文档内容修改后作上修改标记，等待进行修改确认，而批注则是文档作者或审阅者为文档添加的注释说明。

3.6.1 修订文档

利用修订功能，不仅可以对文本内容进行增、删、改，还可以对排版的格式进行更改。

1. 修订文档

单击需修改的位置，然后单击“审阅”选项卡“修订”组中的“修订”按钮，可进入修订状态。此时，用户对原文进行修改操作，系统会根据修改操作的不同类型作出不同的修订标记，如图 3-49 所示。

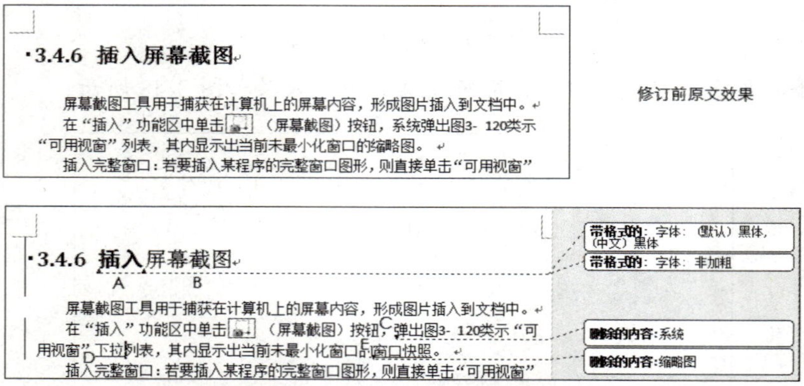

修订操作后的修订效果，注意不同的修订操作修订标记显示不一样

（A、B修订为更改格式；C修订为删除内容；D修订为插入新内容；E修订为更改内容）

图 3-49 修订示例

2. 审阅修订

对文档进行的所有修改操作，系统会自动作出修订标记，用户可对修订标记逐一进行审阅。审阅时，若同意修订，则单击“审阅”选项卡“更改”组中的“接受”按钮，对文档进行修改；若不同意修订，则单击“审阅”选项卡“更改”组中的“拒绝”按钮，文档不作修改。

3.6.2　为文档添加批注

1. 新建批注

选中要建立批注的内容，单击“审阅”选项卡“批注”组中的“新建批注”按钮，此时在文档页面的右侧出现批注框，在其中进行批注的编辑操作即可，如图 3-50 所示。

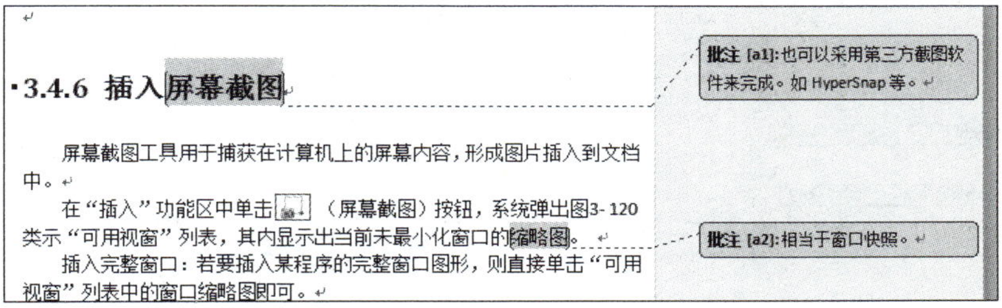

图 3-50　批注示例

2. 删除批注

单击批注原文或批注说明内容，然后单击“审阅”选项卡“批注”组中的“删除”按钮，可将当前批注删除。

3.6.3　比较与合并文档

如果一个文档具有两个版本，可利用 Word 对这两个版本的文档进行比较或合并。此时，Word 会用修订标记标识出两个文档的差别，或者识别合并后的文档文本。

要比较文档，可单击“审阅”选项卡“比较”组中的“比较”按钮，在展开的列表中选择“比较”选项，打开“比较文档”对话框，分别找到并打开要比较的原始文档和修订文档，然后单击“确定”按钮即可，如图 3-51 所示。

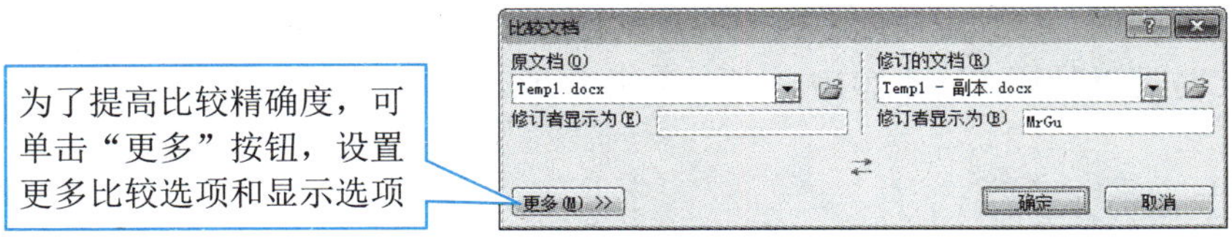

图 3-51　“比较文档”对话框

此时会自动生成比较结果，主要分为审阅窗格、比较的文档、原文档、修订的文档等区域，如图 3-52 所示。

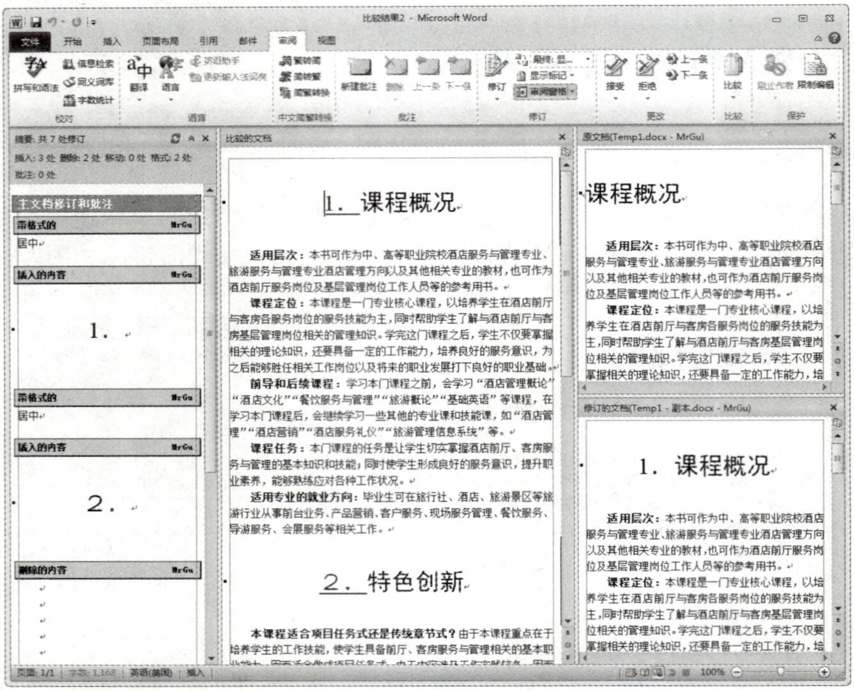

图 3-52　比较结果文档

如果想要合并两个文档（如两个修订的文档），可单击“审阅”选项卡“比较”组中的“比较”按钮，在展开的列表中选择“合并”选项，打开“合并文档”对话框，然后指定要合并的原始文档和修订文档，并单击“确定”按钮，此时会生成合并结果文档，显示出修订前后的差异，用户可以根据需要修订文档。

3.7　利用邮件合并功能批量处理文档

在日常事务处理中，经常需要把一些内容相同的公文、信件或通知发送给不同的地址、单位或个人，此时可以使用 Word 2010 的邮件合并功能。

3.7.1　什么是邮件合并

邮件合并是 Word 2010 的一项高级功能，是办公自动化中常用的一项数据组织与格式化输出操作技术。执行邮件合并操作时，涉及两个文件：主文档和数据源。其中，主文档文件是邮件合并内容中固定不变的部分，即信函中通用的部分；数据源文件主要用于保存联系人的相关信息。

在执行邮件合并操作之前，首先要创建这两个文件，然后将它们关联起来，也就是标识数据源文件中的信息在主文档的什么位置出现。完成后，“合并”这两个文件，就可以为每个收件人创建邮件。

3.7.2 邮件合并的方法

邮件合并的一般方法如下：

（1）制作主文档。主文档的制作方法与普通文档基本相同，用户还可对其页面格式和字符格式等进行设置。

（2）创建数据源。用户可以在邮件合并中使用多种格式的数据源，如 Microsoft Outlook 联系人列表、Excel 电子表格、Access 数据库、Word 文档等。

（3）进行邮件合并。创建好主文档和数据源以后，就可以进行邮件合并了。打开主文档，利用“邮件”选项卡中的“开始邮件合并”“选择收件人”“插入合并域”等按钮进行邮件合并设置，最后执行“完成并合并”命令，即可完成操作。

课堂案例 5 批量制作缴费通知

本案例将通过制作如图 3-53 所示的缴费通知，具体介绍 Word 2010 的邮件合并功能。

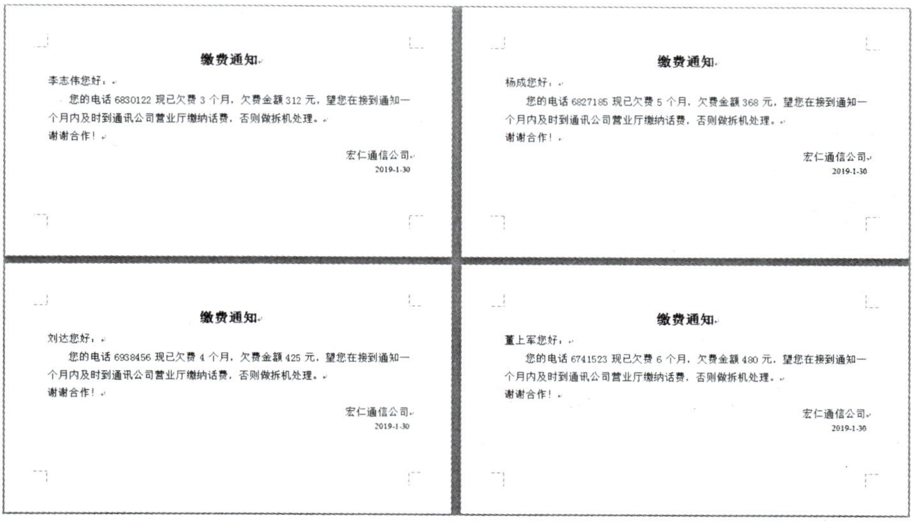
缴费通知

李志伟您好：

您的电话 6830122 现已欠费 3 个月，欠费金额 312 元，望您在接到通知一个月内及时到通讯公司营业厅缴纳话费，否则做拆机处理。

谢谢合作！

宏仁通信公司

2019-1-30

缴费通知

杨成您好：

您的电话 6827185 现已欠费 5 个月，欠费金额 368 元，望您在接到通知一个月内及时到通讯公司营业厅缴纳话费，否则做拆机处理。

谢谢合作！

宏仁通信公司

2019-1-30

缴费通知

刘达您好：

您的电话 6938456 现已欠费 4 个月，欠费金额 425 元，望您在接到通知一个月内及时到通讯公司营业厅缴纳话费，否则做拆机处理。

谢谢合作！

宏仁通信公司

2019-1-30

缴费通知

董上军您好：

您的电话 6741523 现已欠费 6 个月，欠费金额 480 元，望您在接到通知一个月内及时到通讯公司营业厅缴纳话费，否则做拆机处理。

谢谢合作！

宏仁通信公司

2019-1-30

图 3-53 缴费通知效果

1. 制作主文档

新建一个 Word 文档，设置上、下、左、右页边距均为 2 厘米，纸张大小为 21 厘米×

12 厘米，然后输入缴费通知的正文部分（姓名、电话号码、欠费月数和欠费金额位置暂时空着即可），并设置其格式，如图 3-54 所示，最后将文档保存为“缴费通知（主文档）”。

2. 创建数据源

要批量制作缴费通知，除了要有主文档外，还需要有欠费人姓名、电话号码、欠费月数和欠费金额等信息，即创建数据源。本例使用一个现成的 Excel 电子表格作为数据源，如图 3-55 所示（源文件位于本书配套素材“素材与实例”>“第 3 章”文件夹中）。

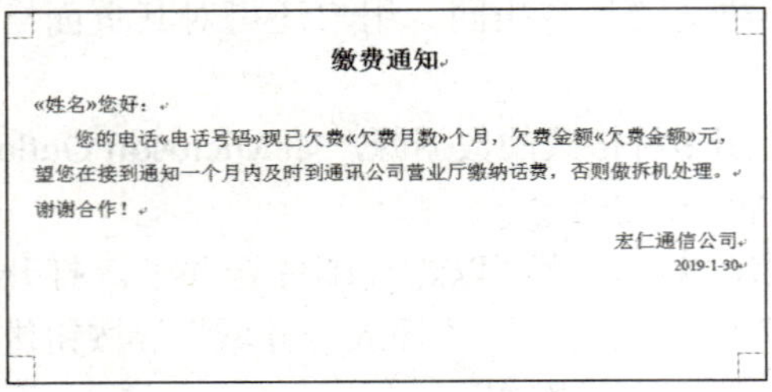
缴费通知

«姓名»您好：

您的电话«电话号码»现已欠费«欠费月数»个月，欠费金额«欠费金额»元，望您在接到通知一个月内及时到通讯公司营业厅缴纳话费，否则做拆机处理。

谢谢合作！

宏仁通信公司

2019-1-30

图 3-54　主文档

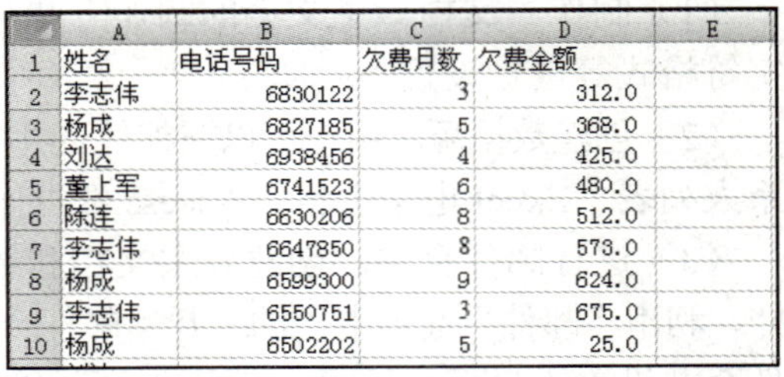

	A	B	C	D	E
1	姓名	电话号码	欠费月数	欠费金额	
2	李志伟	6830122	3	312.0	
3	杨成	6827185	5	368.0	
4	刘达	6938456	4	425.0	
5	董上军	6741523	6	480.0	
6	陈连	6630206	8	512.0	
7	李志伟	6647850	8	573.0	
8	杨成	6599300	9	624.0	
9	李志伟	6550751	3	675.0	
10	杨成	6502202	5	25.0	

图 3-55　数据源

3. 进行邮件合并

步骤 1▶ 打开已创建的主文档，单击“邮件”选项卡“开始邮件合并”组中的“开始邮件合并”按钮，在展开的列表中可看到“普通 Word 文档”选项高亮显示，表示当前编辑的主文档类型为普通 Word 文档，这里保持默认选择，如图 3-56 所示。

步骤 2▶ 单击“开始邮件合并”组中的“选择收件人”按钮，在展开的列表中选择“使用现有列表”选项，如图 3-57 所示。

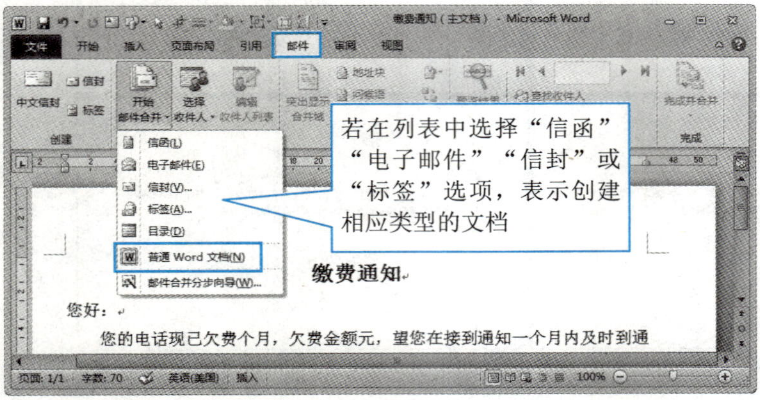

图 3-56　选择创建文档的类型

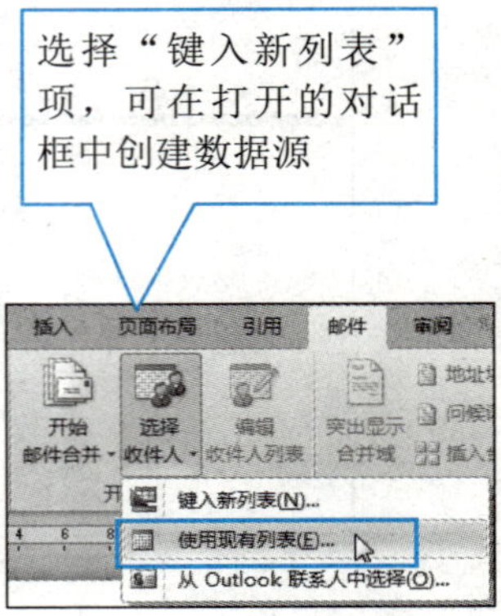

图 3-57　选择数据源

步骤 3▶ 弹出“选取数据源”对话框，选中创建好的数据源文件“缴费通知（数据源）”，如图 3-58 所示，然后单击“打开”按钮。

步骤 4▶　弹出“选择表格”对话框，从中选择要使用的 Excel 工作表，然后单击“确定”按钮，如图 3-59 所示。

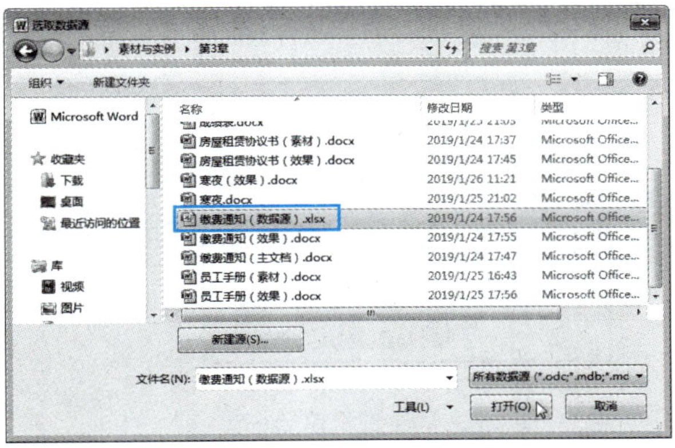

图 3-58　选择数据源文件

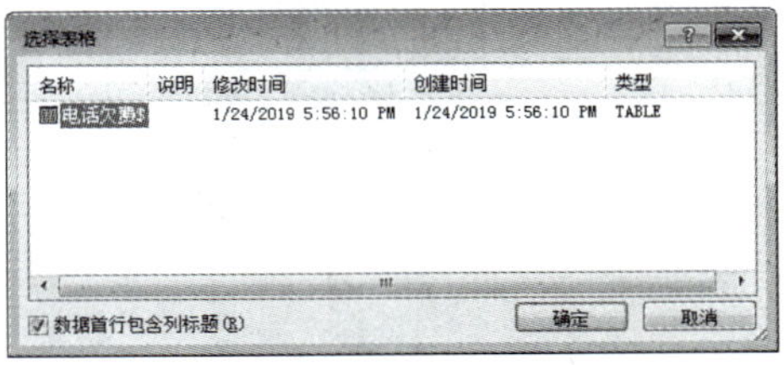

图 3-59　选择 Excel 工作表

步骤 5▶　将插入点置于文档中第一处要插入合并域的位置，即“您好”二字的左侧，然后单击“插入合并域”按钮，在展开的列表中选择要插入的域“姓名”，如图 3-60（a）所示，结果如图 3-60（b）所示。

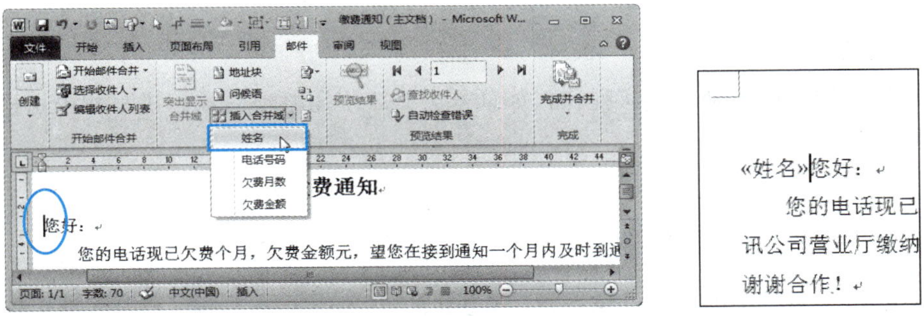

（a）　（b）

图 3-60　选择并插入“姓名”域

步骤 6▶　用同样的方法插入“电话号码”、“欠费月数”和“欠费金额”域，效果如图 3-61 所示。

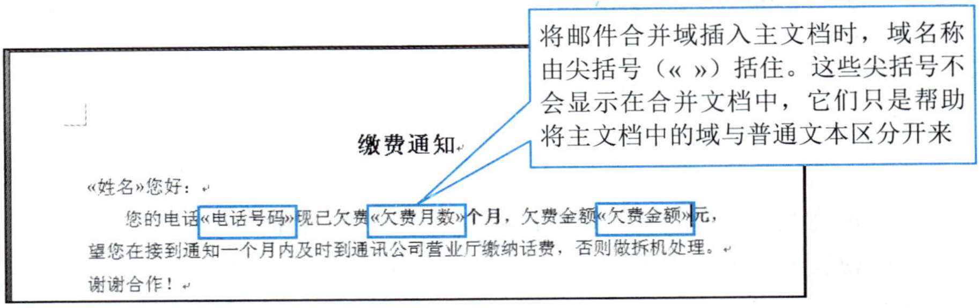

图 3-61　插入“电话号码”“欠费月数”和“欠费金额”域

步骤 7▶ 单击“完成”组中的“完成并合并”按钮，在展开的列表中选择“编辑单个文档”选项，如图 3-62 所示，让系统将产生的邮件放置到一个新文档中。

步骤 8▶ 在打开的“合并到新文档”对话框中选中“全部”单选按钮，如图 3-63 所示，然后单击“确定”按钮。

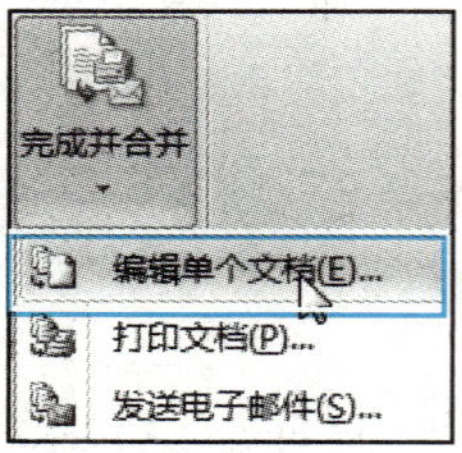

图 3-62　选择“编辑单个文档”

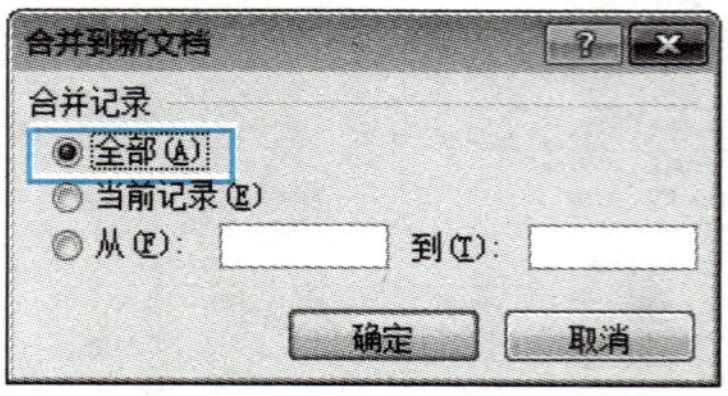

图 3-63　选中“全部”单选按钮

步骤 9▶ Word 将根据设置自动合并文档并将全部记录存放到一个新文档中，效果如图 3-53 所示。最后，另存新文档为“缴费通知（效果）”。

3.8　文档的其他高级操作

本节将介绍一些其他的高级操作，如插入公式、引用其他对象、拼写和语法检查、多文档编辑、加密文档等。

3.8.1　在文档中插入公式

公式在日常生活中的应用非常广泛，Word 2010 集成了公式编写和公式编辑的强大功能，在不需要其他软件的支持下便可方便地制作各类公式。

单击要插入公式的位置，然后单击“插入”选项卡“符号”组中的“公式”按钮π（快捷键为“Alt+=”），会在当前位置出现公式编辑框，同时在功能区出现“公式工具 设计”选项卡，如图 3-64 所示，其中包含了可用于设计公式的各种结构和符号。

在“结构”组中选择公式结构，在“符号”组中选择公式运算符号，或者直接使用键盘输入公式中的运算符号和数据，便可完成公式的制作。

小提示

要在文档中插入系统内置的公式，可单击“插入”选项卡“符号”组中“公式”按钮π下方的三角按钮，在展开的列表中显示了二次公式、二项式定理、傅里叶级数、勾股定理、和的展开式、三角恒等式等，选择所需公式，即可将其插入到文档中。

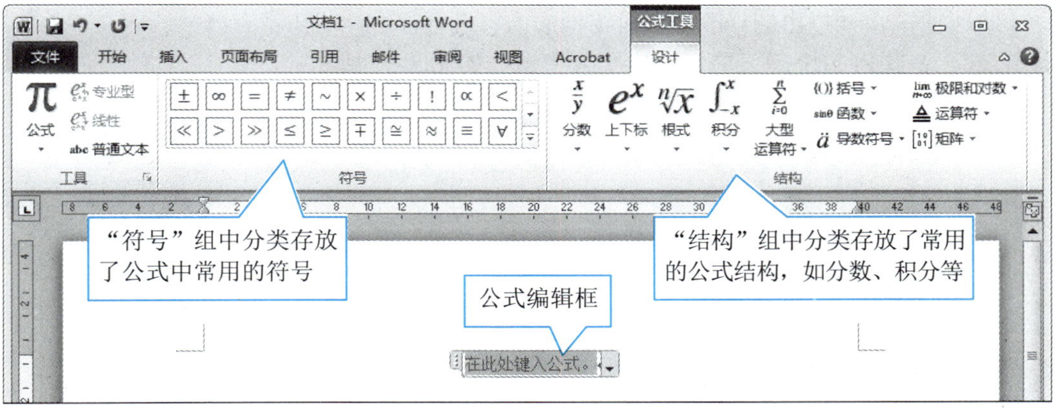

图 3-64　公式设计工具

3.8.2　在文档中引用其他对象

在 Word 文档中可以引用文本文件、Word 文件、电子表格文件、音视频文件等各种文件对象，并可以直接打开。这个功能对于需要嵌套某个文件的 Word 文档来说，非常实用。

要在 Word 文档中插入文件对象，可单击“插入”选项卡“文本”组中的“对象”按钮，打开“对象”对话框，切换至“由文件创建”选项卡，然后单击“浏览”按钮，指定要插入的文件，再选中“显示为图标”复选框，单击“确定”按钮即可，如图 3-65 所示。

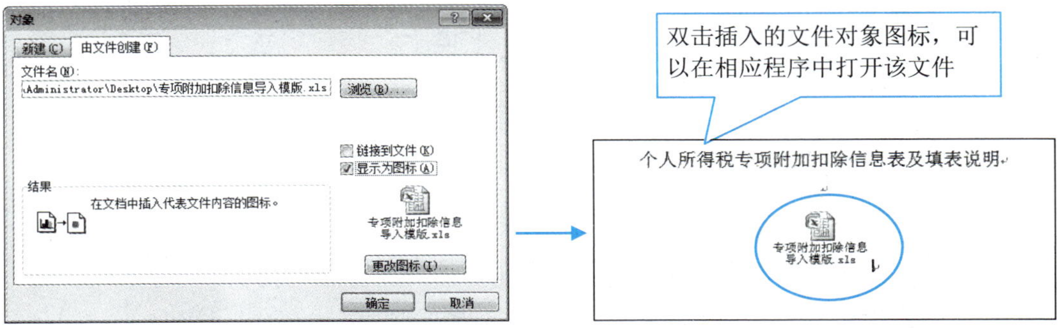

图 3-65　引用文件对象

3.8.3　检查文档的拼写和语法

在输入文本时，难免会出现拼写和语法错误。Word 提供了拼写和语法检查功能，可在用户输入文本的同时检查拼写和语法错误，或在文档编辑完成后集中检查，并提出修改建议。

默认情况下，Word 会自动对文本进行拼写和语法检查，用红色波浪下划线标识有拼写错误或不可识别的单词，用绿色波浪下划线标识出现语法错误的内容，如图 3-66 所示。此时，用户可以根据 Word 提出的修改建议对错误的内容进行修改，即在带有波浪线的文字上单击鼠标右键，在弹出的快捷菜单中选择修改建议，如图 3-67 所示。

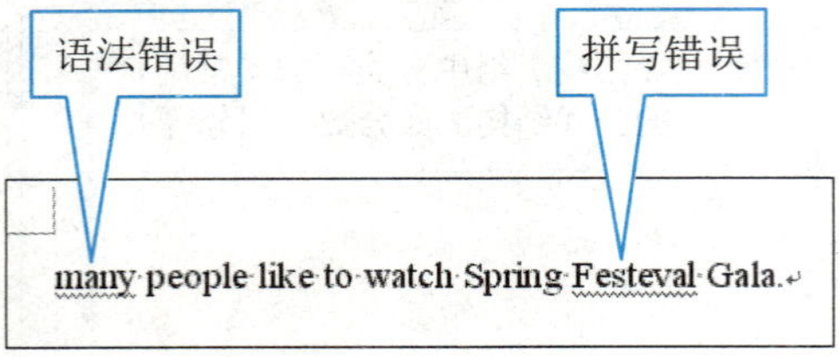

图 3-66　标记拼写和语法错误

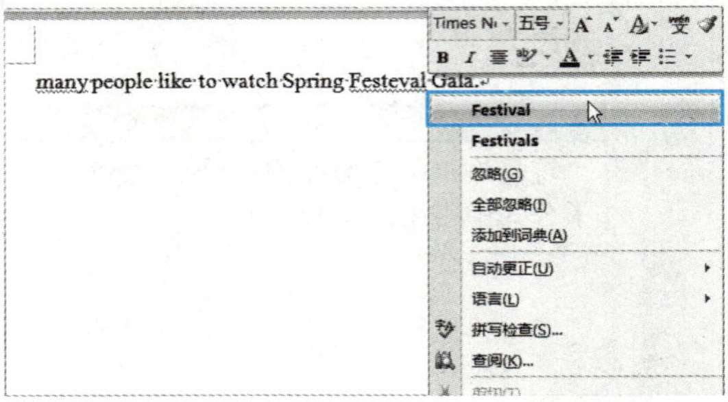

图 3-67　更改拼写错误

3.8.4　多窗口多文档的编辑

Word 的文档窗口可以拆分为两个窗口，这样可以方便编辑文档。要拆分文档窗口，可单击“视图”选项卡“窗口”组中的“拆分”按钮，此时光标变成上下箭头形状且与屏幕上同时出现的一条灰色水平线相连，移动光标到要拆分的位置后单击，即可将文档窗口拆分成两个，如图 3-68 所示。用户可以在这两个窗口间对文档进行各种编辑操作。

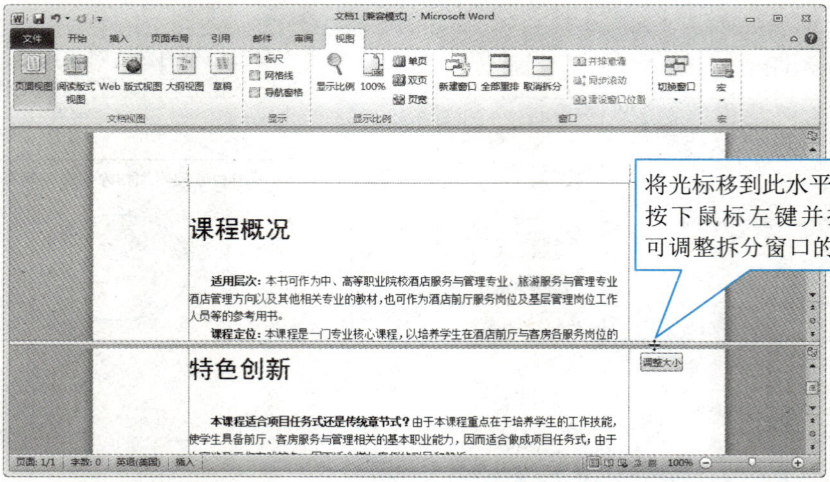

图 3-68　拆分窗口

将窗口进行拆分后，“拆分”按钮会变成“取消拆分”按钮，单击该按钮，或将光标移到水平线上并双击，可以将拆分的窗口恢复为一个窗口。

此外，Word 允许同时打开多个文档进行编辑，每个文档对应一个窗口，这些窗口可以快速进行切换。单击“视图”选项卡“窗口”组中的“切换窗口”按钮，在展开的列表中以编号方式列出了所有被打开的文档，如图 3-69 所示。选择列表中的某个文档名称，即可切换到相应的文档窗口。

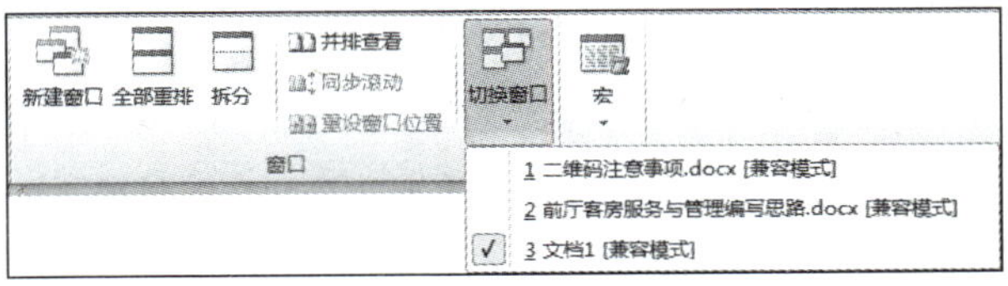

图 3-69　多文档窗口

单击“窗口”组中的“全部重排”按钮，可以将所有文档窗口排列在屏幕上；单击“窗口”组中的“并排查看”按钮，可以对两个文档窗口进行并排浏览。

3.8.5　保护文档

为保证文档的安全性，可以为其添加密码。通过添加密码，可以控制其他人对文档的访问，防止未经授权查阅或随意修改文档。

单击“文件”选项卡，在打开的界面中选择“信息”项，再在右侧单击“保护文档”按钮，在展开的列表中选择“用密码进行加密”项，弹出“加密文档”对话框，输入要设置的密码，单击“确定”按钮，弹出“确认密码”对话框，再次输入密码，单击“确定”按钮，并对文档进行保存，即可完成文档的加密，如图 3-70 所示。

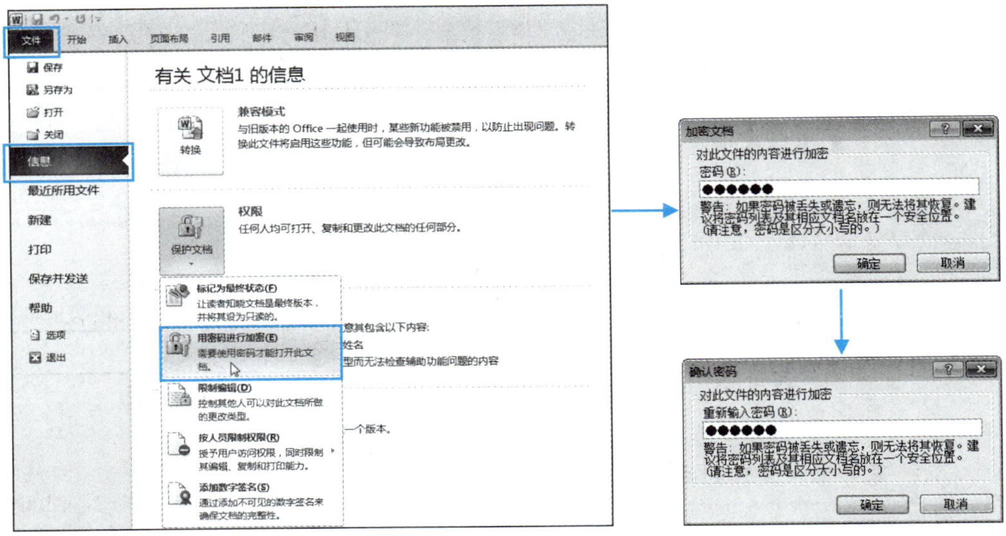

图 3-70　加密文档

小技巧

当打开加密的文档时，会弹出“密码”对话框，只有输入正确的密码才能访问。若要修改文档密码，可在打开文档后执行与设置密码相同的操作。若要取消文档的加密状态，可加开“加密文档”对话框，然后将密码设置为空。

综合案例　编排员工手册文档

本案例将编排一个员工手册文档，以巩固本章所学知识。

步骤 1▶ 打开本书配套素材“素材与实例”>“第 3 章”>“员工手册（素材）”文档。

步骤 2▶ 将样式“标题 1”的格式修改为“黑体、三号，居中对齐，无缩进，段前段后间距为 0.5 行，单倍行距”，并为包含“第×节”字样的单行文字（共 5 处）应用“标题 1”样式，如图 3-71 所示。

步骤 3▶ 将样式“标题 2”的格式修改为“宋体、四号，段前段后间距为 0，单倍行距”，并为包含“第×条”字样的单行文字（共 15 处）应用“标题 2”样式，如图 3-72 所示。

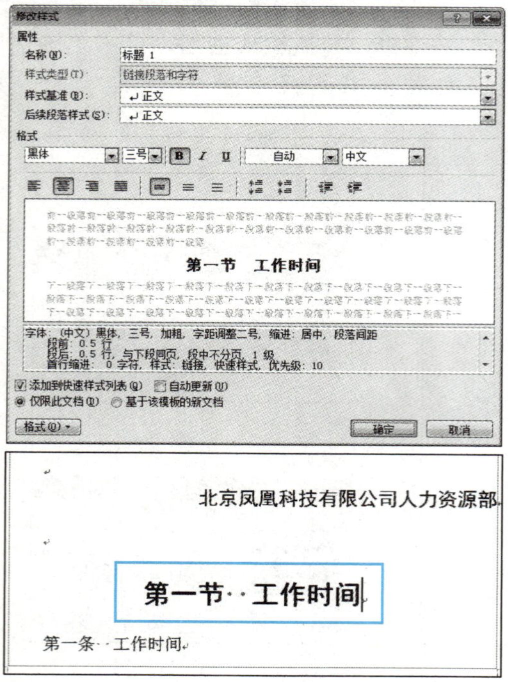

图 3-71　修改并应用样式“标题 1”

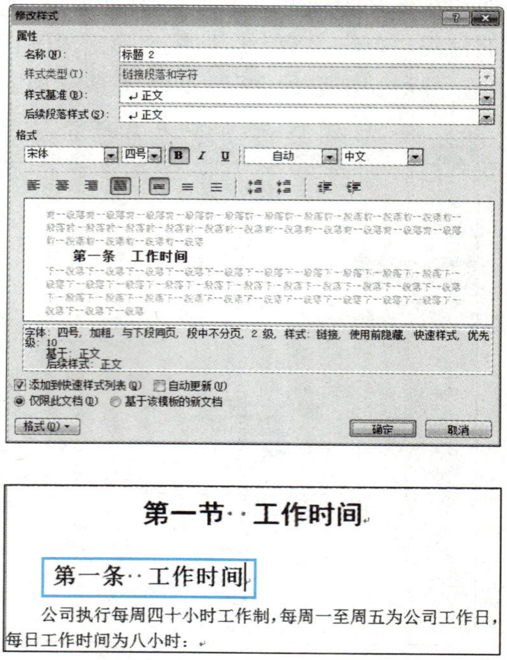

图 3-72　修改并应用样式“标题 2”

步骤 4▶ 将插入点置于需要分节的位置（“引　言”左侧），单击“页面布局”选项卡“页面设置”组中的“分隔符”按钮，在展开的列表中选择“分节符”类别中的“下一页”项，此时在插入点所在位置插入一个分节符，并将分节符后的内容显示在下一页中，如图 3-73 所示。

步骤 5▶ 将插入点置于需要分页的位置（“第一节”左侧），在“分隔符”列表中选择“分页符”类别中的“分页符”项，此时插入点后面的内容显示在下一页中，并且在分页处显示一个虚线分页符标记，如图 3-74 所示。

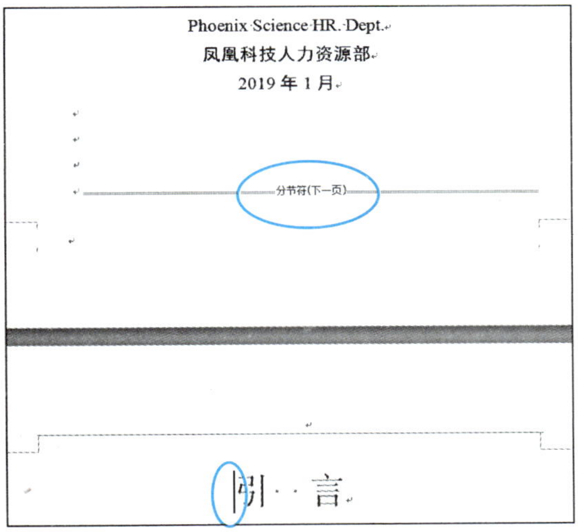

图 3-73　插入分节符

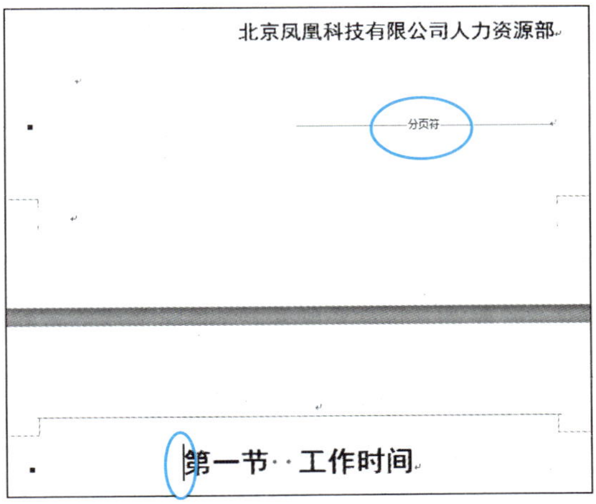

图 3-74　插入分页符

步骤 6▶ 单击“插入”选项卡“页眉和页脚”组中的“页眉”按钮，在展开的列表中选择页眉样式“字母表型”，进入页眉和页脚编辑状态，并在页眉区显示选择的页眉，同时功能区显示“页眉和页脚工具 设计”选项卡。

步骤 7▶ 单击“标题”标签，然后输入要设置的页眉名称“凤凰科技员工手册”，再利用“开始”选项卡的“字体”组将文本字号设置为“四号”，效果如图 3-75 所示。

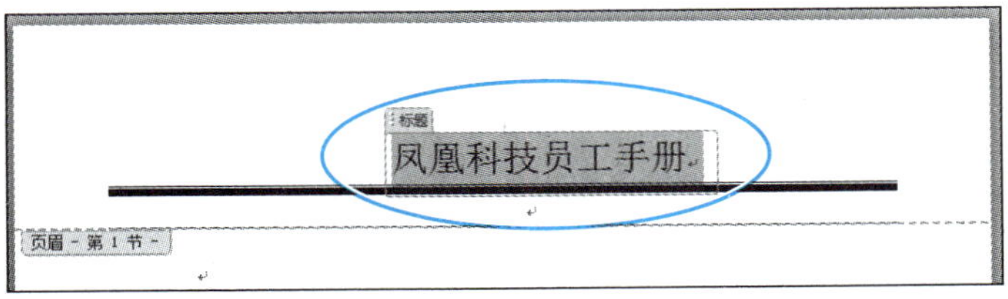

图 3-75　设置页眉

步骤 8▶ 单击“页眉和页脚工具 设计”选项卡“导航”组中的“转至页脚”按钮，转至页脚处，然后单击“页眉和页脚”组中的“页脚”按钮，在展开的列表中选择“堆积型”样式，再在“公司”编辑框中输入“凤凰科技人力资源部”，如图 3-76 所示。

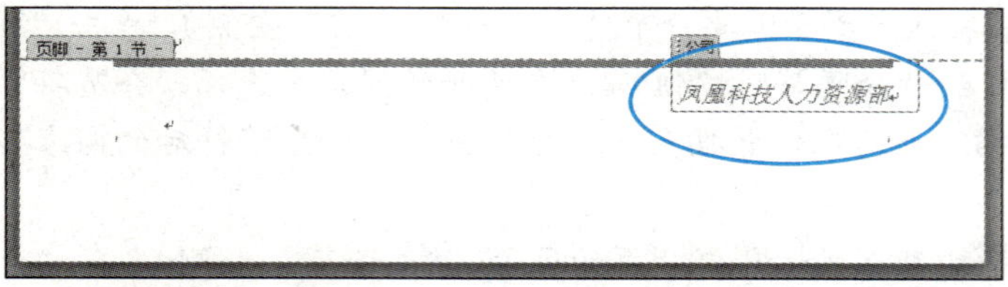

图 3-76　设置页脚

步骤 9▶　将插入点置于要添加页码的位置，然后单击“页眉和页脚”组中的“页码”按钮，在展开的列表中选择“当前位置”→“普通数字”，效果如图 3-77 所示。此时，系统将从文档的第 1 页开始，自动为文档编排页码。

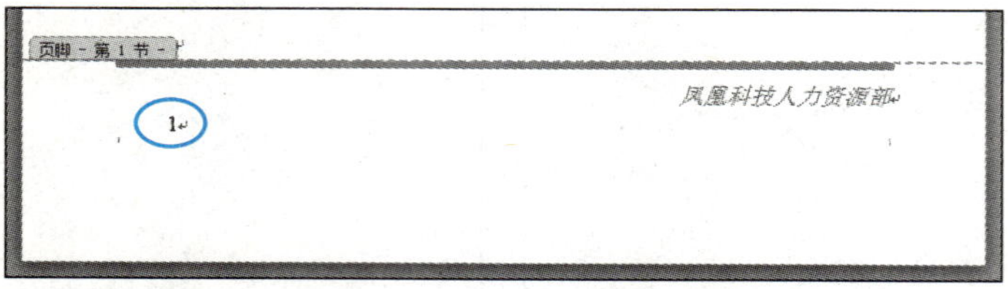

图 3-77　添加页码

步骤 10▶　单击“页眉和页脚工具 设计”选项卡“关闭”组中的“关闭页眉和页脚”按钮，退出页眉和页脚编辑状态。可以看到员工手册编排后的效果如图 3-78 所示。

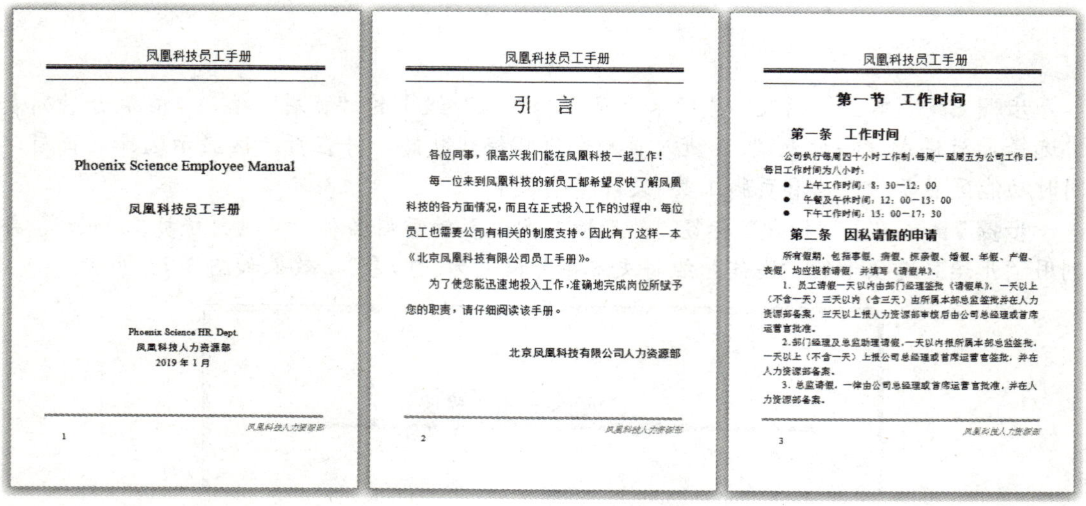

图 3-78　员工手册编排后的效果（部分）

本章总结

本章主要介绍了 Word 2010 的一些高级应用。学完本章内容，读者应重点掌握以下知识：① 文档格式设置技巧；② 插入和编辑对象技巧；③ 利用样式统一文档格式；④ 文档分页、分栏与分节；⑤ 设置页眉和页脚；⑥ 创建和更新目录；⑦ 修订文档和添加批注；⑧ 利用邮件合并功能批量处理文档；⑨ 插入公式和加密文档。

本章习题

1. 选择题

（1）下列操作中，执行（　　）不能在 Word 文档中插入图片。

A. 单击“插入”选项卡中的“图片”按钮

B. 使用剪贴板粘贴其他文件中的图片

C. 单击“插入”选项卡中的“剪贴画”按钮

D. 单击“插入”选项卡中的“形状”按钮

（2）删除一个段落标记后，前后两段将合并成一段，原段落内容的编排格式是（　　）。

A. 没有变化　　B. 后一段将采用前一段的格式

C. 后一段格式未定　　D. 前一段将采用后一段的格式

（3）在 Word 2010 中编辑文档时，为了使文档更清晰，可以对页眉页脚进行编辑，如输入时间、日期、页码、文字等，但要注意的是页眉页脚只允许在（　　）中使用。

A. 大纲视图　　B. 草稿视图　　C. 页面视图　　D. 以上都不对

（4）只有在不同的（　　）中，才能对同一文档中的不同部分进行不同的页面设置。

A. 段　　B. 节　　C. 页　　D. 表

（5）用户可利用（　　）复制段落格式或字符格式。

A. 项目符号　　B. 格式刷　　C. Tab键　　D. 回车键

（6）通常情况下，（　　）位于页面底端，用来说明每页中要注释的内容。

A. 尾注　　B. 题注　　C. 脚注　　D. 页码

（7）若要更新目录，可单击目录的任意位置，然后按（　　）键。

A. F9　　B. F5　　C. Ctrl+S　　D. Shift+Enter

（8）用户可以在邮件合并中使用多种格式的数据源，但不包括（　　）。

A. Word文档　　B. Access数据库　　C. 音频文件　　D. Excel电子表格

2. 操作题

（1）打开本书配套素材“素材与实例”>“第 3 章”>“寒夜”文档，并按以下要求进行操作处理。

① 设置标题文本的格式为：华文楷体、加粗、一号，居中对齐。

② 设置第 2 行和第 3 行文本的格式为：华文楷体、加粗，居中对齐。

③ 设置所有正文的格式为：小四，首行缩进为 2 字符，行距为 1.25 倍。

④ 设置最后一段的段前间距为 1 行。

⑤ 选中正文第 1 段和第 2 段，将其分为两栏；选中正文第 4 段，在“分栏”对话框中将其分为两栏，并设置分隔线。

⑥ 选中最后一段文本，单击“字体”组中的“字符边框”按钮和“字符底纹”按钮，为所选文本设置简单的边框和底纹。

（2）打开本书配套素材“素材与实例”>“第 3 章”>“成绩表”文档，并按以下要求进行操作处理。

① 将文中学生成绩数据转换为一个 5 行 6 列的表格，设置表格外框线为 3 磅蓝色双实线、内框线为 1 磅蓝色单实线，设置表格第 1 行的底纹为“蓝色，强调文字颜色 1，淡色 60%”。

② 将表格上端的标题文字设置成三号、仿宋、加粗，居中对齐。

③ 计算表格中各学生的总分和平均成绩。

④ 按“平均成绩”列递减排序表格内容，在“平均成绩”一词后插入脚注（页面底端）“此成绩作为学生排名主要参考”。

⑤ 将表格中的文字设置成小四号、宋体，水平居中；数字设置成小四号、Times New Roman字体、加粗，中部右对齐；小于60分的平均成绩用红色表示。

⑥ 将文档页面的纸型设置为“B5（18.2 厘米×25.7 厘米）”、左右边距各为 3 厘米；在页面顶端（页眉）的右侧插入页码。

第 4 章　Excel 2010 高级应用

【本章导读】

Excel 是目前功能最强大、应用最广泛的电子表格制作软件。它集快速制表、数据分析、数据管理、数据图表化等众多功能于一身，利用它可以管理、组织复杂的数据，并经分析、处理后，以图表等方式直观地反映出数据分析和处理的结果，准确完成一系列工程、财务、科学统计和商业任务。本章将主要介绍 Excel 2010 的一些高级应用。

【学习目标】

- 掌握 Excel 2010 的日常使用技巧。
- 掌握一些重要函数及其使用方法。
- 掌握数据分组显示、合并计算等的方法。
- 掌握共享和保护工作簿的方法。
- 掌握获取外部数据和数据分列的方法。
- 掌握宏的简单使用方法。

4.1　Excel 2010 日常使用技巧

为了提高制表效率，本节将介绍一些 Excel 2010 日常使用技巧，包括数据输入和编辑技巧、工作表格式设置技巧、数据管理技巧、图表和迷你图制作技巧。

4.1.1　数据输入和编辑技巧

输入数据的一般方法为：单击要输入数据的单元格，然后输入数据即可。此外，还可使用技巧来快速输入数据，如自动填充序列数据或相同数据等。

在 Excel 工作表的活动单元格的右下角有一个小黑方块，称为填充柄，通过拖动填充柄可以自动在其他单元格填充与活动单元格内容相关的数据，如序列数据或相同数据。其中，序列数据是指有规律地变化的数据，如日期、时间、月份、等差或等比序列。

例如，要自动填充序列数据，可将光标移至活动单元格（即初始数据所在单元格）右下角的填充柄上，当光标变为+形状时，向下（或向右）拖动填充柄至要填充的单元格区域，然后释放鼠标左键即可，如图 4-1 所示。

小提示

执行以上操作后，还可单击填充区域右下角的“自动填充选项”按钮，从弹出的列表中选择一种填充方式，如图 4-1（b）所示。例如，要填充序列数据，可选择“填充序列”；要填充相同数据，可选择“复制单元格”。

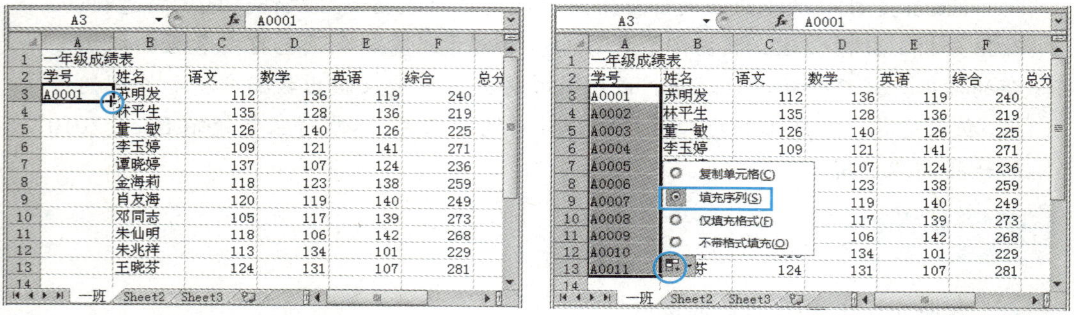

（a）　　（b）

图 4-1　自动填充数据

小技巧

（1）填充等差或等比序列。要填充指定步长的等差或等比序列，可在前两个单元格中输入序列的前两个数据，如在 A1，A2 单元格中分别输入 1 和 3，然后选定这两个单元格，并拖动所选单元格区域的填充柄至要填充的区域，释放鼠标左键即可。

（2）使用快捷键填充相同数据。要使用快捷键在选中的多个单元格中一次性填充相同数据，可先选中要填充数据的多个单元格，然后输入数据，最后按“Ctrl+Enter”组合键即可。

输入数据后，用户可以像编辑 Word 文档中的文本一样，对输入的数据进行各种编辑操作，如将单元格或单元格区域中的数据移动或复制到其他单元格或单元格区域，清除单元格或单元格区域中的数据，在工作表中查找和替换数据等。

（1）移动或复制数据。若要移动单元格数据，可选中要移动数据的单元格或单元格区域，并将光标移至所选单元格或单元格区域的边缘，然后按下鼠标左键，拖动光标到目标位置后释放鼠标左键即可。若在拖动过程中按住“Ctrl”键，则移动数据变为复制数据，如图 4-2 所示。

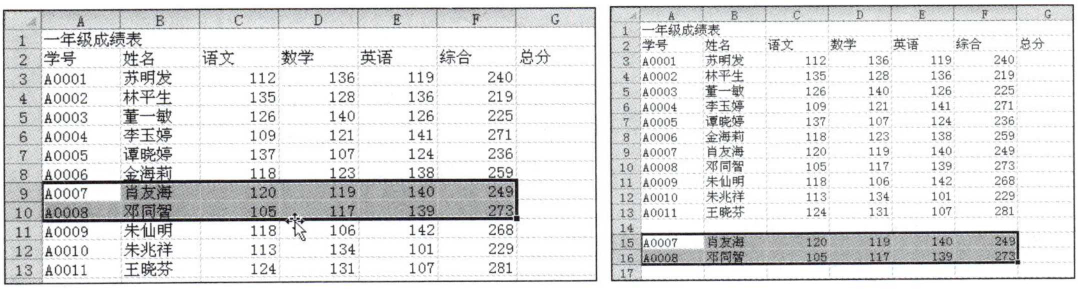

	A	B	C	D	E	F	G
1	一年级成绩表						
2	学号	姓名	语文	数学	英语	综合	总分
3	A0001	苏明发	112	136	119	240	
4	A0002	林平生	135	128	136	219	
5	A0003	董一敏	126	140	126	225	
6	A0004	李玉婷	109	121	141	271	
7	A0005	谭晓婷	137	107	124	236	
8	A0006	金海莉	118	123	138	259	
9	A0007	肖友海	120	119	140	249	
10	A0008	邓同智	105	117	139	273	
11	A0009	朱仙明	118	106	142	268	
12	A0010	朱兆祥	113	134	101	229	
13	A0011	王晓芬	124	131	107	281	

	A	B	C	D	E	F	G
1	一年级成绩表						
2	学号	姓名	语文	数学	英语	综合	总分
3	A0001	苏明发	112	136	119	240	
4	A0002	林平生	135	128	136	219	
5	A0003	董一敏	126	140	126	225	
6	A0004	李玉婷	109	121	141	271	
7	A0005	谭晓婷	137	107	124	236	
8	A0006	金海莉	118	123	138	259	
9	A0007	肖友海	120	119	140	249	
10	A0008	邓同智	105	117	139	273	
11	A0009	朱仙明	118	106	142	268	
12	A0010	朱兆祥	113	134	101	229	
13	A0011	王晓芬	124	131	107	281	
14							
15	A0007	肖友海	120	119	140	249	
16	A0008	邓同智	105	117	139	273	
17							

图 4-2　复制数据

小提示

复制数据时，如果目标单元格区域有数据，会直接将这些数据覆盖；移动数据时，如果目标单元格区域有数据，会弹出提示框，询问是否替换目标单元格区域中的内容。

此外，选中单元格后，也可使用“开始”选项卡“剪贴板”组中的按钮，或利用快捷键“Ctrl+C”、“Ctrl+X”和“Ctrl+V”来复制、剪切和粘贴所选单元格的数据，并且可以有选择地粘贴全部内容，或只粘贴公式、值等。

（2）清除单元格数据。若要清除单元格数据，可选中要清除的单元格或单元格区域，然后单击“开始”选项卡“编辑”组中的“清除”按钮，在展开的列表中选择相应选项，可选择清除单元格中的内容、格式或批注等，也可全部清除，如图 4-3 所示。

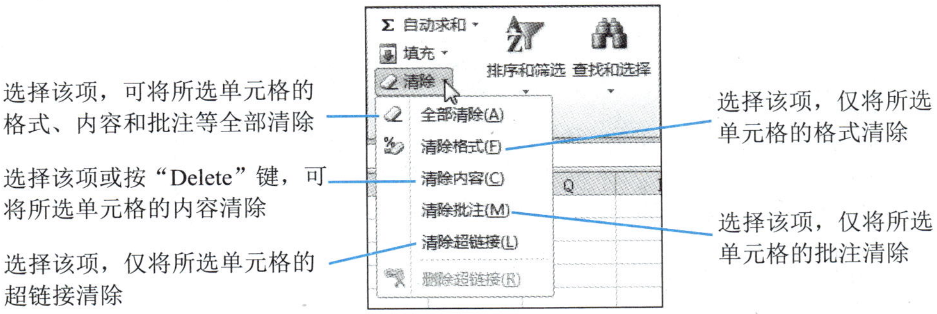

图 4-3　“清除”列表

（3）查找和替换数据。对于一些大型的表格，如果需要查找或替换表格中的指定内容，可单击“开始”选项卡“编辑”组中的“查找和选择”按钮，在展开的列表中选择“查找”或“替换”选项，然后在打开的“查找和替换”对话框中查找和替换指定的内容，如图 4-4 所示。

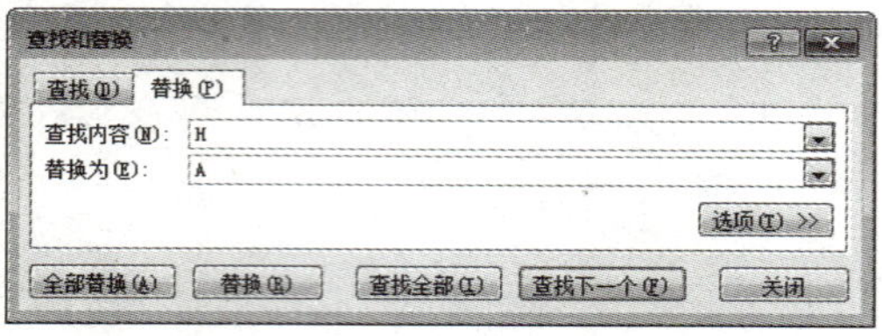

图 4-4　“查找和替换”对话框

4.1.2　工作表格式设置技巧

使用 Excel 2010 制作电子表格时，为了使表格美观、专业和规范，经常需要设置表格内容的字符格式、数字格式、对齐方式，以及为表格添加边框和底纹等。

1. 设置字符格式和对齐方式

选择要设置字符格式和对齐方式的单元格或单元格区域，利用“开始”选项卡“字体”组中的按钮可设置其字体、字形、字号和字体颜色等；利用“开始”选项卡“对齐方式”组中的按钮可设置其对齐方式，如图 4-5 所示。

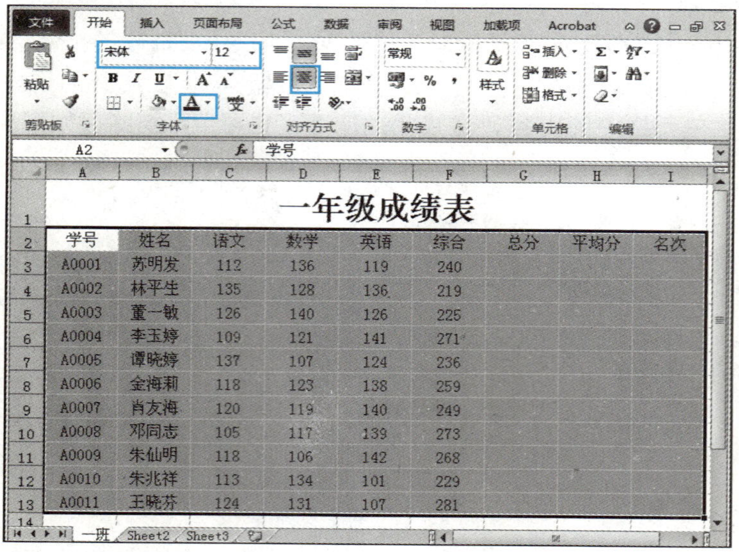

图 4-5　设置字符格式和对齐方式

2. 设置数字格式

Excel 2010 提供了多种数字格式，如数值格式、货币格式、日期格式、百分比格式、会计专用格式等，灵活地利用这些数字格式，可以使制作的表格更加专业和规范。

选择要设置数字格式的单元格或单元格区域，单击“开始”选项卡“数字”组右下角的对话框启动器按钮，打开“设置单元格格式”对话框，在“数字”选项卡的“分类”列表中选择数字类型，如“数值”，在右侧设置相关格式，如小数位数等，最后单击“确定”按钮即可，如图 4-6 所示。

小提示

用户也可直接在功能区“开始”选项卡“数字”组的“数字格式”下拉列表中选择数字类型，以及单击相关按钮来设置数字格式，如图 4-7 所示。

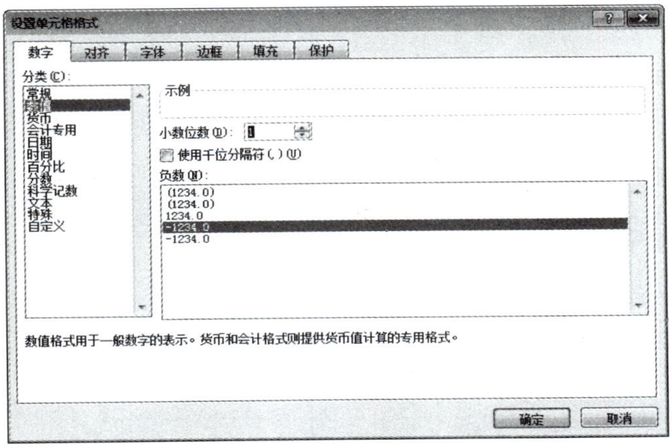

图 4-6　使用对话框设置数字格式

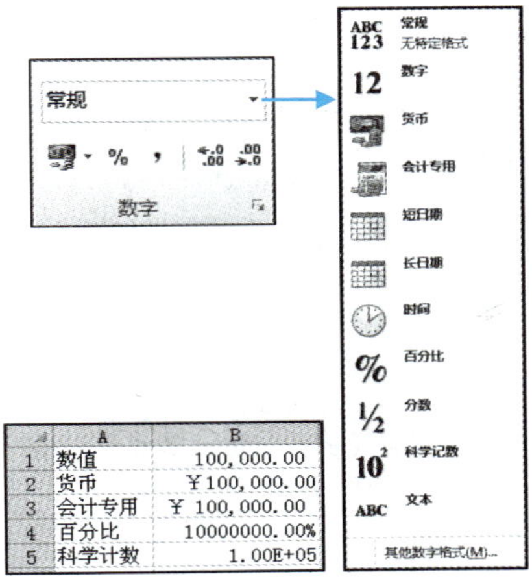

图 4-7　使用“数字”组设置数字格式

3. 添加边框和底纹

在 Excel 工作表中，虽然从屏幕上看每个单元格都带有浅灰色的边框线，但是实际打印时不会出现任何线条。为了使表格中的内容更为清晰明了，可为表格添加边框。此外，为了衬托或强调某些单元格中的数据，还可为这些单元格添加底纹。

（1）添加边框。选定要添加边框的单元格区域，单击“开始”选项卡“字体”组右下角的对话框启动器按钮，打开“设置单元格格式”对话框，在“边框”选项卡的“样式”列表框中选择一种线条样式，在“颜色”下拉列表框中选择一种颜色，然后单击“外边框”按钮，可为表格添加外边框，如图 4-8 所示；再选择一种细线条样式，然后单击“内部”按钮，可为表格添加内边框，如图 4-9 所示，最后单击“确定”按钮即可。

小技巧

单击“开始”选项卡“字体”组中“边框”按钮右侧的三角按钮，在展开的列表中选择相应选项，也可为选中的单元格区域指定系统预设的简单边框线。

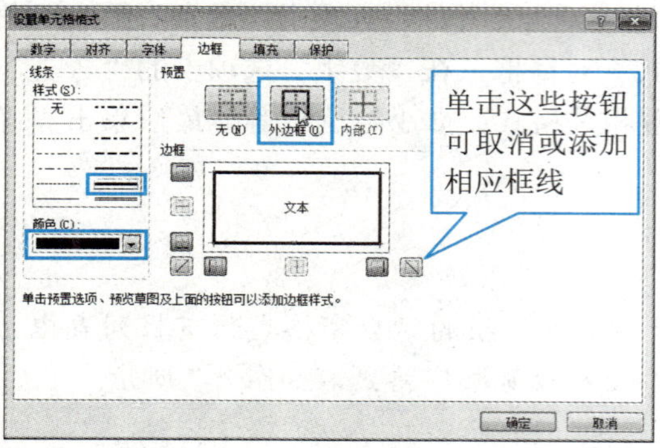

图 4-8 为表格添加外边框

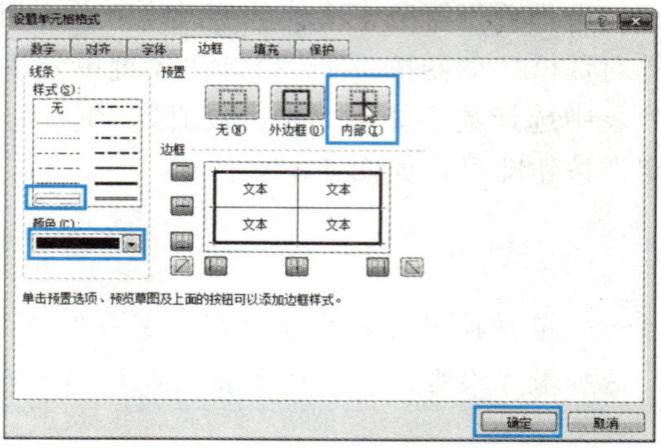

图 4-9 为表格添加内边框

（2）添加底纹。选定要添加底纹的单元格区域，单击“开始”选项卡“字体”组中“填充颜色”按钮右侧的三角按钮，在展开的列表中选择一种颜色即可，如图 4-10 所示。

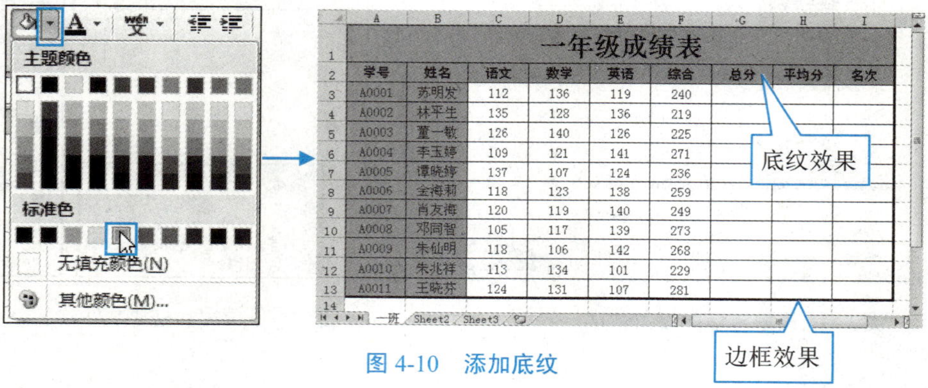

图 4-10 添加底纹

小提示

此外，利用“设置单元格格式”对话框“填充”选项卡下的选项，可为所选单元格区域设置更多的底纹效果，如渐变背景、图案背景等。

4. 自动套用样式

Excel 2010 提供了许多内置的单元格样式和表样式，利用它们可以快速对表格进行美化。方法是：选中要套用样式的单元格区域，单击“开始”选项卡“样式”组中的“套用表格格式”按钮，在展开的列表中单击要使用的表格样式，在弹出的“套用表格式”对话框中单击“确定”按钮，所选单元格区域将自动套用所选表格样式；单击“单元格样式”按钮，在展开的列表中可选择单元格样式，如图 4-11 所示。

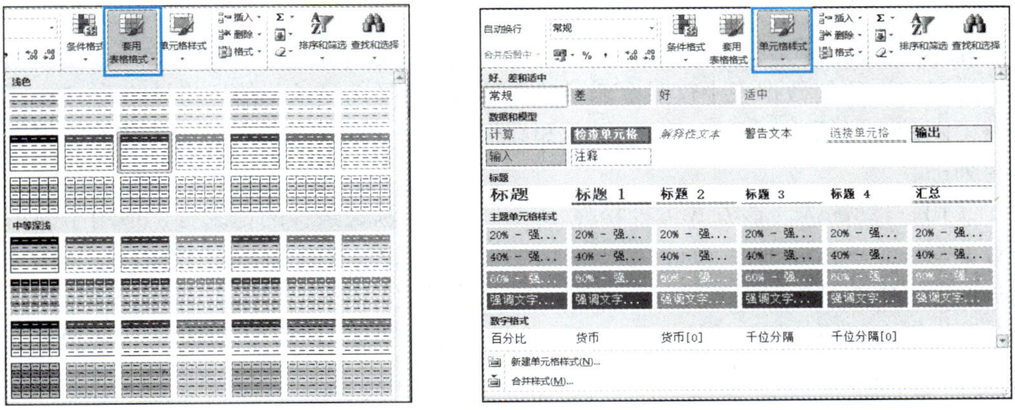

图 4-11 自动套用样式

4.1.3 数据管理技巧

Excel 2010 拥有强大的数据管理功能，如数据排序、数据筛选、数据分类汇总、数据透视表等。

1. 数据排序

Excel 可以对整个数据表或选定的单元格区域中的数据按文本、数字或日期和时间等进行升序或降序排序。如果只是对一列数据进行排序，可选中该列中的任一单元格，然后单击“数据”选项卡“排序和筛选”组中的“升序”按钮或“降序”按钮。此时，同一行其他单元格的位置也将随之变化。

要对多列数据按不同条件进行排序，可选中要参与排序的单元格区域，然后单击“数据”选项卡“排序和筛选”组中的“排序”按钮，打开“排序”对话框，在该对话框中选择主要关键字，并选择排序依据和次序，如图 4-12 所示；再单击对话框中的“添加条件”按钮，添加一个次要条件，并设置次要关键字的选项，如图 4-13 所示，最后单击“确定”按钮即可。此时，系统会先按照主要关键字条件对工作表中各行进行排序；若数据相同，则将数据相同的行再按照次要关键字条件进行排序。

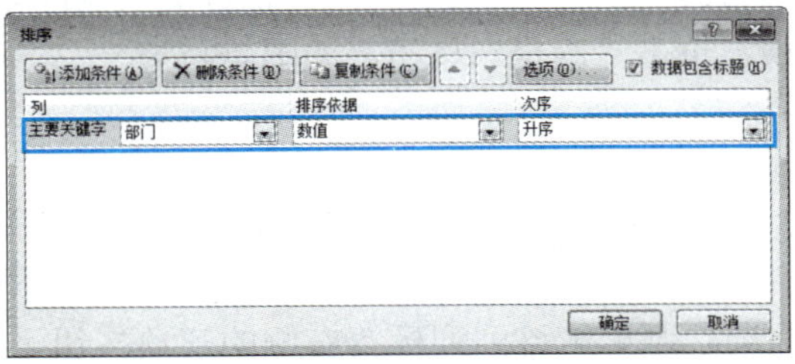

图 4-12 添加主要关键字

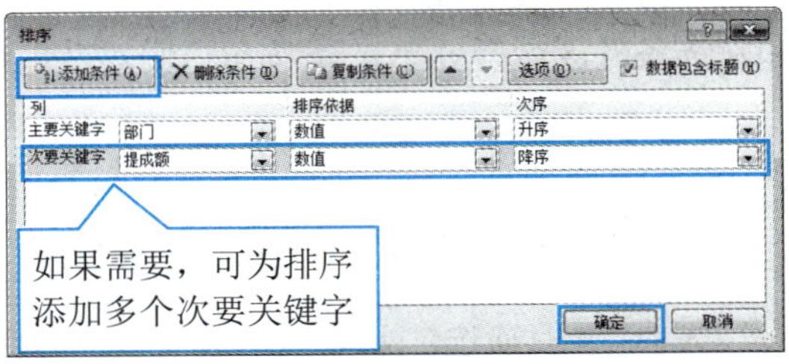

图 4-13 添加次要关键字

2. 数据筛选

通过筛选可使数据表中仅显示满足条件的行，而不满足条件的行将被隐藏。Excel 2010提供了两种数据筛选方式——自动筛选和高级筛选。无论使用哪种筛选方式，数据表中都要有列标签。

（1）自动筛选。该方式可轻松显示出工作表中满足条件的记录行，适用于简单条件的数据筛选。单击要进行筛选的数据区域的任一单元格，然后单击“数据”选项卡“排序和筛选”组中的“筛选”按钮，此时标题行单元格的右侧会出现三角筛选按钮，单击某个列标签右侧的三角筛选按钮，在展开的列表中指定一种筛选条件，并简单设置后单击“确定”按钮即可，如图4-14所示。

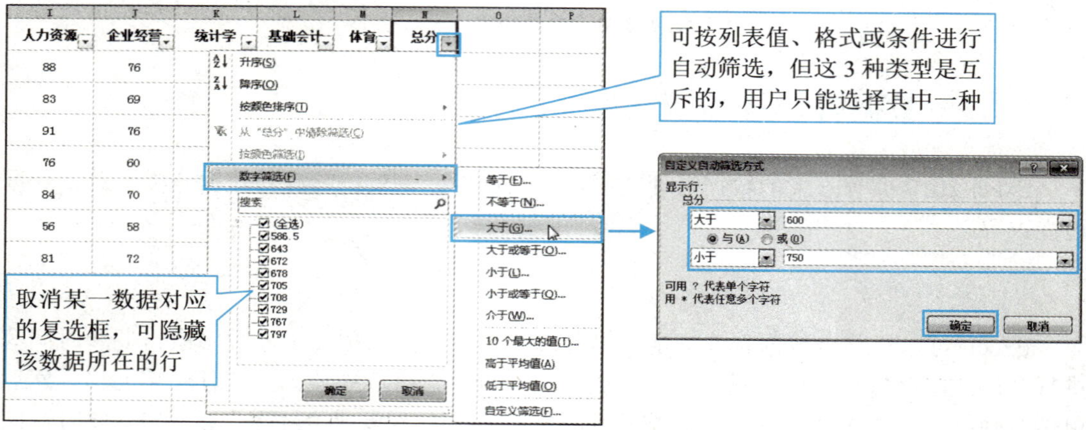

图4-14 自动筛选

（2）高级筛选。该方式用于通过复杂的条件来筛选单元格区域。使用时，需要在选定工作表中的指定区域创建筛选条件，然后选择参与筛选的数据区域和筛选条件以进行筛选。

具体为：在数据区域的下方或右侧输入筛选条件，单击数据区域中任一单元格，也可先选中要进行高级筛选的数据区域，然后单击“数据”选项卡“排序和筛选”组中的“高级”按钮，此时如果出现提示框，单击“确定”按钮，打开“高级筛选”对话框，分别单击“列表区域”和“条件区域”右侧的按钮，然后在工作表中选择参与筛选的数据区域和筛选条件区域，并单击按钮返回对话框，最后单击“确定”按钮，如图4-15所示。

小提示

输入筛选条件时，所选位置最好与数据区域保持间隔一行或一列以上。

（3）取消筛选。要取消对某一列进行的筛选，可单击该列列标签右侧的三角按钮，在展开的列表中选中“全选”复选框，然后单击“确定”按钮。要取消对所有列进行的筛选，可单击“数据”选项卡“排序和筛选”组中的“清除”按钮。要删除数据表中的三角筛选按钮▾，可单击“数据”选项卡“排序和筛选”组中的“筛选”按钮▼。

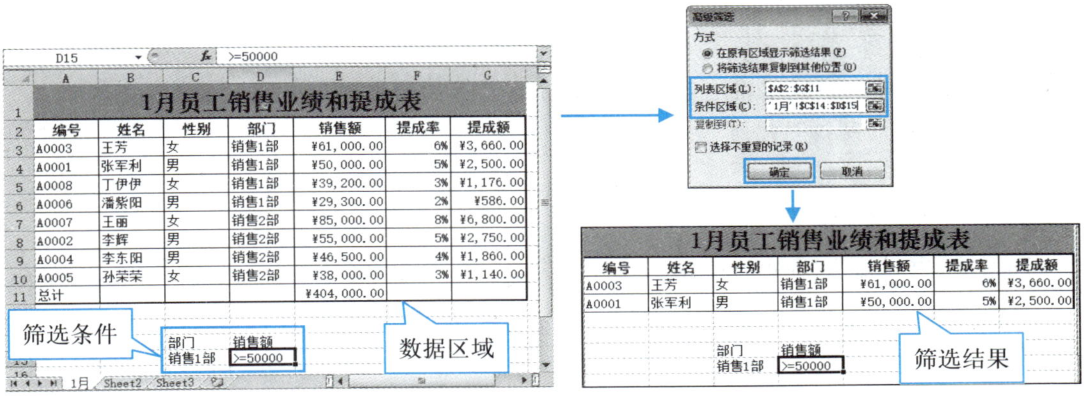

图 4-15　高级筛选

3. 数据分类汇总

利用 Excel 2010 的分类汇总功能，可以对数据表中的数据进行分门别类地统计处理，无需建立公式，Excel 会自动对各类别的数据进行求和、求平均值等多种计算。

（1）创建分类汇总。先对需要汇总的字段进行排序，然后选择数据区域中的任一单元格，或选中要进行分类汇总的单元格区域，单击“数据”选项卡“分级显示”组中的“分类汇总”按钮，打开“分类汇总”对话框，依次选择分类字段、汇总方式和汇总项后，单击“确定”按钮即可，如图 4-16 所示。若需要，还可进行嵌套分类汇总，即在一个已经建立了分类汇总的工作表中再进行另外一种分类汇总，两次分类汇总的字段总是不相同的。

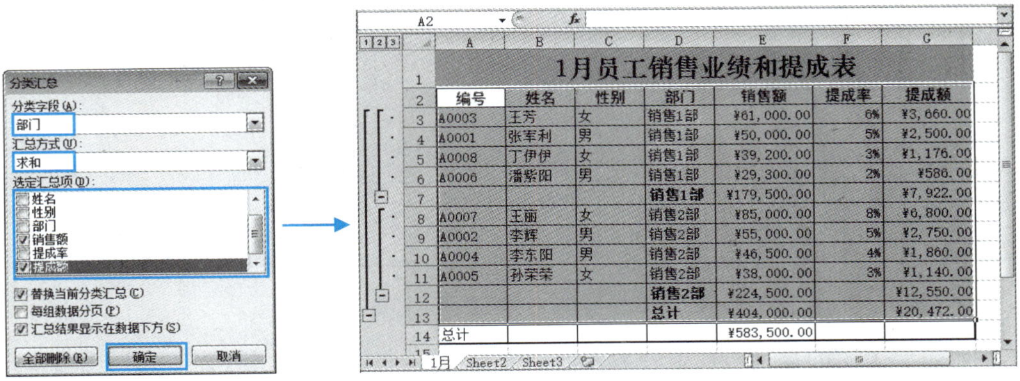

图 4-16　分类汇总

（2）清除分类汇总。要取消分类汇总，可打开“分类汇总”对话框，单击“全部删除”按钮。删除分类汇总的同时，Excel 会删除与分类汇总一起插入列表中的分级显示。

小提示

对工作表中的数据执行分类汇总后，在工作表的左侧将显示一些符号，如 1 2 3 4 、⊟等，通过单击这些符号可对分类汇总的结果进行分级显示，从而显示或隐藏工作表中的明细数据。

4. 数据透视表

数据透视表能够将数据筛选、排序和分类汇总等操作依次完成（不需要使用公式和函数），并生成汇总表格，这是 Excel 强大数据管理能力的具体体现。要创建数据透视表，首先要有数据源（可以是现有的工作表数据或外部数据），然后指定要放置数据透视表的位置，最后设置字段布局即可。

小技巧

为确保数据可用于数据透视表，在创建数据源时要：（1）删除所有空行或空列；（2）删除所有自动小计；（3）确保第一行包含列标签；（4）确保各列只包含一种类型的数据，而不能是文本与数字的混合。

单击数据表中的任一非空单元格，然后单击“插入”选项卡“表格”组中的“数据透视表”按钮，打开“创建数据透视表”对话框，指定要分析的数据和数据透视表的放置位置，单击“确定”按钮，如图 4-17 所示。

	A	B	C	D	E	F	G	H
1	姓名	性别	年龄	学历	工龄	婚姻状况	基本工资	奖金
2	明以华	男	45	本科	20	已	2800	500
3	王平	女	33	硕士	15	已	3200	400
4	张娟	女	28	本科	7	未	2500	500
5	潘洋	男	27	本科	5	未	2200	400
6	罗鹏	男	36	硕士	12	已	3000	350
7	李海	男	28	硕士	6	已	2700	500
8	吴军	男	33	硕士	8	已	2800	400
9	王军	男	26	本科	6	未	2000	500
10	郭敏	女	40	专科	13	已	2500	400
11	朱荣	女	36	本科	14	已	2800	350
12	陈晓婷	女	32	专科	10	未	2400	500
13	谭建	男	25	本科	4	未	2000	400
14	刘彬	女	34	专科	11	未	2300	400
15	万蓝	女	29	硕士	8	未	2800	500
16	张佐华	男	44	本科	18	已	2400	350
17	赖宏桂	男	43	本科	17	已	2400	500
18	刘和平	男	46	本科	16	已	2300	350
19	刘喜凤	女	42	专科	14	已	2000	500
20	俞燕萍	女	40	专科	12	已	2000	350

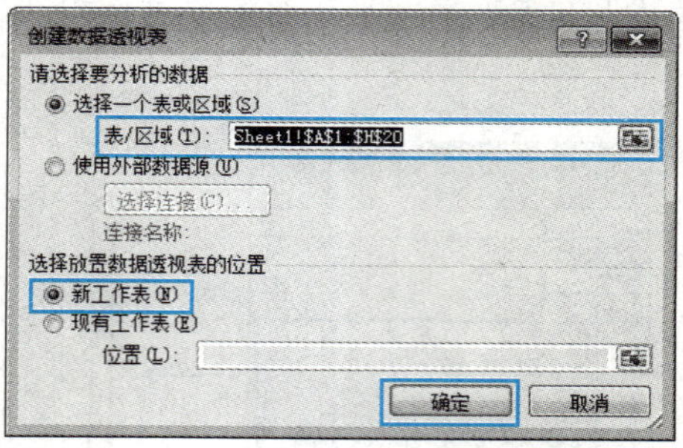

图 4-17　数据表和“创建数据透视表”对话框

此时，一个空的数据透视表会被添加到指定位置，且“数据透视表工具”选项卡自动显示，窗口右侧显示“数据透视表字段列表”窗格，以便用户添加字段、创建布局和自定义数据透视表，如图 4-18 所示。

在“数据透视表字段列表”窗格中将所需字段拖到相应位置，然后在数据透视表外单击，即可完成数据透视表的创建，如图 4-19 所示。

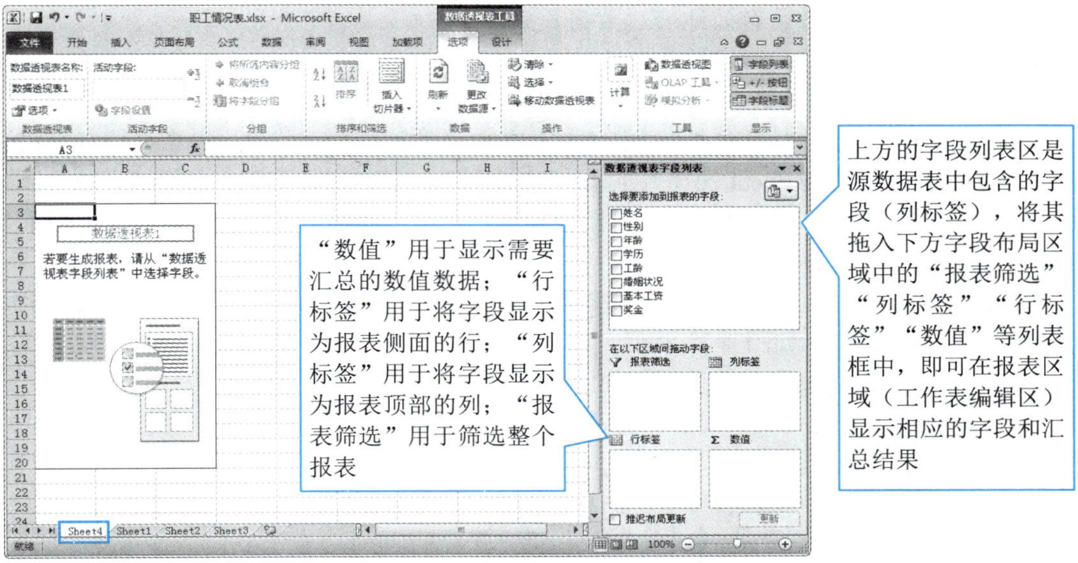

图 4-18　空的数据透视表

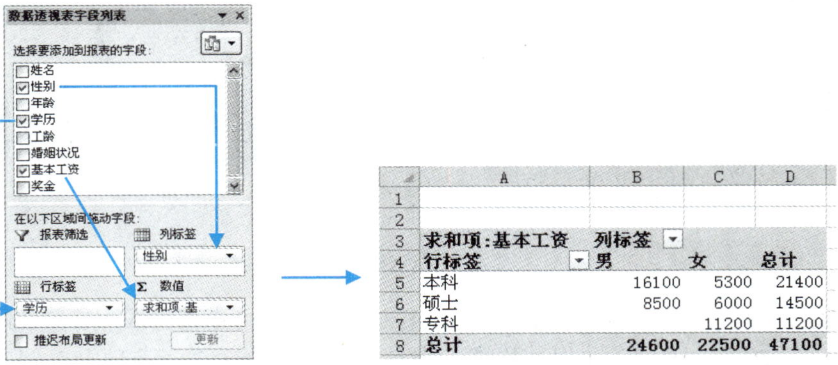

图 4-19　拖动字段创建数据透视表

小 提 示

创建数据透视表后，还可利用“数据透视表工具 选项”选项卡更改数据透视表的数据源、添加数据透视图等。例如，单击“数据透视图”按钮，打开“插入图表”对话框，选择一种图表类型，单击“确定”按钮即可插入数据透视图。

4.1.4　图表和迷你图制作技巧

图表和迷你图都是重要的数据分析工具，它们可以使数据比较或数据变化趋势变得一目了然，有助于快速、有效地表达数据关系。

1. 图表

图表以图形化方式直观地表示工作表中的数据。通过图表，用户可以直观地查看数据的差异和预测趋势。在 Excel 2010 中可以创建的图表类型包括柱形图、条形图、折线图、饼图、面积图、圆环图、雷达图、股价图等十几种类型，而且每种图表还包括若干种子类型，从而满足用户的各种需要。

要创建图表，可选中要创建图表的数据区域，然后单击“插入”选项卡“图表”组中的相应图表类型按钮，如图 4-20 所示。

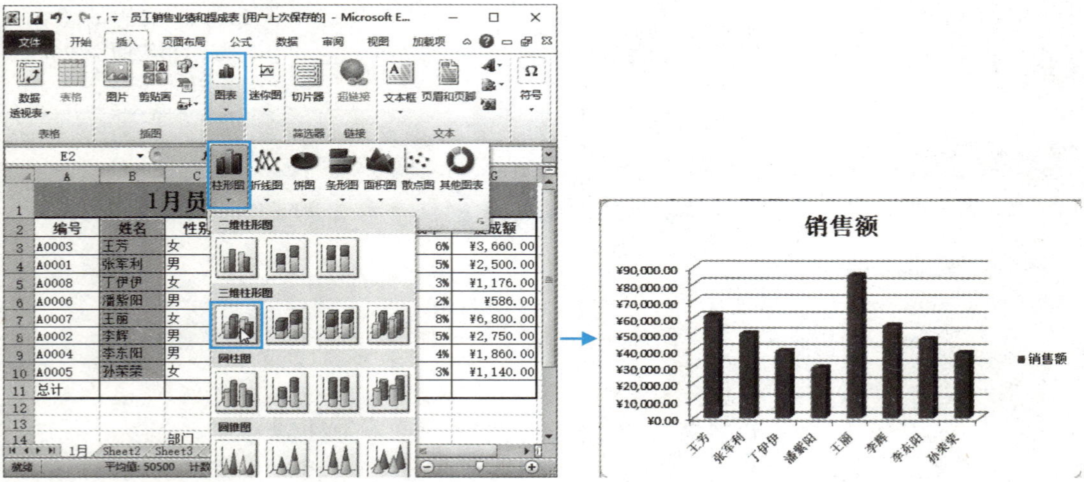

图 4-20　创建图表

图表创建之后将自动被选中，此时在 Excel 2010 的功能区中将出现“图表工具”选项卡，其包括 3 个子选项卡：设计、布局和格式。用户可以利用这 3 个子选项卡对创建的图表进行编辑和美化。例如，在“图表工具 布局”选项卡的“标签”组中，单击“图表标题”按钮后选择相应选项，可以为图表添加标题；单击“坐标轴标题”按钮后选择相应选项，可以为图表添加横、纵坐标轴标题，如图 4-21 所示。

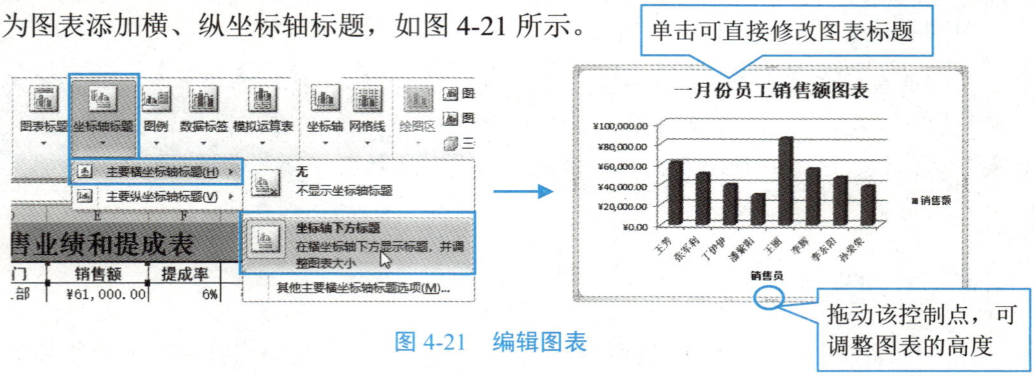

图 4-21　编辑图表

小技巧

如果要快速美化图表，可在“图表工具 设计”选项卡的“图表样式”组中选择一种系统内置的图表样式。利用该选项卡还可以移动图表（如将图表单独放在一个工作表中）、更换图表类型、更改图表的数据源等。

2. 迷你图

迷你图是在单元格背景中显示的微型图表，它可以显示一系列数值的趋势，或者突出显示最大值和最小值等。在数据旁边放置迷你图，常常可以达到最佳效果。

要创建迷你图，可选中要创建迷你图的空白单元格或单元格区域，然后单击“插入”选项卡“迷你图”组中的相应迷你图类型按钮，弹出“创建迷你图”对话框，指定要使用的数据和迷你图的放置位置，单击“确定”按钮即可，如图 4-22 所示。

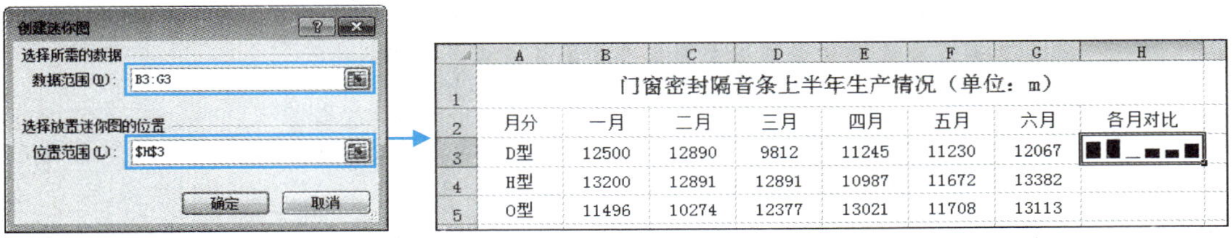

图 4-22　创建迷你图

小提示

迷你图包括折线图、柱形图和盈亏图三种类型。选中创建的迷你图，功能区会出现“迷你图工具 设计”选项卡，利用该选项卡可以对迷你图的数据、类型、标记和样式等进行编辑，如图 4-23 所示。

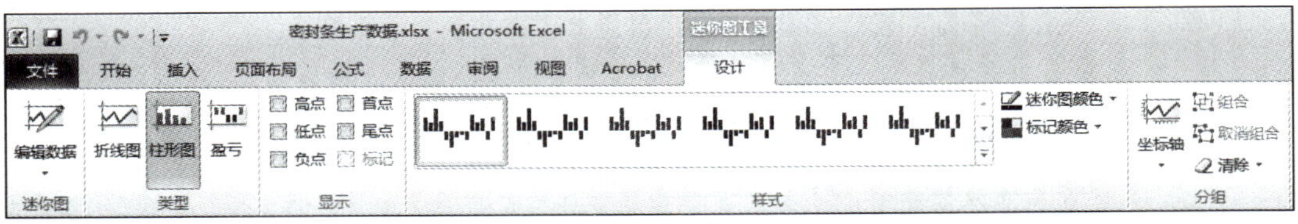

图 4-23　“迷你图工具 设计”选项卡

课堂案例 1　制作家电销售表并分析数据

本案例将制作一个家电销售表，并对其数据进行排序、筛选和分类汇总等，最终效果如图 4-24 所示。

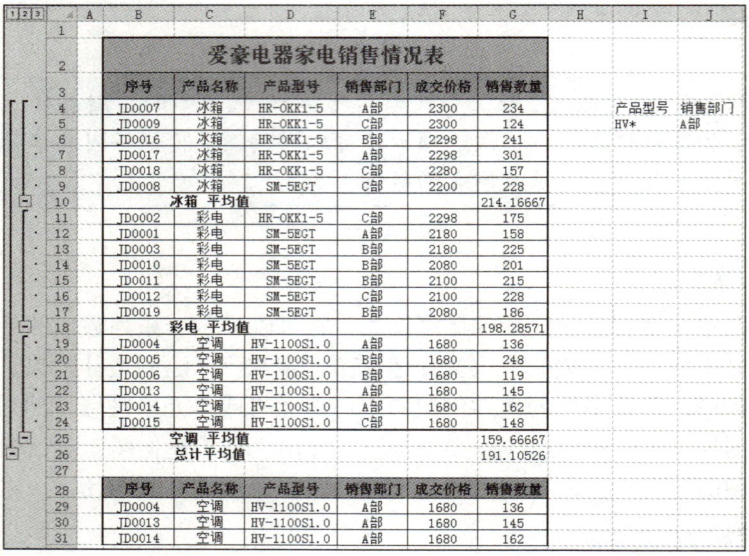

	B	C	D	E	F	G	I	J
2	爱豪电器家电销售情况表							
3	序号	产品名称	产品型号	销售部门	成交价格	销售数量		
4	JD0007	冰箱	HR-OKK1-5	A部	2300	234	产品型号	销售部门
5	JD0009	冰箱	HR-OKK1-5	C部	2300	124	HV*	A部
6	JD0016	冰箱	HR-OKK1-5	B部	2298	241		
7	JD0017	冰箱	HR-OKK1-5	A部	2298	301		
8	JD0018	冰箱	HR-OKK1-5	C部	2280	157		
9	JD0008	冰箱	SM-5EGT	C部	2200	228		
10		冰箱 平均值				214.16667		
11	JD0002	彩电	HR-OKK1-5	C部	2298	175		
12	JD0001	彩电	SM-5EGT	A部	2180	158		
13	JD0003	彩电	SM-5EGT	B部	2180	225		
14	JD0010	彩电	SM-5EGT	B部	2080	201		
15	JD0011	彩电	SM-5EGT	B部	2100	215		
16	JD0012	彩电	SM-5EGT	C部	2100	228		
17	JD0019	彩电	SM-5EGT	B部	2080	186		
18		彩电 平均值				198.28571		
19	JD0004	空调	HV-1100S1.0	A部	1680	136		
20	JD0005	空调	HV-1100S1.0	B部	1680	248		
21	JD0006	空调	HV-1100S1.0	B部	1680	119		
22	JD0013	空调	HV-1100S1.0	A部	1680	145		
23	JD0014	空调	HV-1100S1.0	A部	1680	162		
24	JD0015	空调	HV-1100S1.0	C部	1680	148		
25		空调 平均值				159.66667		
26		总计平均值				191.10526		
28	序号	产品名称	产品型号	销售部门	成交价格	销售数量		
29	JD0004	空调	HV-1100S1.0	A部	1680	136		
30	JD0013	空调	HV-1100S1.0	A部	1680	145		
31	JD0014	空调	HV-1100S1.0	A部	1680	162		

图 4-24　家电销售表最终效果

步骤 1▶ 创建一个工作簿，以“家电销售表”命名，在 Sheet1 工作表中输入家电销售数据，并对工作表进行简单的格式设置（如字符格式和对齐方式、边框和底纹等），如图 4-25 所示。

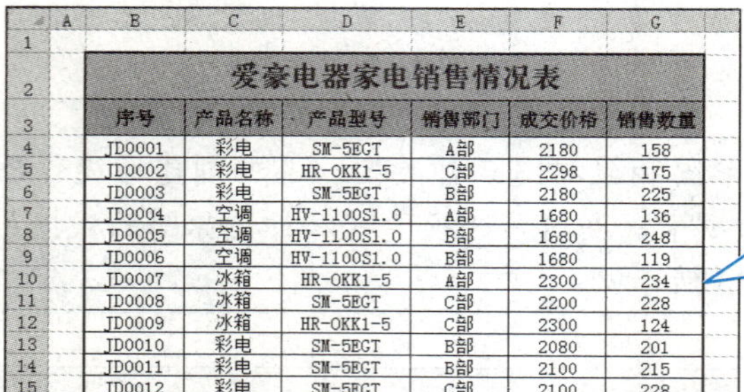

	B	C	D	E	F	G
2	爱豪电器家电销售情况表					
3	序号	产品名称	产品型号	销售部门	成交价格	销售数量
4	JD0001	彩电	SM-5EGT	A部	2180	158
5	JD0002	彩电	HR-OKK1-5	C部	2298	175
6	JD0003	彩电	SM-5EGT	B部	2180	225
7	JD0004	空调	HV-1100S1.0	A部	1680	136
8	JD0005	空调	HV-1100S1.0	B部	1680	248
9	JD0006	空调	HV-1100S1.0	B部	1680	119
10	JD0007	冰箱	HR-OKK1-5	A部	2300	234
11	JD0008	冰箱	SM-5EGT	C部	2200	228
12	JD0009	冰箱	HR-OKK1-5	C部	2300	124
13	JD0010	彩电	SM-5EGT	B部	2080	201
14	JD0011	彩电	SM-5EGT	B部	2100	215
15	JD0012	彩电	SM-5EGT	C部	2100	228
16	JD0013	空调	HV-1100S1.0	A部	1680	145
17	JD0014	空调	HV-1100S1.0	A部	1680	162
18	JD0015	空调	HV-1100S1.0	C部	1680	148
19	JD0016	冰箱	HR-OKK1-5	B部	2298	241
20	JD0017	冰箱	HR-OKK1-5	A部	2298	301
21	JD0018	冰箱	HR-OKK1-5	C部	2280	157
22	JD0019	彩电	SM-5EGT	B部	2080	186

用户也可直接打开本书配套素材“素材与实例”>“第 4 章”>“家电销售表”工作簿进行后面的操作

图 4-25　制作的家电销售表

步骤 2▶ 将工作表中数据以“产品名称”为主要关键字，“产品型号”为次要关键字进行升序排序，如图 4-26 所示。

步骤 3▶ 通过自动筛选显示出“成交价格”高于 2 200，“销售数量”高于 200 的数据，如图 4-27 所示。

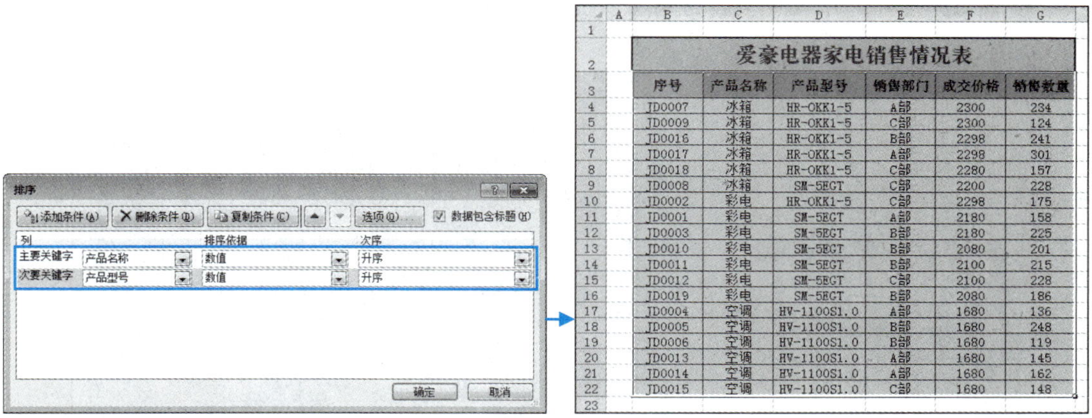

序号	产品名称	产品型号	销售部门	成交价格	销售数量
JD0007	冰箱	HR-OKK1-5	A部	2300	234
JD0009	冰箱	HR-OKK1-5	C部	2300	124
JD0016	冰箱	HR-OKK1-5	B部	2298	241
JD0017	冰箱	HR-OKK1-5	A部	2298	301
JD0018	冰箱	HR-OKK1-5	C部	2280	157
JD0008	冰箱	SM-5EGT	C部	2200	228
JD0002	彩电	HR-OKK1-5	C部	2298	175
JD0001	彩电	SM-5EGT	A部	2180	158
JD0003	彩电	SM-5EGT	B部	2180	225
JD0010	彩电	SM-5EGT	B部	2080	201
JD0011	彩电	SM-5EGT	B部	2100	215
JD0012	彩电	SM-5EGT	C部	2100	228
JD0019	彩电	SM-5EGT	B部	2080	186
JD0004	空调	HV-1100S1.0	A部	1680	136
JD0005	空调	HV-1100S1.0	B部	1680	248
JD0006	空调	HV-1100S1.0	B部	1680	119
JD0013	空调	HV-1100S1.0	A部	1680	145
JD0014	空调	HV-1100S1.0	A部	1680	162
JD0015	空调	HV-1100S1.0	C部	1680	148

图 4-26　对数据进行排序

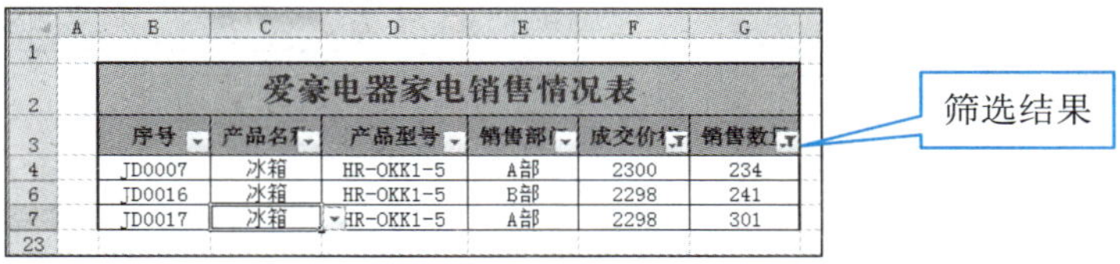

序号	产品名称	产品型号	销售部门	成交价格	销售数量
JD0007	冰箱	HR-OKK1-5	A部	2300	234
JD0016	冰箱	HR-OKK1-5	B部	2298	241
JD0017	冰箱	HR-OKK1-5	A部	2298	301

图 4-27　自动筛选数据

步骤 4▶　重新显示全部数据，然后通过高级筛选显示出“产品型号”含“HV”文本且“销售部门”为“A 部”的数据，如图 4-28 所示。

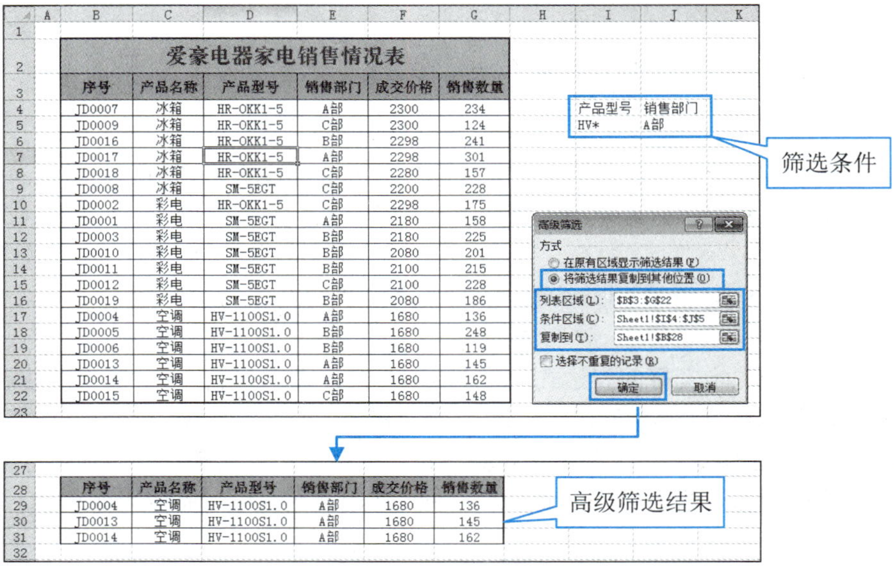

序号	产品名称	产品型号	销售部门	成交价格	销售数量
JD0007	冰箱	HR-OKK1-5	A部	2300	234
JD0009	冰箱	HR-OKK1-5	C部	2300	124
JD0016	冰箱	HR-OKK1-5	B部	2298	241
JD0017	冰箱	HR-OKK1-5	A部	2298	301
JD0018	冰箱	HR-OKK1-5	C部	2280	157
JD0008	冰箱	SM-5EGT	C部	2200	228
JD0002	彩电	HR-OKK1-5	C部	2298	175
JD0001	彩电	SM-5EGT	A部	2180	158
JD0003	彩电	SM-5EGT	B部	2180	225
JD0010	彩电	SM-5EGT	B部	2080	201
JD0011	彩电	SM-5EGT	B部	2100	215
JD0012	彩电	SM-5EGT	C部	2100	228
JD0019	彩电	SM-5EGT	B部	2080	186
JD0004	空调	HV-1100S1.0	A部	1680	136
JD0005	空调	HV-1100S1.0	B部	1680	248
JD0006	空调	HV-1100S1.0	B部	1680	119
JD0013	空调	HV-1100S1.0	A部	1680	145
JD0014	空调	HV-1100S1.0	A部	1680	162
JD0015	空调	HV-1100S1.0	C部	1680	148

序号	产品名称	产品型号	销售部门	成交价格	销售数量
JD0004	空调	HV-1100S1.0	A部	1680	136
JD0013	空调	HV-1100S1.0	A部	1680	145
JD0014	空调	HV-1100S1.0	A部	1680	162

图 4-28　进行高级筛选并将结果复制到指定位置

步骤 5▶ 对工作表中数据进行分类汇总，统计出每种产品的平均销售数量，如图 4-29 所示。

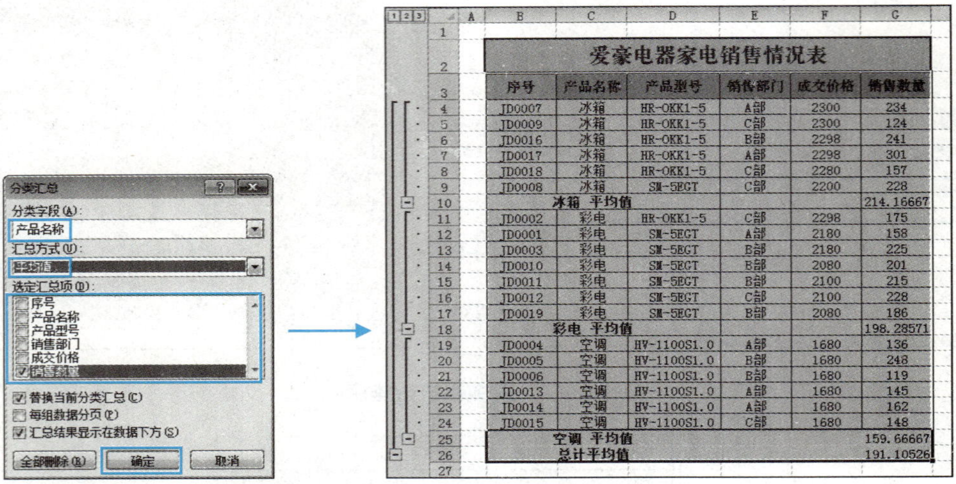

爱豪电器家电销售情况表

序号	产品名称	产品型号	销售部门	成交价格	销售数量
JD0007	冰箱	HR-OKK1-5	A部	2300	234
JD0009	冰箱	HR-OKK1-5	C部	2300	124
JD0016	冰箱	HR-OKK1-5	B部	2298	241
JD0017	冰箱	HR-OKK1-5	A部	2298	301
JD0018	冰箱	HR-OKK1-5	C部	2280	157
JD0008	冰箱	SM-5EGT	C部	2200	228
冰箱 平均值					214.16667
JD0002	彩电	HR-OKK1-5	C部	2298	175
JD0001	彩电	SM-5EGT	A部	2180	158
JD0003	彩电	SM-5EGT	B部	2180	225
JD0010	彩电	SM-5EGT	B部	2080	201
JD0011	彩电	SM-5EGT	B部	2100	215
JD0012	彩电	SM-5EGT	C部	2100	228
JD0019	彩电	SM-5EGT	B部	2080	186
彩电 平均值					198.28571
JD0004	空调	HV-1100S1.0	A部	1680	136
JD0005	空调	HV-1100S1.0	B部	1680	248
JD0006	空调	HV-1100S1.0	B部	1680	119
JD0013	空调	HV-1100S1.0	A部	1680	145
JD0014	空调	HV-1100S1.0	A部	1680	162
JD0015	空调	HV-1100S1.0	C部	1680	148
空调 平均值					159.66667
总计平均值					191.10526

图 4-29　进行分类汇总

课堂互动

如果想根据家电销售表中三种产品的平均销售数量，在工作表中创建一个图表（如三维簇状柱形图），应该如何操作？你能为其添加图表标题和坐标轴标题吗？

4.2　重要函数与公式审核

Excel 2010 强大的计算功能主要依赖于其公式和函数，利用它们可以对表格中的数据进行各种计算和处理，以提高工作效率和准确度。

4.2.1　Excel 重要函数简介

函数是预先定义好的表达式，它必须包含在公式中。每个函数都由函数名和参数组成，具体格式为：函数名(参数 1,参数 2,……)。其中，函数名定义了将要执行的操作（如求平均值函数 AVERAGE），参数表示函数将作用的值的单元格地址，通常是一个单元格区域，也可以是更为复杂的内容。在公式中合理地使用函数，可以完成诸如求和、求平均值、逻辑判断等数据处理功能。

Excel 2010 提供了大量的函数，常用的函数类型和使用范例如表 4-1 所示。

表 4-1　常用的函数类型和使用范例

函数类型	函　数	使用范例
常用函数	SUM（求和）、AVERAGE（求平均值）、MAX（求最大值）、MIN（求最小值）、COUNT（计数）等	=AVERAGE(F2:F7) 表示求 F2:F7 单元格区域中数字的平均值
财务函数	DB（资产的折扣值）、IRR（现金流的内部报酬率）、PMT（分期偿还额）等	=PMT(B4,B5,B6) 表示在输入利率、周期和规则作为变量时，计算周期支付值
日期与时间函数	DATE（日期）、HOUR（小时数）、SECOND（秒数）、TIME（时间）等	= DATE(A1,A2) 表示返回 A1,A2 所代表日期的序列号
数学与三角函数	ABS（求绝对值）、EXP（求指数）、SIN（求正弦值）、ACOSH（求反双曲余弦值）、INT（求整数）、LOG（求对数）、RAND（产生随机数）、ROUND（四舍五入）等	=ABS(E4) 表示得到 E4 单元格中数值的绝对值
统计函数	COUNTA（非空单元格计数）、COUNTBLANK（空单元格计数）、COUNTIF（条件统计）、SUMIF（条件求和）、AVEDEV（绝对误差的平均值）、COVAR（求协方差）、BINOM.DIST（一元二项式分布概率）、RANK.EQ（求排名）等	=COVAR(A2:A6,B2:B6) 表示求 A2:A6 和 B2:B6 单元格区域数据的协方差
查找与引用函数	ADDRESS（单元格地址）、AREAS（区域个数）、COLUMN（返回列标）、LOOKUP（从向量或数组中查找值）、ROW（返回行号）等	=ROW(C10) 表示返回引用单元格所在行的行号
逻辑函数	AND（与）、OR（或）、FALSE（假）、TRUE（真）、IF（如果）、NOT（非）等	=IF(A3>= B5,A3*2,A3/B5) 表示使用条件测试 A3 是否大于等于 B5，条件结果要么为真，要么为假

用户可以在单元格中直接手动输入函数（适用于参数比较单一、简单的函数），也可以使用函数向导输入函数。要使用函数向导输入函数，可单击要输入函数的单元格，然后单击编辑栏中的“插入函数”按钮，打开“插入函数”对话框，找到并选定所需函数后，再对其参数进行设置即可，如图 4-30 所示。

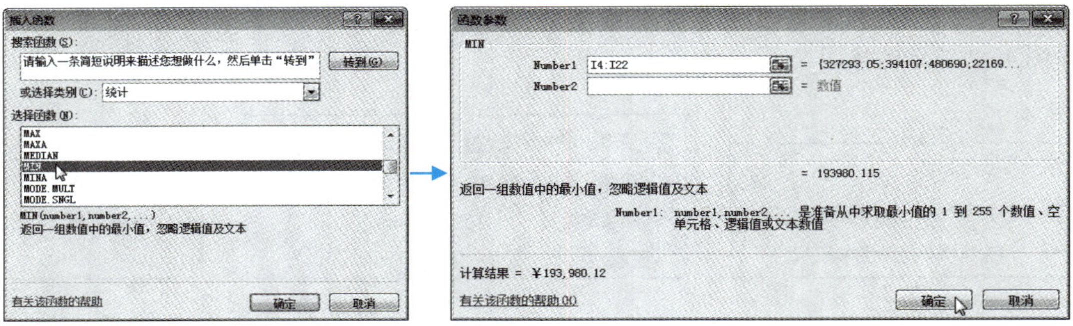

图 4-30　使用函数向导输入函数

4.2.2　函数的嵌套

在某些情况下，可以将某函数作为另一函数的参数使用，形成函数的嵌套使用。例如，在图 4-31 中，IF 函数中嵌套使用 AVERAGE 函数和 SUM 函数。本例公式的功能是先将 AVERAGE 函数的结果与 75 进行比较，当 A2:A9 单元格区域的平均值大于或等于 75 时，本公式才会对 B2:B9 单元格区域求和，否则返回值为 0。

=IF(AVERAGE(A2:A9)>=75,SUM(B2:B9),0)

嵌套函数　　　　嵌套函数

图 4-31　函数嵌套示例

创建此嵌套函数公式的方法如下：

方法一：在函数公式中直接输入嵌套的函数及其参数。

方法二：在“函数参数”对话框中单击参数框，然后在工作表的名称框中选择所需嵌套函数或选择“其他函数”选项，插入所需的嵌套函数。

小提示

当嵌套函数作为参数使用时，它返回的数值类型必须与调用函数的参数所需的类型相同，否则，Excel 将显示“#VALUE!”，提示错误值。

4.2.3　公式审核

在使用公式的过程中，有时可能会因人为疏忽，或是表达式的设置错误，导致计算结果发生错误。使用 Excel 2010 提供的审核功能可以方便地检查公式、分析数据流向和来源、纠正错误、把握公式和值的关联关系等。在“公式”选项卡的“公式审核”组中可以看到如图 4-32 所示的按钮。

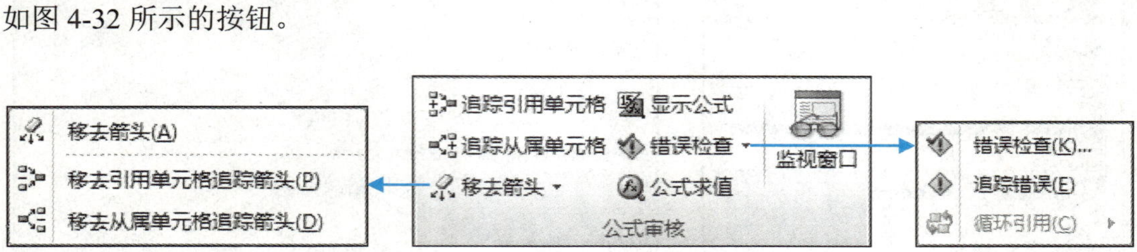

图 4-32　“公式审核”组中的按钮

表 4-2 中列出了“公式审核”组中各按钮的名称及作用。

表 4-2 “公式审核”组中各按钮的作用

图标	名 称	功 能
	追踪引用单元格	追踪引用单元格，并在工作表上显示追踪箭头，表明追踪的结果
	追踪从属单元格	追踪从属单元格，并在工作表上显示追踪箭头，表明追踪的结果
	移去箭头	删除工作表中的所有追踪箭头
	显示公式	在包含公式的单元格中显示公式，而不是计算结果
	错误检查	自动检查当前工作表中的所有公式是否存在错误
	公式求值	单击该按钮，可打开“公式求值”对话框，查看公式的计算顺序和每一步的计算结果
	监视窗口	单击该按钮，可打开“监视窗口”对话框，添加想监视的单元格，以便随时查看单元格中公式、数值的变化

例如，若要查看某一包含公式的单元格引用了哪些单元格，可先选中该单元格，然后单击“公式”选项卡“公式审核”组中的“追踪引用单元格”按钮，此时所有被引用单元格中各出现一个蓝点，并由蓝色追踪箭头连接，指向公式所在单元格，如图 4-33 所示。若要删除追踪箭头，可单击“移去箭头”按钮。

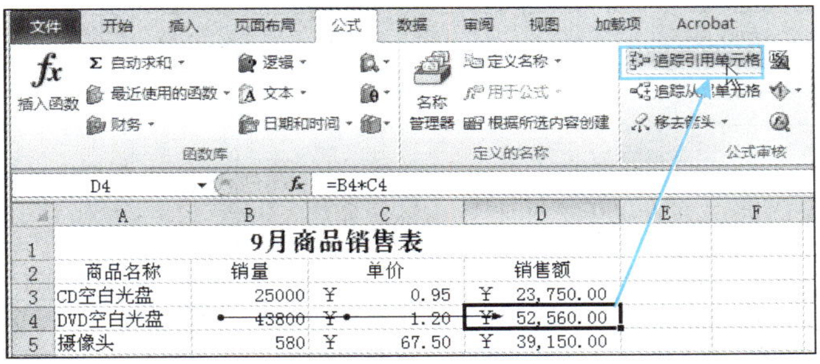

图 4-33 追踪引用单元格

课堂案例 2 制作工资表并计算数据

本案例将制作一个工资表，并利用公式和函数计算出工资表中的“应发合计”、“个人所得税”、“扣款合计”和“实发合计”等，如图 4-34 所示。其中，个人所得税是按月收入超过 3 500 元起征，计算公式为：

个人所得税＝[税前工资（总工资－社保）－免征额]×税率－速算扣除数

其中，税率如表 4-3 所示。

工　资　表

序号	基本工资	薪级工资	岗位津贴	奖金	工龄补贴	其它补贴	养老金	医保金	失业保险金	应发合计	房租费	水电费	网管费	个人所得税	扣款合计	实发合计
1	2700	150	700	210	20	30	88	22	11	3689	55	30	20	5.67	110.67	3578.33
2	2950	100	600	180	20	30	86	25	11	3758	120	50	20	7.74	197.74	3560.26
3	2850	120	750	225	30	45	88	26	11	3895	55	60	20	11.85	146.85	3748.15
4	2700	160	740	222	40	60	88	27	11	3796	45	40	20	8.88	113.88	3682.12
5	2780	200	800	240	50	75	120	21	11	3993	30	30	20	14.79	94.79	3898.21
6	2790	220	720	216	10	15	88	23	11	3849	52	55	20	10.47	137.47	3711.53
7	2700	230	700	210	20	30	88	29	11	3762	55	57	20	7.86	139.86	3622.14
8	2950	250	800	240	20	30	100	30	11	4149	58	58	20	19.47	155.47	3993.53
9	2700	240	650	195	30	45	88	40	11	3721	130	65	20	6.63	221.63	3499.37
10	3000	120	500	150	40	60	88	41	11	3730	200	25	20	6.9	251.9	3478.1
11	2780	150	400	120	60	90	88	42	11	3459	260	36	20	0	316	3143
12	2750	150	450	135	70	105	130	55	11	3464	120	68	20	0	208	3256
13	2700	120	500	150	80	120	88	62	11	3509	170	54	20	0.27	244.27	3264.73
14	2950	150	450	135	90	135	88	32	11	3779	185	52	20	8.37	265.37	3513.63
15	3000	110	600	180	20	30	109	52	11	3768	190	59	20	8.04	277.04	3490.96
16	3100	120	800	240	40	60	112	70	11	4167	200	58	20	20.01	298.01	3868.99
17	3400	160	900	270	60	90	88	16	11	4765	150	120	20	37.95	327.95	4437.05
18	2720	180	950	285	100	150	113	25	11	4236	140	256	20	22.08	438.08	3797.92
19	2690	120	1200	360	100	150	88	23	11	4498	120	35	20	29.94	204.94	4293.06
20	2650	110	600	180	20	30	90	22	11	3467	130	24	20	0	174	3293
21	2700	110	740	222	30	45	88	22	11	3726	120	68	20	6.78	214.78	3511.22
	职工人数:		21	基本工资最高为:			3400				实发工资高于3500的人数:			14		

图 4-34　工资表最终效果

表 4-3　个人所得税计算 7 级标准

全月应纳税所得额	税率	速算扣除数（元）
全月应纳税额不超过 1 500 元	3%	0
全月应纳税额超过 1 500 元至 4 500 元	10%	105
全月应纳税额超过 4 500 元至 9 000 元	20%	555
全月应纳税额超过 9 000 元至 35 000 元	25%	1 005
全月应纳税额超过 35 000 元至 55 000 元	30%	2 755
全月应纳税额超过 55 000 元至 80 000 元	35%	5 505
全月应纳税额超过 80 000 元	45%	13 505

步骤 1▶ 创建一个工作簿，以“工资表”命名，在 Sheet1 工作表中输入工资数据，并对工作表进行简单的格式设置（如字符格式和对齐方式、边框和底纹等），如图 4-35 所示。

步骤 2▶ 计算“应发合计”。在 K3 单元格输入公式“=SUM(B3:G3)-SUM(H3:J3)”，按“Enter”键后拖动 K3 单元格右下角的填充柄至 K23 单元格后释放鼠标，计算出所有员工的应发合计，如图 4-36 所示。

步骤 3▶ 根据表 4-3 计算个人所得税。在 O3 单元格中输入公式“=IF(K3-3500<=0,0,IF(K3-3500<=1500,(K3-3500)*0.03,IF(K3-3500<=4500,(K3-3500)*0.1-105,IF(K3-3500<=9000,(K3-500)*0.2-555,IF(K3-3500<=35000,(K3-3500)*0.25-1005,IF(K3-3500<=55000,(K3-3500)*0.3-2755,IF(K3-3500<=80000,(K3-3500)*0.35-5505,IF(K3-3500>80000,(K3-3500)*0.45-13505,0))))))))”，按“Enter”键后拖动 O3 单元格右下角的填充柄至 O23 单元格后释放鼠标，计算

出所有员工的个人所得税，如图 4-37 所示。

工资表																
序号	基本工资	薪级工资	岗位津贴	奖金	工龄补贴	其它补贴	养老金	医保金	失业保险金	应发合计	房租费	水电费	网管费	个人所得税	扣款合计	实发合计
1	2700	150	700	210	20	30	88	22	11		55	30	20			
2	2950	100	600	180	20	30	86	25	11		120	50	20			
3	2850	120	750	225	30	45	88	26	11		55	60	20			
4	2700	160	740	222	40	60	88	27	11		45	40	20			
5	2780	200	800	240	50	75	120	21	11		30	30	20			
6	2790	220	720	216	10	15	88	23	11		52	55	20			
7	2700	230	700	210	20	30	88	29	11		55	57	20			
8	2950	250	800	240	20	30	100	30	11		58	58	20			
9	2700	240	650	195	30	45	88	40	11		130	65	20			
10	3000	120	500	150	40	60	88	41	11		200	25	20			
11	2780	150	400	120	60	90	88	42	11		260	36	20			
12	2750	150	450	135	70	105	130	55	11		120	68	20			
13	2700	120	500	150	80	120	88	62	11		170	54	20			
14	2950	150	450	135	90	135	88	32	11		185	52	20			
15	3000	110	600	180	20	30	109	52	11		190	59	20			
16	3100	120	800	240	40	60	112	70	11		200	58	20			
17	3400	160	900	270	60	90	88	16	11		150	120	20			
18	2720	180	950	285	100	150	113	25	11		140	256	20			
19	2690	120	1200	360	100	150	88	23	11		120	35	20			
20	2650	110	600	180	20	30	90	22	11		130	24	20			
21	2700	110	740	222	30	45	88	22	11		120	68	20			
	职工人数:			基本工资最高为:							实发工资高于3500的人数:					

用户也可直接打开本书配套素材“素材与实例”>“第 4 章”>“工资表”工作簿进行后面的操作

图 4-35　制作的工资表

K3　=SUM(B3:G3)-SUM(H3:J3)

工资表																
序号	基本工资	薪级工资	岗位津贴	奖金	工龄补贴	其它补贴	养老金	医保金	失业保险金	应发合计	房租费	水电费	网管费	个人所得税	扣款合计	实发合计
1	2700	150	700	210	20	30	88	22	11	3689	55	30	20			
2	2950	100	600	180	20	30	86	25	11	3758	120	50	20			
3	2850	120	750	225	30	45	88	26	11	3895	55	60	20			
4	2700	160	740	222	40	60	88	27	11	3796	45	40	20			
5	2780	200	800	240	50	75	120	21	11	3993	30	30	20			
6	2790	220	720	216	10	15	88	23	11	3849	52	55	20			
7	2700	230	700	210	20	30	88	29	11	3762	55	57	20			
8	2950	250	800	240	20	30	100	30	11	4149	58	58	20			
9	2700	240	650	195	30	45	88	40	11	3721	130	65	20			
10	3000	120	500	150	40	60	88	41	11	3730	200	25	20			
11	2780	150	400	120	60	90	88	42	11	3459	260	36	20			
12	2750	150	450	135	70	105	130	55	11	3464	120	68	20			
13	2700	120	500	150	80	120	88	62	11	3509	170	54	20			
14	2950	150	450	135	90	135	88	32	11	3779	185	52	20			
15	3000	110	600	180	20	30	109	52	11	3768	190	59	20			
16	3100	120	800	240	40	60	112	70	11	4167	200	58	20			
17	3400	160	900	270	60	90	88	16	11	4765	150	120	20			
18	2720	180	950	285	100	150	113	25	11	4236	140	256	20			
19	2690	120	1200	360	100	150	88	23	11	4498	120	35	20			
20	2650	110	600	180	20	30	90	22	11	3467	130	24	20			
21	2700	110	740	222	30	45	88	22	11	3726	120	68	20			
	职工人数:			基本工资最高为:							实发工资高于3500的人数:					

图 4-36　计算“应发合计”

步骤 4▶　计算“扣款合计”。在 P3 单元格输入公式“=SUM(L3:O3)”，按“Enter”键后拖动 P3 单元格右下角的填充柄至 P23 单元格后释放鼠标，计算出所有员工的扣款合计，如图 4-38 所示。

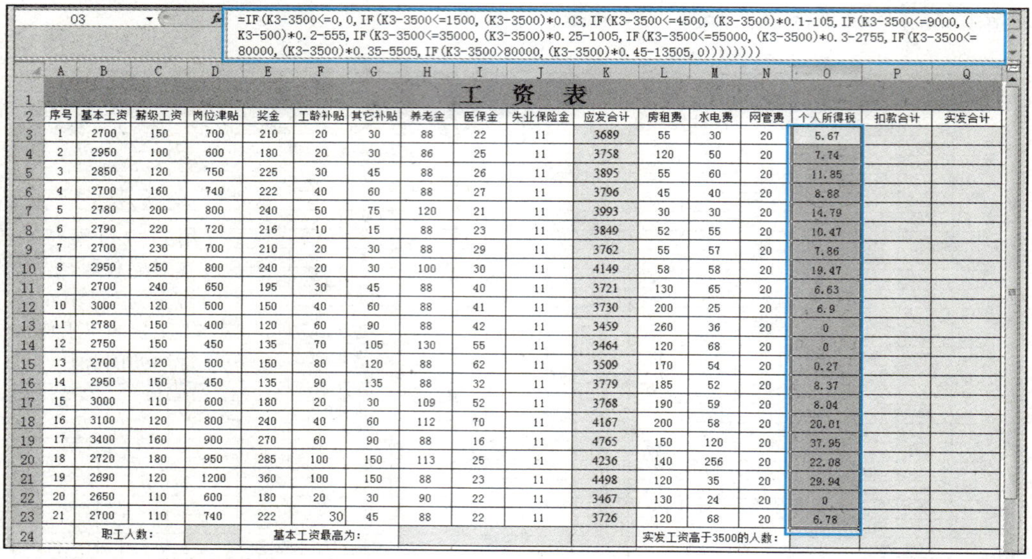

O3 =IF(K3-3500<=0,0,IF(K3-3500<=1500,(K3-3500)*0.03,IF(K3-3500<=4500,(K3-3500)*0.1-105,IF(K3-3500<=9000,(K3-500)*0.2-555,IF(K3-3500<=35000,(K3-3500)*0.25-1005,IF(K3-3500<=55000,(K3-3500)*0.3-2755,IF(K3-3500<=80000,(K3-3500)*0.35-5505,IF(K3-3500>80000,(K3-3500)*0.45-13505,0))))))))

	A	B	C	D	E	F	G	H	I	J	K	L	M	N	O	P	Q
1	工资表																
2	序号	基本工资	薪级工资	岗位津贴	奖金	工龄补贴	其它补贴	养老金	医保金	失业保险金	应发合计	房租费	水电费	网管费	个人所得税	扣款合计	实发合计
3	1	2700	150	700	210	20	30	88	22	11	3689	55	30	20	5.67		
4	2	2950	100	600	180	20	30	86	25	11	3758	120	50	20	7.74		
5	3	2850	120	750	225	30	45	88	26	11	3895	55	60	20	11.85		
6	4	2700	160	740	222	40	60	88	27	11	3796	45	40	20	8.88		
7	5	2780	200	800	240	50	75	120	21	11	3993	30	30	20	14.79		
8	6	2790	220	720	216	10	15	88	23	11	3849	52	55	20	10.47		
9	7	2700	230	700	210	20	30	88	29	11	3762	55	57	20	7.86		
10	8	2950	250	800	240	20	30	100	30	11	4149	58	58	20	19.47		
11	9	2700	240	650	195	30	45	88	40	11	3721	130	65	20	6.63		
12	10	3000	120	500	150	40	60	88	41	11	3730	200	25	20	6.9		
13	11	2780	150	400	120	60	90	88	42	11	3459	260	36	20	0		
14	12	2750	150	450	135	70	105	130	55	11	3464	120	68	20	0		
15	13	2700	120	500	150	80	120	88	62	11	3509	170	54	20	0.27		
16	14	2950	150	450	135	90	135	88	32	11	3779	185	52	20	8.37		
17	15	3000	110	600	180	20	30	109	52	11	3768	190	59	20	8.04		
18	16	3100	120	800	240	40	60	112	70	11	4167	200	58	20	20.01		
19	17	3400	160	900	270	60	90	88	16	11	4765	150	120	20	37.95		
20	18	2720	180	950	285	100	150	113	25	11	4236	140	256	20	22.08		
21	19	2690	120	1200	360	100	150	88	23	11	4498	120	35	20	29.94		
22	20	2650	110	600	180	20	30	90	22	11	3467	130	24	20	0		
23	21	2700	110	740	222	30	45	88	22	11	3726	120	68	20	6.78		
24	职工人数：				基本工资最高为：							实发工资高于3500的人数：					

图 4-37　计算“个人所得税”

步骤 5▶　计算“实发合计”。在 Q3 单元格输入公式“=K3-P3”，按“Enter”键后拖动 Q3 单元格右下角的填充柄至 Q23 单元格后释放鼠标，计算出所有员工的实发合计，如图 4-39 所示。

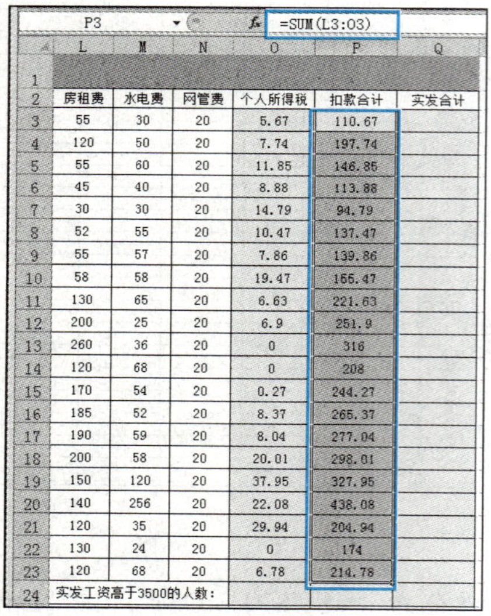

P3 =SUM(L3:O3)

	L	M	N	O	P	Q
1						
2	房租费	水电费	网管费	个人所得税	扣款合计	实发合计
3	55	30	20	5.67	110.67	
4	120	50	20	7.74	197.74	
5	55	60	20	11.85	146.85	
6	45	40	20	8.88	113.88	
7	30	30	20	14.79	94.79	
8	52	55	20	10.47	137.47	
9	55	57	20	7.86	139.86	
10	58	58	20	19.47	155.47	
11	130	65	20	6.63	221.63	
12	200	25	20	6.9	251.9	
13	260	36	20	0	316	
14	120	68	20	0	208	
15	170	54	20	0.27	244.27	
16	185	52	20	8.37	265.37	
17	190	59	20	8.04	277.04	
18	200	58	20	20.01	298.01	
19	150	120	20	37.95	327.95	
20	140	256	20	22.08	438.08	
21	120	35	20	29.94	204.94	
22	130	24	20	0	174	
23	120	68	20	6.78	214.78	
24	实发工资高于3500的人数：					

图 4-38　计算“扣款合计”

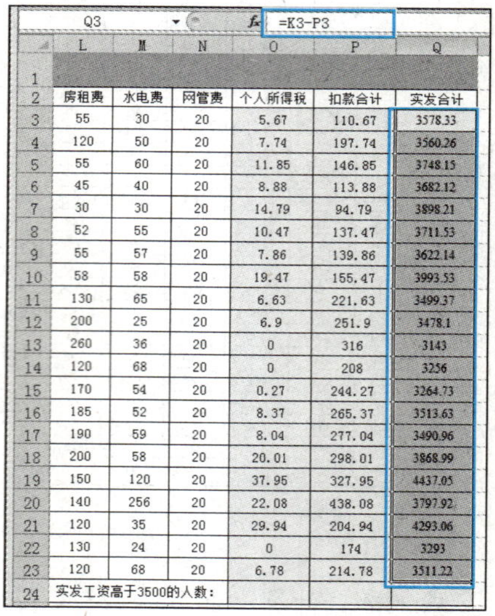

Q3 =K3-P3

	L	M	N	O	P	Q
1						
2	房租费	水电费	网管费	个人所得税	扣款合计	实发合计
3	55	30	20	5.67	110.67	3578.33
4	120	50	20	7.74	197.74	3560.26
5	55	60	20	11.85	146.85	3748.15
6	45	40	20	8.88	113.88	3682.12
7	30	30	20	14.79	94.79	3898.21
8	52	55	20	10.47	137.47	3711.53
9	55	57	20	7.86	139.86	3622.14
10	58	58	20	19.47	155.47	3993.53
11	130	65	20	6.63	221.63	3499.37
12	200	25	20	6.9	251.9	3478.1
13	260	36	20	0	316	3143
14	120	68	20	0	208	3256
15	170	54	20	0.27	244.27	3264.73
16	185	52	20	8.37	265.37	3513.63
17	190	59	20	8.04	277.04	3490.96
18	200	58	20	20.01	298.01	3868.99
19	150	120	20	37.95	327.95	4437.05
20	140	256	20	22.08	438.08	3797.92
21	120	35	20	29.94	204.94	4293.06
22	130	24	20	0	174	3293
23	120	68	20	6.78	214.78	3511.22
24	实发工资高于3500的人数：					

图 4-39　计算“实发合计”

步骤 6▶　计算“职工人数”。在 D24 单元格输入公式“=COUNT(A3:A23)”，按“Enter”键得到 A3:A23 单元格区域中含有数值数据的单元格的个数，如图 4-40 所示。

步骤 7▶　计算“基本工资”最大值。在 H24 单元格输入公式“=MAX(B3:B23)”，按

"Enter"键得到基本工资最大值，如图 4-41 所示。

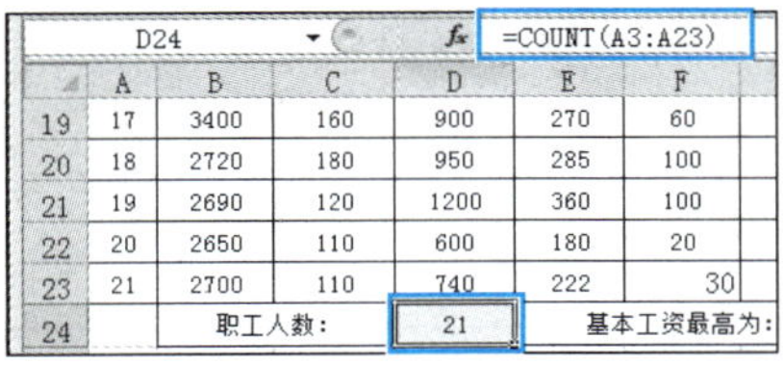

D24　=COUNT(A3:A23)

	A	B	C	D	E	F
19	17	3400	160	900	270	60
20	18	2720	180	950	285	100
21	19	2690	120	1200	360	100
22	20	2650	110	600	180	20
23	21	2700	110	740	222	30
24		职工人数:		21	基本工资最高为:	

图 4-40　计算职工人数

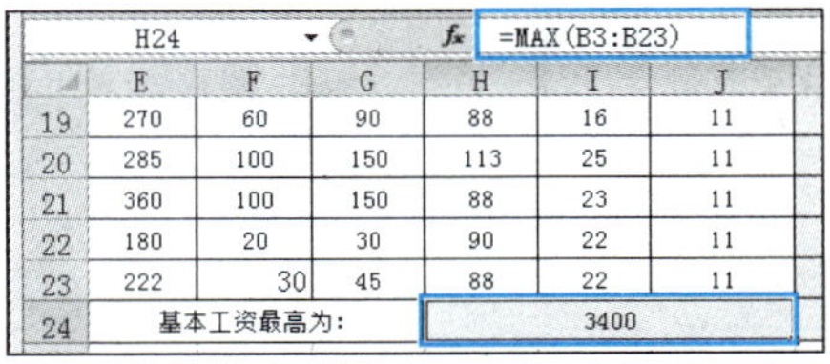

H24　=MAX(B3:B23)

	E	F	G	H	I	J
19	270	60	90	88	16	11
20	285	100	150	113	25	11
21	360	100	150	88	23	11
22	180	20	30	90	22	11
23	222	30	45	88	22	11
24	基本工资最高为:			3400		

图 4-41　计算基本工资最大值

步骤 8▶　计算实发工资高于 3 500 的人数。在 O24 单元格输入公式"=COUNTIF(Q3:Q23,">3500")"，按"Enter"键得到实发工资高于 3 500 的人数，如图 4-42 所示。

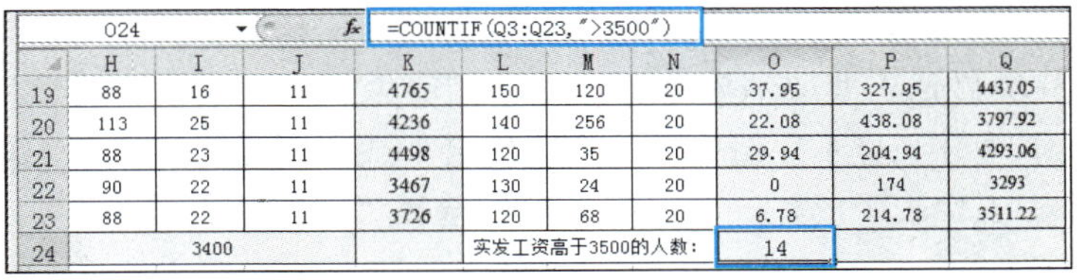

O24　=COUNTIF(Q3:Q23,">3500")

	H	I	J	K	L	M	N	O	P	Q
19	88	16	11	4765	150	120	20	37.95	327.95	4437.05
20	113	25	11	4236	140	256	20	22.08	438.08	3797.92
21	88	23	11	4498	120	35	20	29.94	204.94	4293.06
22	90	22	11	3467	130	24	20	0	174	3293
23	88	22	11	3726	120	68	20	6.78	214.78	3511.22
24	3400				实发工资高于3500的人数:			14		

图 4-42　计算实发工资高于 3 500 的人数

4.3　数据管理高级操作

本节将介绍 Excel 2010 的一些数据管理高级操作，包括数据的分组显示、数据的合并计算、数据的模拟分析与运算等内容。

4.3.1　数据的分组显示

Excel 2010 的分级显示功能提供了类似目录树的显示效果，它可以根据层次的需要显示不同级别的数据（如前面讲过的分类汇总结果），有利于用户对数据进行分析和管理。在工作表中输入数据后，可以通过对数据进行分组来实现分级显示。

要对数据进行分组，可选中要分为一组的单元格，然后单击"数据"选项卡"分级显示"组中的"创建组"按钮，弹出"创建组"对话框，选择"行"（即按行分组），然后单击"确定"按钮即可，如图 4-43 所示。根据此方法，可以继续创建多个或多级分组。

实现分级显示后，用户可以根据需要展开某个级别，查看该级别下的明细数据，也可以折叠某个级别，只查看该级别的汇总数据。

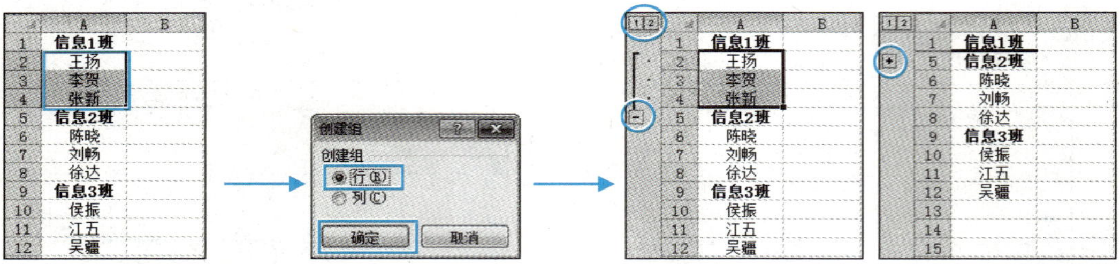

图 4-43　数据分组

（1）分级显示明细数据。单击分级显示符号[1][2][3][4]可显示相应级别的数据，较低级别的明细数据会隐藏起来。

（2）隐藏与显示明细数据。单击工作表左侧的折叠按钮[-]可隐藏对应汇总项的原始数据，此时该按钮变为展开按钮[+]，单击该按钮将显示原始数据。

（3）清除分级显示。要取消部分分级显示，可先选择要取消分级显示的行，然后单击“数据”选项卡“分级显示”组中的“取消组合”或“清除分级显示”项。要取消全部分级显示，可单击工作表中的任一单元格，然后选择“清除分级显示”项。

小技巧

单击“数据”选项卡“分级显示”组右下角的对话框启动器按钮，打开“设置”对话框，可以更改分级显示中展开按钮[+]和折叠按钮[-]的方位（即明细数据展开的方向，默认是从下向上展开）。

4.3.2　数据的合并计算

合并计算是指用来汇总一个或多个源区域中数据的方法。合并计算不仅可以进行求和汇总，还可以进行求平均值、计数统计和求标准差等运算，利用它可以将各单独工作表中的数据合并计算到一个主工作表中。其中，单独工作表可以与主工作表在同一个工作簿中，也可位于其他工作簿中。

要想合并计算数据，首先必须为合并数据定义一个目标区，用来显示合并后的信息，此目标区域可位于与源数据相同的工作表中，也可在另一个工作表中；其次，需要选择要合并计算的数据源，此数据源可以来自单个工作表、多个工作表或多个工作簿。

Excel 2010 提供了两种合并计算数据的方法：按位置合并计算和按分类合并计算。

1. 按位置合并计算

按位置合并计算要求源区域中的数据使用相同的行标签和列标签，并按相同的顺序排列在工作表中，且没有空行或空列。

要对工作表按位置合并计算，可打开要进行合并计算的工作簿，单击要放置合并计算结果区域左上角的单元格，再单击“数据”选项卡“数据工具”组中的“合并计算”按钮 ，打开“合并计算”对话框，选择所需函数，然后单击“引用位置”编辑框，在工作表中选择要进行合并计算的单元格区域，松开鼠标左键，自动返回“合并计算”对话框，再单击“添加”按钮，将其添加到“所有引用位置”列表中，如图 4-44 所示。

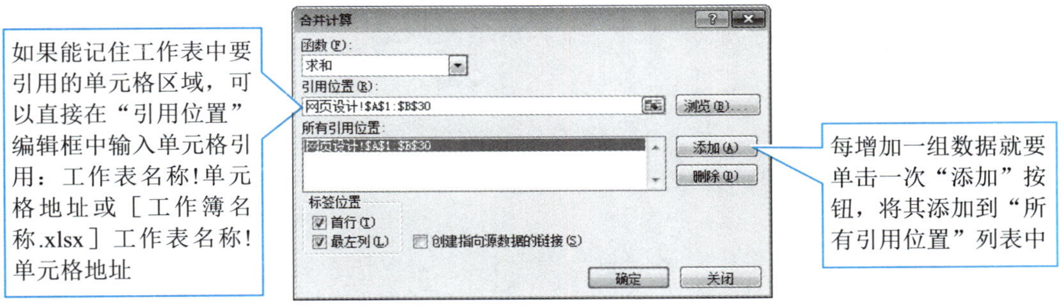

图 4-44 “合并计算”对话框

用同样的方法将其他工作表中要进行合并计算的单元格区域添加到“所有引用位置”列表中，并根据需要选中“首行”“最左列”复选框，表示将源区域中的行标签、列标签复制到合并计算中，最后单击“确定”按钮即可。图 4-45 所示为将同一工作簿的多张工作表中的成绩汇总到一张工作表中。

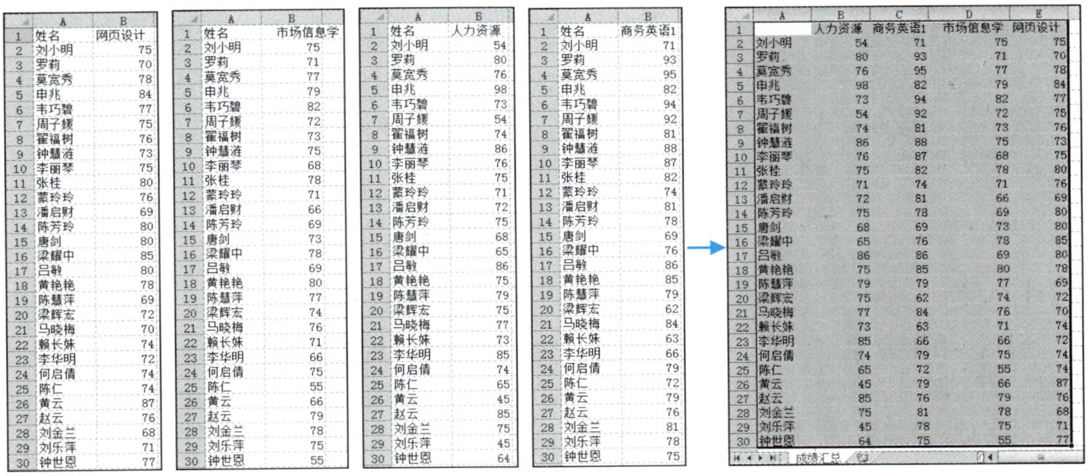

图 4-45 按位置合并计算示例

2. 按分类合并计算

当源区域中的数据没有相同的组织结构，但有相同的行标签或列标签时，可采用按分类合并计算方式进行汇总。

要对工作表按分类合并计算，可打开要进行合并计算的工作簿，单击要放置合并计算结果单元格区域左上角的单元格，打开“合并计算”对话框，用按位置合并计算的方法将要进行合并计算的单元格区域添加到“所有引用位置”列表中，并根据需要选中“首行”或“最左列”复选框，最后单击“确定”按钮即可，如图 4-46 所示。

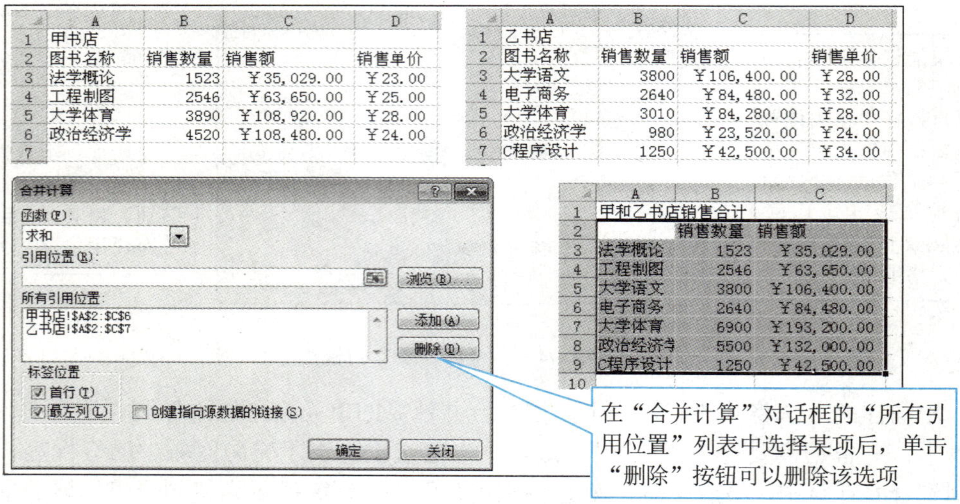

图 4-46　按分类合并计算示例

小提示

按分类合并计算数据时，必须包含行或列标签，如果分类标签在顶端，应选择“首行”复选框；如果分类标签在最左列，应选择“最左列”复选框；也可以同时选择两个复选框，这样 Excel 将会自动按指定的标签进行汇总。

4.3.3　数据的模拟分析与运算

模拟分析是经济学中一种重要的分析手段，它主要是基于现有的计算模型，在影响最终结果的诸多因素中进行测算和分析，以寻求最接近目标的方案。Excel 2010 提供了多项功能来支持类似的分析工作，如模拟运算表、方案管理器、单变量求解等。

1. 模拟运算表

模拟运算表实际上是一个单元格区域，它可以用列表的形式显示计算模型中某些参数的变化对计算结果的影响。在这个区域中，生成的值所需要的若干个相同公式被简化成一个公式，从而简化了公式的输入。模拟运算根据行、列变量的个数，可分为单变量模拟运算表和双变量模拟运算表。

小提示

双变量模拟运算可以帮助用户同时分析两个因素对最终结果的影响。

例如，要创建双变量模拟运算表，在准备好原始数据后，可选中要创建模拟运算表的单元格区域，然后单击“数据”选项卡“数据工具”组中的“模拟分析”按钮，从展开的列表中选择“模拟运算表”项，弹出“模拟运算表”对话框，分别输入引用行的单元格和引用列的单元格，单击“确定”按钮即可，如图 4-47 所示。

图 4-47　创建双变量模拟运算表

课堂互动

利用模拟运算表的特性，在某些情况下用户可以将它当做一个公式辅助工具来使用，从而能够在大范围内快速创建公式。你能利用模拟运算表制作九九乘法表吗？

2. 方案管理器

在分析计算模型中一到两个关键因素的变化对结果的影响时，使用模拟运算表非常方便，但如果要同时考虑更多的因素来进行分析时，使用方案管理器将更容易处理问题。

单击“数据”选项卡“数据工具”组中的“模拟分析”按钮，从展开的列表中选择“方案管理器”项，可以打开“方案管理器”对话框，单击“添加”按钮，依次指定方案名、可变单元格和方案变量值后，可以基于当前工作表创建一个或多个方案，如图 4-48 所示。

在方案管理器中，选中某个方案后，单击“显示”按钮，Excel 将用该方案中设定的变量值替换掉工作表中相应单元格原来的值，以显示根据此方案的定义所生成的结果。为了便于对多个方案进行对比分析，可以单击“摘要”按钮，生成方案摘要报告。

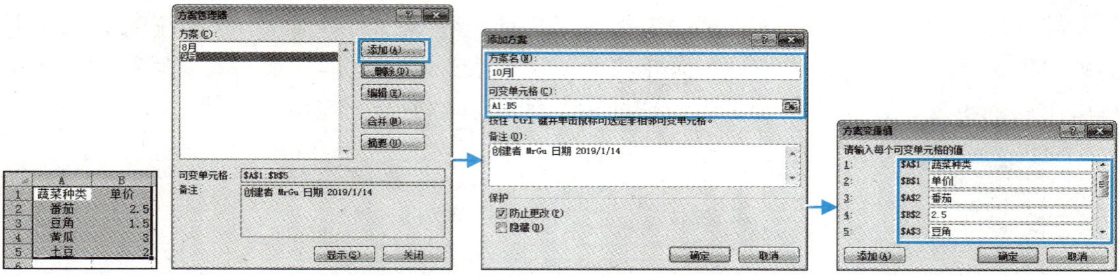

图 4-48 使用方案管理器

3. 单变量求解

单变量求解主要用于解决假定一个公式要取得某一结果值，其中变量的引用单元格应取值为多少的问题。

单击“数据”选项卡“数据工具”组中的“模拟分析”按钮，从展开的列表中选择“单变量求解”项，可以打开“单变量求解”对话框，指定目标单元格、目标值和可变单元格后，单击“确定”按钮，即可根据目标值求解出对应的变量值，如图 4-49 所示。

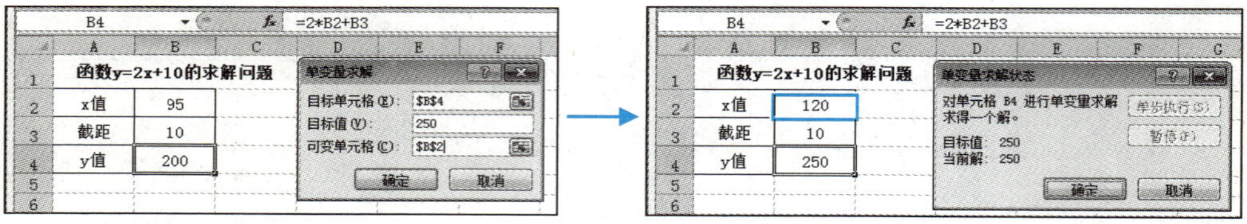

图 4-49 单变量求解

课堂案例 3 计算生产和销售情况表数据

本案例将对某企业三个分厂的生产和销售数据进行合并计算（求合计和求平均值），其最终效果如图 4-50 所示。

步骤 1▶ 打开本书配套素材“素材与实例”>“第 4 章”>“生产和销售情况表”工作簿，如图 4-51 所示。

步骤 2▶ 在现有表格的右侧制作如图 4-52 所示的两个表格。

	A	B	C	D	E	F	G	H
1	大新分厂生产和销售情况表					生产和销售情况总表（合计）		
2	产品名称	生产量	销售量			产品名称	生产量	销售量
3	铁矿	154	126			铁矿	1565	1026
4	金矿	0.148	0.12			金矿	1.609	1.065
5	锰矿	214	149			锰矿	1047	814
6	铝矿	541	342			铝矿	1672	1170
7	单位：吨					单位：吨		
8								
9	罗门分厂生产和销售情况表					生产和销售情况总表（平均）		
10	产品名称	生产量	销售量			产品名称	生产量	销售量
11	铁矿	942	746			铁矿	521.6666667	342
12	金矿	0.54	0.2			金矿	0.536333333	0.355
13	锰矿	584	429			锰矿	349	271.3333
14	铝矿	257	244			铝矿	557.3333333	390
15	单位：吨					单位：吨		
16								
17	龙门分厂生产和销售情况表							
18	产品名称	生产量	销售量					
19	铁矿	469	154					
20	金矿	0.921	0.745					
21	锰矿	249	236					
22	铝矿	874	584					
23	单位：吨							

图 4-50 生产和销售情况表最终效果

	A	B	C
1	大新分厂生产和销售情况表		
2	产品名称	生产量	销售量
3	铁矿	154	126
4	金矿	0.148	0.12
5	锰矿	214	149
6	铝矿	541	342
7	单位：吨		
8			
9	罗门分厂生产和销售情况表		
10	产品名称	生产量	销售量
11	铁矿	942	746
12	金矿	0.54	0.2
13	锰矿	584	429
14	铝矿	257	244
15	单位：吨		
16			
17	龙门分厂生产和销售情况表		
18	产品名称	生产量	销售量
19	铁矿	469	154
20	金矿	0.921	0.745
21	锰矿	249	236
22	铝矿	874	584
23	单位：吨		

图 4-51 素材效果

	A	B	C	D	E	F	G	H
1	大新分厂生产和销售情况表					生产和销售情况总表（合计）		
2	产品名称	生产量	销售量			产品名称	生产量	销售量
3	铁矿	154	126			铁矿		
4	金矿	0.148	0.12			金矿		
5	锰矿	214	149			锰矿		
6	铝矿	541	342			铝矿		
7	单位：吨					单位：吨		
8								
9	罗门分厂生产和销售情况表					生产和销售情况总表（平均）		
10	产品名称	生产量	销售量			产品名称	生产量	销售量
11	铁矿	942	746			铁矿		
12	金矿	0.54	0.2			金矿		
13	锰矿	584	429			锰矿		
14	铝矿	257	244			铝矿		
15	单位：吨					单位：吨		
16								
17	龙门分厂生产和销售情况表							
18	产品名称	生产量	销售量					
19	铁矿	469	154					
20	金矿	0.921	0.745					
21	锰矿	249	236					
22	铝矿	874	584					
23	单位：吨							

目标区域和源数据位于相同的工作表

图 4-52 制作两个新表格

步骤 3▶ 首先计算合计项。在 G3 单元格单击，然后打开“合并计算”对话框，选择“求和”函数，接下来在“引用位置”编辑框单击，在大新分厂表格中选择要进行合并计算的数据区域，松开鼠标左键，返回“合并计算”对话框，如图 4-53 所示，然后单击“添加”按钮。

步骤 4▶ 在罗门分厂表格中选择要进行合并计算的数据区域，松开鼠标左键，返回“合并计算”对话框，如图 4-54 所示，然后单击“添加”按钮。

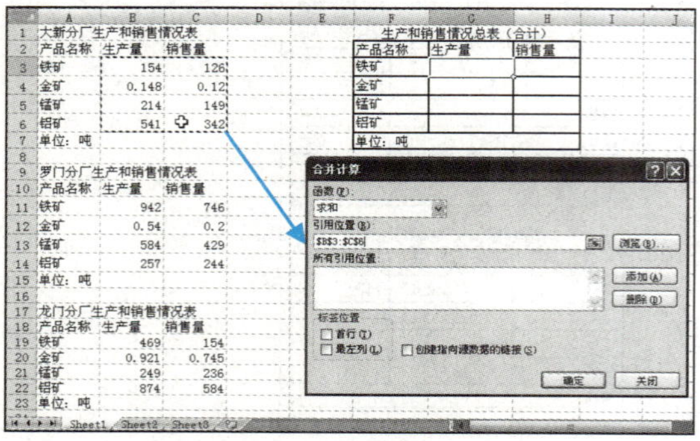

图 4-53　选择第一个数据区域

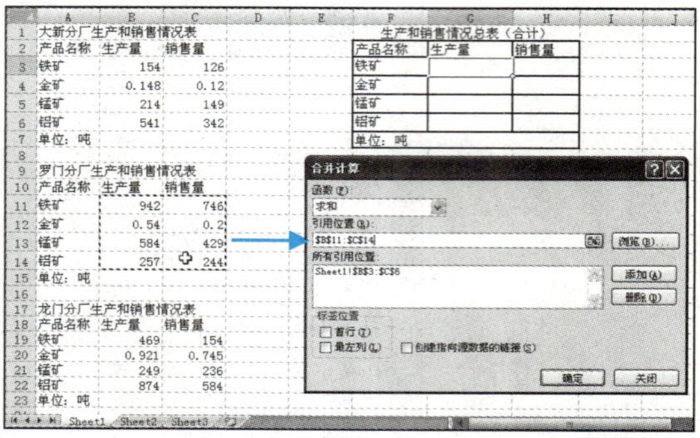

图 4-54　选择第二个数据区域

步骤 5▶ 在龙门分厂表格中选择要进行合并计算的数据区域，松开鼠标左键，返回“合并计算”对话框，如图 4-55 所示，然后单击“添加”按钮。

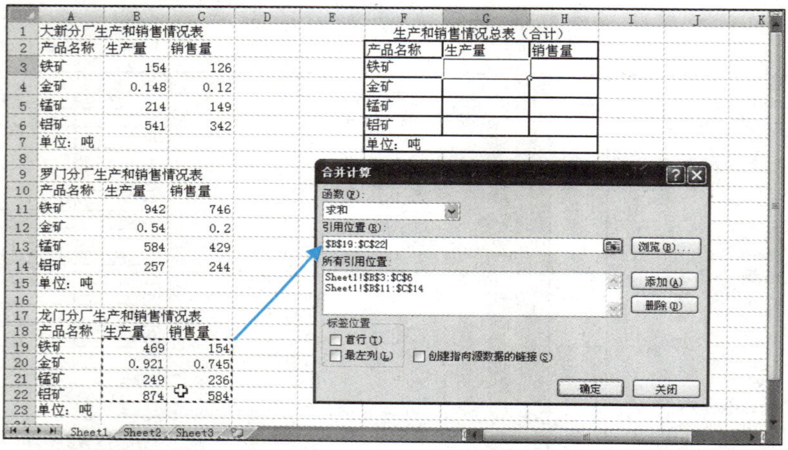

图 4-55　选择第三个数据区域

步骤 6▶ 此时的“合并计算”对话框如图 4-56（a）所示，最后单击“确定”按钮，结果如图 4-56（b）所示。

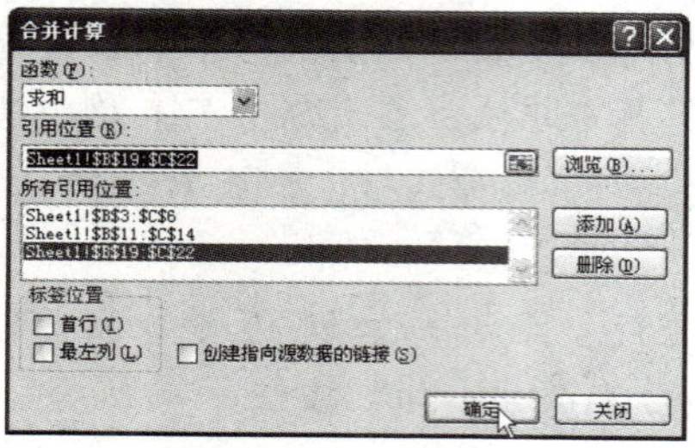

（a）

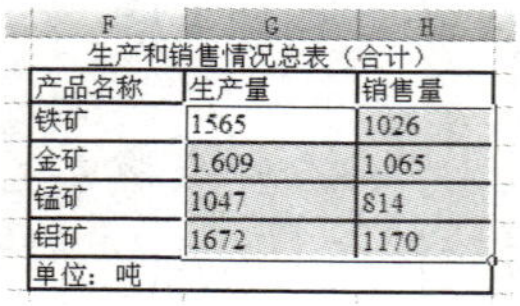

（b）

图 4-56　合并计算结果（合计）

步骤 7▶ 下面计算平均值。单击 G11 单元格，然后打开“合并计算”对话框，选择“平均值”函数，清除“所有引用位置”列表中的引用（选中引用后单击“删除”按钮）。

步骤 8▶ 在“引用位置”编辑框中单击，接下来要添加的数据区域与步骤 3～步骤 5 相同，添加数据区域后的“合并计算”对话框如图 4-57（a）所示，单击“确定”按钮，结果如图 4-57（b）所示（可根据需要设置数值的小数位数）。

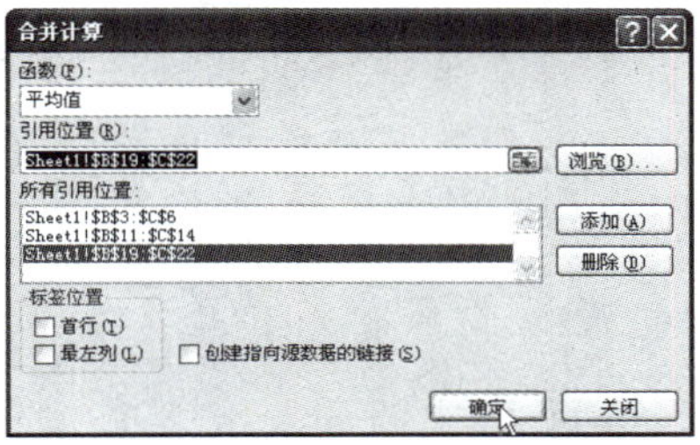

（a）

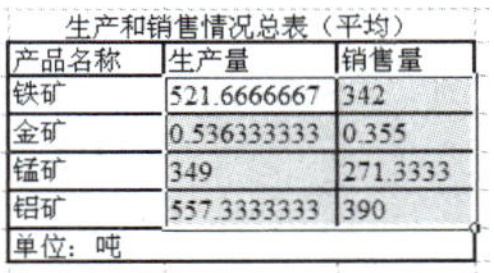

（b）

图 4-57 合并计算结果（平均）

课堂案例 4 模拟分析每月还款数据

某公司要从银行贷款 100 万元用于资金周转，年利率是 4.90%，贷款年限不同，每月还款额也不同。本案例将使用模拟运算表来分析不同贷款年限对每月还款额的影响。

步骤 1▶ 打开本书配套素材“素材与实例”>“第 4 章”>“贷款分析”工作簿，如图 4-58 所示。

步骤 2▶ 在 B8 单元格中输入公式“=PMT(B4/12,A8*12,-B3)”，按“Enter”键，结果如图 4-59 所示。

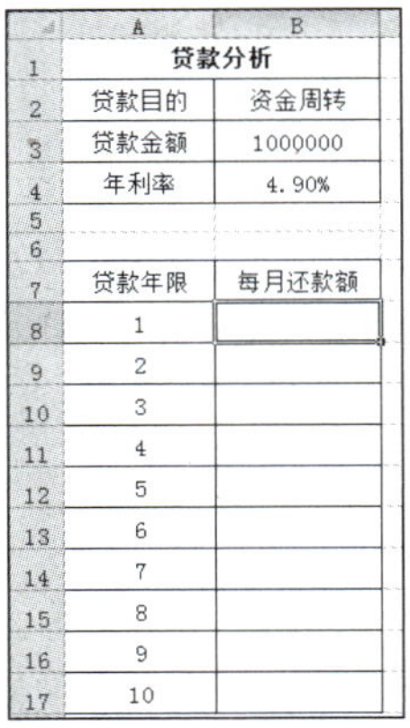

图 4-58 素材效果

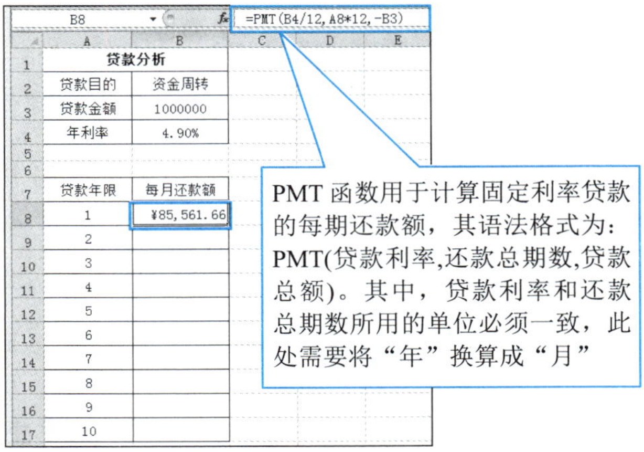

图 4-59 求贷款 1 年对应的每月还款额

步骤 3▶ 选中 A8:B17 单元格区域，然后单击“数据”选项卡“数据工具”组中的“模拟分析”按钮，从展开的列表中选择“模拟运算表”项，打开“模拟运算表”对话框，在“输入引用列的单元格”编辑框中单击，然后单击 A8 单元格，如图 4-60 所示。

步骤 4▶ 单击“确定”按钮，即可模拟分析出不同贷款年限所对应的每月还款额，如图 4-61 所示。

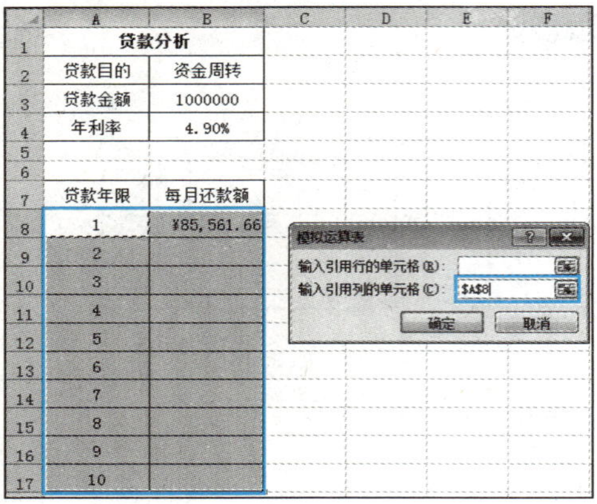

	A	B
1	贷款分析	
2	贷款目的	资金周转
3	贷款金额	1000000
4	年利率	4.90%
5		
6		
7	贷款年限	每月还款额
8	1	¥85,561.66
9	2	
10	3	
11	4	
12	5	
13	6	
14	7	
15	8	
16	9	
17	10	

图 4-60　指定引用列的单元格

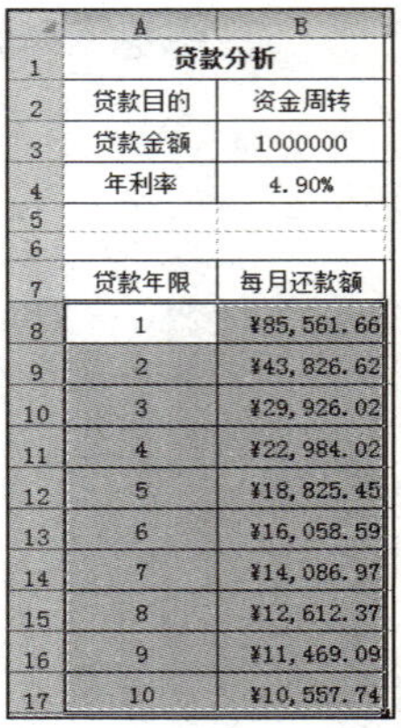

	A	B
1	贷款分析	
2	贷款目的	资金周转
3	贷款金额	1000000
4	年利率	4.90%
5		
6		
7	贷款年限	每月还款额
8	1	¥85,561.66
9	2	¥43,826.62
10	3	¥29,926.02
11	4	¥22,984.02
12	5	¥18,825.45
13	6	¥16,058.59
14	7	¥14,086.97
15	8	¥12,612.37
16	9	¥11,469.09
17	10	¥10,557.74

图 4-61　模拟分析结果

小 提 示

> 公司在进行投资决策时，必须事先计算和分析贷款成本与盈利水平，这就需要对利率、付款期数、每期付款额、投资回报率等因素做充分的考虑，通过关注和对比这些因素的变化而产生的不同结果来进行判断。

4.4　共享和保护工作簿

为了提高工作效率，有时需要将工作簿共享，以方便多个用户对工作簿进行编辑操作。此外，为了防止重要数据被他人查看、修改或删除，用户可以利用 Excel 2010 提供的保护功能，对工作簿或工作表设置保护措施。

4.4.1　共享工作簿

如果需要多人同时编辑同一个工作簿，可以使用 Excel 2010 的共享工作簿功能，将它保存到其他用户可以访问到的网络位置上，方便其他用户同时编辑、查看和修订。它能使每位参与者都可以看到其他用户输入和修改的数据，特别适用于分组性的工作。当完成工作表的各项编辑和修订操作后，可以停止共享工作簿。

要将工作簿设置为共享，可打开该工作簿，然后单击“审阅”选项卡“更改”组中的“共享工作簿”按钮，打开“共享工作簿”对话框，在“编辑”选项卡选中“允许多用户同时编辑，同时允许工作簿合并”复选框，如图 4-62 所示。

切换到“高级”选项卡，确保“保存文件时”单选按钮处于选中状态，如图 4-63 所示，表示在用户保存工作簿时会更新其他用户对此工作簿进行的编辑操作。单击“确定”按钮返回工作簿，会弹出一个提示框，询问是否保存此操作，如图 4-64 所示，单击“确定”按钮即可。此时，可以看到标题栏中工作簿名称的右侧显示“共享”字样。

最后，将该工作簿放到网络上的共享文件夹中即可。

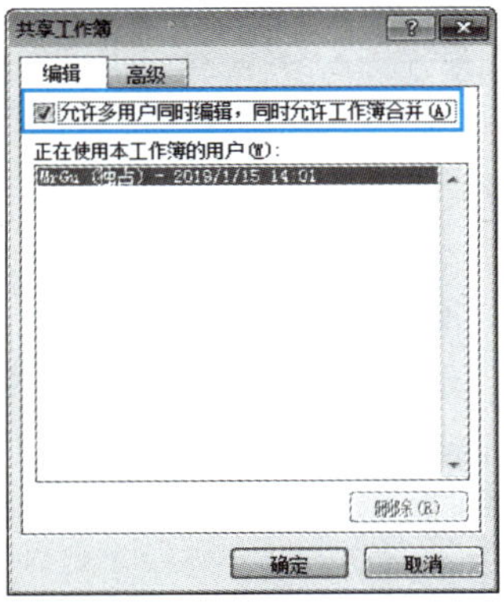

图 4-62　“编辑”选项卡

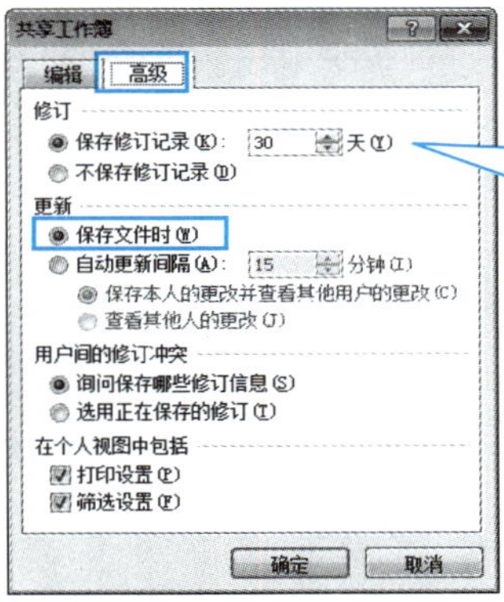

图 4-63　“高级”选项卡

图 4-64　提示框

其他用户在网络上找到并打开共享工作簿，可在其中进行编辑操作。当其中任何一个用户对此工作簿进行操作并保存时，会弹出提示框，提示用户“工作表已用其他用户保存的更改进行了更新”，并突出显示编辑过的单元格，单击“确定”按钮，此时就可以看到其他用户对工作簿所做的编辑操作。将光标移到已编辑的单元格上，此时会出现一个提示框，显示此单元格的变化情况。

小提示

要取消工作簿的共享，可打开“共享工作簿”对话框，然后取消“编辑”选项卡下的“允许多用户同时编辑，同时允许工作簿合并”复选框。

4.4.2　保护工作簿

为防止他人在工作簿中添加或删除工作表，以及改变工作簿窗口的大小和位置等，可为工作簿设置保护措施。

要对工作簿进行保护，可打开该工作簿，然后单击“审阅”选项卡“更改”组中的“保护工作簿”按钮，打开“保护结构和窗口”对话框，选中“结构”或“窗口”复选框（或同时选中），然后在“密码”编辑框中输入保护密码并单击“确定”按钮，再在弹出的对话框中输入同样的密码并确定，即可对工作簿执行保护操作，如图 4-65 所示。

要撤销工作簿的保护，可单击“审阅”选项卡“更改”组中的“保护工作簿”按钮。若设置了密码保护，此时会打开“撤销工作簿保护”对话框，输入此前设定的密码，单击“确定”按钮即可，如图 4-66 所示。

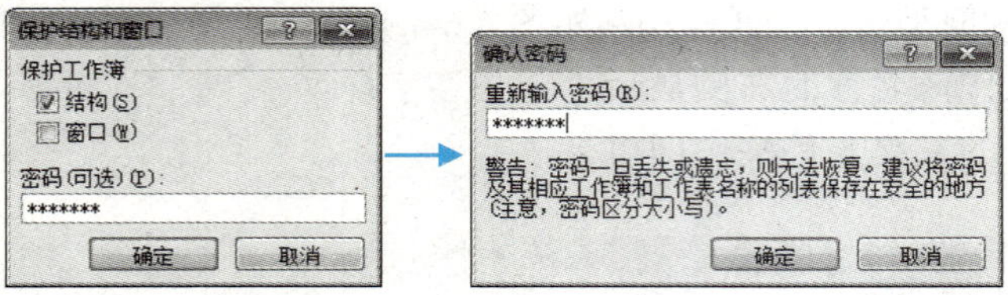

图 4-65　保护工作簿操作

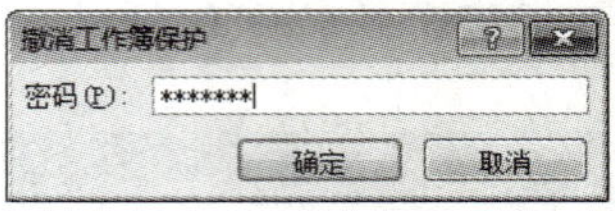

图 4-66　撤销工作簿保护

小提示

“保护结构和窗口”对话框中各选项的含义如下：

结构：选中该项，可使工作簿的结构保持不变。例如，删除、移动、复制、重命名、隐藏工作表或插入新的工作表等操作均无效（但允许对工作表内的数据进行操作）。

窗口：选中该项，当打开工作簿时，将不能更改工作簿窗口的大小和位置，不能关闭工作簿窗口。

密码：在该编辑框中输入密码，可防止未授权的用户取消工作簿的保护。密码区分大小写，它可以由字母、数字、符号和空格组成。

4.4.3　保护工作表

保护工作簿只能防止工作簿的结构和窗口不被修改，要使工作表中的数据不被别人修改，还需对相关的工作表进行保护。

打开工作簿，切换到要进行保护的工作表，然后单击“审阅”选项卡“更改”组中的“保护工作表”按钮，打开“保护工作表”对话框，在“取消工作表保护时使用的密码”编辑框中输入密码；在“允许此工作表的所有用户进行”列表框中选择允许操作的选项，然后单击“确定”按钮，再在弹出的对话框中输入同样的密码并确定，即可对工作表执行保护操作，如图 4-67 所示。

此时，当前工作表中的所有单元格都被保护起来，不能进行在“保护工作表”对话框中没有选择的操作。如果试图进行这些操作，系统会弹出如图 4-68 所示的提示框，提示用户该工作表是受保护且只读的。

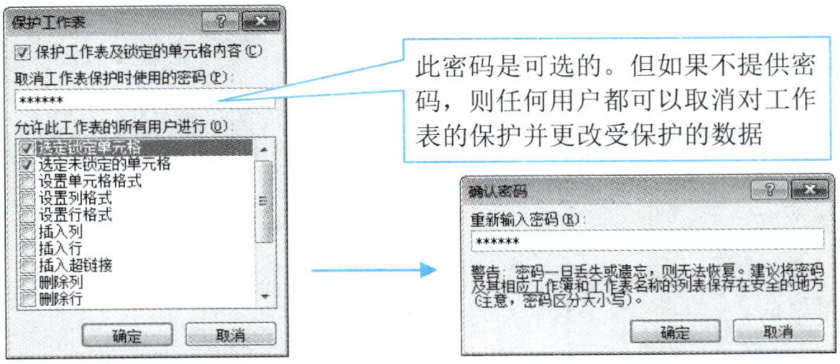

图 4-67　保护工作表操作

图 4-68　提示框

要撤销工作表的保护，可单击“审阅”选项卡“更改”组中的“撤销工作表保护”按钮。若设置了密码保护，此时会打开“撤销工作表保护”对话框，输入此前设定的密码，单击“确定”按钮即可。

4.5　获取外部数据

在日常工作中，用户往往需要使用 Excel 对其他软件系统生成的数据进行加工，此时将这些数据导入到 Excel 中形成数据表格是首先要进行的工作。

4.5.1　导入文本文件

在许多情况下，外部数据可以保存成文本格式文件（.TXT 文件）。在导入文本格式的数据之前，可以用记事本打开数据源文件查看一下，以对数据源的结构有所了解。例如，要将如图 4-69 所示的文本文件导入到 Excel 中，可以参照以下方法。

单击“数据”选项卡“获取外部数据”组中的“自文本”按钮，弹出“导入文本文件”对话框，找到并选中要导入的文本文件，单击“导入”按钮，弹出“文本导入向导 - 第 1 步，共 3 步”对话框，选择“分隔符号”单选按钮，如图 4-70 所示。

单击“下一步”按钮，弹出“文本导入向导 - 第 2 步，共 3 步”对话框，选中“空格”复选框（根据数据源实际情况选择分隔符号即可），如图 4-71 所示。单击“下一步”按钮，弹出“文本导入向导 - 第 3 步，共 3 步”对话框，选择“常规”单选按钮，如图 4-72 所示。

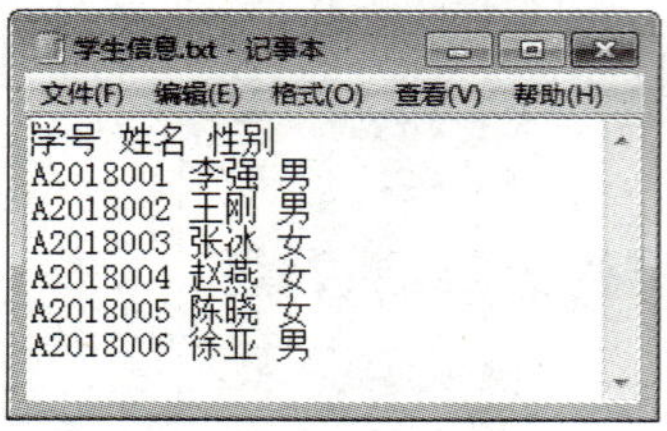

图 4-69　要导入的文本文件

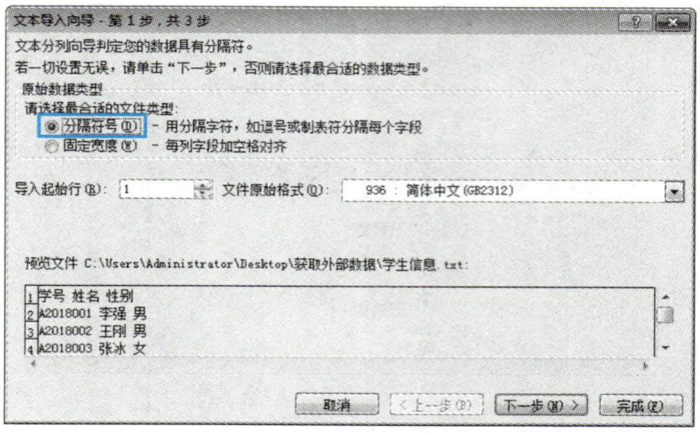

图 4-70　“文本导入向导 - 第 1 步，共 3 步”对话框

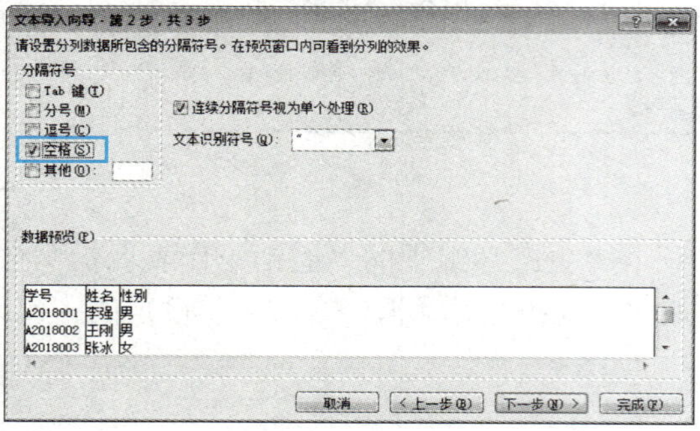

图 4-71　“文本导入向导 - 第 2 步，共 3 步”对话框

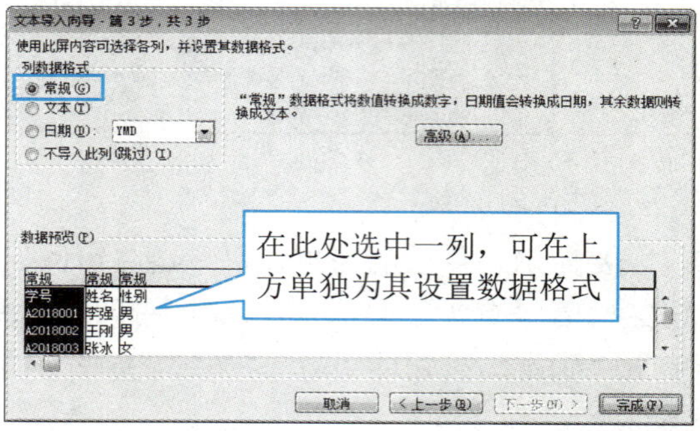

图 4-72　“文本导入向导 - 第 3 步，共 3 步”对话框

单击“完成”按钮，弹出“导入数据”对话框，选取数据的放置位置为“现有工作表”，如图 4-73 所示，单击“确定”按钮，即可将数据导入，效果如图 4-74 所示。

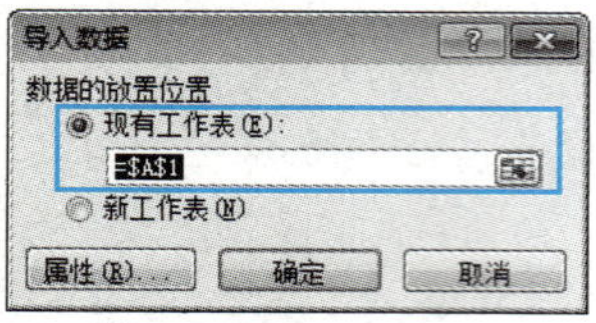

图 4-73　“导入数据”对话框

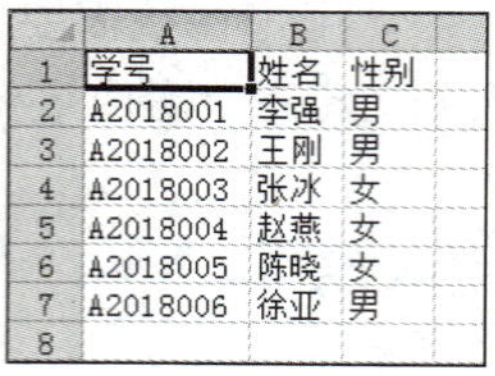

图 4-74　导入文本文件数据效果

4.5.2　导入其他数据

除了文本文件，Excel 2010 支持的外部数据文件还可以是 Access 数据库、网站数据、SQL Server 数据库、XML 文件等，如图 4-75 所示。

例如，要导入 Access 数据库，可单击“数据”选项卡“获取外部数据”组中的“自 Access”按钮，弹出“选取数据源”对话框，找到并选中要导入的 Access 数据库文件（扩展名为.mdb 或.accdb 等），单击“打开”按钮，弹出“选择表格”对话框，选取一个要导入的表格，如图 4-76 所示。

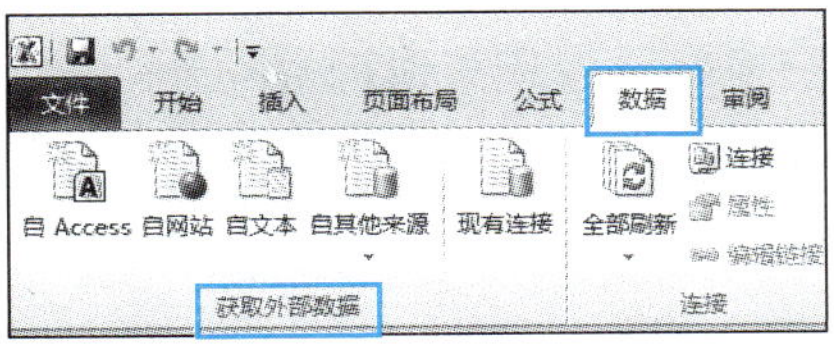

图 4-75　“获取外部数据”选项卡

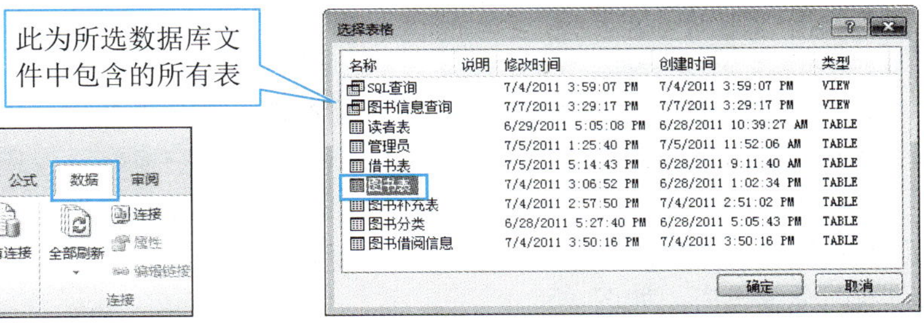

图 4-76　“选择表格”对话框

单击“确定”按钮，弹出“导入数据”对话框，选取数据在工作簿中的显示方式和放置位置，如图 4-77 所示，单击“确定”按钮，即可将数据导入，效果如图 4-78 所示。

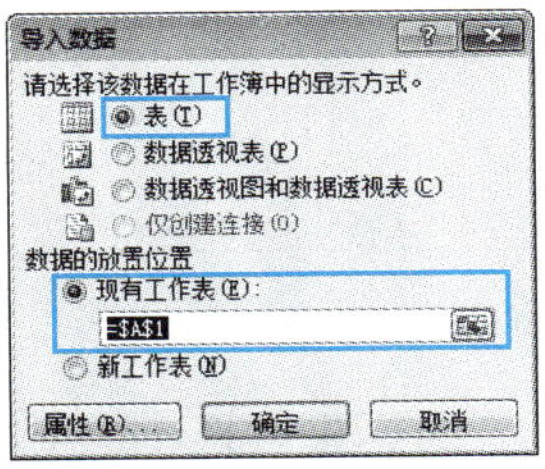

图 4-77　“导入数据”对话框

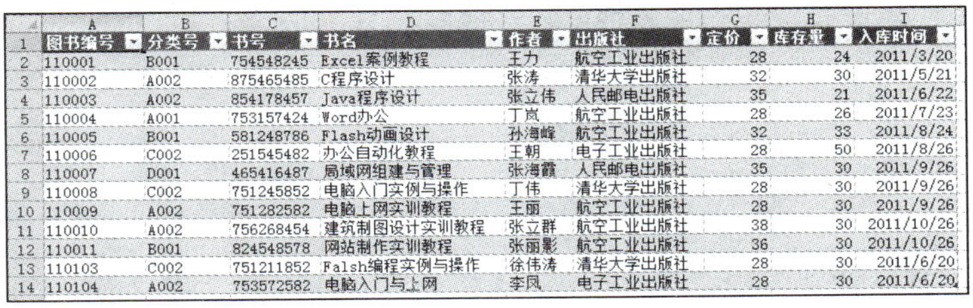

图书编号	分类号	书号	书名	作者	出版社	定价	库存量	入库时间
110001	B001	754548245	Excel案例教程	王力	航空工业出版社	28	24	2011/3/20
110002	A002	875465485	C程序设计	张涛	清华大学出版社	32	30	2011/5/21
110003	A002	854178457	Java程序设计	张立伟	人民邮电出版社	35	21	2011/6/22
110004	A001	753157424	Word办公	丁岚	航空工业出版社	28	26	2011/7/23
110005	B001	581248786	Flash动画设计	孙海峰	航空工业出版社	32	33	2011/8/24
110006	C002	251545482	办公自动化教程	王朝	电子工业出版社	28	50	2011/8/26
110007	D001	465416487	局域网组建与管理	张海霞	人民邮电出版社	35	30	2011/9/26
110008	C002	751245852	电脑入门实例与操作	丁伟	清华大学出版社	28	30	2011/9/26
110009	A002	751282582	电脑上网实训教程	王丽	航空工业出版社	28	30	2011/9/26
110010	A002	756268454	建筑制图设计实训教程	张立群	航空工业出版社	38	30	2011/10/26
110011	B001	824548578	网站制作实训教程	张丽影	航空工业出版社	36	30	2011/10/26
110103	C002	751211852	Falsh编程实例与操作	徐伟涛	清华大学出版社	28	30	2011/6/20
110104	A002	753572582	电脑入门与上网	李凤	电子工业出版社	28	30	2011/6/20

图 4-78　导入 Access 数据库数据效果

再如，要导入网站数据，可单击“数据”选项卡“获取外部数据”组中的“自网站”按钮，弹出“新建 Web 查询”窗口，在地址栏中输入网站地址，单击“转到”按钮，在网站页面中通过单击➡按钮选定所需数据（按钮变为☑），如图 4-79 所示。单击“导入”按钮，弹出“导入数据”对话框，选取数据的放置位置，如图 4-80 所示，单击“确定”按钮，即可将数据导入，效果如图 4-81 所示。

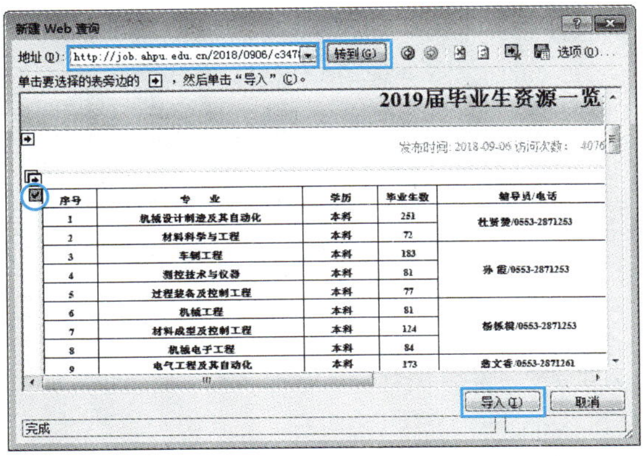

图 4-79　“新建 Web 查询”窗口

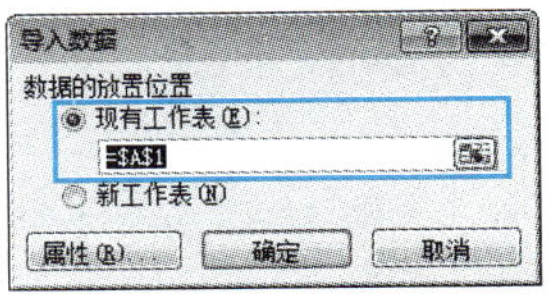

图 4-80　“导入数据”对话框

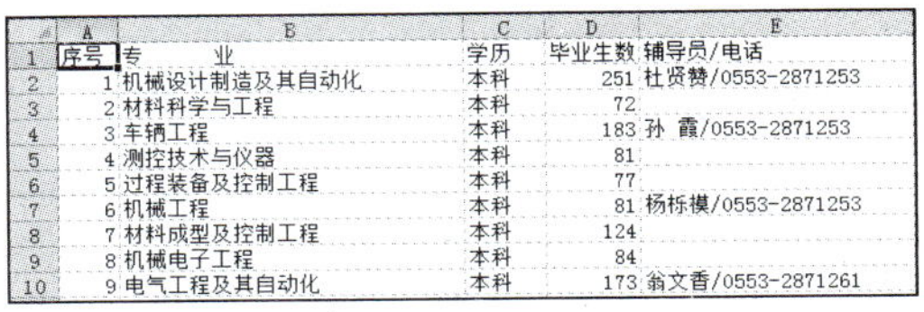

序号	专　业	学历	毕业生数	辅导员/电话
1	机械设计制造及其自动化	本科	251	杜贤赞/0553-2871253
2	材料科学与工程	本科	72	
3	车辆工程	本科	183	孙　霞/0553-2871253
4	测控技术与仪器	本科	81	
5	过程装备及控制工程	本科	77	
6	机械工程	本科	81	杨栎模/0553-2871253
7	材料成型及控制工程	本科	124	
8	机械电子工程	本科	84	
9	电气工程及其自动化	本科	173	翁文香/0553-2871261

图 4-81　导入网站数据效果

4.5.3 数据分列

如果想将位于一个或一列单元格中的数据分隔划分为多列，可以通过 Excel 的“分列”功能实现。前提是要进行分列的数据比较规律，均以空格、逗号或其他符号隔开。

选中要分割的列（即要分列的数据），如图 4-82 所示，单击“数据”选项卡“数据工具”组中的“分列”按钮，弹出“文本分列向导 - 第 1 步，共 3 步”对话框，选择“分隔符号”单选按钮，如图 4-83 所示。

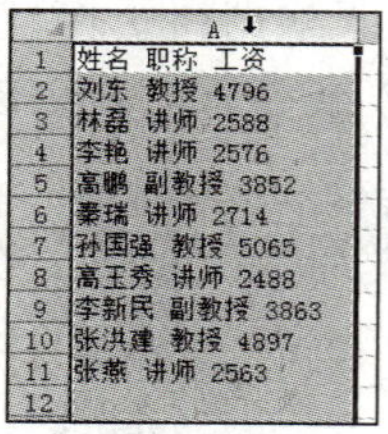

图 4-82 选中要分列的数据

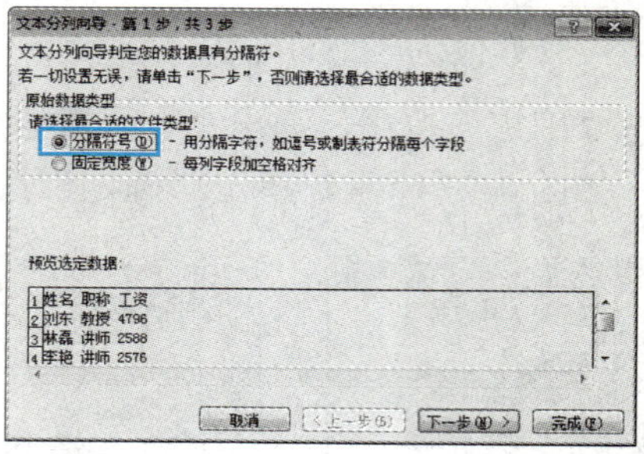

图 4-83 选择原始数据类型

单击“下一步”按钮，弹出“文本分列向导 - 第 2 步，共 3 步”对话框，选中“空格”复选框，如图 4-84 所示。单击“下一步”按钮，弹出“文本分列向导 - 第 3 步，共 3 步”对话框，保持默认数据格式，如图 4-85 所示。

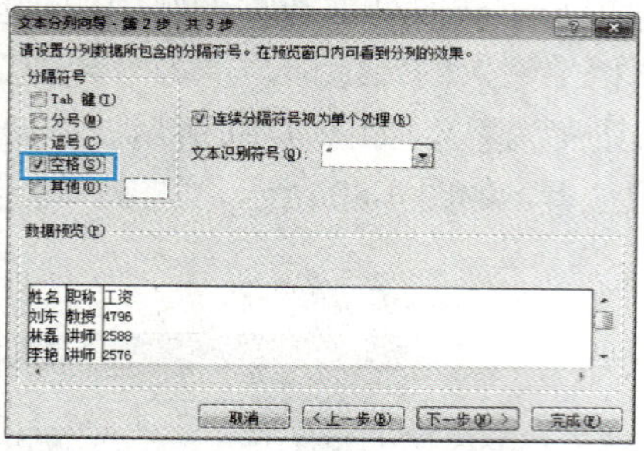

图 4-84 选择分隔符号

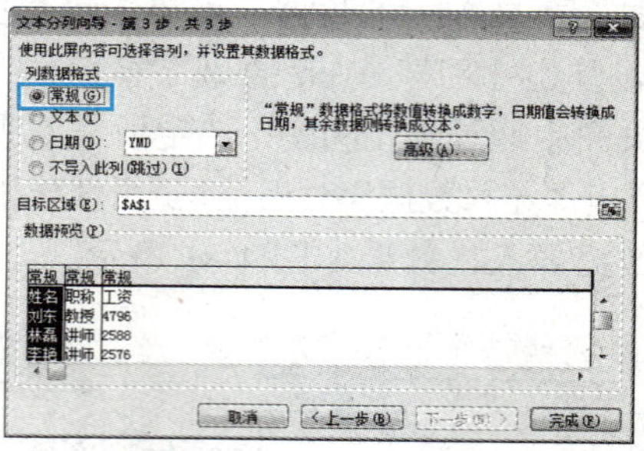

图 4-85 设置列数据格式

单击“完成”按钮，即可实现数据分列，效果如图 4-86 所示。

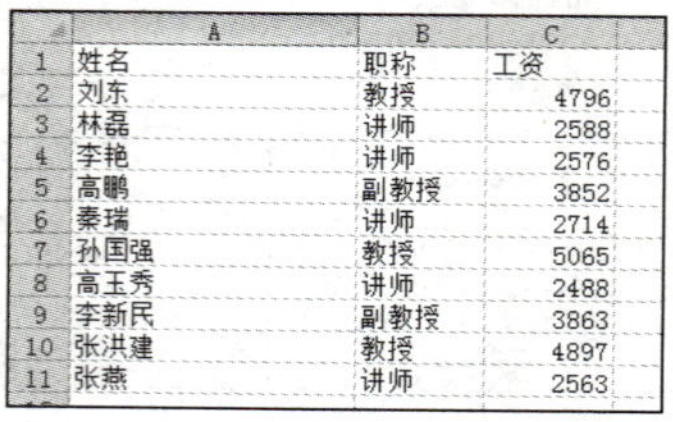

图 4-86 数据分列后的效果

课堂互动

Word 文档中的表格不能直接导入到 Excel 工作表中，你能通过其他办法实现吗？比如先将 Word 表格制作成网页文件等，再进行导入。

4.6　宏的简单使用

宏是微软为其 Office 软件包设计的一个特殊功能，利用这个功能可以实现任务的自动化。与通常意义上的编程语言不同，宏代码只能“寄生”于文件之中，并且宏代码不能编译为可执行文件。

4.6.1　录制宏

录制宏是 Excel 中一个非常实用的功能。要录制宏，可单击“开发工具”选项卡“代码”组中的“录制宏”按钮，弹出“录制新宏”对话框，依次设置宏名、快捷键、保存位置和添加说明，如图 4-87 所示。单击“确定”按钮，将关闭对话框，并开始录制一个新的宏（此时“录制宏”按钮变为“停止录制”按钮）。

开始录制宏之后，用户可以在 Excel 中进行操作，其中绝大部分操作将被记录为宏代码。操作结束后，单击“停止录制”按钮，可完成宏的录制。

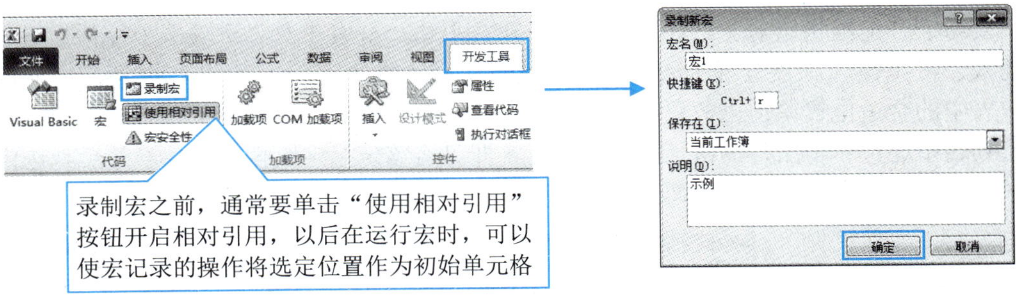

图 4-87　开始录制宏

小提示

要在功能区显示“开发工具”选项卡，可单击“文件”选项卡，从菜单列表中选择“选项”，打开“Excel 选项”对话框，在左侧列表框中选择“自定义功能区”，然后在右侧“自定义功能区”下拉列表框中选择“主选项卡”，再在下方的列表框中选中“开发工具”复选框，单击“确定”按钮即可。

4.6.2 运行宏

要运行宏，可选定目标区域，然后单击“开发工具”选项卡“代码”组中的“宏”按钮，打开“宏”对话框，在宏列表中选择要运行的宏，单击“执行”按钮即可，如图 4-88 所示。此外，也可以直接按一下此前为该宏设置的快捷键，这样可以快速运行宏。

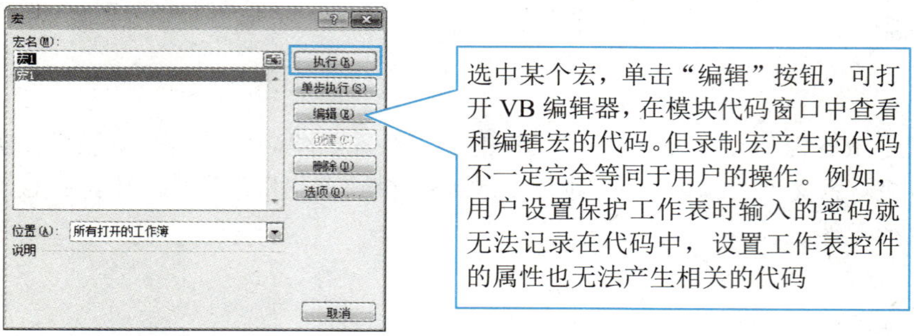

图 4-88　“宏”对话框

4.6.3 将宏分配给指定对象

控件是在用户与 Excel 交互时用于输入数据或操作数据的对象。在工作表中使用控件可以为用户提供更加友好的操作界面。控件具有丰富的属性，并且可以被不同的事件所激活以执行相关代码。

要将宏分配给指定对象，如按钮控件，可先单击“开发工具”选项卡“控件”组中的“插入”按钮，在展开的列表中选择“按钮（窗体控件）”，如图 4-89 所示，然后在工作表中的合适位置单击以放置按钮控件，此时会弹出“指定宏”对话框，如图 4-90 所示，在宏列表中选择一个宏，单击“确定”按钮，即可将该宏指定给按钮控件。随后，选定目标区域，然后单击按钮控件，即可运行为其指定的宏，如图 4-91 所示。

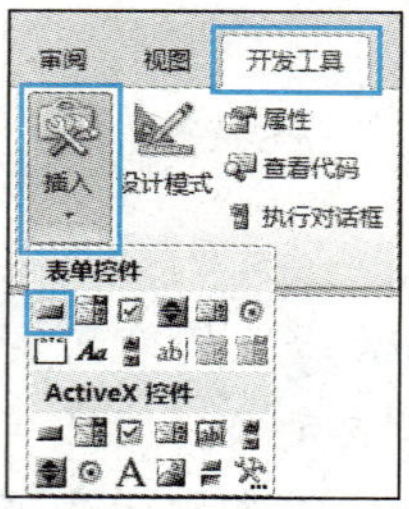

图 4-89　控件命令列表

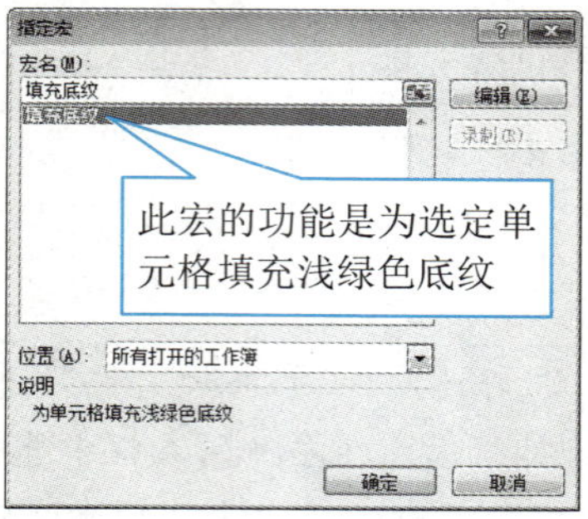

图 4-90　“指定宏”对话框

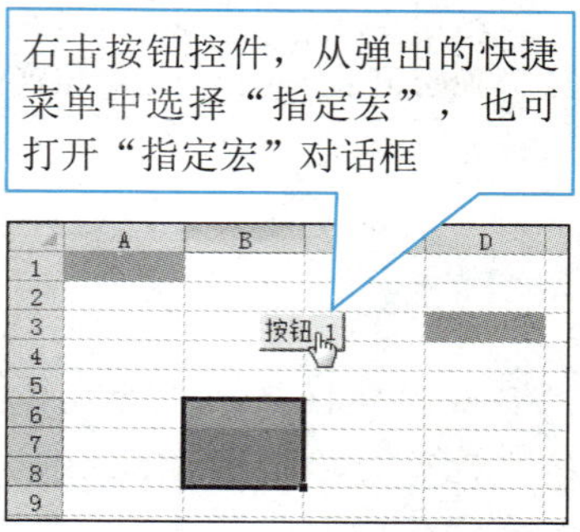

图 4-91　单击控件以运行宏

小 提 示

Excel 中有两种控件：表单控件和 ActiveX 控件(见图 4-89)。前者又称窗体控件，可用于普通工作表；后者是用户窗体中控件的子集，只能用于较高版本 Excel 中。

4.6.4　删除宏

删除宏的方法非常简单。单击“开发工具”选项卡“代码”组中的“宏”按钮，打开“宏”对话框，在宏列表中选择要删除的宏，单击“删除”按钮即可。

课堂案例 5　利用宏设置工作表格式

现有某企业上、下半年的产品销售统计数据，分别存于两个不同的工作表中。本案例将先为“上半年”工作表设置格式，同时将设置过程录制为宏，然后利用这个宏去设置“下半年”工作表的格式。

步骤 1▶　打开本书配套素材“素材与实例”>“第 4 章”>“产品销售统计”工作簿。

步骤 2▶　切换至“上半年”工作表，单击“开发工具”选项卡“代码”组中的“使用相对引用”按钮，然后单击“录制宏”按钮，打开“录制新宏”对话框，依次设置宏名、快捷键、保存位置和说明后，单击“确定”按钮，如图 4-92 所示。

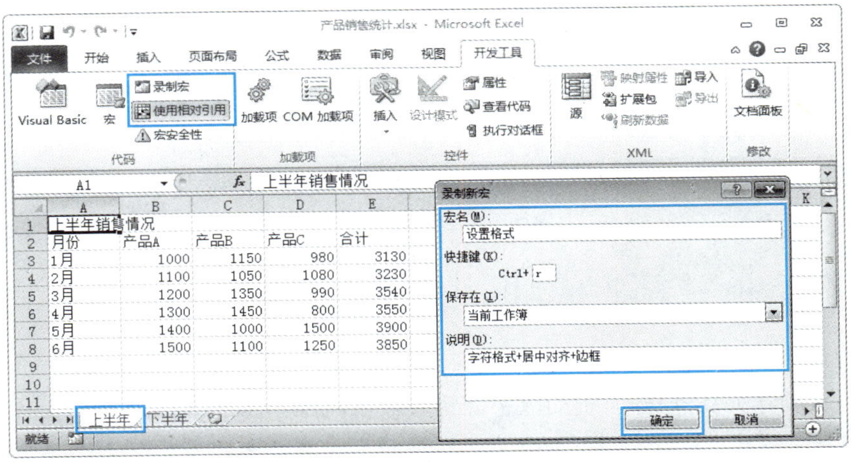

图 4-92　开始录制宏

步骤 3▶　录制宏。将 A1:E1 单元格区域合并后居中，并将其文本设置为加粗、14 号、红色；将 A2:E2 单元格区域的文本设置为加粗、红色；将 A2:E8 单元格区域的数据设置为居中对齐，并添加边框（所有框线），如图 4-93 所示。单击“开发工具”选项卡“代码”组中的“停止录制”按钮，完成宏的录制。

步骤 4▶ 运行宏。切换至“下半年”工作表，选中 B2 单元格，如图 4-94 所示，然后单击“开发工具”选项卡“代码”组中的“宏”按钮，打开“宏”对话框，在宏列表中选择要运行的宏“设置格式”，单击“执行”按钮，即可为“下半年”工作表设置格式，效果如图 4-95 所示。

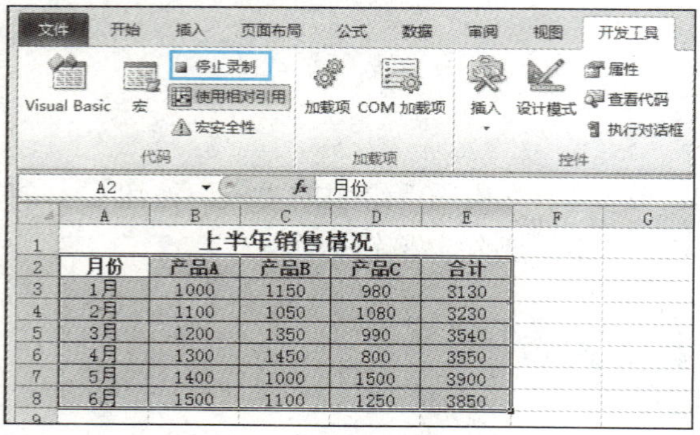

图 4-93　手动设置的“上半年”工作表格式

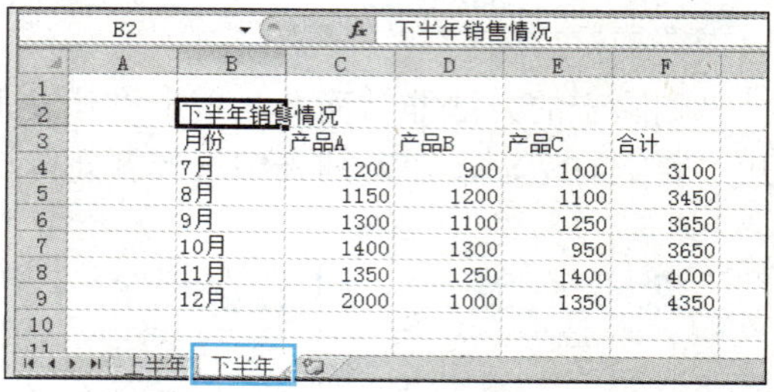

图 4-94　“下半年”工作表初始格式

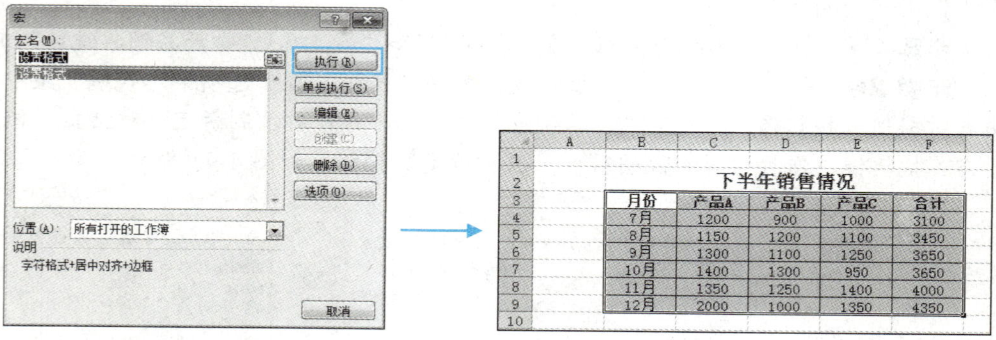

图 4-95　利用宏设置“下半年”工作表格式

综合案例　制作成绩评定表

本案例将制作如图 4-96 所示的成绩评定表，以巩固本章所学知识。

步骤 1▶ 创建一个工作簿，以“成绩评定表”命名，然后参照图 4-96 在 Sheet1 工作表中输入成绩评定表基本数据（“学号”列的具体数据可用拖动填充柄方式输入，“平均分”、“名次”和“级别”列的具体数据不必输入）。

步骤 2▶ 设置所有单元格的字号为 12，以及设置除最后一行外的单元格居中对齐；设置 A1:K1 单元格区域的字形为加粗；合并 A25:K25 单元格区域；调整所有行的行高为 18，以及调整相应列的列宽为最合适。

学号	姓名	国际贸易	网络营销	ERP	网站建设与管理	英语2	就业指导	平均分	名次	级别
04416001	韦巧碧	95	89	93	84	92	90	90.50	2	优
04416002	莫宽秀	88	73	84	82	99	81	84.50	3	良
04416003	翟福树	96	96	95	82	98	84	91.83	1	优
04416004	黄艳艳	78	80	75	85	81	85	80.67	6	良
04416005	陈慧萍	69	77	79	79	78	83	77.50	9	中
04416006	梁辉宏	72	74	75	62	78	81	73.67	17	中
04416007	马晓梅	70	76	77	84	75	81	77.17	10	中
04416008	赖长妹	74	71	73	63	77	78	72.67	18	中
04416009	李华明	72	66	85	66	80	84	75.50	13	中
04416010	何启倩	74	75	74	79	79	82	77.17	10	中
04416011	陈仁	74	55	65	72	87	80	72.17	20	中
04416012	黄云	87	66	45	79	81	77	72.50	19	中
04416013	刘金兰	68	78	75	81	65	79	74.33	16	中
04416014	刘乐萍	71	75	45	78	80	79	71.33	21	中
04416015	钟世恩	77	55	64	75	75	79	70.83	22	中
04416016	周付强	90	51	95	61	86	69	75.33	14	中
04416017	陈春红	82	70	65	70	89	81	76.17	12	中
04416018	陈旺	80	70	65	74	82	81	75.33	14	中
04416019	梁媚	80	68	95	70	74	85	78.67	8	中
04416020	覃小凤	68	83	88	85	87	84	82.50	4	良
04416021	李丽琴	89	75	80	60	94	84	80.33	7	良
04416022	何启倩	60	60	60	60	50	60	58.33	23	不及格
04416023	申兆	85	67	86	82	92	80	82.00	5	良
注：成绩评定条件（以平均分为依据）:90-100分为:优,80-90分为:良,60-80分为:中,60分以下为:不合格										

图 4-96　成绩评定表最终效果

步骤 3▶　为 A1:K24 单元格区域设置细边框；分别为 A1:K1，A2:A24，B2:B24 和 A25:K25 单元格区域设置不同颜色的底纹。

步骤 4▶　使用函数计算“平均分”和“名次”列的数据。在 I2 单元格输入公式“=AVERAGE(C2:H2)”，然后向下拖动填充柄至 I24 单元格；在 J2 单元格输入公式“=RANK.EQ(I2,$I$2:$I$24)”，然后向下拖动填充柄至 J24 单元格。

小提示

RANK.EQ 函数用于返回一个数字在数字列表中的排位。其语法格式为：

RANK.EQ(Number,Ref,Order)

Number: 要进行排位的数字。

Ref: 参与排位的数字列表或单元格区域。Ref 中的非数值型数据将被忽略。

Order: 设置数字列表中数字的排位方式。若 Order 为 0 或省略，将基于 Ref 按降序对数字进行排位；若 Order 不为 0，将基于 Ref 按升序对数字进行排位。

函数 RANK.EQ 对重复数的排位相同，但重复数的存在将影响后续数值的排位。例如，在一列按升序排序的整数中，如果数字“10”出现两次，其排位为 5，则数字“11”的排位为 7（没有排位为 6 的数值）。

步骤 5▶　在 K2 单元格输入公式“=IF(I2>90,"优",IF(I2>80,"良",IF(I2>60,"中","不及格")))”，然后向下拖动填充柄至 K24 单元格，判断出其他学生的考试成绩级别。

小提示

IF 函数用于根据指定条件执行真假值判断，返回真假情况下的结果。其语法格式为：

IF(logical_test,value_if_true,value_if_false)

logical_test: 表示要选取的条件，可以为任意值或表达式。

value_if_true: 表示条件为真时返回的值。

value_if_false: 表示条件为假时返回的值，也可以是其他公式（含嵌套函数）。

步骤 6▶ 通过自动筛选显示出平均分大于或等于 80 的记录，如图 4-97 所示。

	A	B	C	D	E	F	G	H	I	J	K
1	学号	姓名	国际贸易	网络营销	ERP	网站建设与管理	英语2	就业指导	平均分	名次	级别
2	04416001	韦巧碧	95	89	93	84	92	90	90.50	2	优
3	04416002	莫宽秀	88	73	84	82	99	81	84.50	3	良
4	04416003	翟福树	96	96	95	82	98	84	91.83	1	优
5	04416004	黄艳艳	78	80	75	85	81	85	80.67	6	良
21	04416020	覃小凤	68	83	88	85	87	84	82.50	4	良
22	04416021	李丽琴	89	75	80	60	94	84	80.33	7	良
24	04416023	申兆	85	67	86	82	92	80	82.00	5	良
26											

图 4-97　筛选出平均分≥80 的记录

步骤 7▶ 重新显示全部数据，选中 B1:B24 和 I1:I24 单元格区域，然后插入三维簇状柱形图，并修改图表标题，效果如图 4-98 所示。

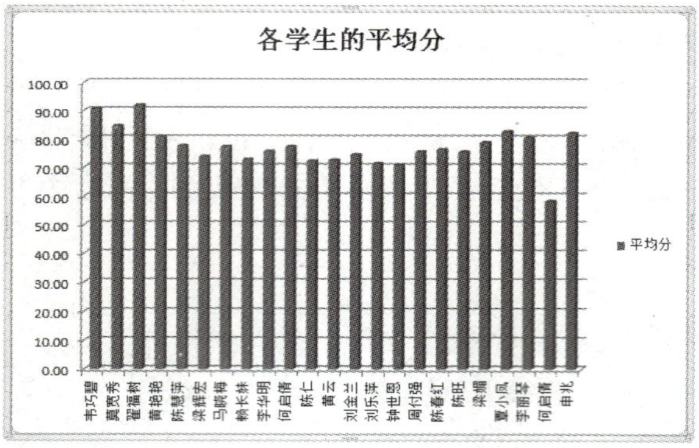

图 4-98　插入图表

本章总结

本章主要介绍了 Excel 2010 的一些高级应用。学完本章内容，读者应重点掌握以下知识：①数据输入和编辑技巧；②工作表格式设置技巧；③数据排序、筛选和分类汇总；④创建和编辑图表；⑤常用函数及函数的嵌套；⑥数据的分级显示及合并计算；⑦模拟运算表的用法；⑧ 导入外部数据；⑨ 录制和调用宏。

本章习题

1. 选择题

（1）引用单元格时，A1:F5 表示（　　）。

A. A1和F5单元格

B. A1或F5单元格

C. A1和F5单元格及它们之间的所有单元格

D. 以上都不是

（2）以下不能用于选择单元格的操作是（　　）。

A. 单击单元格

B. 在要选择的单元格区域拖动鼠标

C. 配合“Ctrl”键同时选择多个单元格区域

D. 在编辑栏中输入单元格地址并按“Enter”键

（3）下列关于函数和公式的说法，错误的是（　　）。

A. 要输入公式，必须先输入“=”号，然后输入操作数和运算符

B. 函数必须包含在公式中

C. 函数和公式是相互独立的，没有任何关系

D. 公式中的操作数可以是常量、单元格引用和函数等

（4）对单元格进行绝对引用时，应在单元格的列标和行号前加上（　　）符号。

A. $　　B. ?　　C. !　　D. ^

（5）下列函数中用于求最小值的函数是（　　）。

A. SUM　　B. AVERAGE　　C. MIN　　D. COUNT

（6）在 Excel 表格中，对数据表进行分类汇总前，必须做的操作是（　　）。

A. 排序　　B. 筛选　　C. 合并计算　　D. 指定单元格

（7）在单元格中显示的微型图表称为（　　）。

A. 柱形图　　B. 饼图　　C. 迷你图　　D. 圆环图

（8）Excel 2010 提供了三种模拟分析工具：模拟运算表、方案管理器和（　　）。

A. 矩阵计算　　B. 单变量求解　　C. 模型预测　　D. 神经网络

2. 操作题

（1）打开本书配套素材“素材与实例”>“第 4 章”>“销售统计表”工作簿，然后进行如下操作。

① 将 Sheet1 工作表的 A1:G1 单元格合并为一个单元格，内容水平居中。

② 计算“上月销售额”和“本月销售额”列的内容（销售额=单价×数量，数值型，保留小数点后0位）。

③ 计算“销售额同比增长”列的内容（同比增长=（本月销售额－上月销售额）/上月销售额，百分比型，保留小数点后1位）。

④ 选取“产品型号”列、“上月销售量”列和“本月销售量”列内容，建立“簇状柱形图”（系列产生在“列”）。

⑤ 图表标题为“销售情况统计图”，图例置底部。

⑥ 将图插入到工作表的A14:E27单元格区域内，将工作表命名为“销售情况统计表”。

（2）打开本书配套素材“素材与实例”>“第4章”>“电子信息技术系工资表”工作簿，然后进行如下操作。

① 选择工作表“3月信息系教师工资表”。

② 使用条件格式将所有加班天数大于零的数据用“黄填充色深黄色文本”显示；将所有请假天数大于零的数据用“浅红填充深红色文本”显示。

③ 利用IF函数求出表中的“职称津贴”。其中教授为800，副教授为400，讲师为200，助教为0。（提示：=IF(E3="教授",800,IF(E3="副教授",400,IF(E3="讲师",200,0))））。

④ 利用IF函数求出表中的“课时费”。其中教授课时费为“上课课时×60”，副教授课时费为“上课课时×50”，讲师课时费为“上课课时×40”，助教课时费为“上课课时×35”。（提示：=IF(E3="教授",H3*60,IF(E3="副教授",H3*50,IF(E3="讲师",H3*40,H3*35))））。

⑤ 计算应发工资。其中：应发工资=基本工资+职称津贴+课时费。

⑥ 计算税前总额。其中：税前总额=应发工资-（医疗保险+失业保险+住房公积金）。

⑦ 利用IF函数计算扣税。其中当“税前总额”小于3 500元时，“扣税”值为0，当“税前总额”超过3 500元时，“扣税”值为“（税前总额－3 500）×5%”。（提示：=IF(P3>3500,(P3-3500)*0.05,0)）。

⑧ 计算实发工资。其中实发工资＝税前总额＋基本工资×加班天数/20－基本工资×请假天数/20－扣税。

⑨ 将各项工资数据的数字格式设置为货币“¥”格式。

第 5 章　PowerPoint 2010 高级应用

【本章导读】

PowerPoint 是一款专业的演示文稿制作软件，利用它可以制作出集文字、图形、图像、表格、音频、视频及动画等元素于一体的演示文稿（简称 PPT）。演示文稿用途广泛，在企业宣传、产品推介、项目研讨、工作汇报、竞聘演讲、多媒体教学等方面发挥着重要的作用。本章将主要介绍 PowerPoint 2010 的一些高级应用。

【学习目标】

- 掌握 PowerPoint 2010 的日常使用技巧。
- 掌握在幻灯片中添加音频和视频的方法。
- 掌握为对象设置动画效果的方法。
- 掌握制作交互式演示文稿的方法。
- 掌握放映演示文稿的方法。
- 掌握输出和打包演示文稿的方法。

5.1　PowerPoint 2010 日常使用技巧

为了能更好更快地制作演示文稿，本节将介绍一些 PowerPoint 2010 日常使用技巧，包括幻灯片设置和管理技巧、插入和编辑对象技巧、主题与背景应用技巧、幻灯片母版应用技巧。

5.1.1　幻灯片设置和管理技巧

1. 使用“幻灯片”窗格

利用“幻灯片”窗格，可以快速查看和选择演示文稿中的幻灯片。“幻灯片”窗格中显示了所有幻灯片的缩略图，单击某张幻灯片的缩略图可选中该幻灯片，此时便可在右侧的幻灯片编辑区编辑该幻灯片的内容。

2. 切换视图模式

PowerPoint 2010 提供了普通视图、幻灯片浏览视图、阅读视图和幻灯片放映视图 4 种视图模式。单击窗口右下方的视图切换按钮，可切换到不同的视图模式。

其中，普通视图是 PowerPoint 2010 默认的视图模式，主要用于制作演示文稿；在幻灯片浏览视图中，幻灯片以缩略图的形式显示，从而方便用户浏览所有幻灯片的整体效果；阅读视图是以窗口的形式来查看演示文稿的放映效果；幻灯片放映视图用来从选定的幻灯片开始，以全屏形式放映演示文稿中的幻灯片。

3. 管理幻灯片

（1）选择多张幻灯片。要同时选中不连续的多张幻灯片，可按住“Ctrl”键在“幻灯片”窗格中依次单击要选择的幻灯片；要同时选中连续的多张幻灯片，可按住“Shift”键依次单击开始和结束位置的幻灯片。

（2）插入幻灯片。在“幻灯片”窗格中选择一张幻灯片，单击“开始”选项卡“幻灯片”组中的“新建幻灯片”按钮，可按默认版式在所选幻灯片的后面添加一张幻灯片。此外，也可在选择幻灯片后，直接按“Enter”键或“Ctrl+M”组合键。

（3）复制幻灯片。在“幻灯片”窗格中右击要复制的幻灯片，在弹出的快捷菜单中选择“复制”项，然后在“幻灯片”窗格中要插入复制的幻灯片的位置右击，从弹出的快捷菜单中选择一种粘贴方式，如“使用目标主题”项，即可将复制的幻灯片插入到该位置。

（4）移动幻灯片。若要调整幻灯片的排列顺序，可在“幻灯片”窗格中单击选中要调整顺序的幻灯片，然后按住鼠标左键将其拖到需要的位置即可。

（5）删除幻灯片。要删除幻灯片，可先在“幻灯片”窗格中将其选中，然后按“Delete”键，或右击要删除的幻灯片，在弹出的快捷菜单中选择“删除幻灯片”项。

4. 设置幻灯片版式

版式通过占位符的方式为用户规划好了幻灯片中内容的布局。默认情况下，添加的幻灯片的版式是“标题和内容”。要改变幻灯片的版式，可在“幻灯片”窗格中选中该幻灯片，然后单击“开始”选项卡“幻灯片”组中的“版式”按钮，在展开的列表中选择一种幻灯片版式，如“图片与标题”，即可为所选幻灯片应用该版式，如图 5-1 所示。

小技巧

> 此外，用户还可以在新建幻灯片时应用版式，方法是：单击“新建幻灯片”按钮下方的三角按钮，在展开的幻灯片版式列表中进行选择。

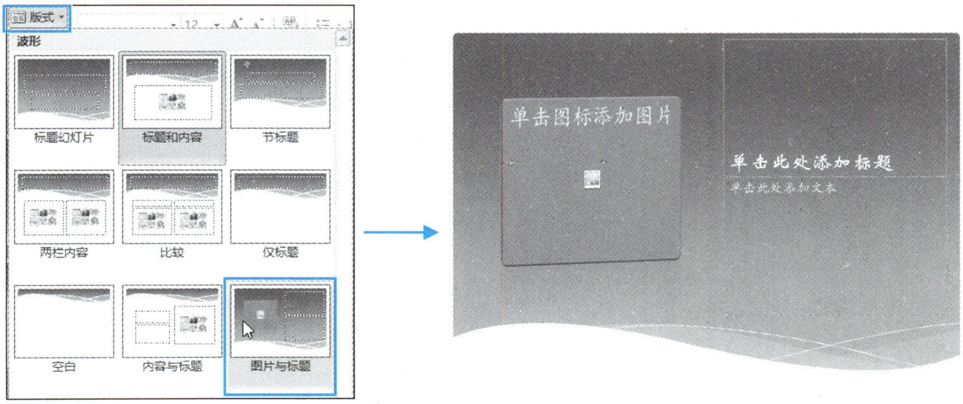

图 5-1　设置幻灯片版式

5.1.2　插入和编辑对象技巧

在幻灯片中可以插入文本框、图片、图形、图表、艺术字等对象，并可以美化和编辑。

（1）插入和编辑文本框。用户可使用占位符或文本框在幻灯片中输入文本。要添加文本框，可单击“开始”选项卡“绘图”组中的“文本框”按钮或“垂直文本框”按钮，然后按住鼠标左键拖动，即可绘制一个文本框。选中文本框后，可利用“绘图工具 格式”选项卡对其形状样式等进行设置，还可以应用艺术字样式，如图 5-2 所示。

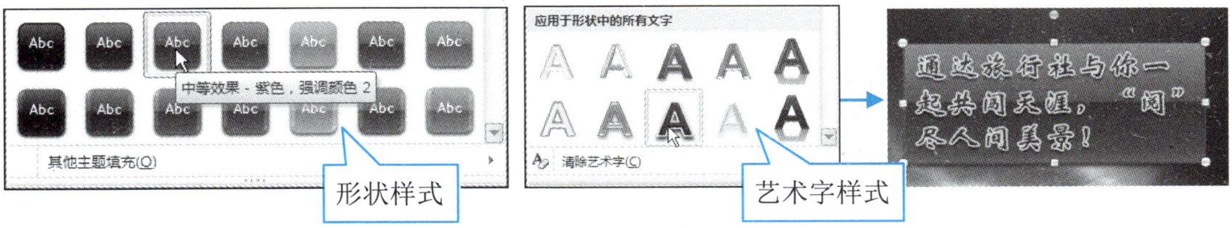

图 5-2　设置文本框

小提示

在 PowerPoint 中绘制的文本框没有固定高度，其高度会随输入的文本自动调整。

（2）插入和编辑图片。单击“插入”选项卡“图像”组中的“图片”按钮，弹出“插入图片”对话框，可以选择一张图片将其插入幻灯片。选中图片后，可以对其位置和大小进行调整，还可以利用“图片工具 格式”选项卡对其图片样式等进行设置。

（3）插入和编辑图形。单击“插入”选项卡“插图”组中的“形状”按钮，在展开的列表中选择一种形状，然后在幻灯片的合适位置按下鼠标左键并拖动，可以绘制一个图形，如图 5-3 所示。选中图形后，可以输入文本或对其位置及大小进行调整，还可以利用“绘图工具 格式”选项卡对其形状样式等进行设置。

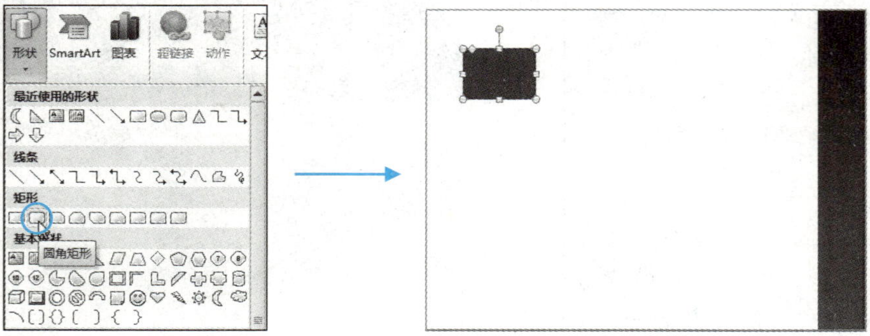

图 5-3　绘制圆角矩形

（4）插入和编辑图表。单击“插入”选项卡“插图”组中的“图表”按钮，弹出“插入图表”对话框，选择一种图表，单击“确定”按钮，系统将调用 Excel 2010 并打开一个预设有样本数据的工作表，并且依据样本数据在当前幻灯片中自动生成一个图表，如图 5-4 所示，然后用实际数据对 Excel 数据表进行修改，即可得到所需图表。选中图表后，可利用“图表工具”选项卡的“设计”、“布局”和“格式”三个子选项卡对其类型、数据、布局、样式、标题等进行设置。

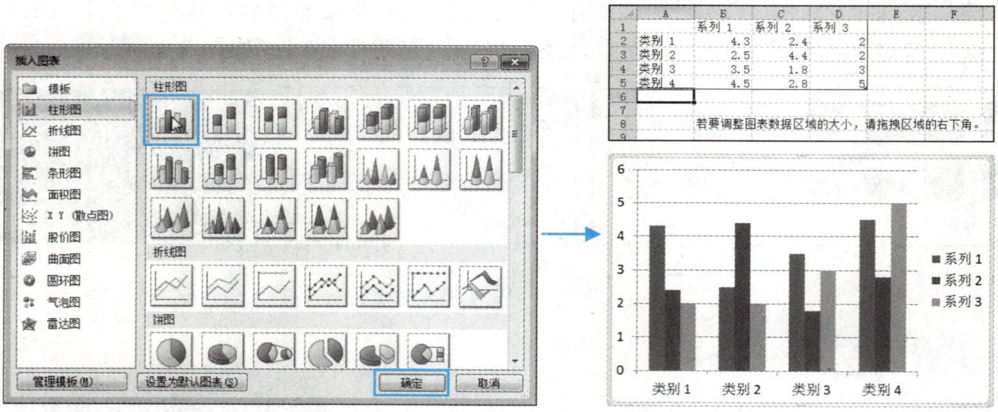

图 5-4　插入图表

5.1.3　主题与背景应用技巧

1. 设置主题

主题是主题颜色、主题字体和主题效果等格式的集合。当用户为演示文稿应用了某个主题之后，演示文稿中默认的幻灯片背景、插入的对象均会自动与该主题匹配，使用该主题的格式，从而使演示文稿中的幻灯片具有一致而专业的外观。

单击“设计”选项卡“主题”组右侧的“其他”按钮▼，在展开的主题列表中单击选择要应用的主题，即可为演示文稿中的所有幻灯片应用系统内置的某一主题，如图 5-5 所示。

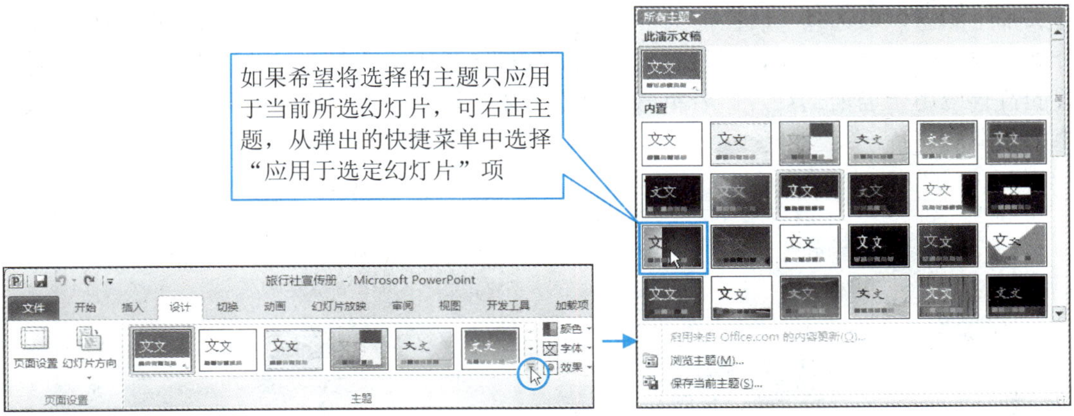

图 5-5　应用主题

在应用了某个主题后，如果不满意，还可以自定义主题的颜色、字体和效果。方法是：单击“设计”选项卡“主题”组右侧的“颜色”、“字体”或“效果”按钮，从弹出的下拉列表中进行选择，如图 5-6 所示。

- **颜色**：PowerPoint 提供了一套控制颜色的机制，它以预设的方式控制着演示文稿的一些基本颜色特征，如幻灯片背景、标题文本和所绘图形等对象的默认颜色。
- **字体**：演示文稿中所有标题文字和正文文字的默认字体。
- **效果**：幻灯片中图形轮廓和填充效果设置的组合，其中包含了多种常用的阴影和三维设置组合。

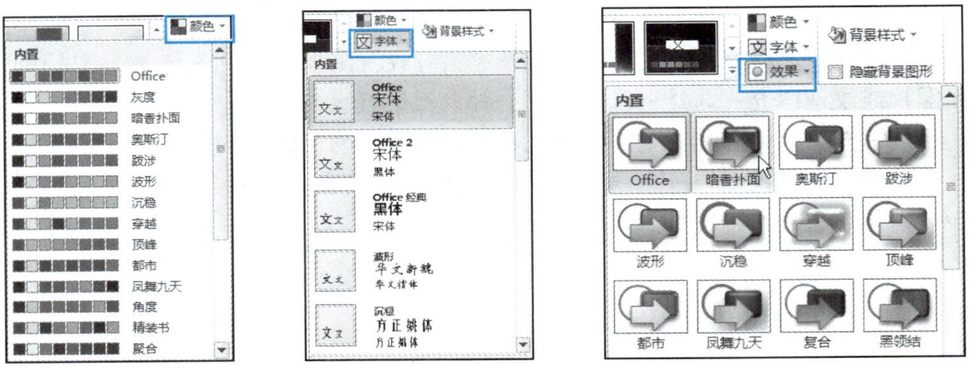

图 5-6　自定义主题颜色、字体和效果

2. 设置背景

默认情况下，演示文稿中的幻灯片使用主题规定的背景，用户也可重新为幻灯片设置纯色、渐变色、图案、纹理和图片等背景。

单击“设计”选项卡“背景”组中的“背景样式”按钮，展开背景样式列表，从中单击要更换成的背景样式，此时所有幻灯片的背景都会应用该样式。如果对列表中的背景样式都不满意，可选择“设置背景格式”选项，打开“设置背景格式”对话框，在“填充”分类中选择一种填充类型，并设置其选项，如图 5-7 所示，单击“关闭”按钮，即可将设置的背景应用于当前幻灯片。若单击“全部应用”按钮，可将设置的背景应用于演示文稿中的所有幻灯片。

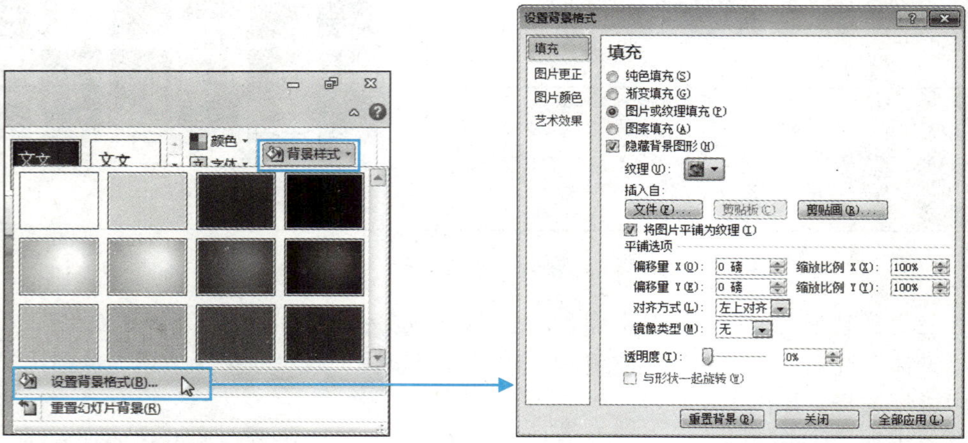

图 5-7　设置背景格式

小提示

“设置背景格式”对话框中各填充类型的功能如下：

纯色填充：选择一种颜色进行填充，可设置所选颜色的透明度。

渐变填充：选择一种渐变颜色进行填充，可设置渐变类型、色标等。

图片或纹理填充：选择一张图片或一种纹理进行填充。

图案填充：选择一种图案进行填充，可设置图案的前景色和背景色。

若选中“隐藏背景图形”复选框，设置的背景将覆盖幻灯片母版中的图形、图像和文本等对象，也将覆盖主题中自带的背景。

5.1.4　幻灯片母版应用技巧

利用幻灯片母版，可以统一设置演示文稿中各张幻灯片的内容和格式。单击“视图”选项卡“母版视图”组中的“幻灯片母版”按钮，可进入幻灯片母版编辑模式（即进入母版视图），此时系统自动打开“幻灯片母版”选项卡，如图 5-8 所示。

默认情况下，在“幻灯片母版”视图左侧任务窗格中的第 1 个母版（比其他母版稍大）

称为“幻灯片母版”，在其中设置的内容和格式将影响当前演示文稿中的所有幻灯片；其下方的多个母版称为“幻灯片版式母版”，在某个版式母版中进行的设置将影响使用了对应幻灯片版式的幻灯片（将光标移至母版上方，将显示母版名称，以及其应用于演示文稿的哪些幻灯片）。

在左侧任务窗格中单击最上方的“幻灯片母版”，可在右侧区域对其进行编辑，如插入占位符和图片等对象，设置文本格式、主题和背景等。同理，可编辑幻灯片版式母版。单击“幻灯片母版”选项卡“关闭”组中的“关闭母版视图”按钮，可退出幻灯片母版编辑模式。

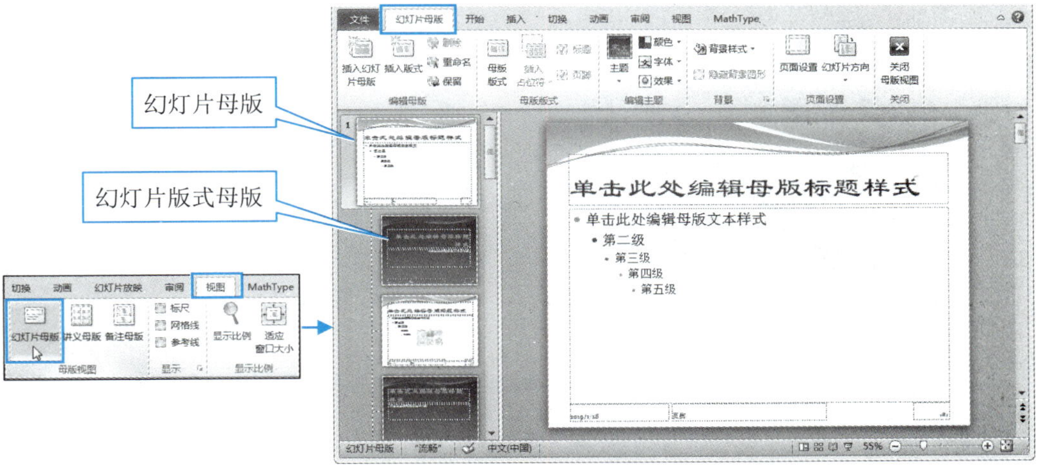

图 5-8　进入幻灯片母版编辑模式

课堂案例 1　制作教学课件

利用计算机制作多媒体教学课件，并在上课时进行演示，是现代教育的一种重要手段。常见的 PPT 课件一般由封面、封底、导航页面，以及多张包含文字、图像、图表或视频等内容的幻灯片组成。本案例将制作如图 5-9 所示的“左公柳”教学课件。

（a）第 1 张幻灯片

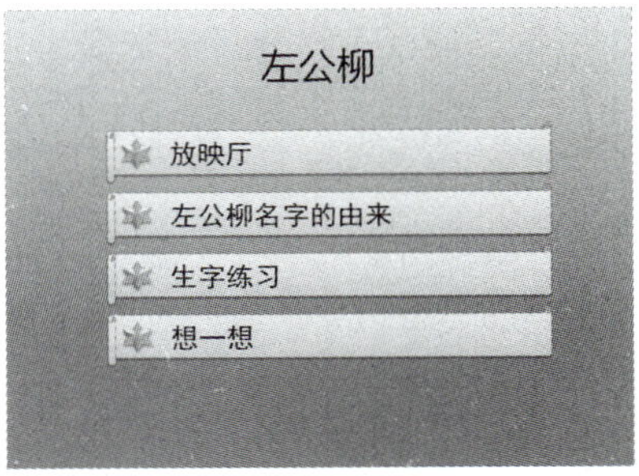

（b）第 2 张幻灯片

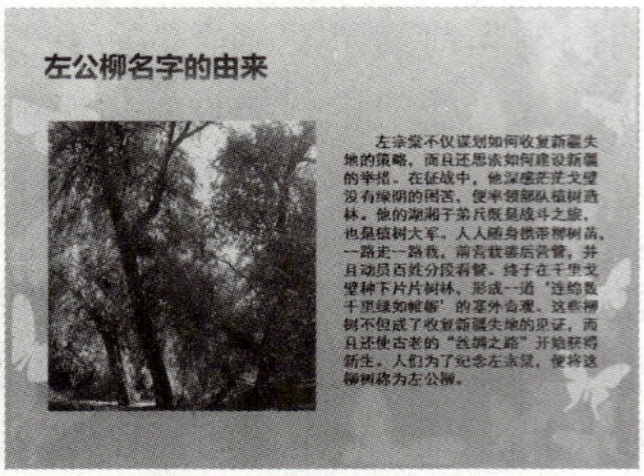

（c）第 5 张幻灯片

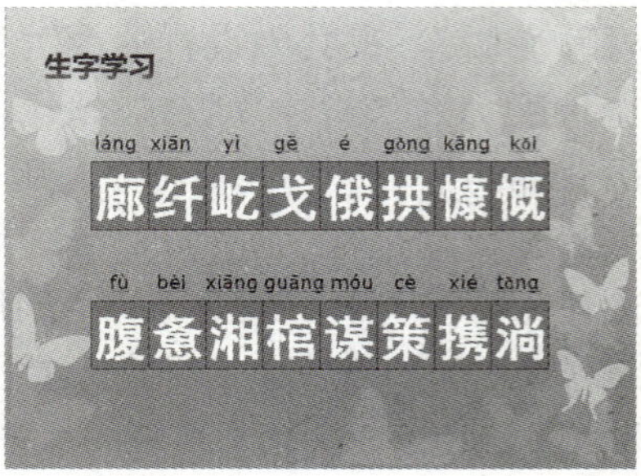

（d）第 6 张幻灯片

（e）第 7 张幻灯片

（f）第 8 张幻灯片

图 5-9　教学课件效果（第 3，4 张幻灯片内容将在课堂案例 2 丰富）

步骤 1▶　新建一个演示文稿，以“左公柳”命名，自定义幻灯片的背景颜色，在“设置背景格式”对话框中选择“渐变填充”填充类型，将渐变条左侧色标的颜色设为浅绿（R210 G230 B150）；将右侧色标的颜色设为深绿（R128 G190 B50），“位置”设为“80%”，并将设置结果应用于所有幻灯片，如图 5-10 所示。

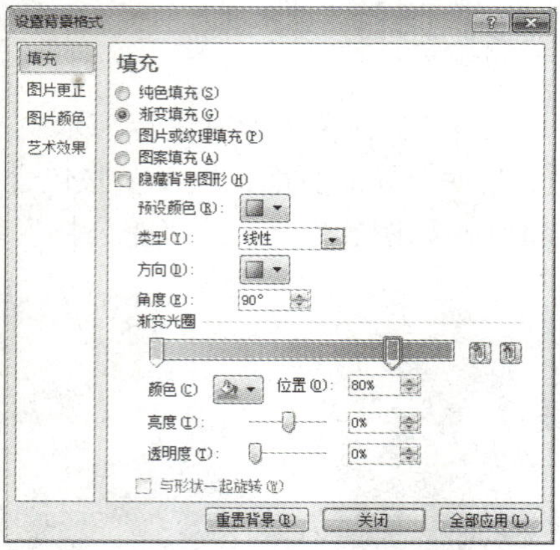

图 5-10　设置幻灯片背景

步骤 2▶　自定义演示文稿的主题字体，将“标题字体（西文）”和“正文字体（西文）”都设为“Verdana”，“标题字体（中文）”设为“微软雅黑”，“正文字体（中文）”设为“黑体”。

步骤 3▶　自定义演示文稿的主题颜色，将“强调文字颜色 2（2）”设为 R120 G220 B120，将“强调文字颜色 6（6）”设为 R128 G0 B128，将“超链接（H）”设为 R80 G155 B188，将“已访问的超链接”设为 R70 G60 B40。

步骤 4▶　在第 1 张幻灯片的主标题和副标题占位符中输入主标题和副标题，并为其添加艺术字样式，然后插入本书配套素材“素材与实例”>“第 5 章”>“左公柳课件素材”文件夹中的“柳树.png”和“小猫.png”图像文件，并调整图像的位置和排列，再将图像组合，如图 5-9（a）所示。

步骤 5▶　在第 1 张幻灯片下方新建一个“仅标题”版式的幻灯片，然后使用“横卷形”工具和“六角星”工具绘制导航图形，并为导航图形添加形状样式，再将绘制好的导航图形复制 3 份，并在导航图形中输入导航文本，如图 5-9（b）所示。

步骤 6▶　在第 2 张幻灯片下方新建一个“仅标题”版式的幻灯片，然后在标题占位符中输入“放映厅”文本；在第 3 张幻灯片下方新建一个“空白”版式的幻灯片。我们将在课堂案例 2 为这两张幻灯片添加视频、音频和 Flash 内容。

步骤 7▶　在第 4 张幻灯片下方新建一个“仅标题”版式的幻灯片，在标题占位符中输入标题文本，然后插入“左公柳课件素材”文件夹中的“左公柳.jpg”图像文件，并调整其大小和位置，再插入文本框并输入文本，如图 5-9（c）所示。

步骤 8▶　在第 5 张幻灯片下方新建一个“仅标题”版式的幻灯片，在标题占位符中输入文本，然后插入一个 1 行 8 列的表格，调整表格大小，设置表格的边框（1 磅黑线）和底纹（绿色），并在表格中输入汉字，以及在表格上方使用文本框输入汉字对应的拼音。对于带音标的字母，可单击“插入”选项卡“符号”组中的“符号”按钮，在打开的“符号”对话框中选择所需拼音符号，单击“插入”按钮，如图 5-11 所示。

图 5-11　制作第 6 张幻灯片

步骤 9▶　利用同样的方式创建第 2 个表格及其汉语拼音（若“符号”按钮的下拉列表中没有所需汉语拼音的符号，可在微软输入法下按“V”键再按“8”键，然后在展开的列表中选取所需符号），如图 5-9（d）所示。

步骤 10▶　在第 6 张幻灯片下方新建一个“仅标题”版式的幻灯片，在标题占位符中输入文本，然后在“剪贴画”任务窗格中搜索与“问题”相关的剪贴画，插入一个小男孩的图像，再插入文本框并输入文本，将关键字的字体颜色设为红色，如图 5-9（e）所示。

步骤 11▶ 在第 7 张幻灯片下方新建一个“空白”版式的幻灯片，插入文本框并输入文本“再见”，然后将文本的字号设为“100”，并为其添加艺术字样式，如图 5-9（f）所示。

步骤 12▶ 进入幻灯片母版视图，单击左侧任务窗格中的“幻灯片母版”（第 1 个母版），将其设为当前母版，然后插入“左公柳课件素材”文件夹中的“蝴蝶.png”图像素材。

步骤 13▶ 在左侧任务窗格中选择“仅标题 版式”版式母版，然后单击选中编辑区中的“标题占位符”，在“开始”选项卡中将其“字号”设为“32”，对齐方式设为“左对齐”，再为其添加“渐变填充-深紫，强调文字颜色 6，内部阴影”艺术字样式，最后关闭母版视图。

5.2 在幻灯片中添加音频和视频

制作某些演示文稿时，可以在幻灯片中插入音频和视频，从而使演示文稿的播放“有声有色”，更加精彩。

5.2.1 添加并编辑音频

通过在幻灯片中添加音频，可以制作演示文稿的背景音乐或演示解说等。添加音频后，还可以对音频进行编辑以满足需要。

要将 MP3，WAV 或 WMA 等格式的音频文件插入幻灯片，可单击“插入”选项卡“媒体”组中“音频”按钮下方的三角按钮，在展开的列表中选择“文件中的音频”选项，弹出“插入音频”对话框，找到并选中所需音频文件，单击“插入”按钮，将在幻灯片的中心位置添加一个音频图标，并在下方显示播放控件以试听音频播放效果，如图 5-12 所示。

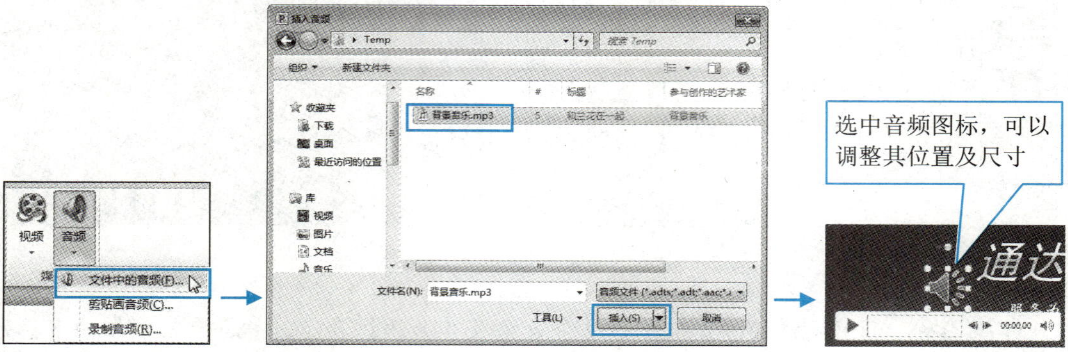

图 5-12 插入文件中的音频

选中音频图标后，会出现“音频工具”选项卡，它包括“格式”和“播放”两个子选项卡。利用“格式”子选项卡可以对音频图标进行格式设置；利用“播放”子选项卡可以试听音频，剪裁音频，设置音频的淡入淡出效果，以及设置放映幻灯片时音频的音量、开始方式和是否循环播放等，如图 5-13 所示。

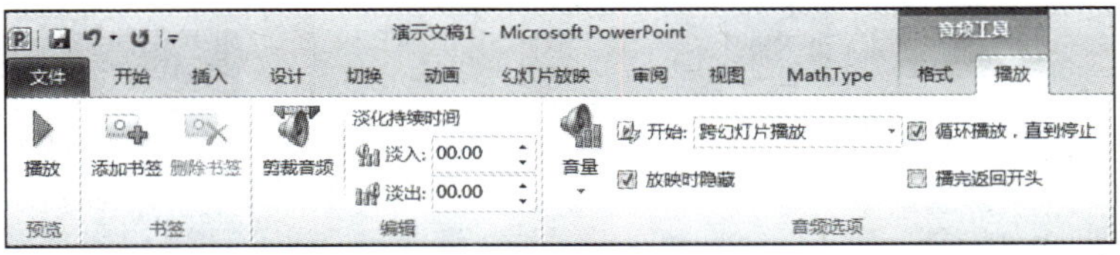

图 5-13　“音频工具 播放”选项卡

在“播放”子选项卡“音频选项”组的“开始”下拉列表中，选择“自动”选项，表示放映幻灯片时自动播放音频；选择“单击时”选项，表示单击音频图标才能开始播放音频；选择“跨幻灯片播放”选项，表示音频自动且跨多张幻灯片播放。

在“播放”子选项卡的“编辑”组中单击“剪裁音频”按钮，打开“剪裁音频”对话框，可设置音频的开始时刻和结束时刻，如图 5-14 所示。

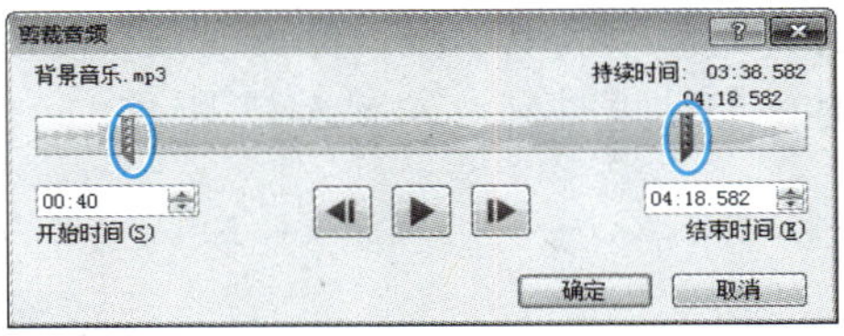

图 5-14　“剪裁音频”对话框

小技巧

对于音频素材，用户可以通过网上下载、购买音频素材光盘和利用录音软件录制等方式获取。

如果要录制和处理音频素材，可以使用 GoldWave 软件。利用该软件，用户可以根据自己设置的参数录制一段声音，并对录制的声音进行裁剪，还可以对裁剪后的声音执行匹配声音（即调节声音的整体音量）和降噪（即减少声音中的噪音）处理等，最后保存为音频文件即可。

5.2.2 添加并编辑视频

要将 MP4，AVI，MOV 和 WMV 等格式的视频文件插入幻灯片，可单击“插入”选项卡“媒体”组中“视频”按钮下方的三角按钮，在展开的列表中选择“文件中的视频”选项，弹出“插入视频文件”对话框，找到并选中所需视频文件，单击“插入”按钮，可将视频添加到幻灯片的中心位置，并在下方显示播放控件以预览视频播放效果，如图 5-15 所示。

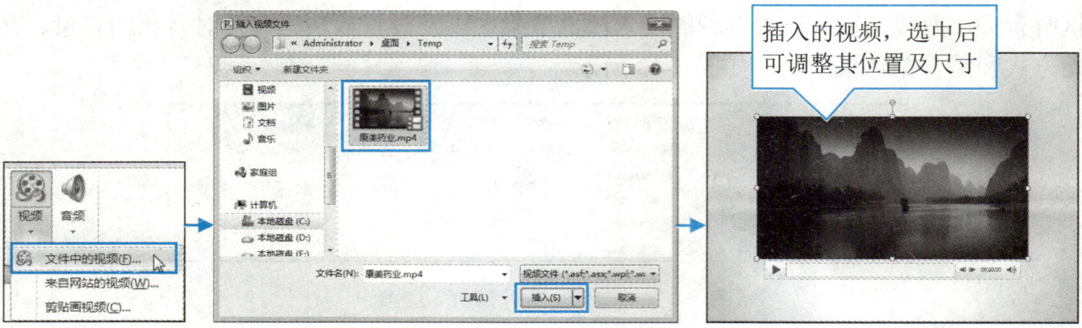

图 5-15　插入文件中的视频

选中插入的视频，会出现“视频工具”选项卡，它包括“格式”和“播放”两个子选项卡。利用“格式”子选项卡可以设置视频的亮度、颜色、视觉样式、形状、边框和效果等；利用“播放”子选项卡可以设置视频的开始播放方式（自动或单击时），以及是否循环播放，是否全屏播放等，如图 5-16 所示。

在“播放”子选项卡的“编辑”组中单击“剪裁视频”按钮，打开“剪裁视频”对话框，可设置视频的开始时刻和结束时刻，如图 5-17 所示。

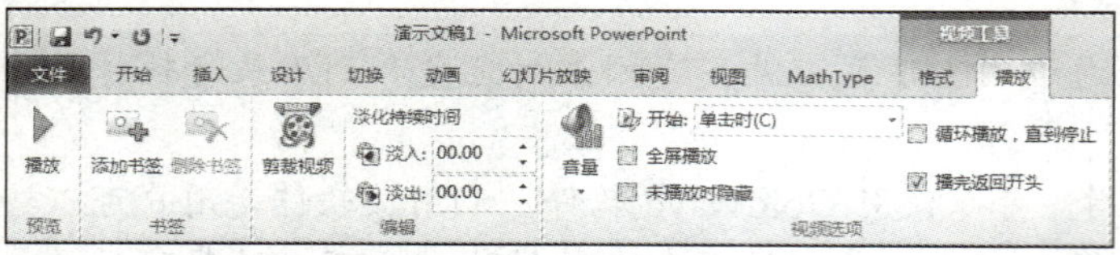

图 5-16　“视频工具 播放”选项卡

图 5-17　“剪裁视频”对话框

小技巧

对于视频素材，用户可以通过网上下载、利用播放器截取、使用屏幕录制软件录制、使用 DV 或手机拍摄等方式获取。

如果要编辑视频素材，可以使用 SplitIt 软件。利用该软件，用户可以快速对视频素材进行剪切、合并和转换格式等处理，最后保存为所需视频格式即可。

课堂互动

你能用手机录制一段“新年贺词”视频，并简单处理后，将其放到自己的幻灯片中播放吗？

5.2.3　添加 Flash 动画

在演示文稿中插入 Flash 动画，可以实现一些在 PowerPoint 中无法制作的动画效果，从而使演示效果更加精彩。

要添加 Flash 动画，可单击“开发工具”选项卡（显示方法参见 4.6.1 节）“控件”组中的“其他控件”按钮，在打开的“其他控件”对话框中选择“Shockwave Flash Object”控件，单击“确定”按钮，在幻灯片中按住鼠标左键并拖动，创建一个显示 Flash 动画的区域，然后右击该区域，在弹出的快捷菜单中选择“属性”菜单，打开“属性”对话框，设置 Height 和 Width 等参数，并在“Movie”选项右侧的参数设置栏中输入 Flash 动画文件的路径和名称（注意要输入扩展名），最后关闭“属性”对话框即可，如图 5-18 所示。

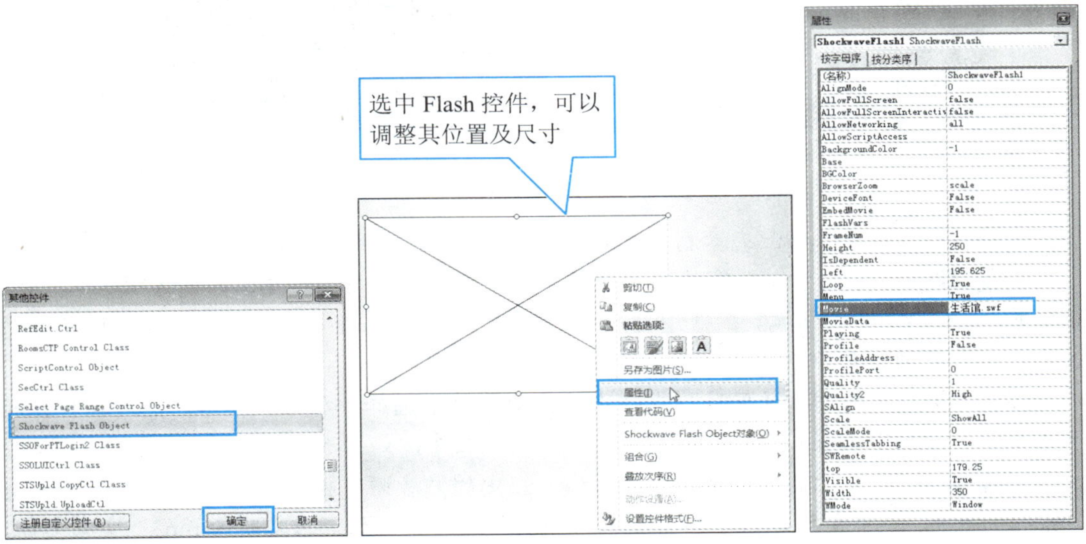

图 5-18　添加 Flash 动画

小提示

Flash 动画属性对话框中一些常用选项的意义如下。

Movie： 设置要插入的 Flash 动画在本地磁盘上的保存路径和名称。若用户将演示文稿与要插入的 Flash 动画文件放置在同一个文件夹中，则在输入 Flash 动画文件的路径和名称时，可省略路径，只输入名称即可。

Playing: 将该属性值设置为 True，表示在放映幻灯片时自动播放 Flash 动画。

BGColor: 设置动画显示区域的背景颜色（16 进制颜色码）。

Loop: 控制放映时 Flash 动画是否自动循环播放。设置为 True，表示循环播放；设置为 False，表示不循环播放。

Height，Width 和 **Left:** 设置 Flash 动画显示的高度、宽度和左边界。

课堂案例 2　在教学课件中插入音频和视频

本案例将在课堂案例 1 已创建的“左公柳”教学课件的基础上，在幻灯片中插入音频、视频和 Flash 动画文件，效果如图 5-19 所示。

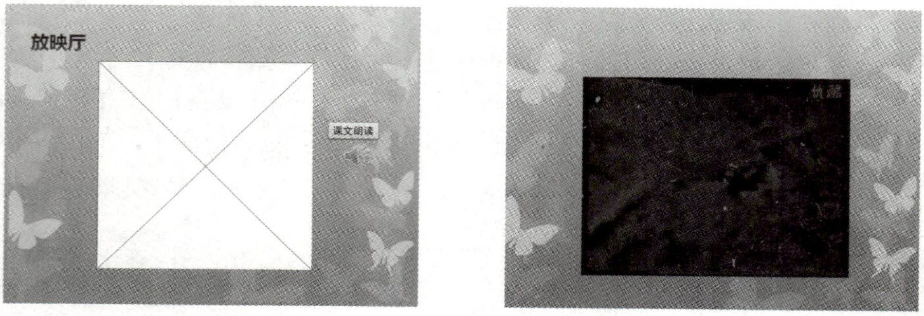

图 5-19　丰富“左公柳”课件内容

步骤 1▶　打开本书配套素材“素材与实例”>“第 5 章”>“左公柳”演示文稿。

步骤 2▶　在“幻灯片”窗格中选中第 3 张幻灯片，单击“开发工具”选项卡“控件”组中的“其他控件”按钮，在打开的“其他控件”对话框中选择“Shockwave Flash Object”控件，然后在幻灯片中创建一个显示 Flash 动画的区域。

步骤 3▶　右击创建的区域，在弹出的快捷菜单中选择“属性”菜单，然后在打开的“属性”对话框中设置参数，插入“左宗棠.swf”文件，如图 5-20 所示。

步骤 4▶　单击“插入”选项卡“媒体”组中的“音频”按钮，插入本书配套素材“素材与实例”>“第 5 章”>“左公柳课件素材”文件夹中的“课文朗读.mp3”音频文件，然后调整音频图标位置，在其上方插入文本框并输入“课文朗读”文本，再为文本框添加形状样式，如图 5-21 所示。

步骤 5▶　在“幻灯片”窗格中选中第 4 张幻灯片，单击“插入”选项卡“媒体”组中的“视频”按钮，插入本书配套素材“素材与实例”>“第 5 章”>“左公柳课件素材”文件夹中的“左宗棠收复新疆.mp4”视频文件，然后在“视频工具 播放”选项卡“视频选项”组中将“开始”选项设为“自动”，并选中“全屏播放”和“播完返回开头”复选框，如图 5-22 所示。

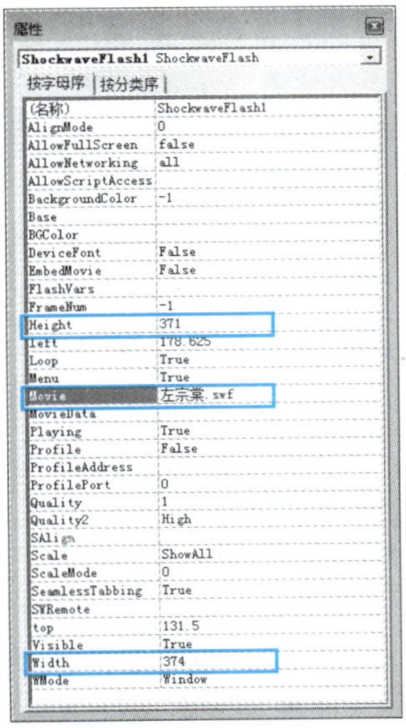

图 5-20　插入 Flash 动画

图 5-21　插入音频文件并创建文本框

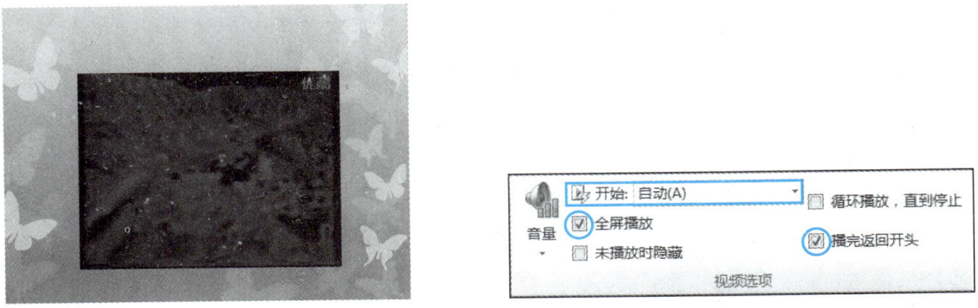

图 5-22　插入视频并设置视频播放选项

5.3　为对象设置动画效果

在 PowerPoint 2010 中，可以为幻灯片中的文本、图片和图形等对象设置各种动画效果，从而使演示文稿的表现形式更加活泼，播放效果更具吸引力。

5.3.1　为对象添加动画效果

要为幻灯片中的对象添加动画效果，可先将其选中，然后单击“动画”选项卡“动画”

组中的“其他”按钮，在展开的动画列表中选择相应的效果即可，如图 5-23 所示。

PowerPoint 2010 提供了以下 4 种动画类型。

- **进入**：应用最多的动画类型，是指放映某张幻灯片时，幻灯片中的文本、图片和图形等对象进入放映画面时的动画效果。
- **强调**：在放映幻灯片时，为已显示在幻灯片中的对象设置的动画效果，目的是为了强调幻灯片中的某些重要对象。
- **退出**：在幻灯片放映过程中为了使指定对象离开幻灯片而设置的动画效果，它是进入动画的逆过程。
- **动作路径**：让幻灯片中的对象沿着系统自带的或用户绘制的路径进行运动。

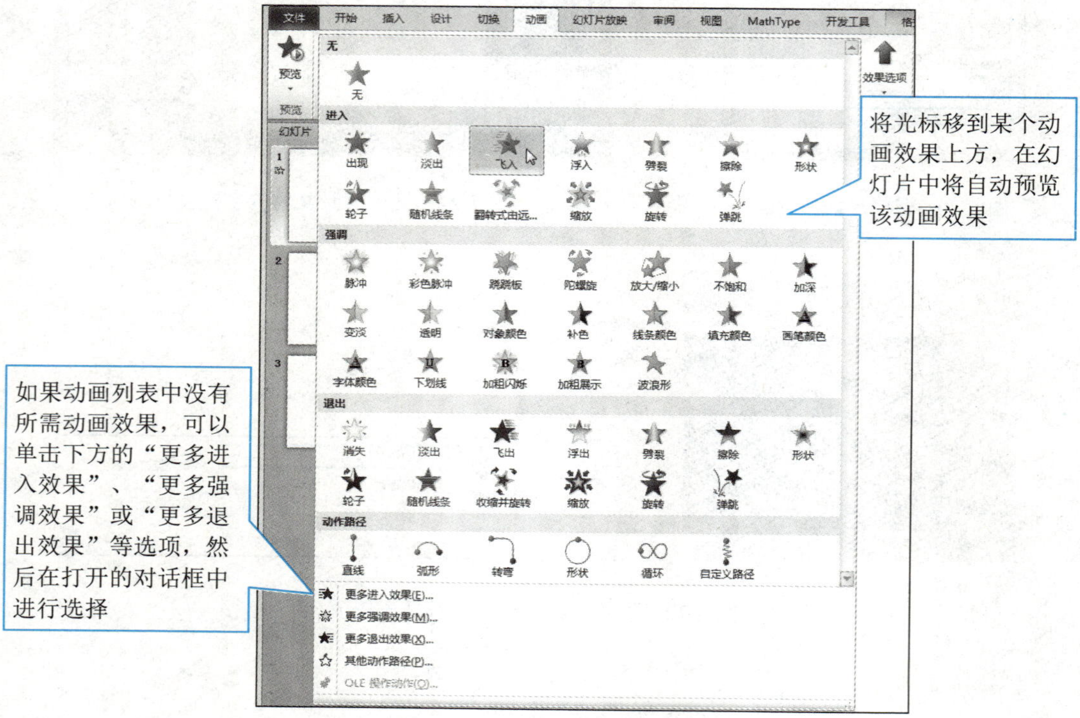

图 5-23　为对象添加动画效果

5.3.2　设置动画选项、计时和顺序

为对象添加动画效果后，单击“动画”组中的“效果选项”按钮，在展开的列表中可以选择动画的运动方向等（随所选动画效果而异）；在“计时”组中可以设置动画的开始播放方式和动画的持续时间（相当于播放速度，单位为秒）、延迟（即动画开始播放前的延迟时间，单位为秒）等，如图 5-24 所示。

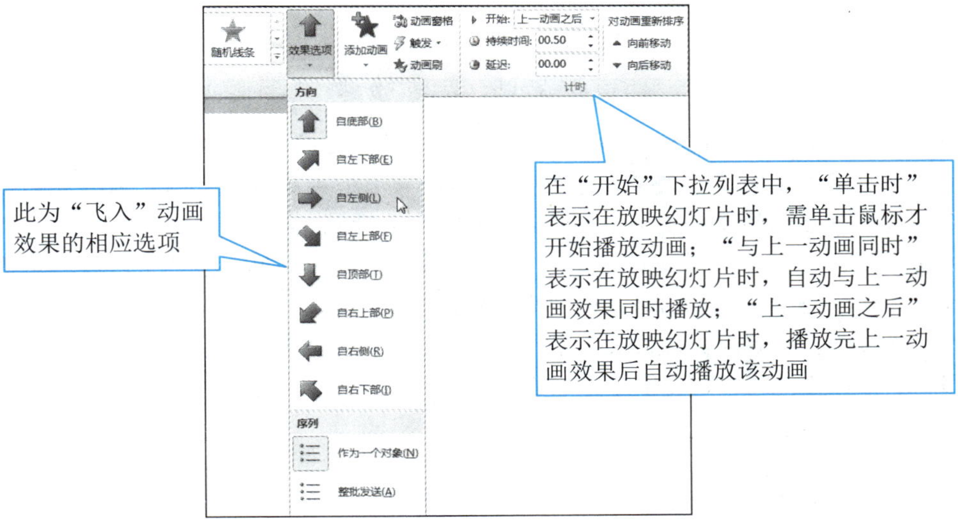

图 5-24　设置动画效果选项

如果已经为当前幻灯片中的多个对象添加了动画效果，选中一个对象后，可以单击“计时”组中的“向前移动”或“向后移动”按钮，对已有动画重新排序（即调整所有动画的播放顺序），此时幻灯片中各对象左上角的动画编号会自动调整。

5.3.3 自定义动作路径

如果想让幻灯片中的对象沿着自己绘制的路径进行运动，可以创建“自定义路径”动画效果。选中对象，单击“动画”选项卡“动画”组中的“其他”按钮，在展开的动画列表中选择“动作路径”分类中的“自定义路径”，然后将光标移至幻灯片中的合适位置，按住鼠标左键并拖动，绘制一条曲线路径（在终点处双击可结束绘制）即可，如图 5-25 所示。

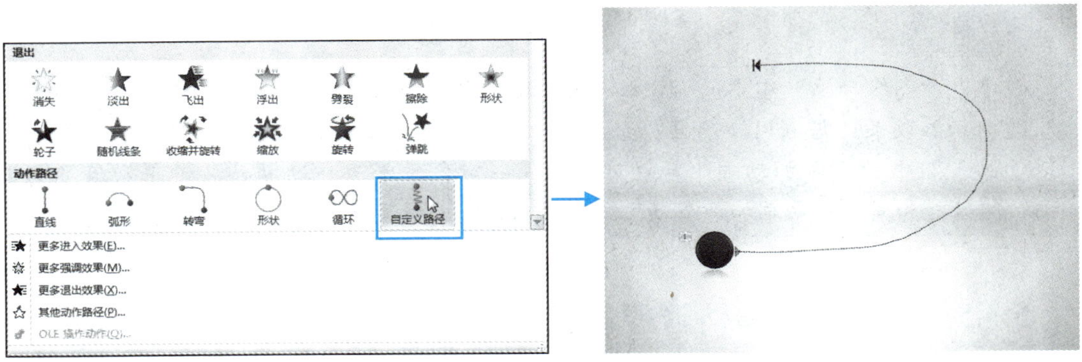

图 5-25　为对象创建“自定义路径”动画

小提示

路径分为开放路径和闭合路径。对于闭合路径，其起点和终点是重合的，用一个绿色箭头表示，此时对象将从起点开始沿着路径运动，最后回到路径起点。

开放路径的起点和终点不重合，该路径有两个箭头符号，绿色箭头表示路径起点，红色带竖线的箭头表示路径终点。对于某些开放路径（如直线、弧线等），可直接拖动这两个符号来改变路径的起点和终点位置；而其他一些开放路径，则需要在节点编辑状态下才能移动路径的起点和终点位置。

在右击路径后弹出的快捷菜单中选择“开放路径”或“关闭路径”项，可在闭合路径和开放路径之间相互转换；选择“编辑顶点”项，可进入路径节点编辑状态。

5.3.4 利用触发器控制动画播放

触发器相当于一个“开关”，通过这个开关可以控制动画效果的播放。要想利用触发器控制某个对象（如图片）的动画播放，可先将其选中，然后单击“动画”选项卡“高级动画”组中的“触发”按钮，在展开的列表中选择触发动画播放的方式和对象，如单击某个其他的已有对象（如矩形），如图 5-26 所示。那么，在放映幻灯片时，只有单击了触发动画播放的对象（矩形），才能启动为对象（图片）设置的动画效果。

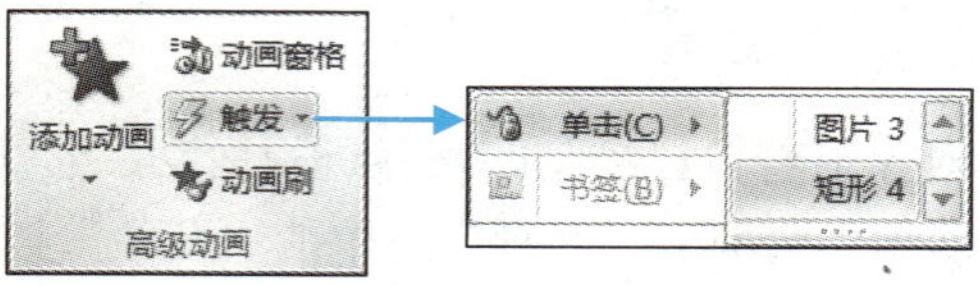

图 5-26 利用触发器控制动画播放

小提示

单击“高级动画”组中的“添加动画”按钮，在弹出的动画列表中也可以为对象选择动画效果。与利用“动画”组中的动画列表添加动画效果不同的是，利用“高级动画”组中的“添加动画”按钮可以为同一对象添加多个动画效果；而利用“动画”组只能为同一对象添加一个动画效果，后添加的效果将替换前面添加的效果。

5.3.5 利用动画窗格管理动画

单击“动画”选项卡“高级动画”组中的“动画窗格”按钮，可以在窗口右侧显示动画窗格，如图 5-27 所示。通过动画窗格，可以查看为当前幻灯片中的对象添加的所有动画效果，以及对添加的动画效果进行管理和更多设置。

例如，选中某个动画效果，单击其右侧的三角按钮，在弹出的下拉列表中选择“效果选项”，打开对应的动画属性对话框，在“效果”选项卡中可设置动画的声音效果，动画播放结束后对象的状态，以及动画文本的出现方式等；切换到“计时”选项卡，可以设置动画的开始方式、延迟时间、持续时间、重复播放次数和触发器等，如图 5-28 所示。

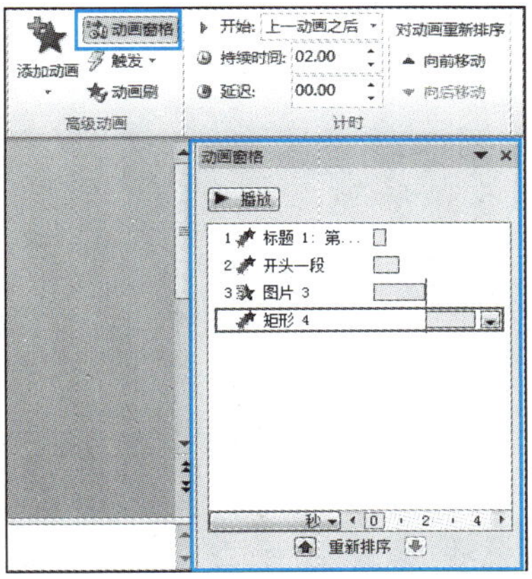

图 5-27　显示动画窗格

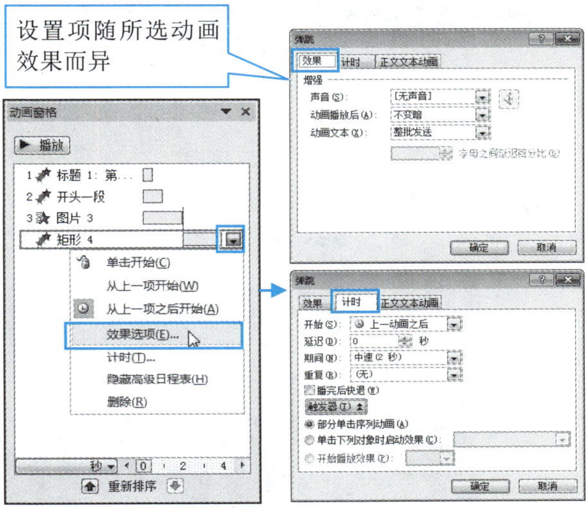

图 5-28　设置动画效果选项

放映幻灯片时，各动画效果将按动画窗格中的排列顺序进行播放，用户可通过拖动方式调整各动画效果的播放顺序，也可在选中动画效果后，通过单击动画窗格底部的或按钮来调整动画效果的排序。单击窗格上方的“播放”按钮，可预览动画。

小技巧

配合“Ctrl”和“Shift”键可同时选中多个动画效果，选中后可以执行批量删除或重设为同一动画效果等操作。

课堂案例 3　制作汽车展示动画效果

本案例将制作一个汽车展示 PPT 动画，其最终效果如图 5-29 所示。

步骤 1▶　新建一个空白演示文稿，设置所有幻灯片的背景颜色为黑色，第 1 张幻灯片的版式为“空白”。

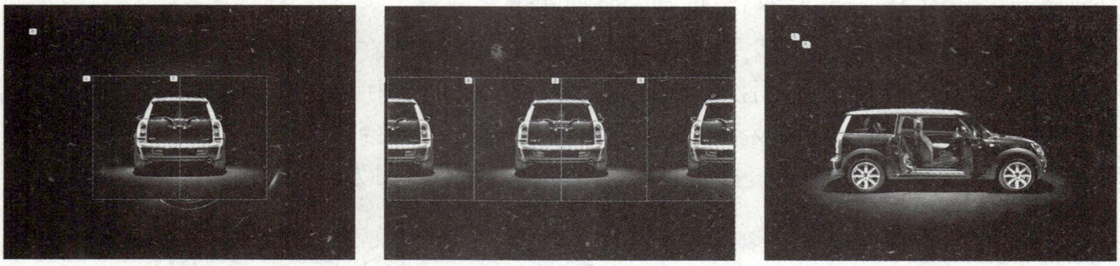

图 5-29　汽车展示动画效果

步骤 2▶　在第 1 张幻灯片中插入本书配套素材“素材与实例”>“第 5 章”>“汽车展示动画素材”文件夹中的“车头”图片，然后利用“切换”选项卡设置该幻灯片的切换动画为“缩放”，换片方式为“设置自动换片时间”，如图 5-30 所示。

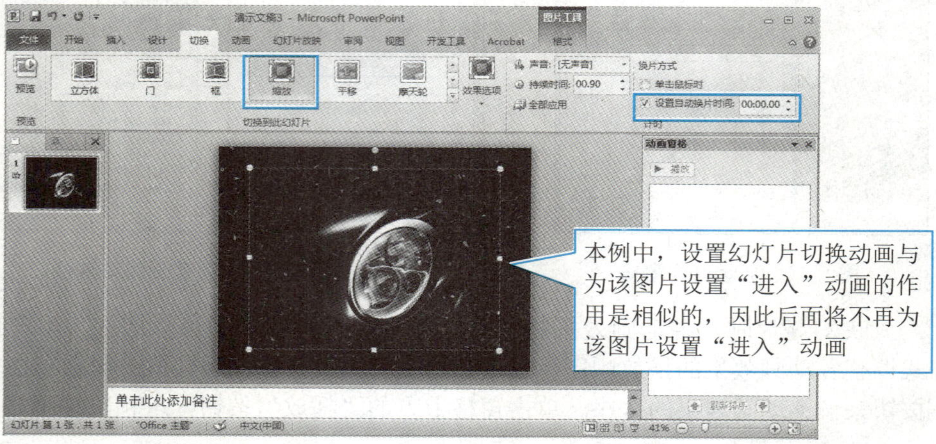

图 5-30　插入“车头”图片并设置幻灯片切换方式

步骤 3▶　选中插入的图片，单击“动画”选项卡“动画”组列表中的“更多退出效果”选项，在弹出的对话框中选择“细微型”类型中的“收缩”动画效果，单击“确定”按钮，然后设置动画的“开始”方式为“上一动画之后”，“持续时间”为 2 秒，“延迟”时间为 1 秒，如图 5-31 所示。

步骤 4▶　插入本书配套素材“汽车展示动画素材”文件夹中的“左半边”“右半边”图片，放置在图 5-32（a）所示的位置，然后从左到右依次选择这两张图片（注意选择顺序），为其添加“进入”→“淡出”动画效果，并设置“开始”方式为“与上一动画同时”，“持续时间”为 2.5 秒，“延迟”时间为 1 秒，如图 5-32（b）所示。

步骤 5▶　新建一张版式为“空白”的幻灯片，将第 1 张幻灯片的“左半边”“右半边”图片复制到该幻灯片中（位置保持不变），然后在动画窗格中选中复制过来的图片的动画效果，选择“动画”组中的“无”选项，删除动画效果，如图 5-33 所示。

图 5-31　为图片设置“退出”→“收缩”动画效果

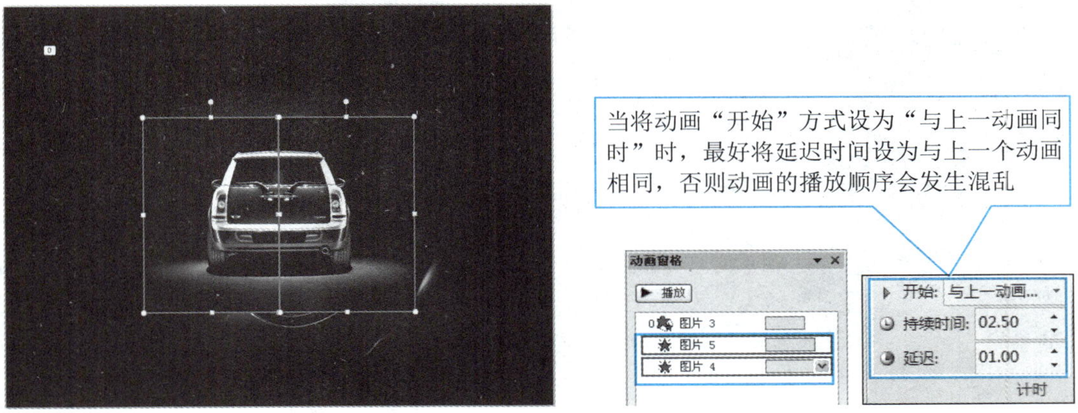

（a）　　（b）

图 5-32　为“左半边”“右半边”图片设置动画效果

步骤 6▶　将“左半边”图片水平向右复制一份，“右半边”图片水平向左复制一份，效果如图 5-34 所示。注意各图片之间要恰好交接在一起。

步骤 7▶　依次为各图片设置动画效果，其中各图片的动画播放顺序、类型和效果等如图 5-35（a）标注所示，此时的动画窗格如图 5-35（b）所示。

小技巧

用户可利用“高级动画”组中的“格式刷”按钮复制同类型同效果的动画，然后单击要应用到的对象，最后对动画效果选项进行修改即可。

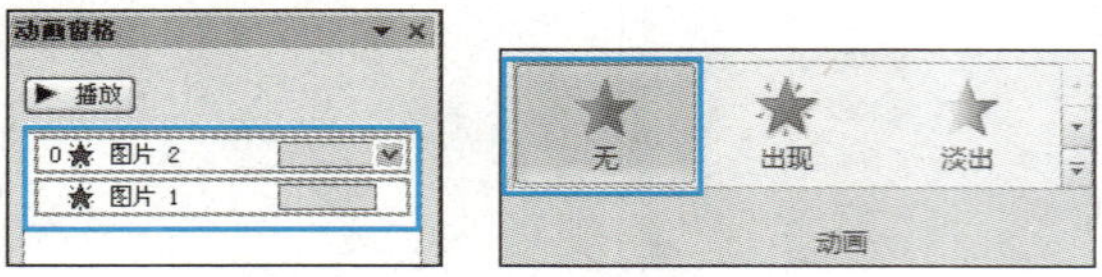

图 5-33　删除动画效果

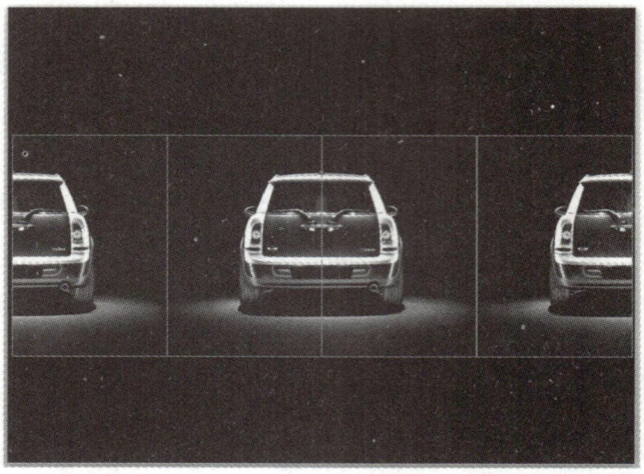

图 5-34　复制图片

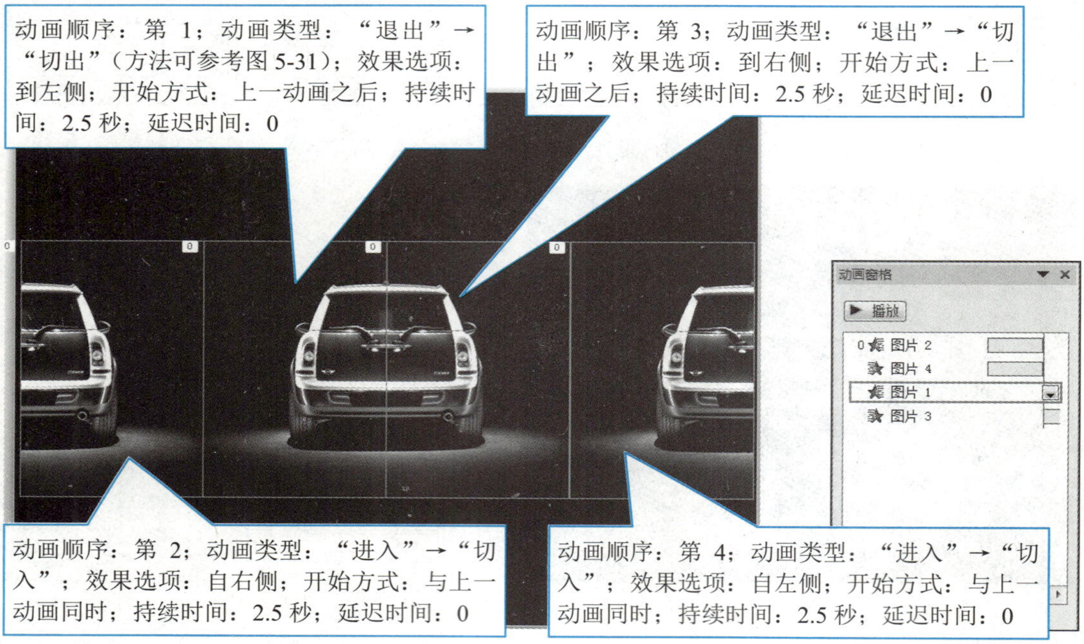

（a）　（b）

图 5-35　为第 2 张幻灯片中的图片设置动画效果

步骤 8▶　插入本书配套素材“车内”图片，将其与原中间的两张图片对齐，然后右击该图片，从弹出的快捷菜单中选择“置于底层”→“置于底层”项，如图 5-36 所示，将其排列在幻灯片的最底层。

步骤 9▶　插入本书配套素材“商标”图片，将其与原中间的两张图片对齐，然后为其添加如图 5-37 标注所示的动画效果。接着右击该图片，从弹出的快捷菜单中选择几次“置于底层”→“下移一层”项，将该图片排列到“左半边”“右半边”图片的下层。

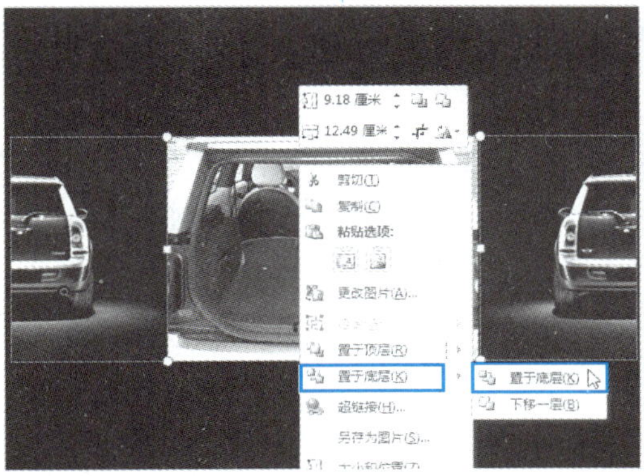

图 5-36　设置“车内”图片

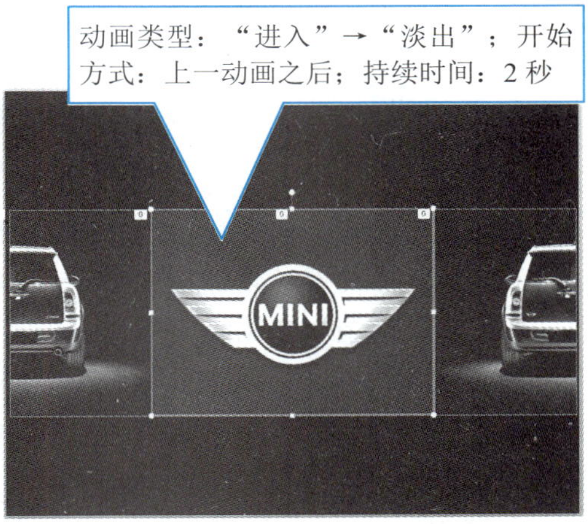

图 5-37　设置“商标”图片

步骤 10▶　在“切换”选项卡中将该幻灯片的换片方式设置为“设置自动换片时间”，时间为“00:09:00”（9 秒），动画效果为“无”。

步骤 11▶　新建一张版式为“空白”的幻灯片，将本书配套素材“整车”图片插入该幻灯片中，然后利用“动画”选项卡“高级动画”组中的“添加动画”按钮分别为其添加“强调”和“退出”动画，动画效果和参数设置如图 5-38 标注所示。

步骤 12▶　将本书配套素材“侧面”图片插入幻灯片中，然后利用“动画”选项卡“高级动画”组中的“添加动画”按钮分别为其添加“进入”和“退出”动画，动画效果和参数设置如图 5-39 标注所示。最后按“F5”键预览，并以“汽车展示动画”为名保存。

图 5-38　为“整车”图片设置动画效果

图 5-39　为“侧面”图片设置动画效果

5.4 制作交互式演示文稿

交互式演示文稿是指在放映幻灯片时，单击幻灯片中的某个对象便能跳转到指定的幻灯片，或打开某个文件、网页等。在 PowerPoint 2010 中，用户可通过为对象插入超链接或设置动作来实现演示文稿的交互。

5.4.1 插入超链接

在 PowerPoint 2010 中，可以为幻灯片中的各种对象包括文本、图片、图形和图表等插入超链接。在放映幻灯片时，单击插入了超链接的对象，便可跳转到超链接所指向的幻灯片、文件或网页等。

选中要插入超链接的对象，单击“插入”选项卡“链接”组中的“超链接”按钮，弹出“插入超链接”对话框，在“链接到”列表中选择要链接到的目标，如“本文档中的位置”项，然后在“请选择文档中的位置”列表中选择要链接到的幻灯片，最后单击“确定”按钮即可，如图 5-40 所示。

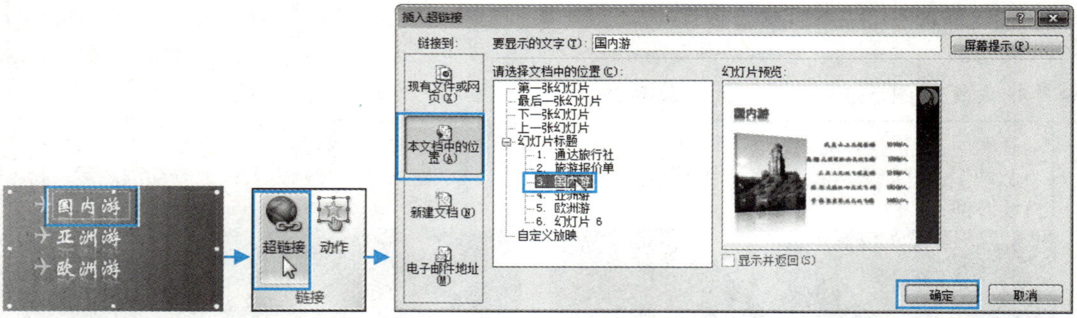

图 5-40 为对象插入超链接

课堂互动

在“插入超链接”对话框的“链接到”列表中，选择“现有文件或网页”项，可将所选对象链接到计算机中的某个文件或互联网中的某个网页；选择“新建文档”项，可新建一个演示文稿文档并将所选对象链接到该演示文稿；选择“电子邮件地址”项，可将所选对象链接到一个电子邮件地址。

你能在自己的幻灯片中插入一张百度 LOGO 图片，并将其链接到百度搜索主页（https://www.baidu.com）吗？

5.4.2　设置动作

除了超链接，用户还可以为幻灯片中的图形等对象设置动作。在放映幻灯片时，单击设置了动作的对象，可以切换到指定的幻灯片或启动其他应用程序。

选中要设置动作的对象，单击“插入”选项卡“链接”组中的“动作”按钮，弹出“动作设置”对话框，选择一种动作类型（单击鼠标或鼠标移过），然后设置相应的动作选项即可，如图 5-41 所示。

此外，用户还可以创建动作按钮。单击“插入”选项卡“插图”组中的“形状”按钮，在展开的列表中选择一种动作按钮，如图 5-42 所示，然后在幻灯片的合适位置按下鼠标左键并拖动，可以绘制一个按钮，此时也会弹出“动作设置”对话框，按照同样的方法为按钮设置一种动作即可。

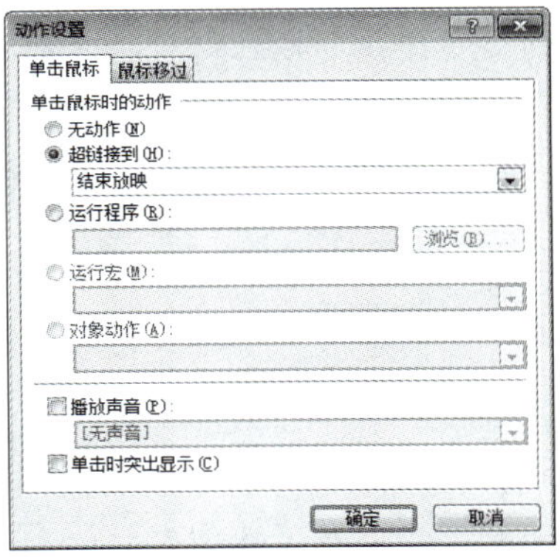

图 5-41　“动作设置”对话框

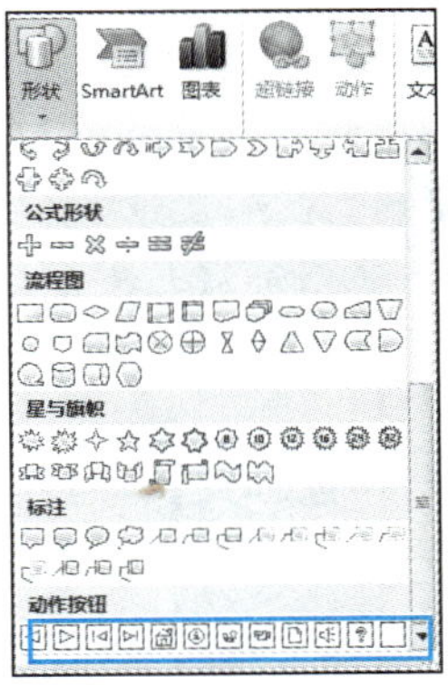

图 5-42　动作按钮

小提示

在“动作设置”对话框中，“无动作”表示不设置任何动作；“超链接到”表示可链接到指定目标（如某张幻灯片、其他文件或网页等）；“运行程序”表示可打开安装在计算机中的某个程序；“播放声音”表示可播放一个声音效果。

课堂案例 4　为教学课件制作交互效果

本案例将继续完善“左公柳”教学课件，为其添加动画效果和制作交互效果。

步骤 1▶　打开本书配套素材“素材与实例”>“第 5 章”>“左公柳（插入音频和视频）”>“丰富左公柳”演示文稿。

步骤 2▶　在“幻灯片”窗格中选中第 1 张幻灯片，然后为柳树和小猫的组合图像添加“棋盘”动画效果，并将其“开始”选项设为“上一动画之后”；为主标题和副标题占位符添加“飞入”动画效果，并将主标题占位符动画效果的“开始”选项设为“上一动画之后”，将副标题占位符动画效果的“开始”选项设为“与上一动画同时”，“效果选项”设为“自顶部”。

步骤 3▶ 在“幻灯片”窗格中选中第 2 张幻灯片，然后为标题占位符添加“跷跷板”动画效果，并将其“开始”选项设为“上一动画之后”；同时选中 4 个导航图形，为其添加“飞入”动画效果，并将“效果选项”设为“自左侧”，将“开始”选项设为“上一动画之后”。

步骤 4▶ 为第 2 张幻灯片添加“百叶窗”切换效果，然后在“计时”组中将“持续时间”设为 1 秒，取消“单击鼠标时”复选框，并单击“全部应用”按钮。

步骤 5▶ 在“幻灯片”窗格中选中第 1 张幻灯片，然后将切换效果设为“无”，并选中“计时”组中的“单击鼠标时”复选框。

步骤 6▶ 在“幻灯片”窗格中选中第 2 张幻灯片，然后拖动鼠标选中第一个形状图形中的文本，单击“插入”选项卡“链接”组中的“超链接”按钮，将其链接到第 3 张幻灯片；利用相同的操作，为其他导航文本添加超链接。

步骤 7▶ 在第 2 张幻灯片中创建动作按钮，并为其添加形状样式，然后将动作按钮复制到第 3～8 张幻灯片中。

5.5 放映演示文稿

制作好演示文稿后，需要向观众展示幻灯片中的内容，即放映演示文稿，这是制作演示文稿的最终目的。在 PowerPoint 2010 中放映幻灯片的操作很简单，但有时用户可能对幻灯片的放映有特殊要求，此时可利用“幻灯片放映”选项卡来设置放映方式、应用排练计时、录制语音旁白和鼠标轨迹、自定义放映等。

5.5.1 设置放映方式

在放映幻灯片时，用户可根据不同的场所设置不同的放映方式，如可以由演讲者控制放映，也可以由观众自行浏览，或让演示文稿自动播放。此外，对于每一种放映方式，还可以控制是否循环播放，指定播放哪些幻灯片，以及确定幻灯片的换片方式等。

要设置幻灯片放映方式，可单击“幻灯片放映”选项卡“设置”组中的“设置幻灯片放映”按钮，在打开的“设置放映方式”对话框中设置放映类型、放映选项、要放映的幻灯片和换片方式，然后单击“确定”按钮，如图 5-43 所示。

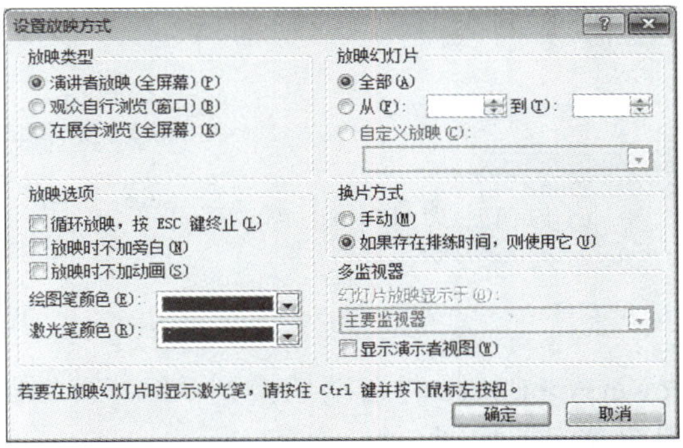

图 5-43　“设置放映方式”对话框

“设置放映方式”对话框中各设置区的作用如下。

- “放映类型”设置区：设置幻灯片的放映方式，其中“演讲者放映（全屏幕）”是最常用的一种放映方式，该方式下演讲者对放映过程有完整的控制权，能在演讲的同时灵活地进行放映控制。
- “放映选项”设置区：选择其中的“循环放映，按 Esc 键停止”复选框，表示在放映幻灯片时循环播放，即最后一张幻灯片放映结束后，会自动返回到第 1 张幻灯片继续放映。要结束放映，可按“Esc”键。
- “放映幻灯片”设置区：设置播放演示文稿中的哪些幻灯片。
- “换片方式”设置区：设置播放演示文稿时幻灯片的切换方式。

5.5.2　应用排练计时

利用 PowerPoint 提供的“排练计时”功能，可预先排练好每张幻灯片的播放时间，使演讲者的讲述与幻灯片自动切换的时间保持同步。

要使用“排练计时”功能，可单击“幻灯片放映”选项卡“设置”组中的“排练计时”按钮，演示文稿会从第 1 张幻灯片开始进入全屏放映状态，并在左上角显示“录制”工具栏，如图 5-44 所示。此时演讲者可以对自己要讲述的内容进行排练，以确定当前幻灯片的放映时间。

放映时间确定好之后，可单击幻灯片任意位置，或单击“录制”对话框中的“下一项”按钮，切换到下一张幻灯片，可以看到“录制”工具栏中间的时间重新开始计时，而右侧的演示文稿总放映时间将继续计时。

当演示文稿中所有幻灯片的放映时间排练完毕后（若希望在中途结束排练，可按“Esc”键），屏幕上会出现如图 5-45 所示的提示框，单击“是”按钮，可将排练结果保存起来，以后播放演示文稿时，在每张幻灯片上所用的时间就会与排练结果一样；如果想放弃刚才的排练结果，可单击“否”按钮。

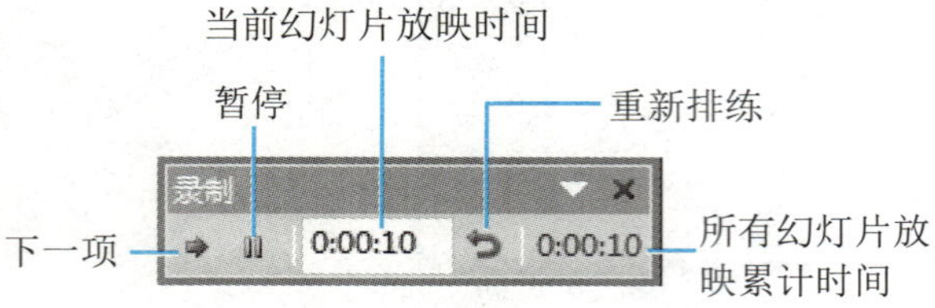

图 5-44 “录制”工具栏

图 5-45 提示框

上述操作完成后，PowerPoint 2010 将自动切换到“幻灯片浏览”视图，在每张幻灯片的左下角可看到幻灯片播放时间，如图 5-46 所示。

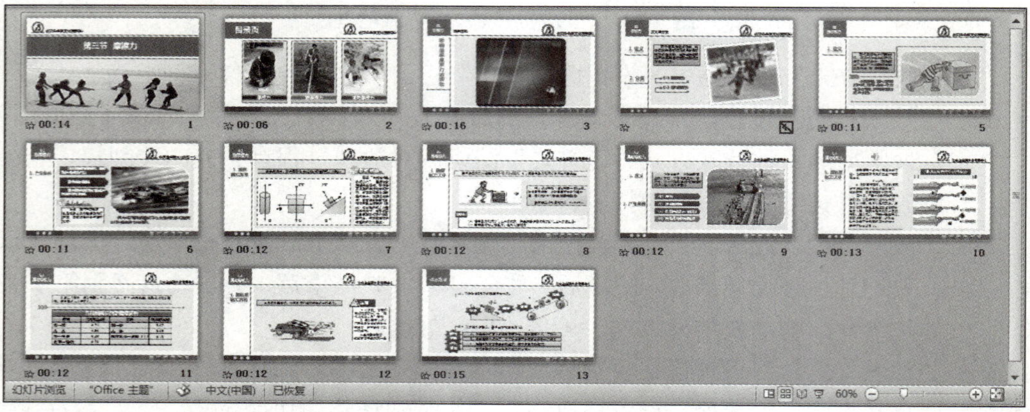

图 5-46 “幻灯片浏览”视图

5.5.3 录制语音旁白和鼠标轨迹

利用 PowerPoint 2010 中的录制幻灯片演示功能，可以为演示文稿录制语音旁白和鼠标轨迹（如使用激光笔标注需要重点强调的内容）。

要使用录制幻灯片演示功能，可单击“幻灯片放映”选项卡“设置”组中的“录制幻灯片演示”按钮下方的三角按钮，在展开的列表中选择“从头开始录制”选项（表示从第 1 张幻灯片开始录制），如图 5-47 所示，弹出“录制幻灯片演示”对话框，选中“幻灯片和动画计时”复选框和“旁白和激光笔”复选框，如图 5-48 所示。

单击“开始录制”按钮，开始放映幻灯片，并在窗口左上角显示如图 5-49 所示的“录制”工具栏，此时可以对着麦克风录入自己对当前幻灯片的讲解。对当前幻灯片的旁白录制完毕后，可单击鼠标切换到第 2 张幻灯片，然后继续进行录制。

在录制的过程中，可按住“Ctrl”键激活激光笔工具，然后可在一些需要重点强调的地方进行框选或添加注释，如图 5-50 所示。这样在放映演示文稿时，就会出现激光以强调这些内容。

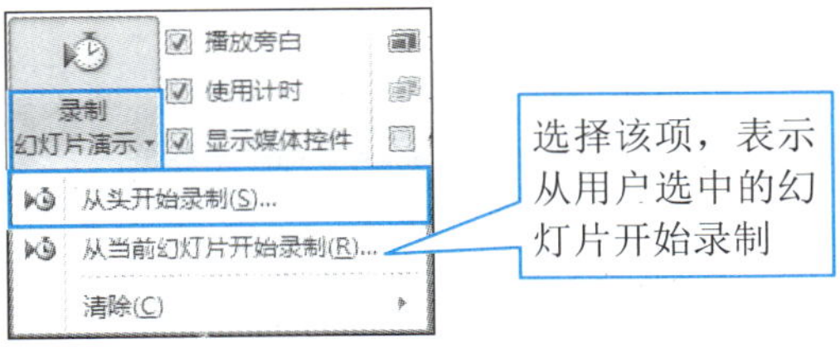

图 5-47 选择“从头开始录制”选项

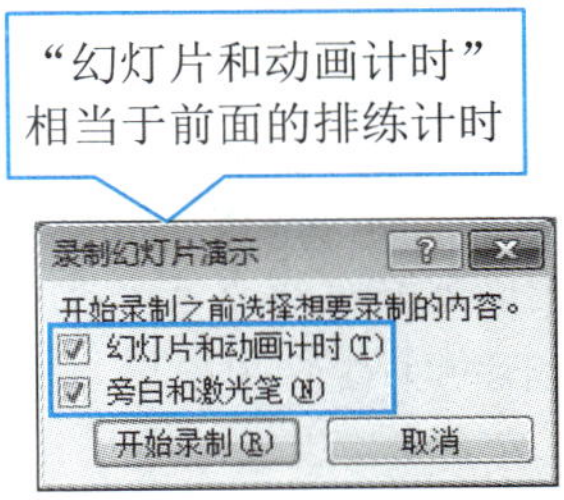

图 5-48 “录制幻灯片演示”对话框

图 5-49 录制幻灯片演示

图 5-50 使用激光笔工具

当所有幻灯片都录制好后，PowerPoint 2010 会自动切换到“幻灯片浏览”视图。在该视图下，每张幻灯片的左下角可看到录制的演示时间，并且在右下角出现一个声音图标，如图 5-51 所示。在放映到这些幻灯片时，将自动播放录制的旁白。

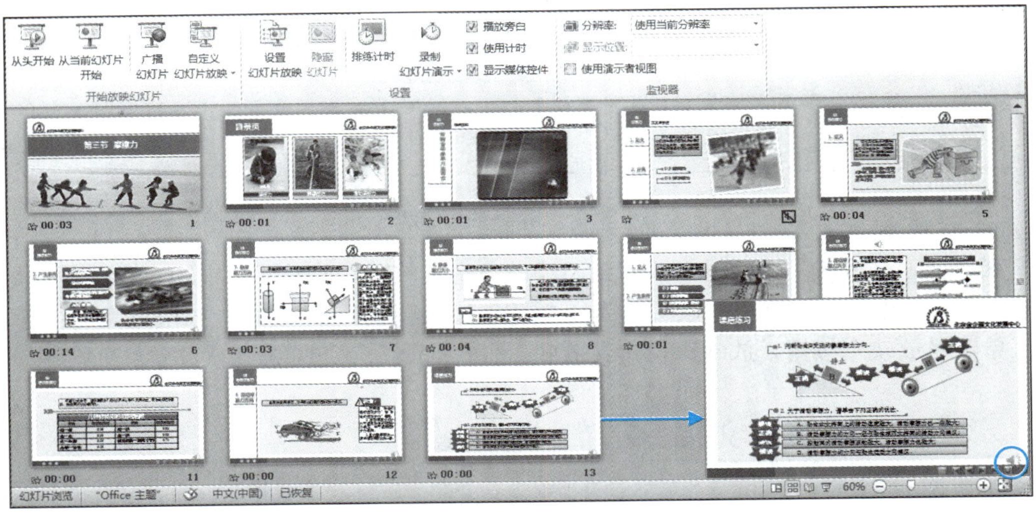

图 5-51 录制完毕的效果

小 提 示

单击“幻灯片放映”选项卡“设置”组中“录制幻灯片演示”按钮下方的三角按钮，在展开的列表中选择“清除”列表中的相应选项，可清除所选幻灯片或所有幻灯片中的计时或旁白。

5.5.4 自定义放映

利用 PowerPoint 2010 的自定义放映功能，可以为演示文稿中的指定幻灯片创建一个或多个放映集（也称为自定义放映）。

单击“幻灯片放映”选项卡“开始放映幻灯片”组中的“自定义幻灯片放映”按钮，在展开的列表中选择“自定义放映”选项，弹出“自定义放映”对话框，单击“新建”按钮，打开“定义自定义放映”对话框，输入幻灯片放映名称，然后在左侧的列表中选择要放映的几张幻灯片，单击“添加”按钮，将其添加到右侧的自定义放映列表中，最后单击“确定”按钮，如图 5-52 所示，返回“自定义放映”对话框。

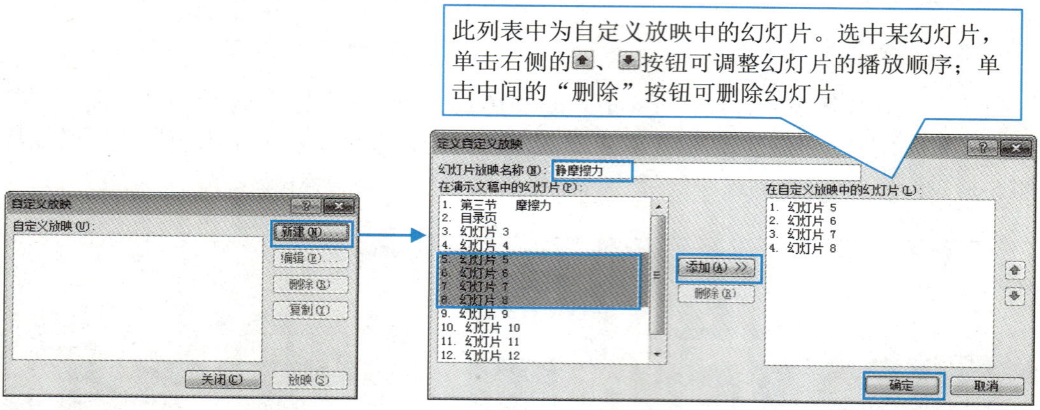

图 5-52 创建自定义放映

在“自定义放映”对话框中可看到新建的自定义放映。此时，可继续新建其他自定义放映；也可选中某个自定义放映后，单击“编辑”、“删除”或“复制”按钮对其进行管理，还可单击“放映”按钮，放映该自定义放映。

5.5.5 放映演示文稿

利用“幻灯片放映”选项卡“开始放映幻灯片”组中的相关按钮，可以按照需求以多种方式放映当前打开的演示文稿，如图 5-53 所示。

图 5-53　“开始放映幻灯片”组

“开始放映幻灯片”组中各按钮的作用如下。

- 单击“从头开始”按钮或按“F5”键，可从第 1 张幻灯片开始放映演示文稿。
- 单击“从当前幻灯片开始”按钮或按“Shift+F5”键，可从当前幻灯片开始放映演示文稿。
- 单击“自定义幻灯片放映”按钮，从弹出的列表中选择相应选项可创建自定义放映集，或放映已创建好的自定义放映集。

5.6　输出和打包演示文稿

当一份演示文稿制作完成后，可以将其打包或输出为其他文件格式以便在别的计算机中播放，还可以将演示文稿打印出来以便阅读或浏览。

5.6.1　输出为视频文件

将演示文稿输出为视频文件（WMV 格式），可在多媒体播放器中观看。具体方法为：单击“文件”选项卡，从菜单列表中选择“保存并发送”项，在“文件类型”列表中选择“创建视频”项，然后单击右侧的“创建视频”按钮，如图 5-54 所示，在弹出的“另存为”对话框中选取保存位置并输入文件名，单击“保存”按钮即可。

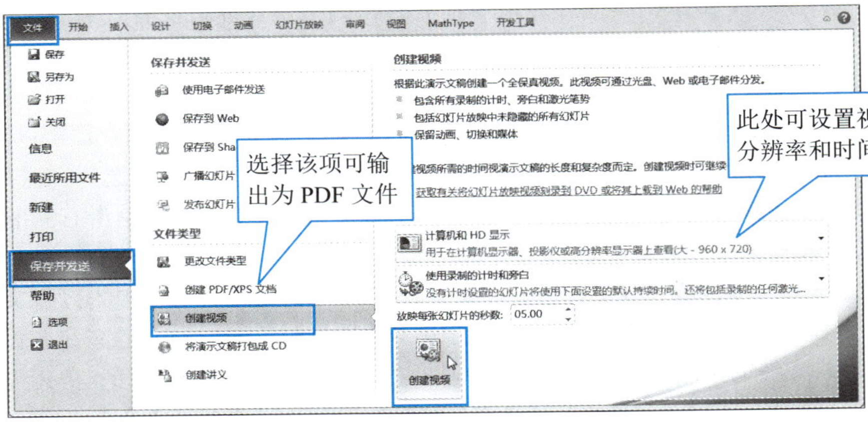

图 5-54　将演示文稿输出为视频文件

5.6.2 转换为直接放映格式

将演示文稿转换为直接放映格式（PPSX 格式），可在其他没有安装 PowerPoint 软件的计算机中直接播放（但不能对演示文稿内容进行编辑）。具体方法为：单击“文件”选项卡，从菜单列表中选择“保存并发送”项，在“文件类型”列表中选择“更改文件类型”项，然后在右侧选择“PowerPoint 放映（*.ppsx）”项，再单击底部的“另存为”按钮，如图 5-55 所示，在弹出的“另存为”对话框中选取保存位置并输入文件名，单击“保存”按钮即可。

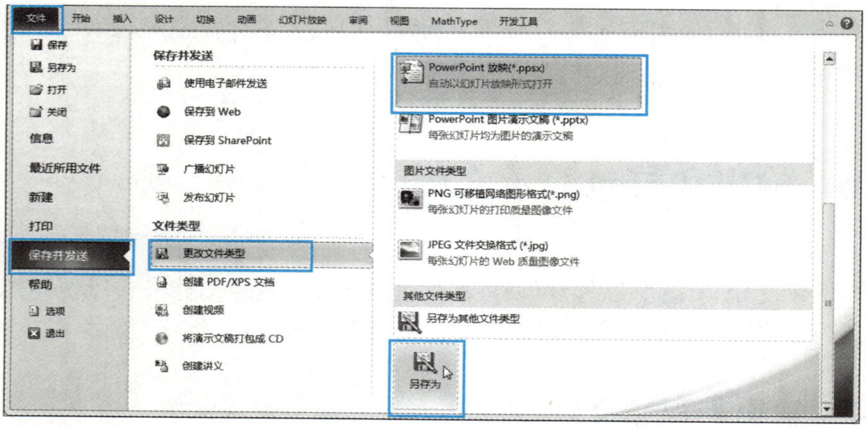

图 5-55　将演示文稿转换为直接放映格式

5.6.3 打包成 CD

当用户将演示文稿拿到其他计算机中播放时，如果该计算机没有安装 PowerPoint 程序，或者没有演示文稿中所链接的文件、所采用的字体，那么演示文稿将不能正常放映。此时，可利用 PowerPoint 提供的“打包成 CD”功能，将演示文稿及与其关联的文件、字体等一起打包，形成一个文件夹，这样演示文稿在任何一台其他计算机中都可以正常播放。

要将演示文稿打包成 CD，可单击“文件”选项卡，从菜单列表中选择“保存并发送”项，在“文件类型”列表中选择“将演示文稿打包成 CD”项，然后单击右侧的“打包成 CD”按钮，如图 5-56 所示。

此时会弹出“打包成 CD”对话框，在“将 CD 命名为”编辑框中为打包文件命名，如图 5-57 所示，然后单击“选项”按钮，打开“选项”对话框，为打包文件设置包含文件及打开和修改文件的密码等，如图 5-58 所示，完成后单击“确定”按钮；单击“复制到文件夹”按钮，打开“复制到文件夹”对话框，设置打包的文件夹名称及保存位置，如图 5-59 所示，完成后单击“确定”按钮。

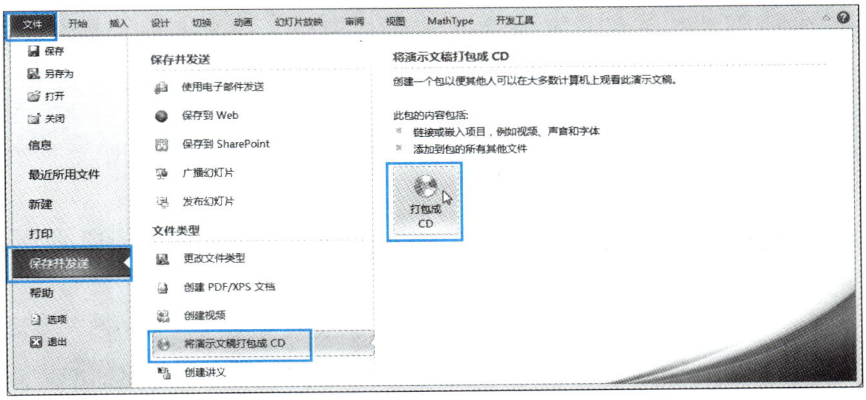

图 5-56　将演示文稿打包成 CD

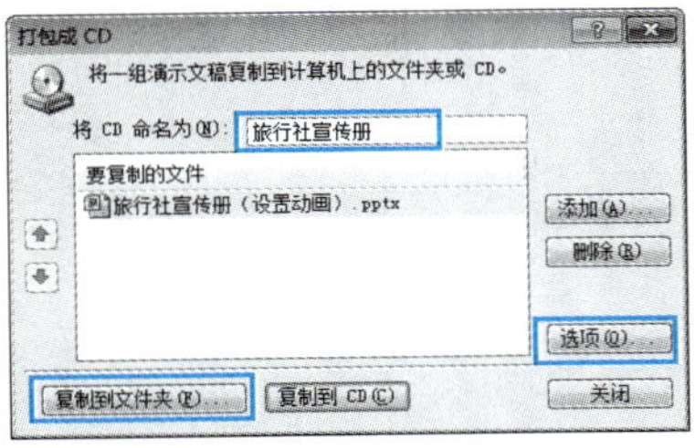

图 5-57　命名打包文件

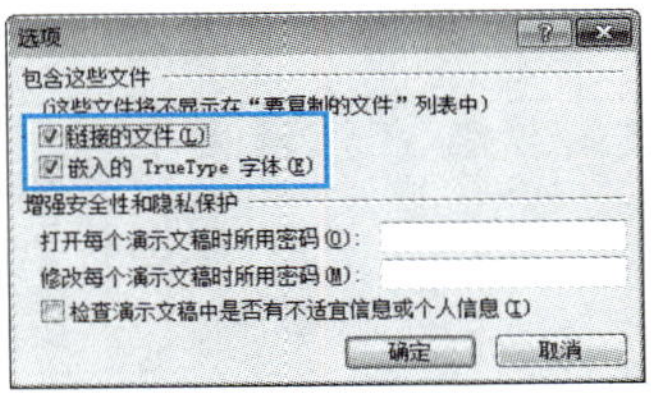

图 5-58　设置打包选项

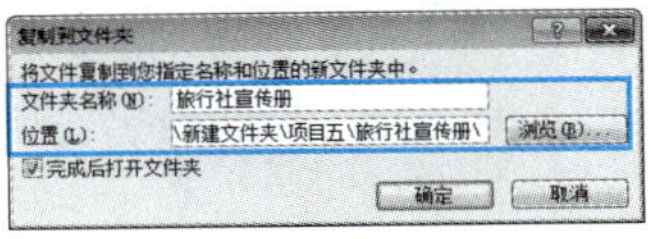

图 5-59　“复制到文件夹”对话框

此时会弹出如图 5-60 所示的提示框，询问是否打包链接文件，单击“是”按钮，系统开始打包。等待一段时间后，即可将演示文稿打包到指定的文件夹中，并自动打开该文件夹，显示其中的内容，如图 5-61 所示。最后单击“打包成 CD”对话框中的“关闭”按钮将其关闭即可。

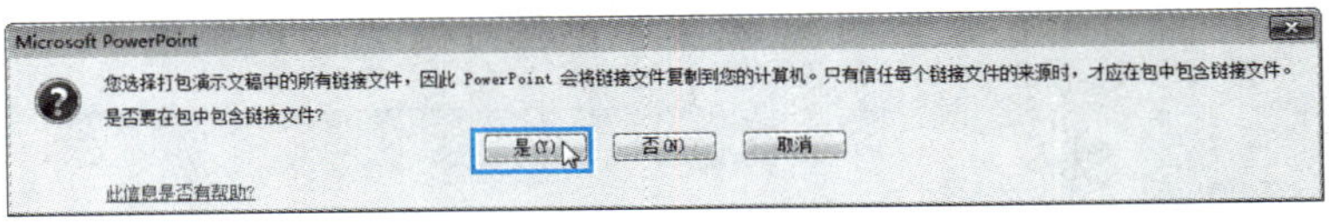

图 5-60　提示框

图 5-61　打包文件夹中的内容

将演示文稿打包后，可找到存放打包文件的文件夹，然后通过 U 盘或网络等方式，将其拷贝或传输到别的计算机中进行播放。要播放演示文稿，可双击打包文件夹中的演示文稿，然后进行播放即可。

小提示

在其他计算机中播放打包文件夹中的演示文稿时，若其他计算机中没有安装 PowerPoint 2010，需要下载并安装 PowerPoint Viewer 2010 播放器才能正常播放。

5.6.4 打印演示文稿讲义和备注页

在使用演示文稿时，有时需要为听众提供书面讲义（讲义内容就是演示文稿中的幻灯片内容，通常在一页讲义纸上可以打印两张、三张或六张幻灯片），或为演讲者打印演示文稿的大纲及备注等。

要打印这些内容，可单击“文件”选项卡，从菜单列表中选择“打印”项，进入打印界面，如图 5-62 所示。在该界面右侧可预览打印效果，若单击底部的“上一页”按钮或“下一页”按钮，可预览演示文稿中的所有幻灯片。

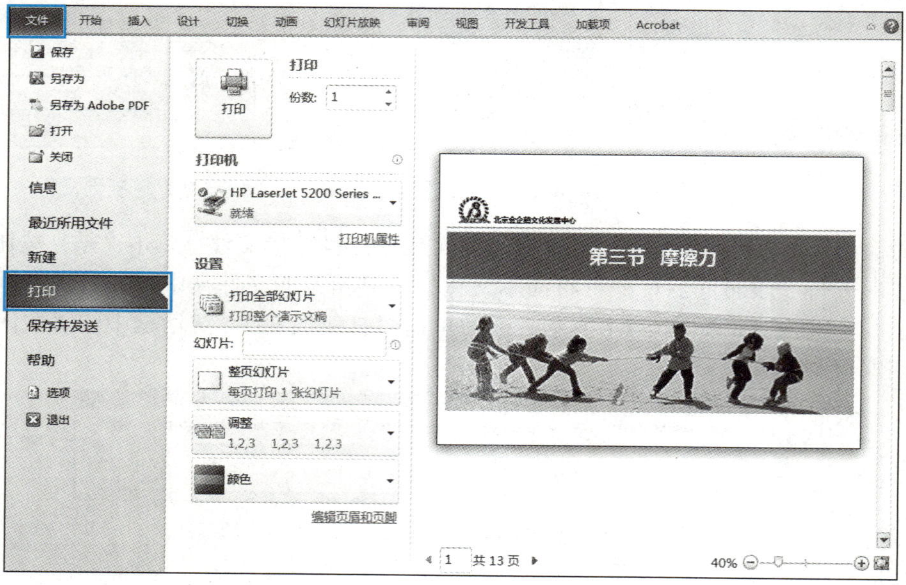

图 5-62 进入打印界面

在打印界面中可设置打印选项。其中，在“份数”编辑框中可设置要打印的份数；如果计算机中安装了多台打印机，还可单击“打印机”设置区下方的三角按钮，在展开的列表中选择要使用的打印机。

单击“设置”区“打印全部幻灯片”右侧的三角按钮，可在展开的列表中选择要打印的幻灯片，如打印全部幻灯片或所选幻灯片等，如图 5-63 所示。

单击“设置”区“整页幻灯片”右侧的三角按钮，在展开的列表中可选择是打印幻灯片、讲义还是备注，如选择“讲义”组中的“4 张水平放置的幻灯片”，如图 5-64 所示。

- **整页幻灯片：** 每页纸打印一张幻灯片。
- **备注页：** 打印演讲者备注和幻灯片。
- **大纲：** 打印演示文稿的大纲，即将“大纲”窗格的内容打印出来。
- **讲义：** 为演示文稿中的幻灯片打印书面讲义。通常一页 A4 纸打印 3 张或 4 张幻灯片比较合适；为了增强讲义的打印效果，最好选中下拉列表框底部的“幻灯片加框”复选框，这样能为打印的幻灯片加上一个黑色的边框。

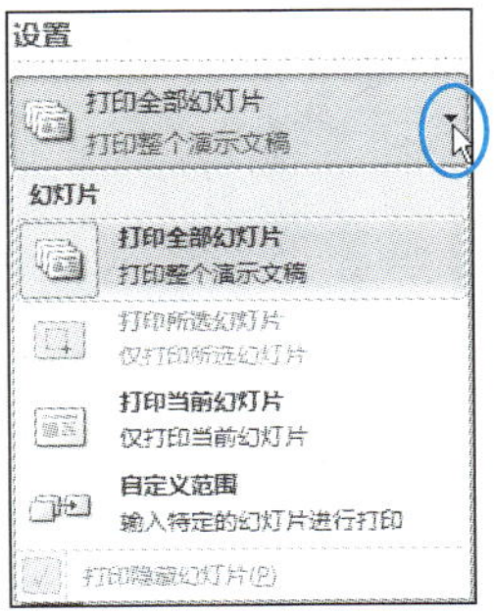

图 5-63　设置打印范围

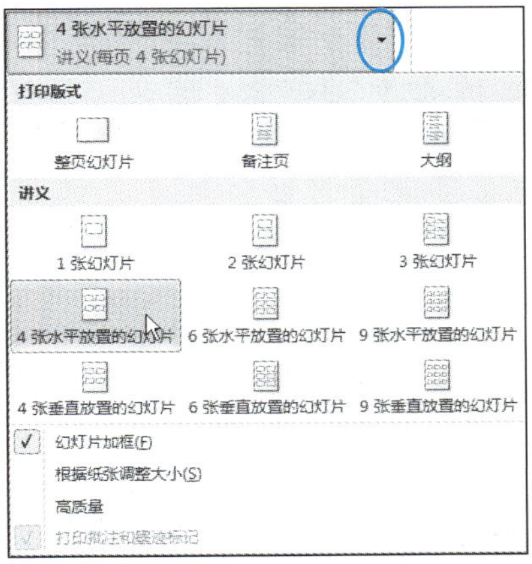

图 5-64　设置打印对象

在“调整”下拉列表中可选择页序的排列方式。当选择打印备注页或讲义时，还可选择纸张方向是“横向”还是“竖向”。单击“颜色”右侧的三角按钮，在展开的列表中可选择是以彩色、灰度还是黑白进行打印。设置完毕后，单击“打印”按钮，即可按设置打印幻灯片。

小 提 示

单击编辑“页眉和页脚”选项，还可在打开的对话框中设置要在打印纸上显示的页眉（位于页面顶部）和页脚（位于页面底部）。设置好的页眉和页脚默认将在每张打印纸中显示。用户也可在打印前先进入讲义母版或备注母版视图，设置页眉、页脚和页面背景等，然后再进行打印。

课堂案例 5　放映和输出教学课件

本案例将对前面制作的“左公柳”教学课件进行放映和输出。

步骤 1▶ 打开本书配套素材“素材与实例”>“第 5 章”>“左公柳（制作交互效果）”>“完善左公柳”演示文稿。

步骤 2▶ 对所有幻灯片进行排练计时。

步骤 3▶ 将第 3，4，5，6 张幻灯片创建为自定义放映。
步骤 4▶ 将教学课件输出为 PDF 格式的文件。
步骤 5▶ 将教学课件打包到一个文件夹中。

综合案例　制作产品展示演示文稿

本案例将制作如图 5-65 所示的电脑产品展示演示文稿，以巩固本章所学知识。

图 5-65　电脑产品展示演示文稿效果

1. 使用幻灯片母版

步骤 1▶ 新建一个空白演示文稿并将其以“电脑产品展示”为名保存。

步骤 2▶ 在“视图”选项卡的“母版视图”组中单击“幻灯片母版”按钮，进入幻灯片母版视图。

步骤 3▶ 删除幻灯片母版上所有的预设文本框，然后单击“插入”选项卡“图像”组中的“图片”按钮，在打开的对话框中选择本书配套素材“素材与实例”>“第 5 章”>“电脑产品展示素材”文件夹中的“bg1.jpg”图片，将其插入，再将其移至幻灯片的上方，效果如图 5-66 所示。

图 5-66　在幻灯片母版中插入图片

步骤 4▶ 插入艺术字“Lenovo”，艺术字样式如图 5-67（a）所示，字体为“黑体”，然后在“图片工具 格式”选项卡“艺术字样式”组的“文字效果”下拉列表中选择“转换”→“左领章”，如图 5-67（b）所示。将艺术字移至图片左侧，使其效果如图 5-67（c）所示。

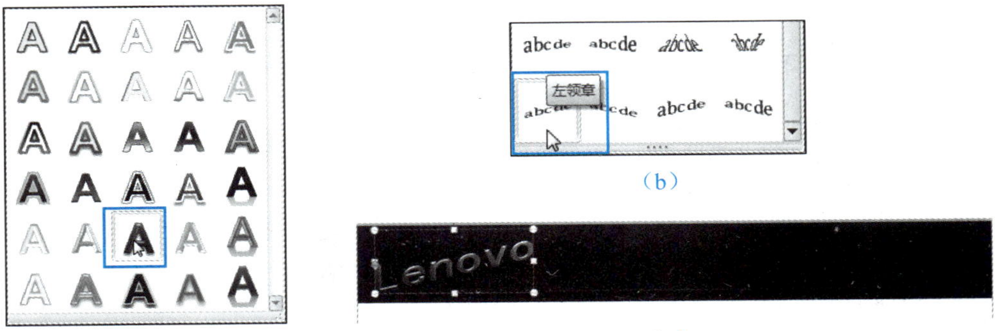

（a）　（b）　（c）

图 5-67　选择艺术字样式并设置其文字效果和位置

步骤 5▶ 参照插入“Lenovo”艺术字的方法，再次插入字体为黑体，字号为 24，字体颜色为白色的艺术字“新产品发布-IdeaPad U310”。将插入的艺术字移动到“Lenovo”的右侧，如图 5-68 所示。这样，幻灯片母版便编辑好了。单击“幻灯片母版视图”选项卡中的“关闭母版视图”按钮，退出母版视图。

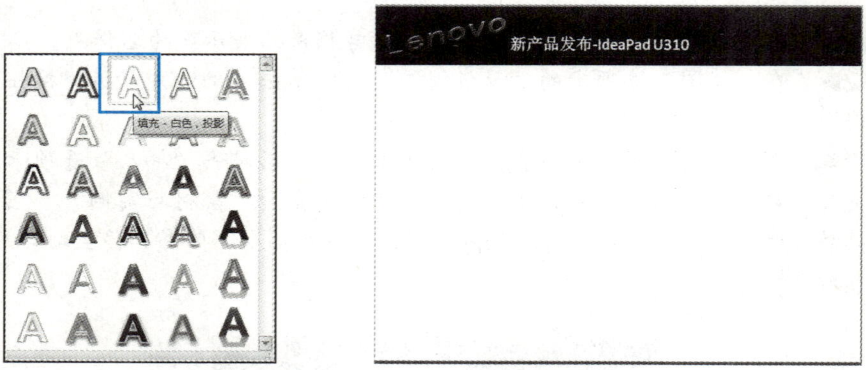

图 5-68　再次插入艺术字

2. 制作第 1 张和第 2 张幻灯片

步骤 1▶ 在第 1 张幻灯片的标题和副标题占位符中输入所需文本，并在“绘图工具格式”选项卡的“艺术字样式”列表中选择如图 5-69（a）所示的样式。

步骤 2▶ 将标题和副标题占位符的字号分别设置为 72 和 48，此时的幻灯片效果如图 5-69（b）所示。

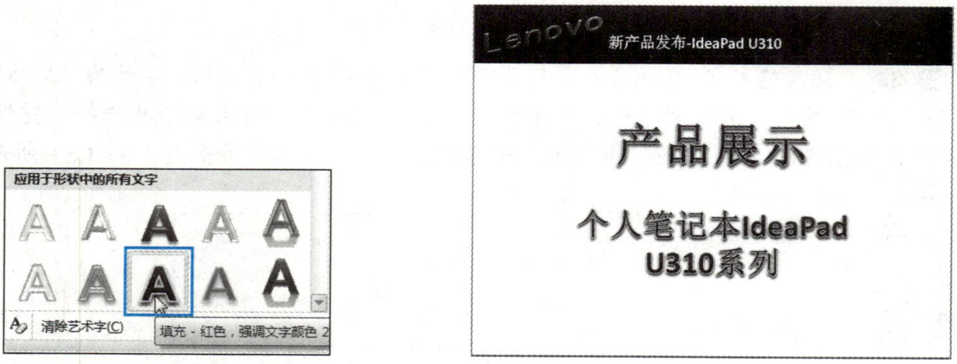

（a）　　　　　　　　（b）

图 5-69　制作第 1 张幻灯片

步骤 3▶ 插入一张新的空白幻灯片，然后单击“插入”选项卡“图像”组中的“图片”按钮，插入本书配套素材“素材与实例”>“第 5 章”>“电脑产品展示素材”文件夹中的“产品图片 1.jpg”，并调整图片位置，使其位于幻灯片右端。

步骤 4▶ 插入艺术字“时尚超薄　长效续航”，艺术字样式如图 5-70（a）所示，字体为黑体，字号为 28，然后将插入的艺术字移至幻灯片左上方位置，效果如图 5-70（b）所示。

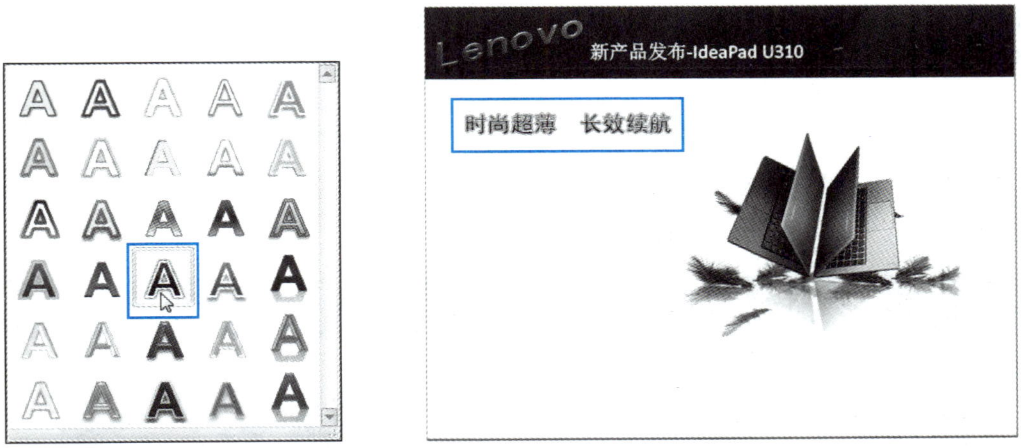

（a） （b）

图 5-70 插入艺术字

步骤 5▶ 绘制一个正圆角矩形，如图 5-71（a）所示，然后单击“绘图工具 格式”选项卡“形状样式”组中“形状填充”按钮右侧的三角按钮，在展开的列表中先选择“深红”，再选择“渐变”→“中心辐射”项，如图 5-71（b）所示。

步骤 6▶ 单击“形状轮廓”按钮右侧的三角按钮，在展开的列表中选择“无轮廓”项。

步骤 7▶ 在自选图形上绘制一个水平文本框，在文本框内分段输入文字“1.3KG”，然后设置文字字体为黑体，字形为加粗，字体颜色为白色，对齐方式为居中对齐。再单独设置文字“1.3”的字号为 24 号，文字“KG”的字号为 18 号，并组合自选图形与文本框，效果如图 5-72 所示。

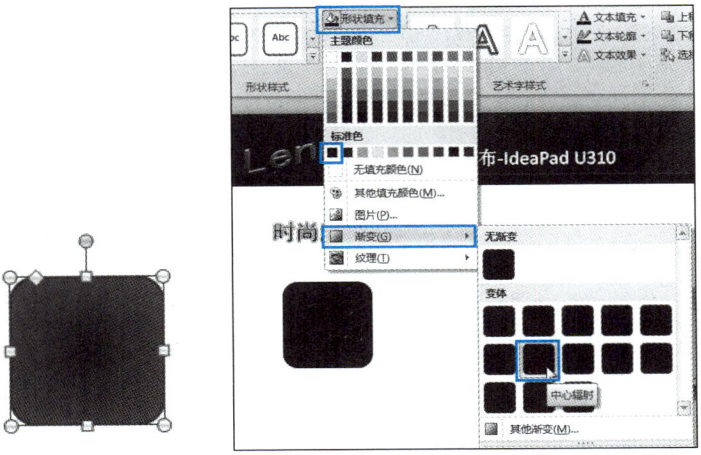

（a） （b）

图 5-71 绘制自选图形并设置格式

图 5-72 添加文字

步骤 8▶ 按住“Ctrl”键拖动两次组合后的自选图形和文本框，将其复制出两份副本，然后分别修改文本框内的文本内容，最后调整各对象的位置，完成第 2 张幻灯片的制作，效果如图 5-73 所示。

3. 制作其他幻灯片

步骤 1▶ 插入一张版式为“空白”的新幻灯片，然后参照第 2 张幻灯片的制作方法插入图片“产品图片 2.jpg”和艺术字，效果如图 5-74 所示。

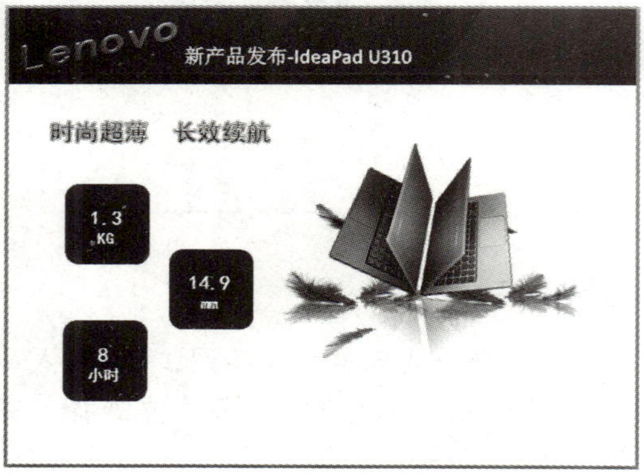

图 5-73 完成第 2 张幻灯片的制作

图 5-74 插入幻灯片并添加图片和艺术字

步骤 2▶ 在艺术字的下方拖动鼠标绘制一个水平文本框，在文本框内输入图 5-75（a）所示的文字（注意换段，图中所示为选中文本后的效果），然后选中文本框内的文字，参照图 5-75（b）所示为其添加外部图片作为项目符号。第 3 张幻灯片的完成效果如图 5-76 所示。

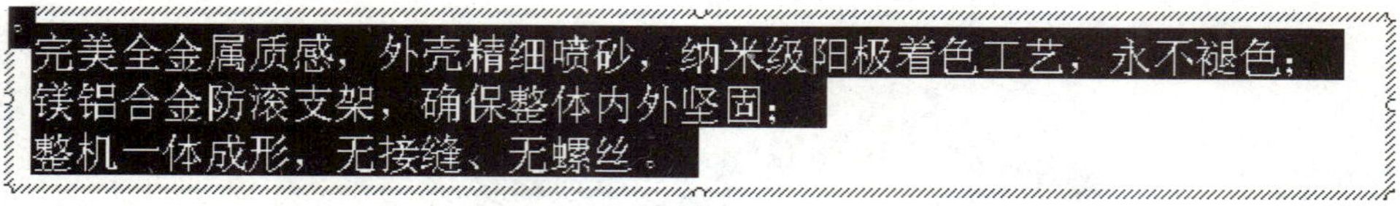

（a）

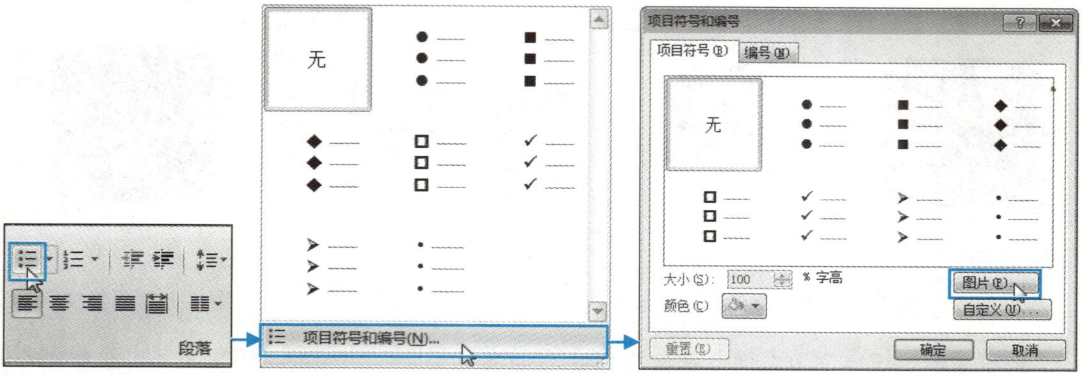

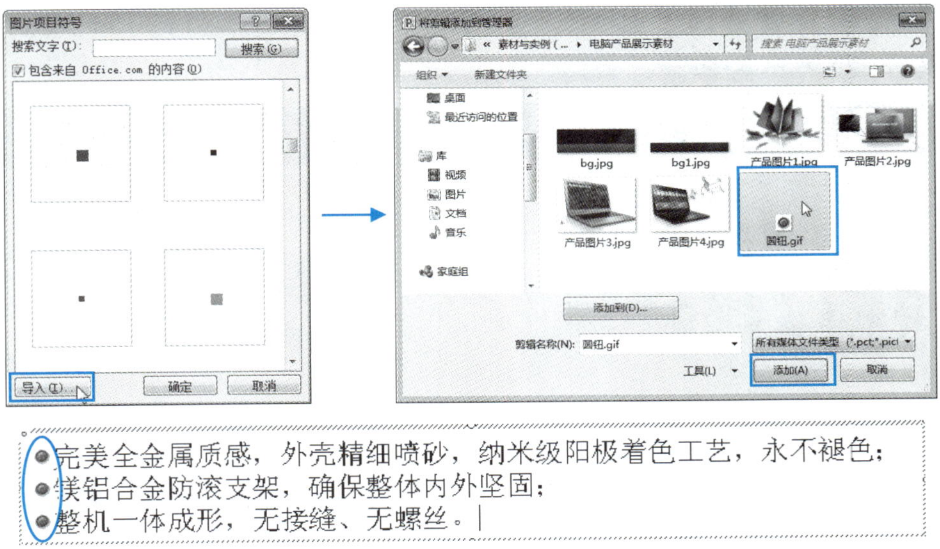

（b）

图 5-75　插入段落文本并为其添加外部项目符号

步骤 3▶ 参考制作第 3 张幻灯片的方法制作第 4，5 张幻灯片，其中用到的图片素材均位于本书配套素材“素材与实例”>“第 5 章”>“电脑产品展示素材”文件夹中。制作好的幻灯片效果如图 5-77、图 5-78 所示。

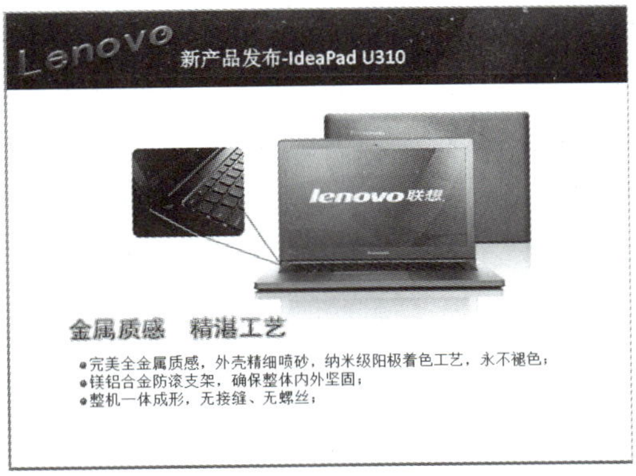

图 5-76　第 3 张幻灯片完成效果

图 5-77　第 4 张幻灯片完成效果

步骤 4▶ 在第 6 张幻灯片中插入图片和艺术字，效果如图 5-79 所示。

4. 设置动画效果

步骤 1▶ 切换到第 1 张幻灯片，然后单击“切换”选项卡“切换到此幻灯片”组中的“其他”按钮，在展开的列表中选择“华丽型”中的“门”切换效果，如图 5-80（a）所示。

步骤 2▶ 单击“计时”组中的“全部应用”按钮，如图 5-80（b）所示，为演示文稿中的所有幻灯片设置此切换效果。

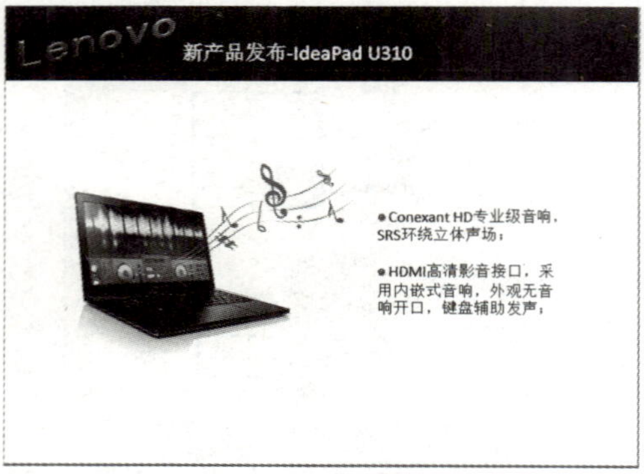

图 5-78 第 5 张幻灯片完成效果

图 5-79 第 6 张幻灯片完成效果

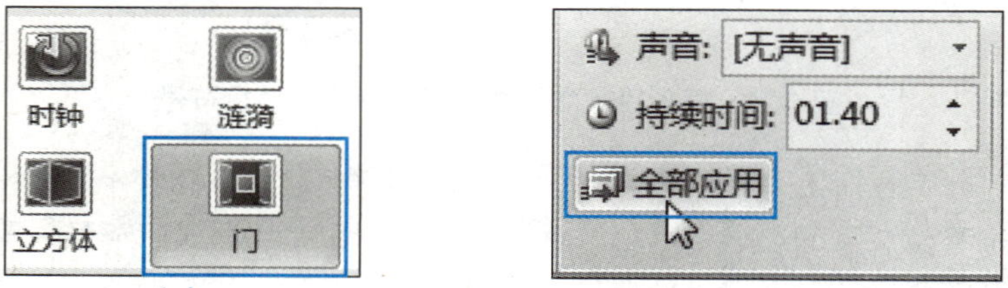

（a） （b）

图 5-80 设置所有幻灯片的切换效果

步骤 3▶ 选中第 1 张幻灯片中的两个占位符，如图 5-81（a）所示，然后在“动画”选项卡的“进入”列表中选择“形状”项，如图 5-81（b）所示。

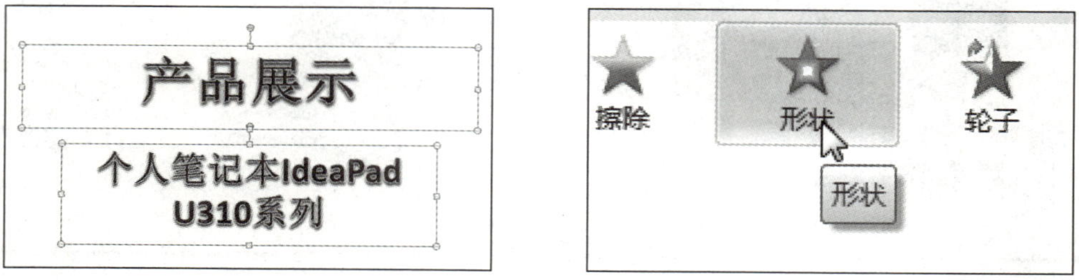

（a） （b）

图 5-81 设置占位符的动画效果

步骤 4▶ 在“计时”组的“开始”下拉列表中选择“上一动画之后”，然后在“效果选项”下拉列表中选择“方框”，如图 5-82 所示。

步骤 5▶ 参照步骤 3 和步骤 4 的方法设置演示文稿其他幻灯片中对象的动画效果。最后放映并保存演示文稿。

图 5-82　设置动画的开始播放方式和效果

本章总结

本章主要介绍了 PowerPoint 2010 的一些高级应用。学完本章内容，读者应重点掌握以下知识：① 幻灯片设置和管理技巧；② 插入和编辑对象技巧；③ 主题与背景应用技巧；④ 幻灯片母版应用技巧；⑤ 在幻灯片中添加音频和视频；⑥ 为对象设置动画效果；⑦ 制作交互式演示文稿；⑧ 多种方式放映演示文稿；⑨ 输出和打包演示文稿。

本章习题

1. 选择题

（1）要从当前幻灯片开始放映演示文稿，可按（　　）键。

A．F8　　B．F5　　C．Shift+F5　　D．Shift

（2）如果希望对幻灯片进行统一修改，可通过（　　）来快速实现。

A．应用版式　　B．修改母版

C．设置背景　　D．修改每张幻灯片

（3）在 PowerPoint 2010 的各种视图中，可以同时浏览多张幻灯片，便于重新排序、添加、删除等操作的视图是（　　）。

A．幻灯片浏览视图　　B．备注页视图

C．普通视图　　D．幻灯片放映视图

（4）在演示文稿中插入音频后，无法实现下列哪项操作？（　　）

A．美化声音图标　　B．调整音频音量

C．裁剪音频　　　　D．导出音频

（5）在 PowerPoint 2010 中，选定文字、图片等对象后，可以插入超链接。超链接中所链接的目标可以是（　　）。

A．计算机硬盘中的可执行文件

B．其他幻灯片文件

C．同一演示文稿的某一张幻灯片

D．以上都可以

（6）创建动作按钮后，若希望将动作按钮链接到指定幻灯片，应在弹出的“动作设置”对话框中选择（　　）。

A．“无动作”单选按钮　　　　B．“超链接到”单选按钮

C．“运行程序”单选按钮　　　　D．“播放声音”复选框

（7）下列哪种是打包演示文稿的主要作用？（　　）

A．节省存储空间

B．保证在其他计算机中正常放映

C．将多个演示文稿存储到一起

D．便于将演示文稿发送到网络

（8）在放映演示文稿时无法实现下列哪项操作？（　　）

A．隐藏不想显示的幻灯片

B．使幻灯片在持续显示指定时间后自动切换

C．使演示文稿以窗口形式放映

D．改变幻灯片的放映顺序

2．操作题

（1）利用所给照片制作一个电子相册演示文稿。要求如下：

① 新建一个演示文稿，以“电子相册”命名。

② 导入需要制作成电子相册的所有照片（位于本书配套素材“素材与实例”>“第5章”>“电子相册素材”文件夹中）。

③ 设置电子相册主题为“龙腾四海”。

④ 设置全部幻灯片的切换效果为“涟漪”，持续时间为 03.00，并将换片方式设置为自动换片。

⑤ 为幻灯片添加背景音乐。

（2）使用幻灯片主题创建一个自我介绍演示文稿。要求如下：

① 创建一个由 3 张幻灯片组成的演示文稿。第 1 张幻灯片的版式为“标题幻灯片”，其中标题幻灯片的标题为“自我介绍”，并在副标题的位置插入一张照片；第 2 张幻灯片采用“垂直排列标题与文本”版式，主要介绍个人的基本信息（姓名、性别、年龄、爱好等）；第 3 张幻灯片采用“两栏内容”版式，分别介绍自己的优缺点。

② 将标题母版中的样式设置为“幼圆，72 号字”。

③ 在幻灯片母版的日期区插入当前日期，在页脚中插入幻灯片页码。
④ 将第 3 张幻灯片的背景填充效果设置为“雨后初晴”。
⑤ 为演示文稿中的对象设置自定义动画。
⑥ 添加幻灯片切换效果。
⑦ 使用排练计时功能放映幻灯片。
⑧ 保存演示文稿，并将制作完成的演示文稿打包。

第 6 章　计算机软件技术基础

【本章导读】

本章将简单介绍一些计算机软件技术基础知识，包括数据结构和算法、程序设计基础、软件工程基础和数据库技术基础等。其中，数据结构和算法主要研究数据的逻辑结构、存储结构和数据的运算；程序设计主要研究如何将求解问题的思路转换成计算机可以执行的程序代码；软件工程主要研究如何用系统性、规范化、可定量的工程化方法去构建和维护软件；数据库技术主要研究如何高效地组织、存储、获取和处理数据。

【学习目标】

- 了解数据结构和算法的基础知识。
- 了解 C 语言程序设计的基础知识。
- 了解软件工程的基础知识。
- 了解 Access 数据库的基础知识。

6.1　数据结构和算法

在用计算机求解实际问题时，必然会涉及数据组织和数据处理，这些正是“数据结构和算法”要讲的内容。在计算机科学中，数据结构和算法不仅是一般程序设计的必备知识，而且是设计编译程序、操作系统、数据库系统及其他系统程序和大型应用程序的重要基础。

小提示

用计算机求解问题包括 3 个层次：（1）提取求解问题中数据的逻辑结构；（2）设计相应的存储结构；（3）在存储结构上实现求解问题的算法。在设计一个算法时，先要充分理解相关的存储结构。

6.1.1　数据结构的基础知识

1. 基本术语

（1）数据。数据（data）是对客观事物的符号表示，在计算机科学中，是对所有能输入到计算机中并被计算机程序处理的符号的总称。它是计算机程序加工的“原料”。对于计算机科学，数据的含义极为广泛，如图像、声音等都可以通过编码而归之于数据的范畴。

（2）数据元素。数据元素（data element）是数据的基本单位。一个数据元素可由若干数据项组成，此时的数据元素通常称为记录（record）。例如，在学生基本信息表中，每一个学生的信息记录就是一个数据元素。

（3）数据项。数据项（data item）是组成数据元素的不可再分的最小单位，如学生信息记录中的学号、姓名等。

（4）数据对象。数据对象（data object）是性质相同的数据元素的集合，它是数据的一个子集。例如，{2，4，6，8，10}是整数的一个数据对象。在这个数据对象中，每一个数据元素都是性质相同的整数，它是有限个整数数据元素的集合，是整数的一个子集。

（5）数据结构。数据结构（data structure）是相互之间存在一种或多种特定关系的数据元素的集合。结构就是数据元素之间的相互关系，即数据的组织形式。数据结构一般包括：① 数据元素之间的逻辑关系（即数据的逻辑结构）；② 数据元素及其关系在计算机内存中的表示（即数据的存储结构或物理结构）；③ 数据的运算及实现，即可以对数据元素施加的操作，以及这些操作在相应存储结构上的实现。

2. 数据的逻辑结构

数据的逻辑结构是对数据元素之间逻辑关系的描述。根据数据元素之间关系的不同特性，数据的逻辑结构主要分为以下 4 种基本类型，如图 6-1 所示。

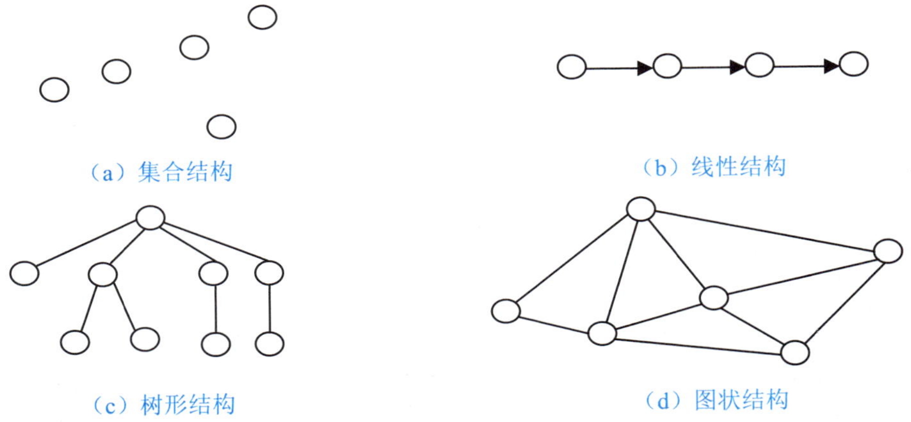

图 6-1　数据的逻辑结构

- **集合结构**：数据元素之间除了同属于一个集合外，无其他关系。
- **线性结构**：数据元素之间是一对一的关系。此时每个数据元素都有唯一的前驱（第一个元素除外）和唯一的后继（最后一个元素除外）。例如，列车中各车厢之间的关系、排队买票人之间的关系、一摞盘子中各盘子之间的关系等。
- **树形结构**：数据元素之间是一对多的关系。例如，学校的组织结构、家族关系等。在树形结构中，最上面的结点称为根结点，最下面的结点称为叶子结点。每个结点最多只能有一个父结点，但可以有多个子结点。
- **图状结构（或网状结构）**：数据元素之间是多对多的关系。例如，城市公共交通网、计算机网络等。此时每个结点都可以有多个前驱或后继。

3. 数据的存储结构

数据的存储结构（或物理结构）是指数据在计算机中的表示或存储方式，它是逻辑结构在计算机中的实现，包括数据元素的表示和关系的表示。依据数据元素之间的关系在计算机中的不同表示，有两种不同的存储结构，分别是顺序存储结构和链式存储结构。

（1）顺序存储结构。顺序存储结构是指逻辑上相邻的数据元素，其结点的物理位置（内存中的位置）也相邻，结点间的逻辑关系由存储单元的邻接关系体现。顺序存储结构是一种最基本的存储表示方法，通常借助于程序设计语言中的数组来实现。例如，学生信息表的顺序存储结构如图 6-2 所示。（假设每个学生的基本信息在内存中占 10 个字节）

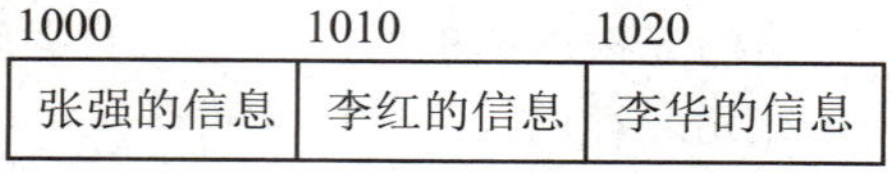

图 6-2　顺序存储结构示例

（2）链式存储结构。在链式存储结构中，结点间的逻辑关系是由附加的指针字段来指示的。因此，链式存储结构通常借助于程序设计语言中的指针数据类型来实现。例如，学生信息表的链式存储结构如图 6-3 所示。由此可以看出，在这种存储结构中，逻辑上相邻的数据元素，其物理位置不一定相邻。

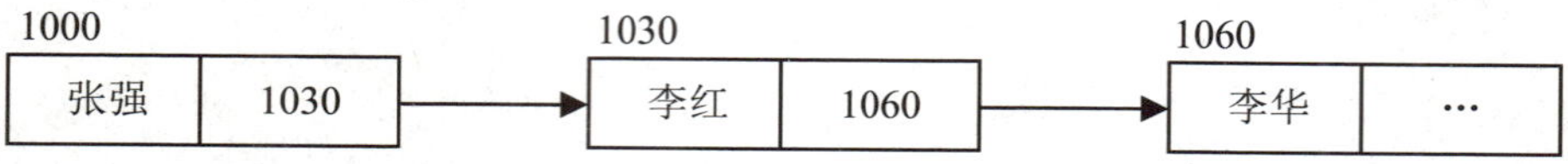

图 6-3　链式存储结构示例

小提示

数据的逻辑结构是指数据元素之间整体的逻辑关系。例如，一个工厂里的工人之间可能存在着上下级关系、血缘关系、同乡关系、同学关系等。从数据结构的角度来看，所有这些关系都可以抽象为数据元素之间的逻辑关系。数据的逻辑结构属于用户视图，是面向问题的，反映了数据内部的构成方式。

数据的存储结构是数据及其逻辑结构在计算机中的表示。换言之，存储结构除了存储数据元素之外，必须能隐式或显式地表示数据元素之间的逻辑关系。这样，在逻辑上相邻的数据元素，在存储结构中未必相邻。例如，父子关系可以看成是逻辑关系，在逻辑上相邻，但他们未必生活在同一个地方，在物理上可能生活在不同的城市，甚至不同的国家。数据的存储结构属于具体实现的视图，是面向计算机的，其基本目标是将数据及其逻辑关系存储到计算机的内存中。

4. 数据类型

数据类型（data type）是与数据结构密切相关的一个概念。在用高级语言编写的程序中，每个变量、常量或表达式都有一个确定的数据类型。

数据类型显式或隐式规定了在程序执行期间变量或表达式所有可能的取值范围，以及在这些值上允许进行的操作。例如，C 语言中的整数类型（int）可能的取值范围是 -32 768～+32 767，可执行的运算有加、减、乘、除、取模等。

6.1.2　算法的基础知识

1. 算法的概念和特性

简单地说，算法是指为解决某一问题所采取的方法和步骤。在计算机领域，算法是指根据所要处理的问题，基于数据的逻辑结构和存储结构，在有限步骤内解决这一问题所采用的一组指令序列。

一个算法应该具有以下特性：

（1）有穷性：一个算法必须在有限步骤之内正常结束，不能形成无穷循环。

（2）确定性：算法中的每一个步骤必须具有确定的含义，不能有二义性。

（3）可行性：算法中的每一个步骤都应当可以有效执行，并得到确切结果。

（4）输入：有 0 个或多个输入。

（5）输出：至少有一个输出。

在以上 5 个特性中，最基本的特性是有穷性、确定性和可行性。

2. 算法的描述方法

算法可以使用各种不同的方法来描述，如自然语言、流程图、伪代码、程序设计语言等。

（1）自然语言。用自然语言描述算法的优点是简单直观且便于人们阅读；缺点是不够严谨，与计算机的具体程序设计语言相差很大，需要进行转换。例如，要求一组数据中的最大数和最小数，用自然语言描述的算法如下：

① 将第 1 个数和第 2 个数相比较，记录最大数与最小数；

② 将最大数和最小数与第 3 个数相比较，记录最大数与最小数；

③ 重复步骤②，依次与剩下的数进行比较，直至结束。

（2）流程图。描述算法还可以使用流程图方式，其特点是直观、简洁、明了。例如，要求一组数（*n* 个数）中的最大数和最小数，可用如图 6-4 所示的流程图描述其算法。

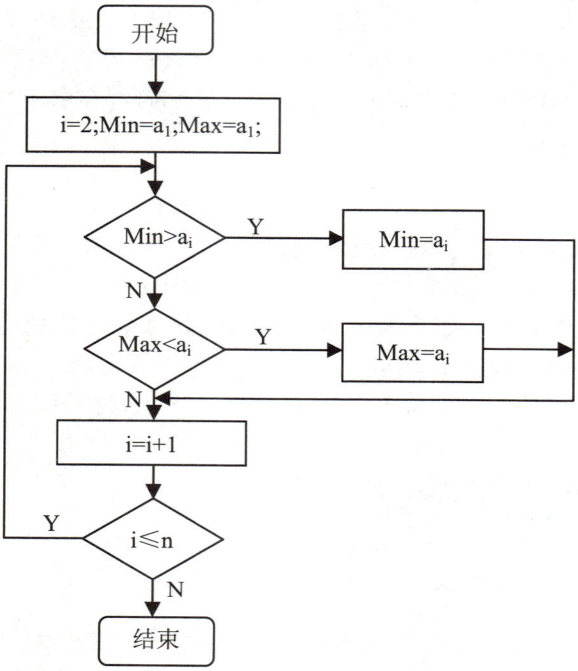

图 6-4　程序流程图

（3）伪代码。由于在设计一个算法时可能需要反复修改，而修改流程图比较麻烦，因此，在设计算法时为了方便起见，常用一种称为伪代码的工具。伪代码是介于自然语言和计算机语言之间的语言，常用文字和符号来表示。它不用图形符号，因此书写方便、格式紧凑，也易于理解，便于向计算机语言算法（即程序）过渡。例如，要求一组数（*n* 个数）中的最大数和最小数，可用伪代码表示其算法如下：

开始
置 i 的初值为 2
置 Min 和 Max 的初值为 a_1
当 i≤n 时，执行如下操作
　　如果 Min>a_i，则使 Min=a_i
　　如果 Max<a_i，则使 Max=a_i
　　i=i+1
（循环体到此结束）
打印 Max 和 Min 值
结束

（4）程序设计语言。用计算机编程语言表示算法，实际上就是用某种语言来编制程序。和伪代码不同，编程必须严格遵循所用语言的语法规则。例如，要求 5 个数中的最大数和最小数，可编写 C 语言源程序如下：

```
main ()
{
  int a[5] = {50, 23, 89, 12, 90};          //定义含有 5 个整数元素的数组
  int i = 1;                                 //i 为指示器，初始指向第 2 个数组元素
  int Max, Min;                          //定义两个变量，用来保存当前的最大值和最小值
  Max = a[0];                            //令当前的最大值为第 1 个数组元素
  Min = a[0];                            //令当前的最小值为第 1 个数组元素
  while (i <= 4)                         //i≤4 时循环
  {    if (Min > a[i])                   //如果当前数组元素小于当前最小值，则将当前数组
                                         //元素值赋给当前最小值变量
             Min = a[i];
       if (Max < a[i])                   //如果当前数组元素大于当前最大值，则将当前数组
                                         //元素值赋给当前最大值变量
             Max = a[i];
       i = i + 1;                        //循环变量递增 1
  }
  printf ("the maxnum is %d,the minnum is %d", Max, Min);      //输出最大值和最小值
}
```

6.1.3　常用的数据结构

常用的数据结构有线性表、栈、队列、串、数组、树、图等。

1. 线性表

线性表是最简单、最常用的一种数据结构，其数据元素之间是一种线性结构。线性表的特点是：在数据元素的非空有限集中，存在唯一的一个称为“第一个”的数据元素，即首元素；存在唯一的一个称为“最后一个”的数据元素，即尾元素；除第一个元素外，集合中的每个数据元素都有唯一的前驱；除最后一个元素外，集合中的每个数据元素都有唯一的后继。

线性表主要有两种基本的存储结构：顺序存储结构和链式存储结构。线性表的顺序存储是指在内存中用一组地址连续的存储单元依次存储线性表中的各个数据元素。采用顺序存储结构的线性表称为顺序表。线性表的链式存储是指用一组地址任意的存储单元依次存储线性表中的各个数据元素，这些存储单元可以是连续的，也可以是不连续的。采用链式存储结构的线性表称为链表。

2. 栈和队列

栈和队列都属于线性结构，它们是两种操作受限的线性表，称为限定性的数据结构。

（1）栈。栈是一种只允许在表的一端进行插入和删除操作的线性表。通常将表中允许进行插入、删除操作的一端称为栈顶（top），另一端称为栈底（bottom）。栈的插入操作称为进栈或入栈，删除操作称为出栈或退栈。当栈中没有元素时称为空栈。

栈有两种存储结构：顺序存储结构和链式存储结构。顺序栈是指采用顺序存储结构的栈，即在内存中用一组地址连续的存储单元依次存放自栈底到栈顶的数据元素，同时设置一个指针 top 指示栈顶元素的当前位置。链栈是指利用一个单链表结构来实现的栈，即栈中的每一个数据元素用一个结点来表示，同时设置一个指针 top 指示栈顶元素的当前位置。

（2）队列。队列是另一种操作受限的线性表，它只允许在表的一端进行插入操作，而在另一端进行删除操作。队列中允许进行插入操作的一端称为队尾（rear），允许进行删除操作的一端称为队头（front）。队列的插入操作称为进队，队列的删除操作称为出队。没有元素的队列称为空队。

队列有两种存储结构：顺序存储结构和链式存储结构。与顺序栈类似，队列也可以采用顺序存储结构来表示，即在内存中用一组地址连续的存储单元依次存放从队头到队尾的数据元素，同时设置两个指针 front 和 rear 分别指示队头元素和队尾元素的位置。这种采用顺序存储结构的队列称为顺序队列。将队列的存储空间看成一个环状的空间，即将队列的首、尾的位置连接起来形成的结构称为循环队列。

3. 串和数组

串和数组是扩展的线性数据结构，其特殊性反映在数据元素的构成上。串中的元素为字符，而数组中的元素是具有特定结构的数据。

（1）串。串（string）是由零个或多个字符组成的有限序列，通常记作：

$$S="a_1a_2a_3\cdots a_n"\ (n\geq 0)$$

其中，S 是串名；用双引号引起来的字符序列是串的值，其中，a_i（$1\leq i\leq n$）可以是字母、数字或其他字符；n 是串中字符的个数，称为串的长度；$n=0$ 的串称为空串。

串的存储结构有顺序存储结构和链式存储结构两类。按照串的存储方式的不同，可将串的存储结构分为定长顺序存储结构、堆存储结构和块链存储结构。

（2）数组。数组是高级程序设计语言中普遍支持的一种数据类型。和线性表一样，同一数组中的所有元素必须具有相同的数据类型。从逻辑结构上看，数组可以看成是一般线性表的扩充。例如，一维数组本身就是一个顺序结构的线性表，二维数组可以看成是数据元素类型为线性表的线性表，三维数组可以看成是每个数据元素为一个二维数组的线性表。

由于数组一般不进行插入或删除操作，即数组一旦建立，数组中元素的个数就不再发生变化，因此通常采用顺序存储结构存储数组。对于一维数组，可以在连续的存储空间中顺序存放数组中的每个元素。但对于多维数组，就必须按某种次序将数组元素排成一个线性序列，然后将这个线性序列存放在存储器中。二维数组的顺序存储可以有两种方式：按行序存储和按列序存储。

4. 树和二叉树

树形结构是一类重要的非线性结构，其特点是：结点间具有唯一的前驱而后继不唯一，结点之间的数据关系是一对多的关系。树形结构在现实生活中的应用非常广泛，如家庭成员关系、单位人员组织机构等。以下是树的几个基本术语：

- 结点：包含一个数据元素及若干指向其子树的分支。
- 结点的度：一个结点的子树的数目。
- 树的度：树中所有结点的度的最大值。
- 孩子：一个结点的直接后继称为该结点的孩子。
- 双亲：一个结点的直接前驱称为该结点的双亲。
- 结点的层次：从根开始定义，根的层次为 1，根的孩子的层次为 2，依次类推。
- 树的深度：树中所有结点的层次的最大值，也称为树的高度。

二叉树（binary tree）是一种特殊的树形结构，它的特点是：（1）每个结点最多有 2 棵子树；（2）二叉树的子树有左子树和右子树之分，其次序不能任意颠倒。

不含任何结点的二叉树称为空二叉树。任何非空二叉树中的每个结点可以有 0，1 或 2 个孩子，而且每个孩子有左右之分：位于左边的孩子称为左孩子，位于右边的孩子称为右孩子。

二叉树是一种非线性结构，每一个结点最多可有两个后继，其存储结构有两种：顺序存储结构和链式存储结构。二叉树的顺序存储结构是指用一组地址连续的存储单元来存放二叉树的数据元素，通常用一维数组来描述。在二叉树的链式存储结构中，通常每个结点由 3 个域组成：数据域、左孩子域和右孩子域。

5. 图

图是一种比树形结构更复杂的非线性数据结构。对于图结构，结点之间的关系可以是多对多的，即任意两个结点之间的关系是任意的，它可以用于描述各种复杂的数据对象。如图 6-5 所示分别为有向图和无向图。

图的存储方式有很多，常用的有 4 种：邻接矩阵、邻接表、十字链表和邻接多重表。其中，十字链表是针对有向图的，邻接多重表是针对无向图的，邻接矩阵和邻接表既可以存储有向图，也可以存储无向图。这 4 种存储方式各有利弊，可以根据实际应用来选择合适的存储方式。

（a）有向图　　（b）无向图

图 6-5　图的示例

6.1.4 查找和排序技术

1. 查找

查找是计算机在进行数据处理时经常使用的一种运算。例如，对于一个表结构，经常进行的操作如下：（1）查找某个“特定的”的数据元素（或记录）是否在表中；（2）检索某个“特定的”数据元素（或记录）的各种属性；（3）在表中插入一个数据元素（或记录）；（4）删除表中已经存在的某个数据元素（或记录）。这些操作都需要用到查找技术。

查找表（search table）是按某种数据结构形式存储的同一类型数据元素（或记录）的集合。其数据结构形式可以是之前介绍的任何一种数据结构，如线性表、二叉树或图等。查找表可分为静态查找表和动态查找表。

基于静态查找表的查找又称基于线性表的查找。对于数据元素的线性表而言，它既可以是顺序存储结构，也可以是链式存储结构。对于不同的存储方式，查找方法也不尽相同。对于顺序存储结构，静态查找表的查找方法可分为顺序查找、折半查找和索引顺序查找。

基于动态查找表的查找又称基于树的查找，其特点是表的结构在查找过程中动态生成，查找表被组织成特定的树形结构，并在树形结构上实现查找。常用的动态查找方法有二叉排序树、平衡二叉树和 B 树等。

2. 排序

排序是指将一个数据元素的任意序列按关键字的递增或递减次序重新排列起来，使其成为一个按关键字有序排列的序列。若排序按主关键字进行，则排序的结果将是唯一的；若排序按次关键字进行，则排序的结果可能不唯一。

排序可分为两类：内部排序和外部排序。内部排序是指将待排数据元素完全放置在内存中进行排序的方法。外部排序是指因待排数据元素数量太大，排序过程中不仅需要使用内存，还要借助外部存储器来完成的排序方法。

数据元素可有 3 种存储结构：顺序结构、链式结构和地址向量结构。采用顺序结构时，排序过程中一定要移动数据元素；采用链式结构时，排序过程中不用移动数据元素，而只需要修改指针即可，这种排序方式称为链表排序。地址向量结构是指将数据元素顺序存储的同时，另设一个指示各个数据元素位置的地址向量，这样在排序过程中不用移动数据元素，而只需修改地址向量中数据元素的“地址”即可，这种排序方式称为地址排序。

实际中常用的排序方法有 5 类：插入排序、交换排序、选择排序、归并排序和基数排序。

课堂案例 1 输入随机数并判断最值

【问题描述】

通过键盘输入 10 个整数，编制程序计算其中的最大值与最小值，并输出在屏幕上。

【算法分析】

首先将这 10 个整数存储在一个一维数组中，采用顺序查找法，令 max 和 min 分别为存放最大值和最小值的变量，并将数组中第一个整数赋给 max 和 min。从第二个整数（数组元素）开始，依次将数组元素分别与 max 和 min 相比较，使 max 和 min 始终保存当前的最大值和最小值，直到与最后一个元素比较完成。此时的 max 和 min 值分别就是数组中的最大值和最小值。

【C 语言源程序】

```
main ()
{
    int i = 1;
    int array[10];                          //用来存放整数的数组
    int max, min;                           //分别用来存放最大值和最小值
    while (i <= 10)
    {
        printf ("please input the %dth number: ", i);
        scanf ("%d", &array[i-1]);          //依次将整数输入数组
        i ++;
    }
    max = array[0];                         //把数组第一个元素赋给 max
    min = array[0];                         //把数组第一个元素赋给 min
    i = 1;                                  //令 i 指向数组的第二个元素
    while (i <= 9)                          //令 max 和 min 依次与剩余元素比较
    {
        if (max < array[i])
            max = array[i];
        if (min > array[i])
            min = array[i];
        i ++;
    }
    printf ("the maximum is %d,the minimum is %d\n", max, min);
}
```

【程序测试】

```
please input the 1th number: 1↙
please input the 2th number: 2↙
please input the 3th number: 3↙
```

```
please input the 4th number: 4↙
please input the 5th number: 5↙
please input the 6th number: 6↙
please input the 7th number: 7↙
please input the 8th number: 8↙
please input the 9th number: 9↙
please input the 10th number: 10↙
the maximum is 10,the minimum is 1
```

6.2 程序设计基础

用计算机解决问题时，在完成了算法设计后，要用一种程序设计语言将该算法表达为程序。随着计算机技术的发展，程序设计语言经历了机器语言、汇编语言和高级语言阶段。

（1）机器语言是低级语言，是用二进制代码表示的一种机器指令的集合。其特点是计算机可以直接识别和执行，不需要进行任何的解释和翻译。

（2）汇编语言是机器语言的升级版，它用英文字母和符号串代替了机器语言中的二进制码，因此，汇编语言也称符号语言，它比机器语言程序容易阅读和理解。

（3）高级语言是为了使程序设计语言能更贴近人类的自然语言，同时又不依赖于计算机硬件而产生的。这种语言的语法形式类似英文，易于被人们理解和使用。目前比较主流的高级程序设计语言有 C，Java，Python，C++，C#，PHP，JavaScript 等。

其中，C 语言是目前世界上最流行、使用最广泛的高级程序设计语言之一，它具有功能强大、使用灵活、可移植性好等特点，同时兼具高级语言和低级语言的优点，深受广大编程人员的欢迎。

6.2.1 C 程序的开发步骤

用 C 语言编写的程序称为源程序，它不能被计算机直接识别和执行，为此，还需要一种担任翻译工作的程序，即编译程序。编译程序可以把 C 语言程序代码转换为计算机能够直接识别和执行的二进制目标代码。

从编写 C 语言源程序到运行程序，需要经过以下 4 个步骤：

（1）编辑源程序。

（2）编译源程序，生成目标程序。

（3）连接目标程序及其相关模块，生成可执行文件。

（4）运行可执行文件。

小提示

用 C 语言编写的源程序必须经过编译和连接才能运行，这就需要用到 C 编译系统。目前使用的大多数 C 编译系统都被集成在某个集成环境（IDE）中，即把程序的编辑、编译、连接和运行等操作全部集中在一个界面中进行。C 语言开发环境有很多，且使用存在差异，建议采用 Visual C++ 6.0 或 Visual C++ 2010。

6.2.2　C 程序设计基础知识

C 程序中主要包括关键字、常量、变量和运算符等。

1. 关键字

C 语言中规定的具有特殊意义的字符串称为关键字，亦称保留字。C 语言中的关键字共有 37 个。总体而言，C 语言中的关键字大致可以分为以下几类：

（1）数据类型说明符，如整型 int，字符型 char 等。

（2）语句定义符，如选择结构中的 if，else，循环结构中的 for，while，do 等。

（3）存储类型关键字，如声明自动变量的 auto，声明静态变量的 static 等。

（4）其他关键字，如声明常量的 const 等。

2. 常量和变量

（1）常量。常量是指程序运行过程中其值保持不变的量，通常用于给变量赋值，因此，使用它时无需事先声明，只要按规定书写即可。常见的常量包括整型常量、实型常量、字符型常量和符号常量等，如 18，−1482.5，'A'，"China"等。

（2）变量。变量是指程序运行过程中其值可以改变的量。

① 整型变量是用来存储整数的变量，其关键字有 int 等，如：

```
int a;                    /*定义一个整型变量 a*/
a=0;                      /*为 a 赋值 0*/
```

② 实型变量是用来存储任意实数的变量，其关键字有 float（单精度型）、double（双精度型）和 long double（长双精度型），如：

```
float f;                  /*定义单精度型变量 f*/
f=1234567.95789;          /*将值 1234567.95789 赋给变量 f*/
```

③ 字符型变量的关键字为 char，在内存中占一个字节，如：

```
char low,upp;             /*定义字符型变量 low 和 upp*/
low='a';                  /*给变量 low 赋值'a'*/
upp=low-32;               /*low 的值减去 32 后赋给变量 upp*/
```

3. 运算符

表达式是对数据进行操作和处理的基本单位，它由运算量和运算符组成。运算量包括常量和变量，而运算符有很多，常用的如表 6-1 所示。

表 6-1　常用运算符

运算符类型	符　号
算术运算符	+　-　*　/　%　++　--
关系运算符	>　<　>=　<=　==　!=
逻辑运算符	&&　||　!
位运算符	&　|　~　^　<<　>>
条件运算符	?:
赋值运算符	=　+=　-=　*=　/=　%=　&=　|=　^=　>>=　<<=
逗号运算符	,

小 提 示

C 语言允许不同类型的数据混合运算，运算时可按照一定的自动规则或人为干预进行类型转换。数据类型的转换有两种方式：隐式类型转换和强制类型转换。

其中，隐式类型转换由编译系统自动进行，无需人为干预；强制类型转换（即显式类型转换）用于将表达式的结果强制转换成类型标识符所指定的数据类型，其运算格式为：(类型标识符)(表达式)，如(int)(x+y)表示将 x+y 的值转换成整型。

6.2.3　顺序结构程序设计

无论多么复杂的程序，都可以分解为顺序结构、选择结构和循环结构这 3 种基本结构。其中，顺序结构是最基本、最简单的程序结构。

顺序结构表示程序中的各个操作是按照它们出现的先后顺序执行的，即按照语句的书写顺序依次执行。顺序结构语句主要有空语句、表达式语句、函数调用语句和复合语句等。

（1）空语句。只由分号组成的语句称为空语句。空语句是什么也不执行的语句。

（2）表达式语句。表达式语句由一个表达式加上分号组成。如：

```
x=y+z;
a=520;
```

（3）函数调用语句。函数调用语句由一个函数调用加上分号组成。例如，调用 printf 函数输出字符串：

```
printf("Hello!");                    /*调用名为 printf 的函数*/
```

（4）复合语句。把多条语句用大括号{}括起来所组成的语句称为复合语句。在程序中，可把复合语句看成单条语句，例如：

```
{
    x=y+z;
    a=b+c;
    printf("%d%d",x,a);
}
```

6.2.4 选择结构程序设计

选择结构（也叫分支结构）表示程序的处理步骤出现了分支，它需要根据某一特定的条件选择其中的一个分支执行。选择结构有单选择、双选择和多选择 3 种形式。

实现选择结构可以使用 if 语句、if-else 语句、if-else-if 语句和 switch 语句等。

1. if 语句

if 语句允许程序通过判断表达式的值（非 0 即“真”，否则为“假”），从两种选项中选择一种，如图 6-6 所示。其最简单形式如下：

```
if(表达式)    语句
```

2. if-else 语句

if 语句只允许在条件为真时指定要执行的语句，而 if-else 语句还可在条件为假时指定要执行的语句，如图 6-7 所示。其一般形式如下：

```
if(表达式)
    语句 1
else
    语句 2
```

3. if-else-if 语句

编程时常常需要判定一系列的条件，一旦其中某一个条件为真就立刻停止。这种情况可以采用 if-else-if 语句，如图 6-8 所示。其一般形式如下：

```
if(表达式 1)          语句 1
else if(表达式 2)     语句 2
else if(表达式 3)     语句 3
…
else if(表达式 n)     语句 n
else                  语句 n+1
```

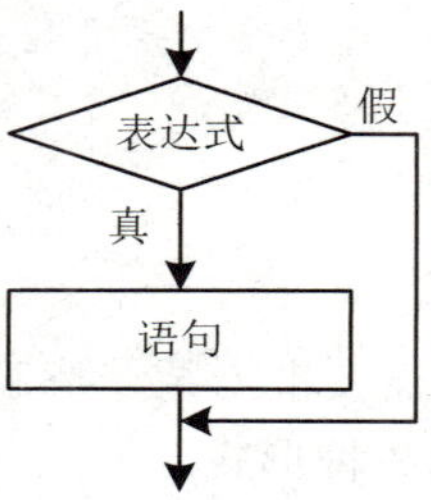

图 6-6　if 语句执行流程图

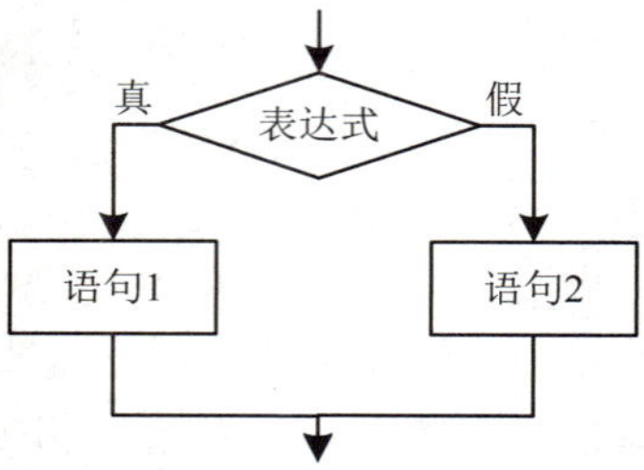

图 6-7　if-else 语句执行流程图

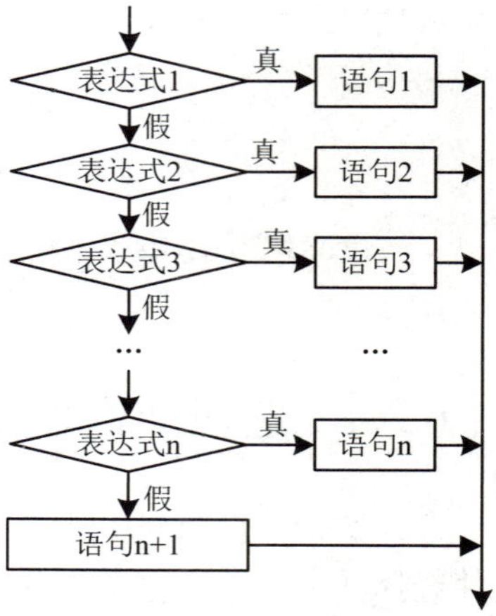

图 6-8　if-else-if 语句执行流程图

4. switch 语句

在日常编程中，常常要把表达式和一系列值进行比较，从中找出当前匹配的值。这种情况可以使用 switch 语句，如图 6-9 所示。其一般形式如下：

```
switch(表达式)
{
case  常量表达式 1:[语句 1]
case  常量表达式 2:[语句 2]
…
case  常量表达式 n:[语句 n]
[default:语句 n+1]
}
```

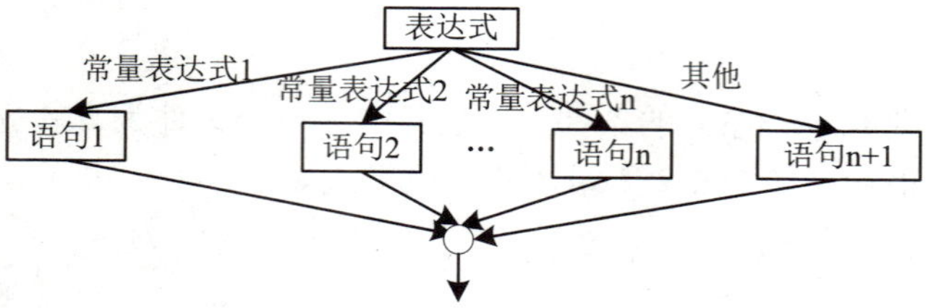

图 6-9　switch 语句执行流程图

6.2.5　循环结构程序设计

循环结构表示程序反复执行某个或某些操作，直到某条件为假（或为真）时才可终止循环。在循环结构中最主要的是：什么情况下执行循环？哪些操作需要循环执行？

实现循环结构可以使用 while 语句、do-while 语句和 for 语句，以及一些辅助流程控制语句如 break（跳出循环体）、continue（结束本次循环）等。

1. while 语句

在 C 语言的所有循环语句中，while 语句是最简单、最基本的。其语法格式为：

```
while(表达式)        语句                /*循环体*/
```

while 语句的执行流程如图 6-10 所示。

2. do-while 语句

有些情况下，无论条件是否满足，都至少执行一次循环体，这时可以使用 do-while 语句。其语法格式为：

```
do
        语句                            /*循环体*/
while(表达式);
```

do-while 语句的执行流程如图 6-11 所示。

3. for 语句

对循环状态的初始化和对循环控制变量的修改，是循环语句中必不可少的两个组成部分。for 语句将这两部分作为表达式写入到圆括号中，更便于描述、阅读和检查程序。其语法格式为：

```
for(表达式 1;表达式 2;表达式 3)
        语句                            /*循环体*/
```

for 语句的执行流程如图 6-12 所示

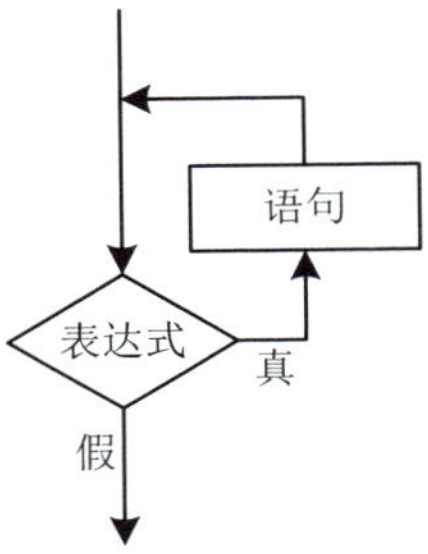

图 6-10　while 语句执行流程图

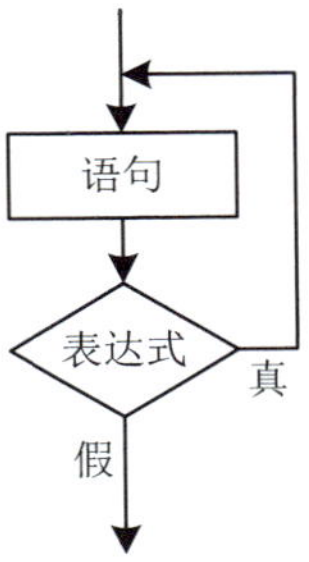

图 6-11　do-while 语句执行流程图

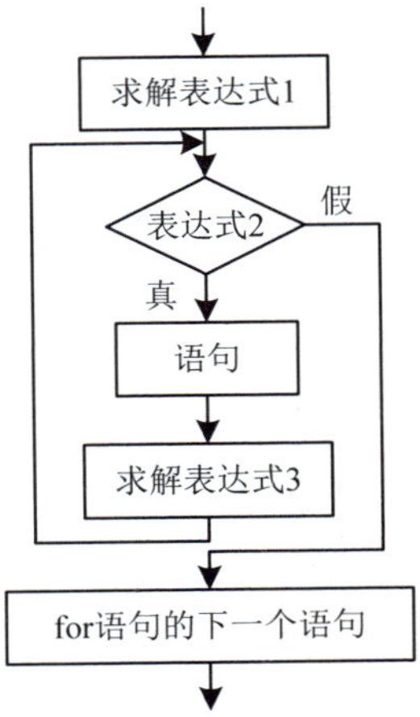

图 6-12　for 语句执行流程图

课堂案例 2　判断是否为闰年

【问题描述】

编程实现：根据任意一年的公元年号，判断该年是否为闰年。若公元年号满足下面两个条件中的任意一个，则该年为闰年。

- 能被 4 整除，但不能被 100 整除，如 1996 年、2004 年、2008 年等都是闰年。
- 能被 400 整除，如 1600 年、2000 年、2400 年等都是闰年。

若上述两个条件都不满足，则该年就不是闰年。

【算法分析】

设 year 为任意一年的公元年号，用 leap 作为闰年的标志。算法可表示如下：

（1）输入 year 的值。

（2）判断 year 能否被 4 整除，如果成立，执行（3），否则，leap=0。

（3）判断 year 能否被 100 整除，如果成立，执行（4），否则，leap=1。

（4）判断 year 能否被 400 整除，如果成立，leap=1，否则，leap=0。

（5）判断 leap 的值，leap 为 1 输出“是闰年”，leap 为 0 输出“不是闰年”。

【C 语言源程序】

```
#include <stdio.h>
int main()
{
    int year,leap;                  /*定义变量*/
    printf("请输入年号:");          /*输出提示语*/
    scanf("%d",&year);              /*输入年号*/
    if(year%4==0)                   /*判断年号是否能被 4 整除*/
    {
        if(year%100==0)             /*判断年号是否能被 100 整除*/
        {
            if(year%400==0)         /*判断年号是否能被 400 整除*/
                leap=1;             /*能被 400 整除的令 leap=1*/
            else
                leap=0;             /*能被 100 整除但不能被 400 整除的令 leap=0*/
        }
        else
            leap=1;                 /*能被 4 整除但不能被 100 整除的令 leap=1*/
    }
```

```
    else
        leap=0;                         /*不能被 4 整除的令 leap=0*/
    if(leap)                            /*判断 leap 的值，当 leap 为 1 时输出是闰年*/
        printf("%d  是闰年\n",year);
    else                                /*当 leap 为 0 时输出不是闰年*/
        printf("%d  不是闰年\n",year);
    return 0;
}
```

【运行结果】

程序运行结果如图 6-13 所示，输入年号，判断是否为闰年后输出。

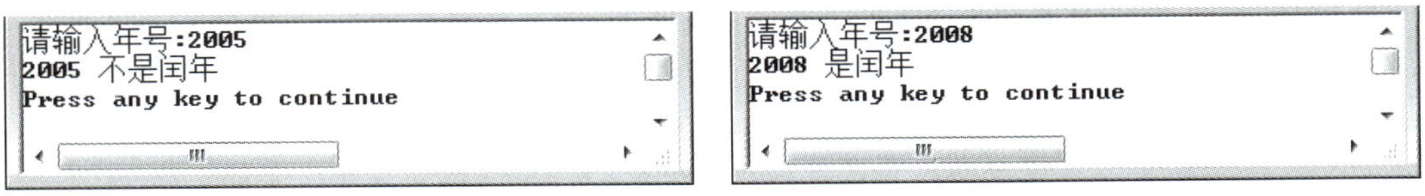

图 6-13　程序运行结果

【程序说明】

可将程序中的第 7～20 行用一个逻辑表达式表示，以包含所有闰年条件，即将上述 if 语句用下面的 if 语句代替。

```
if((year%4==0&&year%100!=0)||(year%400==0))     /*year 能被 4 整除但不能被 100
                                                  整除，或者 year 能被 400 整除*/
    leap=1;
else
    leap=0;
```

6.3　软件工程基础

软件工程是指导计算机软件开发和维护的学科，它用工程化方法构建和维护有效的、实用的和高质量的软件，其目的是在规定的时间和开发费用内，开发出满足用户需求的、质量合格的软件产品。

6.3.1　软件工程的内容

软件工程的主要内容是软件开发技术和软件工程管理。

1. 软件开发技术

软件开发技术包括软件工程方法学、软件工具和软件开发环境。

（1）软件工程方法学。软件工程方法学是编制软件的系统方法，它确定软件开发的各个阶段，规定每一阶段的活动、产品、验收的步骤和完成准则。目前使用得最广泛的软件工程方法学可以分为传统方法学和面向对象方法学两类。

小提示

传统方法学把软件开发工作划分成若干阶段，每个阶段相对独立，也比较简单，顺序完成各阶段的任务；每个阶段的开始和结束都有严格的标准；每个阶段结束时要进行严格的技术审查和管理复审。

面向对象方法学是多次反复、迭代开发的过程，其最终产品是由许多基本独立的对象组成的，这些对象具有简单、易于理解、易于开发、易于维护的特点，并且具有可重用性。

（2）软件工具。软件工具是指为了支持计算机软件的开发和维护而研制的程序系统。使用软件工具的目的是提高软件设计的质量和生产效率，降低软件开发和维护的成本。软件工具可用于软件开发的整个过程。软件开发人员在软件生产的各个阶段可根据不同的需要选用合适的工具。

（3）软件开发环境。软件开发环境是支持软件产品开发的软件系统，它由软件工具和环境集成机制构成，前者用以支持软件开发的相关过程、活动和任务，后者为工具集成和软件的开发、维护及管理提供统一的支持。

2. 软件工程管理

软件工程管理就是对软件开发各阶段的活动进行管理，其目的是确保按预定的时间和费用，成功地生产出软件产品。软件工程管理的任务是有效地组织人员，按照适当的技术、方法，利用好的工具来完成预定的软件项目。

软件工程管理的内容包括费用管理、人员组织、工程计划管理、软件配置管理等。

6.3.2 软件生存周期

软件生存周期（也称软件生命周期）是指软件产品从问题定义开始，经过开发、使用和维护，直到最后被淘汰的整个过程。它通常包括需求阶段、设计阶段、实现阶段、测试阶段、安装和验收阶段、操作和维护阶段，有时还包括退役阶段。

一款软件产品的生存周期可划分为若干互相区别而又有联系的阶段。把整个软件生存周期划分为若干阶段，赋予每个阶段相对独立的任务，然后逐步完成每个阶段的任务。这样，既能简化每个阶段的工作，便于确立系统开发计划，又能明确系统各类开发人员的职责范围，以便分工协作，保证质量。

软件生存周期一般由软件计划、软件开发和软件运行维护 3 个时期组成。

（1）软件计划时期分为问题定义、可行性研究和需求分析 3 个阶段。

（2）软件开发时期可分为软件设计、软件实现和综合测试阶段。其中，软件设计阶段可分为概要设计和详细设计阶段；软件实现阶段进行程序设计和软件单元测试；软件开发的最后阶段是综合测试等。

（3）软件交付使用后，在软件运行过程中，需要不断地进行维护，才能使软件持久地满足用户的需要。

以下是软件生存周期各阶段的主要任务。

- 问题定义：确定软件系统的目标、规模和基本任务。
- 可行性研究：从经济、技术、法律等方面分析确定软件系统是否值得开发，及时建议停止不值得开发的项目，避免人力、物力和时间的浪费。
- 需求分析：确定软件系统应具备的具体功能。通常用数据流图、数据字典和简明算法等描述系统的逻辑模型，以防止产生系统设计与用户的实际需求不相符的后果。
- 概要设计：确定系统设计方案、软件的体系结构。确定软件由哪些模块组成，以及这些模块之间的相互关系。
- 详细设计：描述应该如何具体地实现系统。详细设计的每个模块应确定实现模块所需要的算法和数据结构。
- 软件实现阶段：进行程序设计（编码）和模块测试。
- 综合测试阶段：通过各种类型的测试，查出软件设计中的错误并改正，确保软件质量；还要在用户的参与下进行验收，才可交付使用。
- 软件运行和维护：在软件运行期间，通过各种必要的维护，使系统改正错误或修改、扩充功能以适应环境变化，从而延长软件的使用寿命，提高软件的效益。每次软件维护的要求及修改过程都应详细准确地记录下来，并作为文档加以保存。

6.3.3 软件开发模型

在软件开发过程中，每一个软件开发人员都希望有一套针对软件开发全部过程、活动和任务的结构框架，这个框架能直观地表达软件开发全过程，能明确规定要完成的主要活动、任务和开发策略，这就是软件开发模型，也称软件生存周期模型或软件过程模型。

总体来说，软件开发模型有传统的瀑布模型和后来兴起的快速原型模型两类，具体又可细分为瀑布模型、快速原型模型、增量模型、喷泉模型、螺旋模型和统一过程。

1. 瀑布模型

瀑布模型遵循软件生存周期阶段的划分，明确规定每个阶段的任务，各个阶段的工作以线性顺序展开，恰如奔流不息、拾级而下的瀑布。它把软件生存周期划分为计划时期、开发时期和运行维护时期，这些时期又细分为若干阶段，如图 6-14 所示。

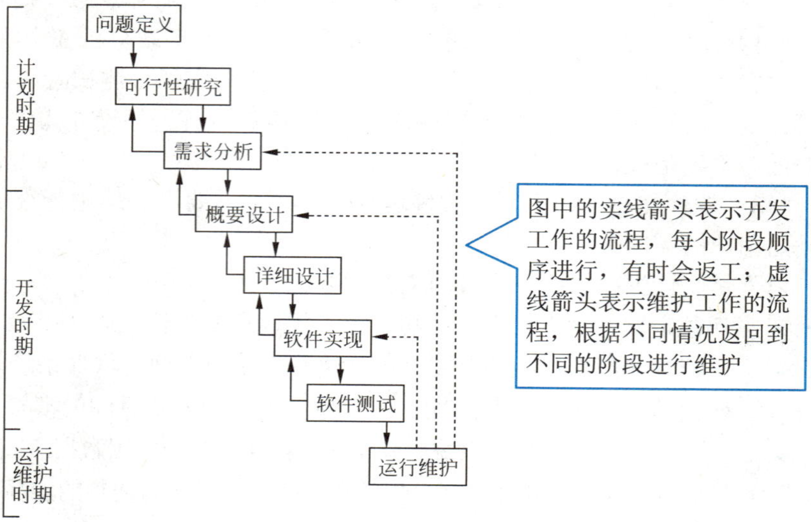

图 6-14　瀑布模型

2. 快速原型模型

快速原型模型是指快速开发一个可以运行的原型系统，该原型系统所能完成的功能往往是最终产品能完成的功能的一个子集。请用户试用原型系统，以便能准确地认识到他们的实际需求是什么，然后编写软件系统的需求规格说明文档，根据这份文档开发出来的软件可以满足用户的真实需求。这相当于工程上先制作“样品”，试用后作适当改进，然后再批量生产一样。快速原型模型的开发过程如图 6-15 所示。

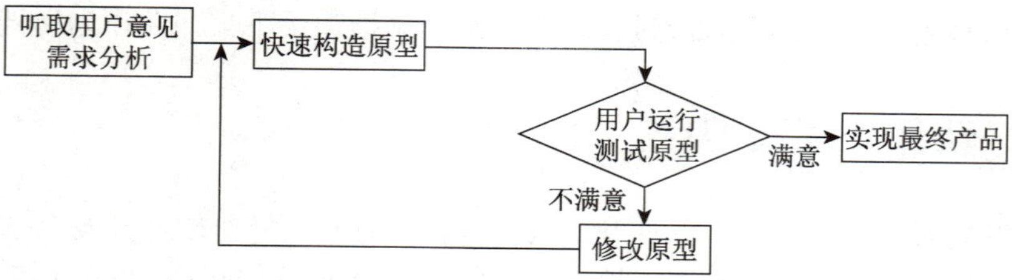

图 6-15　快速原型模型开发过程

3. 增量模型

增量模型（也称渐增模型）是指先选择一个或几个关键功能，建立一个不完全的系统。这个系统只包含目标系统的一部分功能，或对目标系统的功能从某些方面作简化。通过运行这个系统可取得经验，加深对软件需求的理解，从而使系统逐步得到扩充和完善。如此反复进行，直到用户对所设计的软件系统满意为止。

增量模型是对瀑布模型的改进，它使开发过程具有一定的灵活性和可修改性。例如，在软件需求分析和设计阶段采用整体开发方式，在编码和测试阶段采用增量模型开发方式，如图 6-16 所示。先对部分功能进行编码、测试，提交给用户试用，听取用户意见，及早发现问题、解决问题；再对另一部分功能进行编码、测试，提交给用户试用。

4. 喷泉模型

喷泉模型是典型的面向对象软件开发模型，着重强调不同阶段之间的重叠，认为面向对象的软件开发过程不需要或不应该严格区分不同的开发阶段。基于喷泉模型，有专家提出将软件开发过程划分为系统分析、系统设计、对象设计与实现（编程）、测试和系统组装集成等阶段，每个阶段之间可以重叠，如图 6-17 所示。

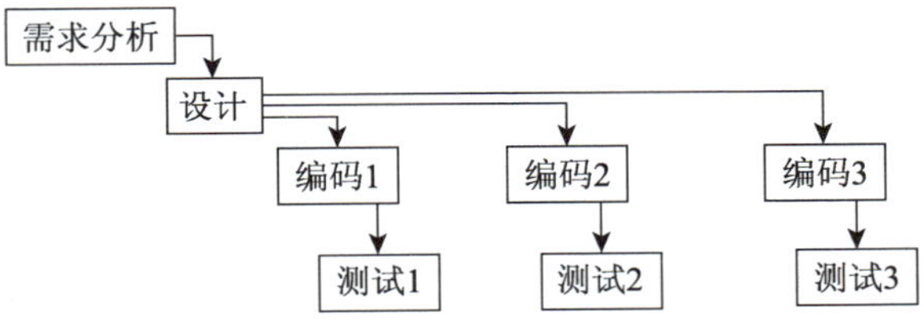

图 6-16　增量模型

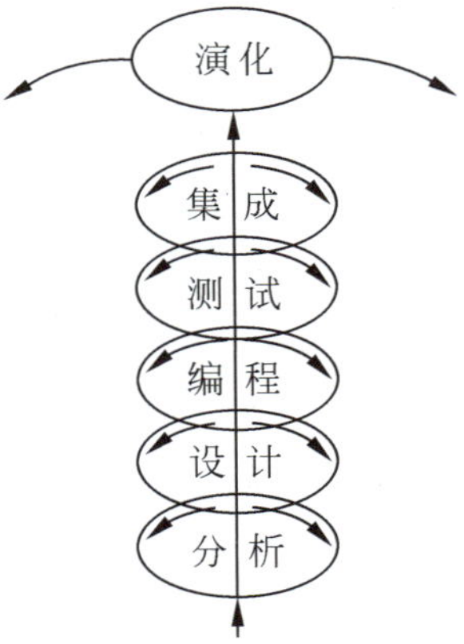

图 6-17　喷泉模型

5. 螺旋模型

瀑布模型要求在软件开发的初期就完全确定软件的需求，这在很多情况下往往是做不到的。螺旋模型试图克服瀑布模型的这一不足之处。

螺旋模型把软件开发过程安排为逐步细化的螺旋周期序列，每经历一个周期，系统就细化和完善一些。螺旋模型的每一螺旋周期由 6 个步骤组成：确定任务目标、选择对象、分析约束条件、风险分析、制定消除风险的方法、制定下一周期的工作计划，如图 6-18 所示。

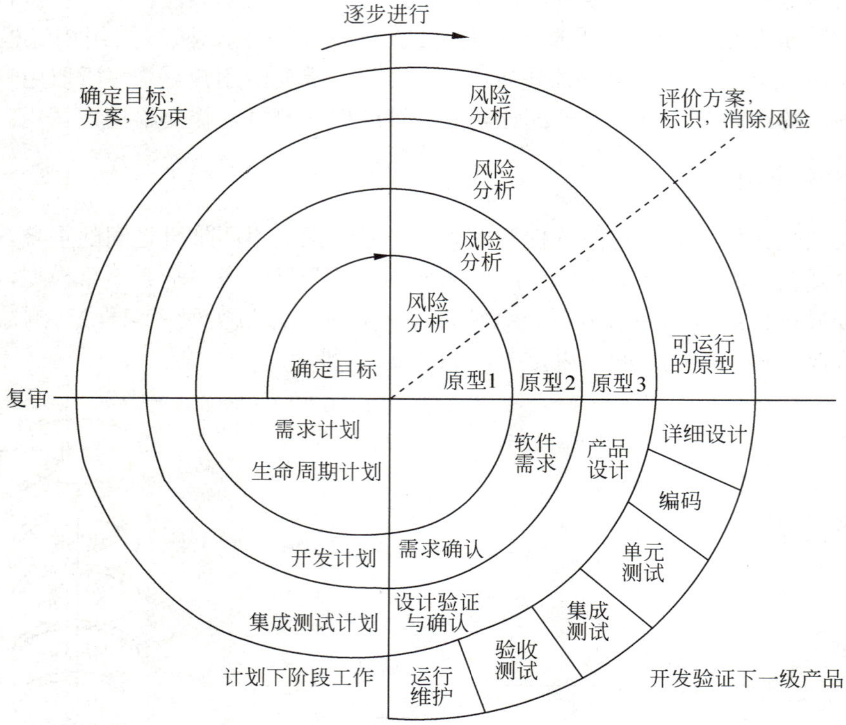

图 6-18　螺旋模型

6. 统一过程

统一过程（RUP）是由 Rational 软件公司推出的一种软件工程处理过程，它是汲取了各种生存周期模型的先进思想和丰富的实践经验，经过 30 多年的发展而形成的。RUP 将成为软件开发的主流过程。

统一过程使用统一建模语言（UML），采取用例驱动和构架优先的策略，采用迭代增量建造方法。它所构造的软件系统，是由软件构件建造而成的。这些软件构件定义了明确的接口，相互连接成整个系统。

为了管理和监控软件开发过程，统一过程把软件开发过程划分为多个循环，每个循环生成产品的一个新版本。每个循环都由初始阶段、细化阶段、构造阶段和提交阶段组成。每个阶段是一个小的瀑布模型，要经过分析、设计、编码、集成和测试等阶段。统一过程通过反复多次的循环迭代，来达到预定的目的或完成确定的任务。每次迭代增加尚未实现的用例，所有用例建造完成后，系统也就建造完成了。

小技巧

在具体的软件项目开发过程中，要选用合适的生存周期模型，按照某种开发方法，使用相应的工具进行系统开发，要把各种模型有机地结合起来，充分利用各种模型的优点。通常，结构化方法可采用瀑布模型、增量模型和螺旋模型进行开发；面向对象方法可采用快速原型模型、增量模型、喷泉模型和统一过程进行开发。

6.4　数据库技术基础

数据库技术是现代计算机信息系统与应用系统的基础和核心，它为人们提供了科学和高效的管理数据的方法。利用数据库技术，可以方便地实现数据操作、安全控制、可靠性管理等功能。

6.4.1　数据库系统概述

1. 数据库

数据是指存储在计算机中，能反映客观事物相关信息的符号。在计算机中，数字、文字、图形、图像、声音、动画和视频等都属于数据。

从字面上理解，数据库（DB）就是存放数据的仓库。实际上，数据库不仅仅是指描述事物的数据本身，它还能反映数据之间的联系。此外，数据库中的数据还具有较小的冗余度、较高的数据独立性和易扩展性等特点，并可同时为多种应用程序服务，为多个用户所共享。

2. 数据库管理系统

数据库管理系统（DBMS）是一种操纵和管理数据库的大型软件，用于建立、使用和维护数据库。它对数据库进行统一的管理和控制，以保证数据库的安全性和完善性。用户通过数据库管理系统访问数据库中的数据，数据库管理员也通过数据库管理系统进行数据库的维护工作。

常见的数据库管理系统有 Access，Oracle，SQL Server，MySQL，DB2 等。其中，Access 是目前最流行的桌面数据库管理系统，Access 2010 作为其较常用版本，不仅能用于存储数据，更重要的是能够对数据进行检索、分析和处理等。

3. 数据库系统

数据库系统是指带有数据库并利用数据库技术进行数据管理的计算机系统，一般由支持数据库运行的软硬件环境、数据库、数据库管理系统、数据库应用程序等组成，如图 6-19 所示。

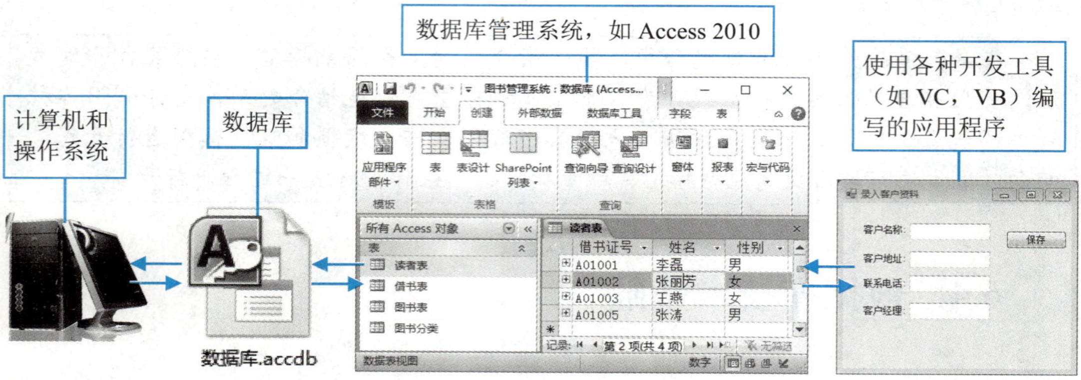

图 6-19 数据库系统

从图中可以看出，数据库管理系统的操作对象是数据库，服务对象是应用程序。也就是说，数据库管理系统为应用程序提供访问数据库的接口，当应用程序访问数据库时，数据库管理系统会根据应用程序的要求提供对数据库内容的检索、增加、修改和删除等操作。

（1）支持数据库运行的软硬件环境。每种数据库管理系统都有其自身所需要的软硬件环境。对于硬件，一般要说明所需要的基本配置；软件则要说明其适用于哪些底层软件，与哪些软件兼容等。

（2）数据库（DB）。数据库由一组相互关联的数据文件组成，其中最基本的是包含用户数据的数据文件。数据文件之间的逻辑关系也存放在数据库文件中。

（3）数据库管理系统（DBMS）。数据库管理系统是专门用于管理数据库的系统软件，它提供的数据处理功能包括数据库定义、数据操纵、数据控制和数据维护等。它还提供了数据库与其他应用程序之间的接口，允许用户逻辑地访问数据库中的数据，负责逻辑数据与物理地址之间的映射，是控制和管理数据库运行的工具。

（4）数据库应用程序。数据库应用程序是由程序员用某种程序设计语言编写的允许用户插入、修改、删除并报告数据库中数据的计算机程序。

6.4.2 Access 2010 简介

Access 2010 是微软公司推出的 Office 2010 的一个组件，它是基于 Windows 的桌面关系数据库管理系统，在很多领域得到了广泛应用。例如，可以将 Access 2010 数据库作为一些应用程序的后台数据库，还可以将 Access 2010 作为开发工具，开发进销存管理系统、人事管理系统、客户管理系统和图书管理系统等。

数据库对象是数据库的组成部分，Access 2010 的数据库对象有表、查询、窗体和报表等。每一个数据库对象实现不同的数据库功能，它们存储在同一个数据库文件中。

（1）表。表用来保存数据库中的数据，是数据库的核心。用户向表中输入的数据实际上是一组逻辑相关的数据，在表中这些数据按行和列的方式进行组织。当在 Access 2010 中打开一个数据库时，表是默认的选项。

（2）查询。查询用来从某个数据表或某些数据表中根据查询准则的要求抽取出特定的信息，供用户查看或打印。所谓查询准则就是查询条件。一个查询可以选择满足某些特定条件的一组记录，也可以根据需要选择若干字段，还可以使用来自不同的表甚至不同数据库的数据，经过编排组织以后，形成一个查询文件。查询中的数据还可以是基于其他查询的结果。

（3）窗体。窗体的应用范围较广，最常用的是作为数据的输入和输出界面，以便对表进行维护，如添加、修改或删除表中的记录。窗体显示数据的方式比表更直观，有助于表达数据的结构。

（4）报表。报表用于将查询的记录以表格的形式显示或打印出来，其数据的来源可以是表，也可以是基于查询结果而显示的满足某个查询条件的记录。

6.4.3　Access 2010 基本操作

1. 数据库和表

使用 Access 2010 的第一项任务是建立数据库，并把它作为文件（扩展名为.accdb）存放在磁盘上。一旦完成数据库的建立，所有的对象都将自动被放置在这个数据库文件中。

要创建数据库，可在“文件”选项卡中选择“新建”项，在右侧窗格的“文件名”编辑框中输入文件名，并选取保存位置，然后单击“创建”按钮即可。

打开数据库后，可单击“创建”选项卡“表格”组中的“表”按钮，新建一个表；然后为表添加不同的字段（设置字段名、数据类型、说明和字段属性等），之后根据字段输入相应数据即可，如图 6-20 所示。

学生

学号	姓名	性别	年龄	入校日期	团员否	个人简历	联系电话
20170101	李明	男	21	2017/9/1	☑	爱好：运动、摄影	13188000588
20170102	刘彤	女	21	2017/9/1	☐	组织能力强，有上进心	13288000123
20170103	张亮	男	22	2017/9/1	☑	爱好：绘画、摄影	18688006556
20170104	王董承	男	21	2017/9/1	☑	爱好：运动	13388006101
20170105	王梅	女	20	2017/9/1	☐	有上进心，学习努力	13288000555
20170106	李橙	男	21	2017/9/1	☑	组织能力强，善于表现自己	13588005661
20170107	汪海东	男	22	2017/9/1	☑	爱好：运动	13588006223
20170108	张慧	女	21	2017/9/1	☑	爱好：摄影、唱歌	13888005220
*					☐		

图 6-20　数据库中的表

当数据库中有多个表时，可把其中的相关表用关系字段联系起来，以方便创建查询等。表之间有 3 种类型的关系：一对多、多对多、一对一。要在多个表之间建立关系，可单击“数据库工具”选项卡“关系”组中的“关系”按钮，利用打开的“关系”窗口和“显示表”对话框来实现，如图 6-21 所示。

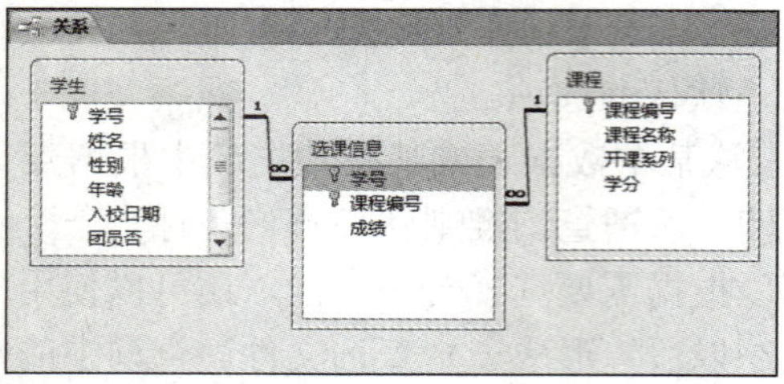

图 6-21　建立数据库中表之间的关系

2. 查询

Access 2010 中的查询是以数据表中的数据为数据源，按照用户指定的条件从数据库中指定的表或查询中筛选出符合条件的数据，形成一个新的数据集合。查询的结果可以随着数据源中数据的变化而变化。

在“创建”选项卡的“查询”组中，Access 2010 提供了两种方法来创建查询对象，如图 6-22 所示。

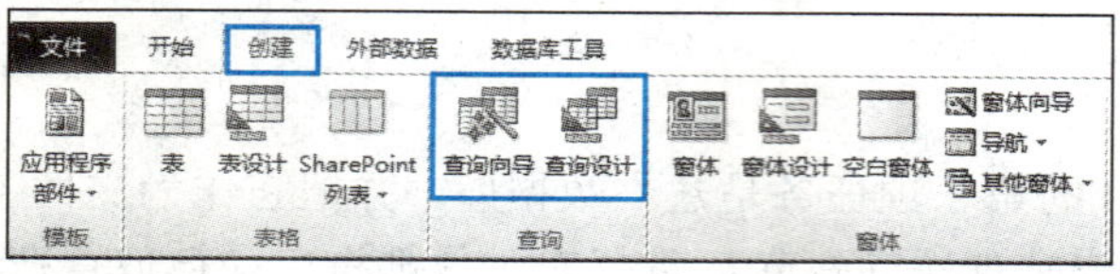

图 6-22　“查询”组

查询依据其对数据源操作方式及结果的不同分为多种类型，以下是比较常用的两种。

（1）选择查询。选择查询是从数据库的一个或多个表中检索特定的信息，将查询的结果显示在一个数据表中供用户查看或编辑。选择查询是最常见的查询类型，是窗体或报表的基础。使用选择查询，用户还能对记录进行分组，并进行汇总，统计，求平均值、最小值、最大值或其他类型的计算。

（2）操作查询。在一次操作中更改多条记录的查询称为操作查询。用户可以通过操作查询完成一些表操作，例如更新或删除表数据、根据现有表生成一个新表、在现有表中追加记录等。

小提示

查询和表之间是一对一或一对多的关系。查询可以同时对一个或多个表进行简单或复杂的检索操作。在多个表之间进行查询时，表与表之间必须保证建立了关系。若没有建立关系，则多表查询将会出现多条重复记录的混乱现象。

3. 窗体

在 Access 2010 数据库中，窗体是用来进行数据输入、输出、编辑及搜索的人机交互界面。为了让用户可以从不同的角度和层面来设计、查看和使用窗体，Access 2010 提供了多种窗体视图模式。打开任一窗体，然后单击“开始”选项卡“视图”组中“视图”按钮下方的三角按钮，在展开的列表中可以切换窗体视图模式，如图 6-23 所示。

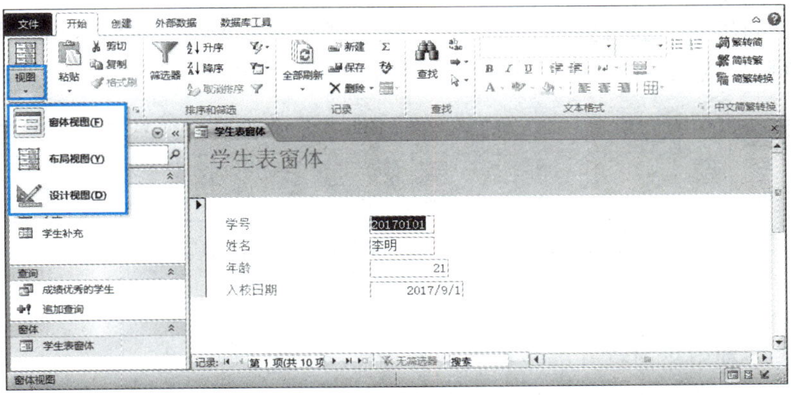

图 6-23　“视图”列表

- **窗体视图：** 窗体的工作视图，也是用得最多的视图模式，用于显示数据表中的记录。用户可以通过它查看、添加和修改数据库中的数据。
- **布局视图：** 界面和“窗体视图”几乎一样，不同的是在该视图中可以移动窗体中各个控件的位置或删除控件，从而对窗体控件进行重新布局。但“布局视图”不能像“设计视图”一样添加控件。
- **设计视图：** 多用于设计和修改窗体的结构及美化窗体等。

Access 2010 提供了多种自动创建窗体的方法，在“创建”选项卡的“窗体”组中可以看到这些方法，如图 6-24 所示。

图 6-24　“窗体”组

小提示

单击“窗体”组“其他窗体”按钮右侧的三角按钮，在展开的列表中也提供了多种创建窗体的方法。用户可根据实际应用，灵活选用窗体的创建方法。

4. 报表

要打印数据库中的数据，最好的方式是使用报表。报表是 Access 2010 数据库中用来统计、汇总并打印数据的一种对象。

创建报表的步骤一般可以分为两步：首先选择报表数据源，然后再利用报表工具创建报表。在“创建”选项卡的“报表”组中，可以看到创建报表有 5 种方法，如图 6-25 所示。

图 6-25 “报表”组

- 报表：利用当前打开的数据表或查询自动创建一个报表。
- 报表设计：进入报表的设计视图，通过添加各种控件，自行设计一个报表。
- 空报表：先创建一个空白报表，然后通过将选定的数据表字段添加进来创建报表。
- 报表向导：借助“报表向导”的提示来创建报表。
- 标签：运用“标签向导”创建一组邮寄标签报表。

课堂案例 3 创建“图书管理系统”

本案例将创建一个简单的图书管理系统，以介绍 Access 2010 的一般使用方法。

1. 创建数据库和表

步骤 1▶ 新建一个空白数据库，以“图书管理系统”命名。

步骤 2▶ 参照图 6-26，创建“图书”表、“读者”表和“借书记录”表。

“图书”表

字段名称	数据类型	字段大小
图书编号	文本	6
书号	文本	10
书名	文本	30
作者	文本	8
出版社	文本	20
定价	货币	
库存量	数字	整型
入库时间	日期/时间	

图书

图书编号	书号	书名	作者	出版社	定价	库存量	入库时间
110001	754548245	Excel案例教程	王力	航空工业出版社	¥28.00	24	2017/3/20
110002	875465485	C程序设计	张涛	清华大学出版社	¥32.00	30	2017/5/21
110003	854178457	Java程序设计	张立伟	人民邮电出版社	¥35.00	21	2017/6/22
110004	753157424	Word办公	丁岚	航空工业出版社	¥28.00	26	2017/7/23
110005	581248786	Flash动画设计	孙海峰	航空工业出版社	¥32.00	33	2017/8/24
110006	251545482	办公自动化教程	王朝	电子工业出版社	¥28.00	50	2017/8/26
110007	465416487	局域网组建与管理	张海霞	人民邮电出版社	¥35.00	30	2017/9/26
110008	751245852	电脑入门实例与操作	丁伟	清华大学出版社	¥28.00	30	2017/9/26
110009	751282582	电脑上网实训教程	王丽	航空工业出版社	¥28.00	30	2017/9/26
110010	756268454	建筑制图设计实训教程	张立群	航空工业出版社	¥38.00	30	2017/10/26
110011	824548578	网站制作实训教程	张丽影	航空工业出版社	¥36.00	30	2017/10/26
110103	751211852	Falsh编程实例与操作	徐伟涛	清华大学出版社	¥28.00	30	2017/6/20
110104	753572582	电脑入门与上网	李凤	电子工业出版社	¥28.00	30	2017/6/20
*							

“读者”表

字段名称	数据类型	字段大小
借书证号	文本	6
姓名	文本	8
性别	文本	2
地址	文本	50
邮编	文本	6
电话	文本	13
借书数量	数字	整型

读者

借书证号	姓名	性别	地址	邮编	电话	借书数量
A01001	李磊	男	海淀南路28号	100098	62124012	3
A01002	张丽芳	女	朝阳北路15号	100022	62137141	3
A01003	王燕燕子	女	海淀南路152号	100098	62675641	5
*						

“借书记录”表

字段名称	数据类型	字段大小
ID	数字	长整型
借书证号	文本	6
图书编号	文本	6
借出日期	日期/时间	
应还日期	日期/时间	

借书记录

ID	借书证号	图书编号	借出日期	应还日期	单击以添加
4	A01001	110004	2017/5/4	2017/6/4	
6	A01003	110001	2017/5/20	2017/6/20	
7	A01003	110006	2017/5/6	2017/6/6	
8	A01003	110007	2017/5/15	2017/6/15	
9	A01001	110003	2017/7/5	2017/7/11	
11	A01002	110001	2017/7/3	2017/7/7	
12	A01002	110005	2017/6/10	2017/7/10	
*					

图 6-26　创建“图书”表、“读者”表和“借书记录”表

步骤 3▶ 创建“读者”表、“借书记录”表和“图书”表之间的关系并实施参照完整性，结果如图 6-27 所示。

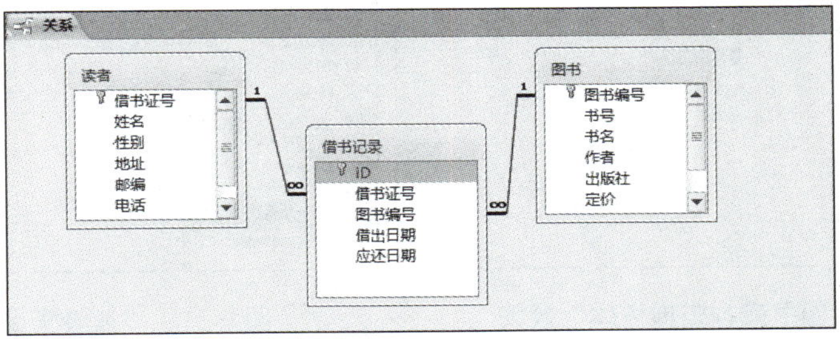

图 6-27　“读者”表、“借书记录”表和“图书”表之间的关系

2. 创建查询

步骤 1▶ 以“图书”表为数据源，创建选择查询，包含“书号”“书名”“作者”“定价”“库存量”字段，以“图书库存查询”命名，效果如图 6-28 所示。

步骤 2▶ 在“图书管理系统”数据库中创建“图书补充”表，其表结构与“图书”表相同，然后在表中输入两条记录，如图 6-29 所示。

步骤 3▶ 创建“图书追加”查询，将“图书补充”表中的记录追加到“图书”表中。

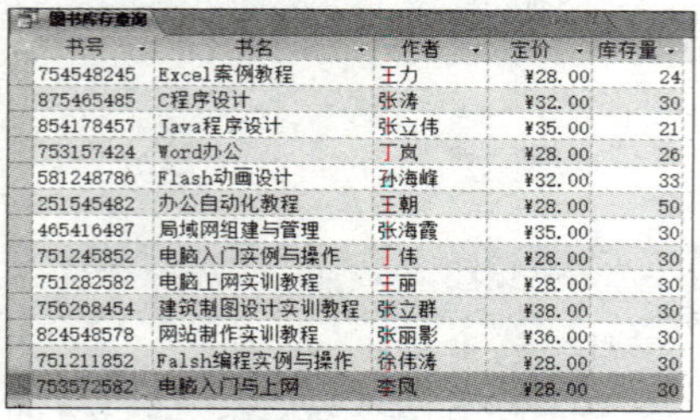

书号	书名	作者	定价	库存量
754548245	Excel案例教程	王力	¥28.00	24
875465485	C程序设计	张涛	¥32.00	30
854178457	Java程序设计	张立伟	¥35.00	21
753157424	Word办公	丁岚	¥28.00	26
581248786	Flash动画设计	孙海峰	¥32.00	33
251545482	办公自动化教程	王朝	¥28.00	50
465416487	局域网组建与管理	张海霞	¥35.00	30
751245852	电脑入门实例与操作	丁伟	¥28.00	30
751282582	电脑上网实训教程	王丽	¥28.00	30
756268454	建筑制图设计实训教程	张立群	¥38.00	30
824548578	网站制作实训教程	张丽影	¥36.00	30
751211852	Falsh编程实例与操作	徐伟涛	¥28.00	30
753572582	电脑入门与上网	李凤	¥28.00	30

图 6-28　“图书库存查询”效果

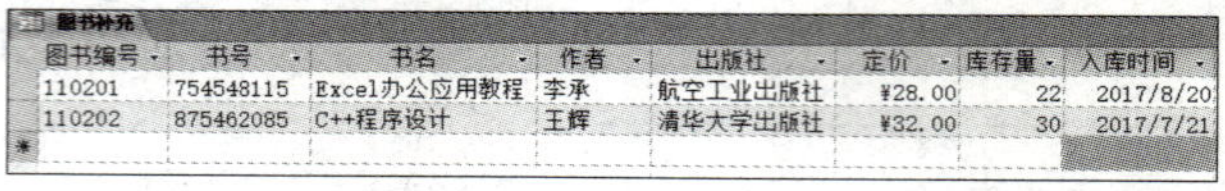

图书编号	书号	书名	作者	出版社	定价	库存量	入库时间
110201	754548115	Excel办公应用教程	李承	航空工业出版社	¥28.00	22	2017/8/20
110202	875462085	C++程序设计	王辉	清华大学出版社	¥32.00	30	2017/7/21

图 6-29　“图书补充”表

3. 创建窗体

步骤 1▶　以“图书库存查询”查询为数据源，可用字段选择全部字段，窗体布局选择“纵栏表”，创建窗体“图书库存查询窗体”。

步骤 2▶　打开“图书库存查询窗体”的设计视图，适当调整字段标题和内容文本框的大小及两者之间的距离，最终效果如图 6-30 所示。

步骤 3▶　以“读者”表为数据源，可用字段选择“借书证号”“姓名”“电话”“借书数量”，窗体布局选择“数据表”，创建窗体“读者查询窗体”，效果如图 6-31 所示。

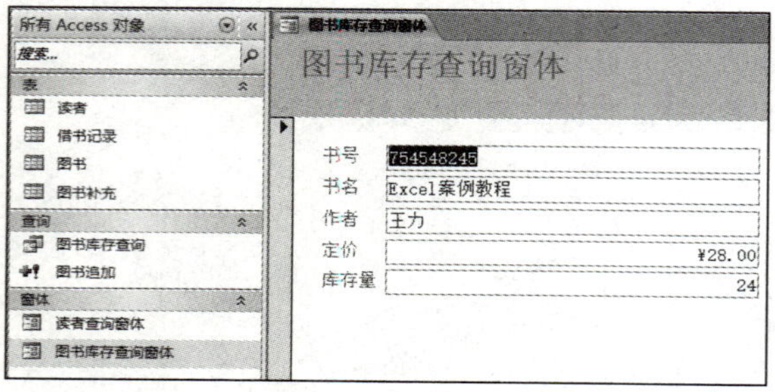

图 6-30　“图书库存查询窗体”效果

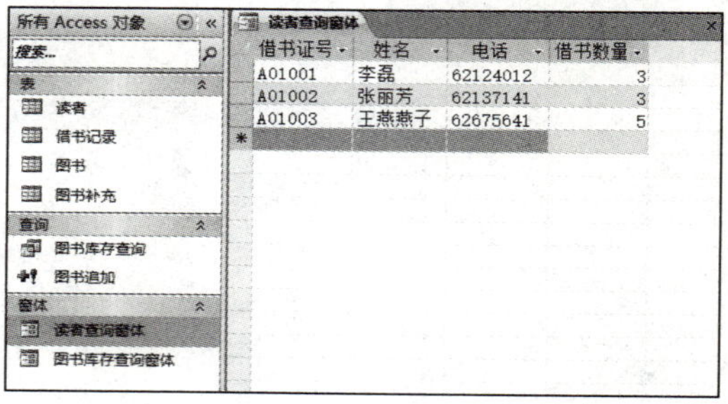

图 6-31　“读者查询窗体”效果

4. 创建报表

步骤 1▶　打开报表的设计视图，创建记录源。其中，记录源中的字段包括“读者”表中的“借书证号”“姓名”“电话”，“借书记录”表中的“图书编号”“借出日期”“应还日期”，“图书”表中的“书号”“书名”字段；在“条件”行中输入“[请输入读者的借书证号：]”；以“借书证号查询”命名并保存查询。

步骤 2▶　将“借书证号”字段添加到报表的“页面页眉”区中，将“姓名”“电话”“图书编号”“借出日期”“应还日期”“书号”“书名”字段添加到报表的“主体”区中，并排列好各个字段的位置。

步骤 3▶　切换到报表视图，弹出“输入参数值”对话框，输入要查询读者的借书证号“A01003”，单击“确定”按钮，返回查看报表结果，如图 6-32 所示。

步骤 4▶　保存该报表为“读者借阅记录”。

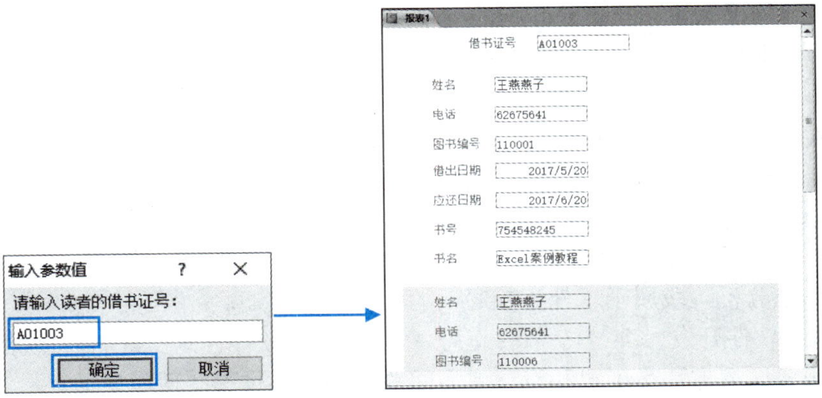

图 6-32　预览报表

本章总结

本章简单介绍了一些计算机软件技术基础知识。学完本章内容，读者应重点掌握以下知识：① 数据结构和算法的基本知识；② 常用的数据结构；③ 查找和排序技术；④ C 程序的开发步骤；⑤ C 程序设计基础知识及 3 种基本结构；⑥ 软件生存周期和软件开发模型；⑦ 数据库系统相关概念；⑧ Access 2010 的基本用法。

本章习题

1. 选择题

（1）（　　）是组成数据元素的不可再分的最小单位。

A. 数据　　B. 数据项　　C. 数据对象　　D. 数据结构

（2）数据的逻辑结构类型不包括下面的（　　）。

A. 集合结构　　B. 物理结构　　C. 树形结构　　D. 线性结构

（3）算法的最基本特性是（　　）。

A. 有穷性　　B. 确定性　　C. 可行性　　D. 以上都是

（4）计算机能直接执行的程序是（　　）。

A. 源程序　　B. 目标程序　　C. 汇编程序　　D. 可执行程序

（5）一个 C 程序的执行是从（　　）。

A. 本程序的main函数开始，到main函数结束

B. 本程序的第一个函数开始，到本程序文件的最后一个函数结束

C．本程序的main函数开始，到本程序文件的最后一个函数结束

D．本程序的第一个函数开始，到本程序main函数结束

（6）以下说法中正确的是（　　）。

A．C源程序可以直接运行并产生结果

B．C源程序经编译后才可直接运行并产生结果

C．C源程序经连接后才可直接运行并产生结果

D．C源程序经编译和连接后才可直接运行并产生结果

（7）需求分析阶段属于软件生存周期的（　　）时期。

A．软件开发　　B．软件运行　　C．软件计划　　D．软件维护

（8）快速原型方法是用户和设计者之间的一种交互过程，适用于（　　）系统。

A．需求不确定性较高的　　B．需求确定的

C．管理信息　　D．决策支持

（9）（　　）是将软件生存周期各个阶段依线性顺序连接，用文档驱动的模型。

A．增量模型　　B．喷泉模型　　C．瀑布模型　　D．螺旋模型

（10）在（　　）中是采取用例驱动和构架优先的策略，并采用迭代增量建造方法，使软件“逐渐”被开发出来。

A．瀑布模型　　B．增量模型　　C．喷泉模型　　D．统一过程

（11）下列不属于 Access 2010 数据库对象的是（　　）。

A．表　　B．文件夹　　C．窗体　　D．查询

（12）从数据库的一个或多个表中检索特定的信息，并将查询的结果显示在一个数据表中供用户查看或编辑，这种查询称为（　　）。

A．选择查询　　B．交叉表查询　　C．操作查询　　D．SQL查询

2. 操作题

（1）设计一个算法，依次输入三个数 x，y 和 z，然后对其进行排序，并按从大到小的顺序输出，写出相应的 C 程序。

（2）编写一个 C 程序，实现输入半径后，输出圆周长、圆面积及圆球体积。

（3）假设你要开发一款软件，其功能是把 73 624.938 5 这个数开平方，所得到的结果精确到小数点后 4 位。一旦实现并测试完之后，该产品将被抛弃。你打算选用哪种软件开发模型？请说明理由。

（4）创建一个文件名为“student.accdb”的空白数据库，在其中创建“学籍”表和“成绩”表。表结构如表 6-2 所示。

表 6-2　“学籍”表和“成绩”表的结构

表名称	字段名称	数据类型	字段大小
学籍	学号	文本	10
	姓名	文本	10
	性别	文本	2
	出生日期	日期/时间	
	入学成绩	数字	单精度，小数位数 1
	专业	文本	20
	团员	是/否	
	照片	OLE 对象	
	简历	备注	
	主页	超链接	
成绩	学号	文本	10
	姓名	文本	10
	语文	数字	单精度
	数学	数字	单精度
	英语	数字	单精度
	网络	数字	单精度
	总成绩	数字	单精度，小数位数 2

第 7 章　计算机网页设计基础

【本章导读】

网站是一种新型信息传播工具，人们通过它来发布自己想要公开的信息及提供相关的网络服务。许多公司都有自己的网站，用于宣传公司或发布产品信息等。网页是网站中的一个页面，是构成网站的基本元素。随着互联网的快速发展，越来越多的人开始学习设计和制作网页。本章主要介绍与网页制作和网站建设相关的基础知识，以使读者对网页设计有一个初步的认识。

【学习目标】

- 了解网站和网页的基本概念及其本质。
- 了解网页制作与网站开发常用技术。
- 了解网站建设的基本流程。
- 掌握使用 HTML 构建简单网页结构的方法。
- 掌握应用 CSS 设置简单网页样式的方法。
- 熟悉 Dreamweaver 工作界面，能使用它创建站点和网页。

7.1　网页制作基础

7.1.1　认识网页和网站

网页是我们上网时在浏览器中打开的一个个画面，网站则是一组相关网页的集合。一个小型网站可能只包含几个网页，而一个大型网站则可能包含成千上万个网页，如新浪网就包括新闻、财经、科技、体育、娱乐等多个板块，每个板块又包括很多网页。

另外，打开某个网站时显示的第一个网页被称为网站的主页（或首页）。

1. 网页的构成元素

网页中的元素按功能可分为站标、导航条、广告条、标题栏和按钮等，如图 7-1 所示。

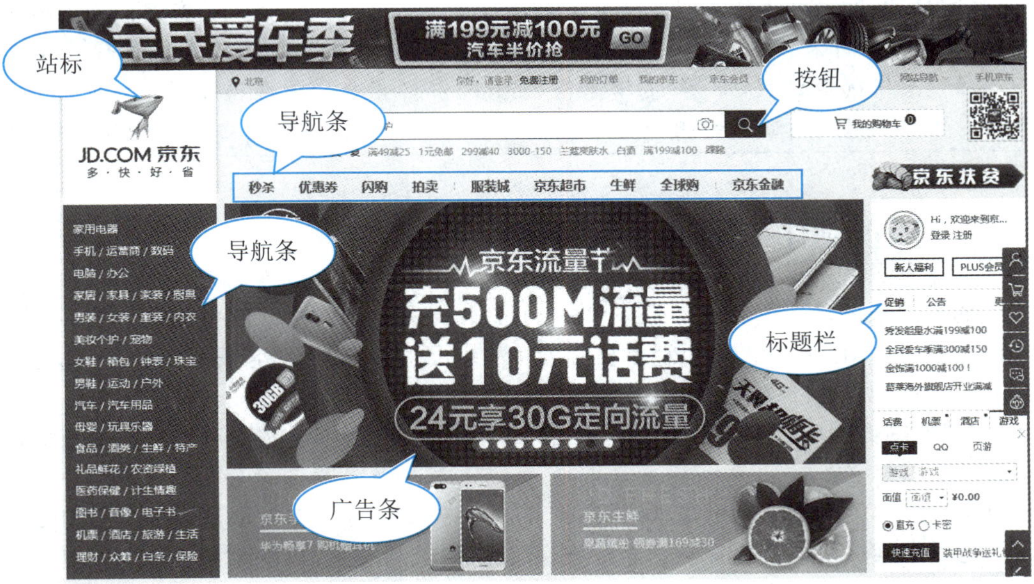

图 7-1　网页的构成元素

（1）站标也称 LOGO，是网站的标志，其作用是让浏览者看见它就能联想到企业。因此，网站 LOGO 通常采用企业的 LOGO。

（2）导航条可以说是网站最重要的组成部分，它是一组链接到网站内主要页面的超链接，通过单击这些超链接，浏览者可以轻松找到网站中的各个页面，导航条也因此而得名。同时，导航条也是网站中所有重要内容的概括，可以让浏览者在最短时间内了解网站的主要内容。

（3）广告条又称 Banner，其功能是宣传网站或为其他商品做广告。Banner 的尺寸可以根据内容或版面需要来安排。

（4）此处的标题栏不是指整个网页的标题栏，而是网页上各版块的标题栏，是各版块内容的概括。它使得网页内容的分类更清晰、明了，大大地方便了浏览者。

（5）按钮通常是启动某些装置或机关的开关。网页中的按钮也不例外，单击它，网页会实现相应的操作，如跳转页面或传输数据等。

2. 网页的本质

学完前面的知识，相信不少人会有这样的想法，网页究竟是由哪些文件组成的呢？一般情况下，网页中除了包含网页文件（扩展名为.html，.asp 等）外，还有图像文件（扩展名为.jpg，.gif 等）、脚本文件（扩展名为.js）、样式文件（扩展名为.css）及视频文件（扩展名为.mp4，.flv 等）等。

课堂互动

在 IE 浏览器中打开任意网页，单击其右上角的“工具”按钮，在弹出的菜单列表中选择“文件”→“另存为”菜单，打开“保存网页”对话框，在“保存类型”下拉列表中选择“网页，全部（*.htm;*.html）”，单击“保存”按钮，将网页保存到磁盘中，试着看看网页的组成文件。

7.1.2 网页制作与网站开发常用技术

从大的方面来讲，网页可分为静态网页（HTML）和动态网页（DHTML）。

（1）纯粹 HTML 格式的网页通常被称为“静态网页”，其后缀名一般为.htm，.html，.shtml 或.xml 等。早期的网站一般都是由静态网页组成的。

（2）动态网页的后缀名一般为.asp，.php 或.jsp 等，并且在动态网页的网址中通常有一个标志性的符号“?”。

从浏览者的角度来看，无论是动态网页还是静态网页，都可以展示基本的文字和图片信息，只是动态网页可以实现交互功能，如注册、登录、留言等页面都属于动态网页。

从制作的角度来看，静态网页完全采用 HTML 语言编写，用户只需掌握常用的网页设计软件（如 Dreamweaver）就可以了；而要创建动态网页，用户除了需要掌握常用的网页设计软件外，还必须掌握诸如 ASP，PHP，JSP 等程序设计语言，以及 Microsoft SQL Server 或 Oracle 等数据库管理系统。

1. HTML 与 CSS

HTML 是 HyperText Markup Language（超文本标记语言）的缩写，是用于设计网页的主要语言。网页中的文本、图像、表格和超链接等内容，都是由 HTML 中的标签定义和组织的。用 HTML 编写的超文本文档称为 HTML 文档，扩展名为“.html”，也就是网页。

CSS（Cascading Style Sheets）中文名为“层叠样式表”，用于设置网页中各标签的样式。“样式”是指网页中各元素的样式，比如文本的大小、颜色，以及图像的边框、位置等。“层叠”是指当在 HTML 文件中引用多个样式文件时，浏览器将依据层叠顺序处理，以避免发生冲突。

在网页制作中，HTML 属于网页的结构层部分，用于确定网页的内容和结构；CSS 属于网页的表现层部分，用于设置网页的样式，主要包括各种标签的外观、大小和位置等。HTML 和 CSS 既相互独立又相互联系，熟练掌握它们就能制作出各种精彩的网页。在 7.2 节和 7.3 节将分别详细介绍 HTML 和 CSS。

2. 网页制作与网站管理相关软件

网页是由 HTML 代码组成的。从广义上来说，制作网页文件有两种方法：一是使用记事本直接输入 HTML 代码；二是使用可视化编辑软件进行可视化制作。前者是最原始的方法，是可视化编辑软件出现之前人们常采用的方法，后者是目前网页制作的主流形式。

常见的可视化编辑软件有 Dreamweaver，FrontPage 等，目前使用 Dreamweaver 的居多。Dreamweaver 是由美国 Adobe 公司推出的一款专业的网页编辑软件，它集网页制作和网站管理于一体，并提供网页的可视化编辑和 HTML 代码编辑两种操作界面，能够有效地开发和维护基于 Web 标准的网站和应用程序，是网页制作者的首选。

在制作网页时，除 Dreamweaver 外，还需要用到 Photoshop 和 Flash 等辅助软件。

（1）Photoshop，简称“PS”，是由 Adobe 公司开发和发行的图像处理软件。Photoshop 主要用于处理以像素构成的位图图像。在网页制作中，使用 Photoshop 可以完成效果图制作和图像素材处理工作。Photoshop 存储的图像文件格式有 JPEG，GIF，PNG 和 TIFF 等，而在网页中使用的图像文件格式通常为 JPEG，GIF 和 PNG。

（2）Flash 是由 Adobe 公司推出的交互式矢量图和 Web 动画制作软件，用于设计和编辑 Flash 文档。近年来，由于能耗和安全问题，Flash 插件已经被很多浏览器所放弃和屏蔽，所以它不得不逐渐退出网页制作领域。

7.1.3　网站建设基本流程

网站建设流程从整体上来说可以分成 3 大部分，分别是网站设计、网站制作和后期维护，如图 7-2 所示。在这 3 部分中，本章着重介绍的是网站制作部分，强调 3 个要点的讲解：设置站点、搭建网页主体结构层、搭建网页样式层。

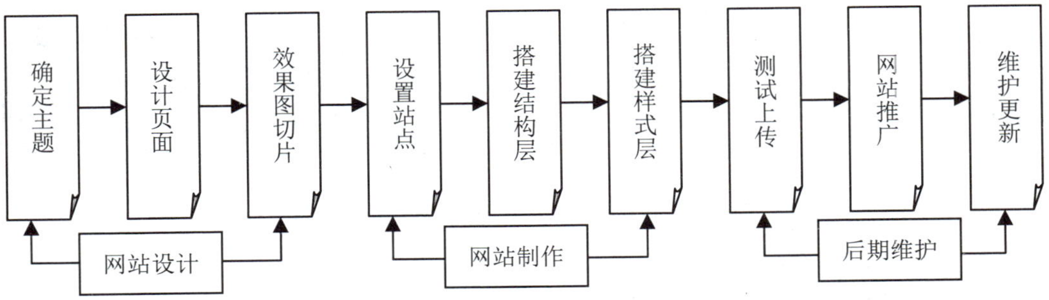

图 7-2　网站建设基本流程

（1）确定主题。可以分为分析策划和资料收集两个部分。制作网站前，首先需要分析网站的功能及建站的目的，确定网站的用户群和网站内容，即确定网站的主题。在确定主题后，可绘制出网站架构图，并搜集建站所需的相关资料和素材，图 7-3 是“中国忆达集团”网站的架构图，它包括 8 个频道（栏目）。

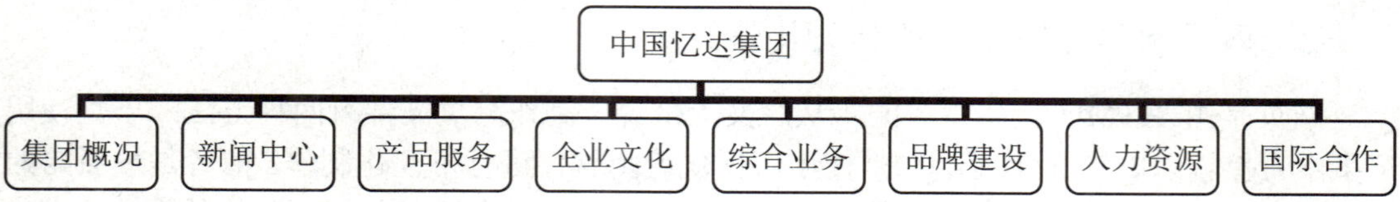

图 7-3 “中国忆达集团”网站架构图

（2）设计页面。网页设计师与客户沟通，了解客户的基本要求后，制定网站建设方案并使用 Photoshop 等图像处理软件进行页面效果图设计。页面效果图主要包括网站首页效果图和各频道首页效果图。将效果图设计好后交给客户查看，客户查看后提出修改意见，设计人员根据客户意见进行修改，最终确定网页页面效果图。

（3）效果图切片。在效果图得到客户认可后，设计师可使用 Photoshop 等图像处理软件中的切片工具将效果图切割并保存为 JPEG，GIF 或 PNG 格式的小图像，将它们作为制作网页的图像素材。

（4）设置站点。从这一步开始进入到网页制作阶段。首先在本地磁盘创建网站根文件夹及子文件夹，并将制作网页需要的素材资源分类放置在各文件夹中，之后在网页制作软件 Dreamweaver 中定义站点。图 7-4 所示为“中国忆达集团”网站的本地文件目录及在 Dreamweaver 中的站点结构。

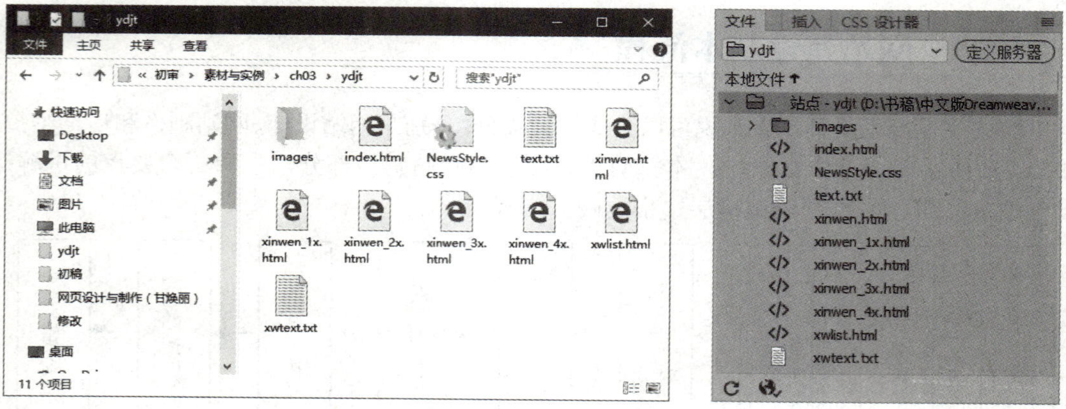

图 7-4 网站的本地文件目录及在 Dreamweaver 中的站点结构

（5）制作网页。网页的制作可以分为结构层制作和样式及行为层制作两部分。结构层制作就是使用 HTML 代码搭建网页的主体结构，如文字、图像、超链接等，可以直接编写代码来实现，也可以在 Dreamweaver 的可视化界面中操作。在结构层制作好后，就可以使用 CSS（层叠样式表）及 JavaScript（动态脚本语言）来制作网页的样式及行为层，完成网页的布局和外观设置。

（6）测试上传网站。在将网站上传到服务器前，需要对其进行测试及优化。测试包括兼容性测试、超链接测试等；优化是尽可能减小网页文件的体积及日后发生错误的概率。完成测试和优化后，就可以利用 Dreamweaver 或其他 FTP 工具将网站发布到所申请的空间服务器上。网站上传后，可继续通过浏览器进行实地测试。

（7）网站推广。网站上传后，需要进行宣传和推广，以提高网站的访问量及知名度。推广网站的方法有很多，如搜索引擎推广、群发电子邮件、借助同类网站留言、加入友情链接、传统媒体宣传等。

（8）维护更新。上传网站后，还需要经常对其进行维护和更新，才能吸引浏览者。

课堂案例 1　规划“天音”企业网站结构

在简单了解了网页制作基础知识后，下面通过规划“天音”企业网站的结构，来进一步加强和巩固对前面所学知识的理解。

步骤 1▶　首先规划网站的逻辑结构。根据网站内容和企业需求，我们将该网站分为“首页”“公司简介”“产品中心”“客户中心”“人员招聘”和“天音社区”6 个一级栏目，同时“产品中心”又分为“手机”“电视”“冰箱”和“洗衣机”4 个二级栏目，其结构如图 7-5 所示。

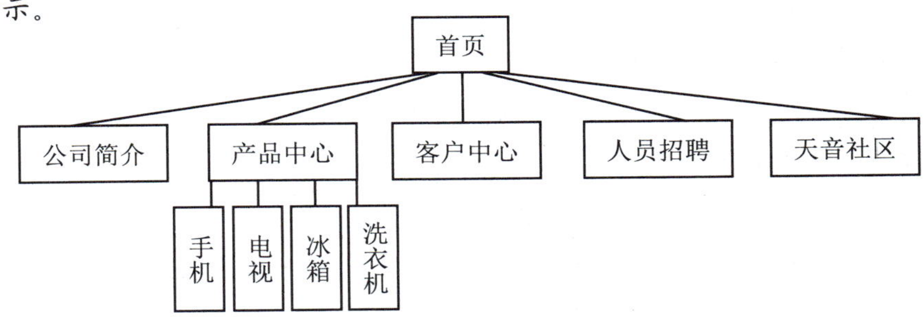

图 7-5　“天音”网站逻辑结构图

步骤 2▶　接下来规划网站的物理结构。该网站属于企业宣传型网站，规模很小，可以将所有网页放在网站根目录下。

步骤 3▶　首先在本地磁盘创建一个文件夹，命名为“SM”，以作为网站根文件夹；然后在“SM”中创建一个名为“images”的文件夹，以存放站点中的图像和动画文件。

7.2　超文本标记语言 HTML

HTML 文件是由一系列元素和标签组成的。元素是 HTML 文件的重要组成部分，例如图像（img）、表格（table）、水平线（hr）等，元素名不区分大小写。HTML 用标签来规定元素的属性及其在文档中的位置。

7.2.1 HTML 的标签构成

HTML 标签是由尖括号括起来的关键词，绝大多数 HTML 标签都是成对出现的，包含首标签和尾标签。首标签的格式为<标签名>，尾标签的格式为</标签名>，首标签和尾标签的中间为标签内容。其完整语法如下：

<标签名>标签内容</标签名>

成对标签仅对包含在其中的内容起作用，如标题标签<title>和</title>用于界定标题元素的范围，也就是说，<title>和</title>标签之间的内容是 HTML 文档的标题。

除成对标签外，也存在少量的单标签，其格式为<标签名>，作用是在相应位置插入元素，如换行标签
表示在该标签所在位置插入一个换行符。

小提示

HTML 标签中的字母既可以大写，也可以小写，但是考虑到页面的美观和后期的维护，最好统一大小写。

在 HTML 文档源码中，一行可以写多个不同的标签，也可将一对标签写在不同的行中，但每对标签必须嵌套使用，不能交叉使用。表 7-1 列出了标签的正确用法和错误用法。

表 7-1　标签的正确用法和错误用法

正　确	错　误
<table> <tr> <td> </td> </tr> </table>	<table> <tr> <td> </tr> </td> </table>

以上代码中，<td></td>标签对包含在<tr></tr>标签对中，<tr></tr>标签对又包含在<table></table>标签对中，形成父子关系。

在 HTML 文件中，每个标签都有名称、可选择的属性和标签内容，标签的属性都在首标签内标明。首标签的基本语法形式如下：

<标签名 属性名 1="属性值 1" 属性名 2="属性值 2"……>

而尾标签的语法格式如下：

</标签名>

所以在 HTML 文件中，标签的完整定义语法如下：

<标签名 属性名 1="属性值 1" 属性名 2="属性值 2"……>标签内容（文本或超文本）</标签名>

属性是可选择的，如果标签中有属性，则标签名和属性名之间及各属性之间要用空格隔开，各属性值用英文输入法下的双引号引起来。例如，实现超链接的代码如下：

```
<a href="web/index.html" target="_blank">点击我吧</a>
```

其中 a 为超链接标签名称；href="web/index.html"和 target="_blank"两个属性分别定义了超链接目标文档的路径和打开方式；“点击我吧”为标签内容（超链接文本）。

7.2.2　HTML 网页文档的基本结构

HTML 文档默认被分为两部分：文档头<head>和文档体<body>，它们都包含在<html></html>标签对中，如图 7-6 所示。

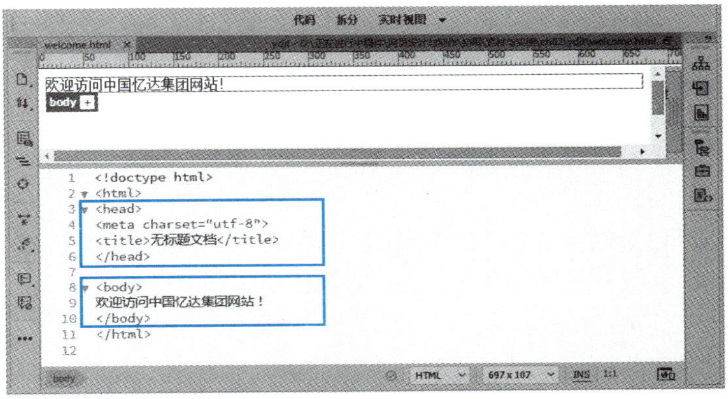

图 7-6　HTML 文档的基本结构

1. 文档类型<!doctype>

doctype 是英文“document type（文档类型）”的简写，是 HTML 中的文档声明，简称为 DTD 声明，其作用是告知浏览器当前文档所使用的是哪种 HTML 规范。doctype 声明位于文档最前端，标签为<!doctype>，它不属于文档的结构部分。

Web 浏览器通过判断文件开头的这个声明，来调整解析器的渲染类型。其格式如下：

```
<!doctype html>
```

只有确定了一个正确的 doctype，HTML 中的标签和 CSS 才能生效，它甚至对网页中的 JavaScript 脚本都会有所影响。

2. 整个文档<html></html>

网页中的所有代码内容都包含在<html></html>标签对中，它表示该文档是以超文本标记语言（HTML）编写的。首标签<html>用于 HTML 文档的最前边，用来标识 HTML 文档的开始；而尾标签</html>恰恰相反，它放在 HTML 文档的最后面，用来标识 HTML 文档的结束，两个标签必须成对使用。如：

```
<html>
网页文档的全部内容
</html>
```

该标签不带任何属性。

事实上，现在常用的 Web 浏览器（例如 IE）都可以自动识别 HTML 文件，并不要求有<html>标签，也不对该标签进行任何操作。但是为提高文件的适用性，使编写的 HTML 文档能适应不同的 Web 浏览器，还是应该养成使用该标签的习惯。

3. 文档头<head></head>

<head>标签是 HTML 文档所有头部元素的容器，它包含的元素用来描述 HTML 文档的相关信息，如指定网页标题、编码方式，指示浏览器在何处找到 CSS 样式表等，这些信息大部分用于提供索引、辨认页面属性或用于其他方面，不会在浏览器中显示。

如果 HTML 文件并不需要提供相关信息，则可以省略<head>标签。

下面讲解在<head>标签中常用的标签元素，这些标签只能放在<head></head>标签对中。

（1）<title></title>

<title>标签用于设置网页文档的标题信息。要将网页标题显示在浏览器的标题栏中，只要在<title></title>标签对之间输入要设置的标题信息即可。如：

```
<title>一个简单的页面</title>
```

（2）<meta>

<meta>标签用于定义文档的元数据，如字符编码、作者、版权、关键字和网页说明等。

① 基本形式。如定义页面使用的字符编码为 utf-8：

```
<meta charset="utf-8">
```

② 设置关键字。关键字是与网页相关的短语或词组，其作用是协助 Internet 上的搜索引擎查找网页，格式如下（注意各个关键字之间用逗号隔开）：

```
<meta name="keywords" content="关键字 1,关键字 2,关键字 3,关键字 4,关键字 5"/>
```

③ 设置说明信息。说明信息是对网页或网站的简单介绍，格式如下：

```
<meta name="description" content="关于网页的说明信息"/>
```

（3）<style></style>

<style>标签用来声明将样式表内嵌在 HTML 文档中，可以在<style></style>标签对中书写 CSS 样式代码，从而规定 HTML 元素在浏览器中呈现的样式。

（4）<link> </link>

<link>标签用于定义 HTML 文档与外部资源之间的关系，常用于链接外部样式表。

（5）<script></script>

<script>标签用于定义客户端脚本，比如 JavaScript。

4. 文档体<body></body>

<body>标签用于定义 HTML 文档的主体部分，在此标签对之间可包含<p></p>，<h1></h1>，<div></div>，<a>和
等众多标签，它们定义的文本和图像等都会在浏览器中显示出来。

7.2.3　常用 HTML 标签

为便于比较和观看，表 7-2 列出了网页制作中常用的 HTML 标签及其意义。

表 7-2　常用 HTML 标签及其意义

头部标签			
标　签	描　述	标　签	描　述
<head>	标识 HTML 头部的开始和结束	<link>	设定外部文件的链接
<title>	设置显示在浏览器标题栏中的文本	<style>	设定层叠样式表的内容
<meta>	有关文档本身的元信息，如关键字	<script>	设定页面中程序脚本的内容
主体标签			
标　签	描　述	标　签	描　述
<body>	标识主体内容的开始和结束	<tr>	表格行标记
<h1>	标题标记，定义了 6 级，h1～h6	<td>	表格列标记
<P>	段落标记	<form>	表单标记
 	换行标记，属于单标签	<input>	输入标记，属于单标签
<hr>	水平线标记，属于单标签	<Div>	Div 标记(常用来布局网页)
<a>	链接标记	<background>	背景图像标记
<img>	图像标记，属于单标签	<bgcolor>	背景颜色标记
<table>	表格标记	<font>	文字格式标记

课堂案例 2　应用 HTML 编写一个简单网页

在简单了解了 HTML 的标签构成及文档基本结构后，下面通过手动编写一个简单网页，进一步增强对 HTML 的认识。

步骤 1▶ 选择“开始”→“所有程序”→“附件”→“记事本”菜单，打开记事本程序，并在其中输入下面的 HTML 代码。

```
<html>
<head>
<title>我的第一个 HTML 文档</title>
</head>
<body text="#333">
<h2 align="center">这是我的第一个 HTML 文档！</h2>
<hr>
<p>让我们一起踏上网页制作的旅程吧！</p>
</body>
</html>
```

步骤 2▶ 在记事本中按“Ctrl+S”组合键，弹出“另存为”对话框，在对话框的“保存在”下拉列表中选择文件保存路径，在“保存类型”下拉列表中选择“所有文件”，在“文件名”文本框中输入“First.html”，然后单击“保存”按钮保存文档，如图 7-7 所示。

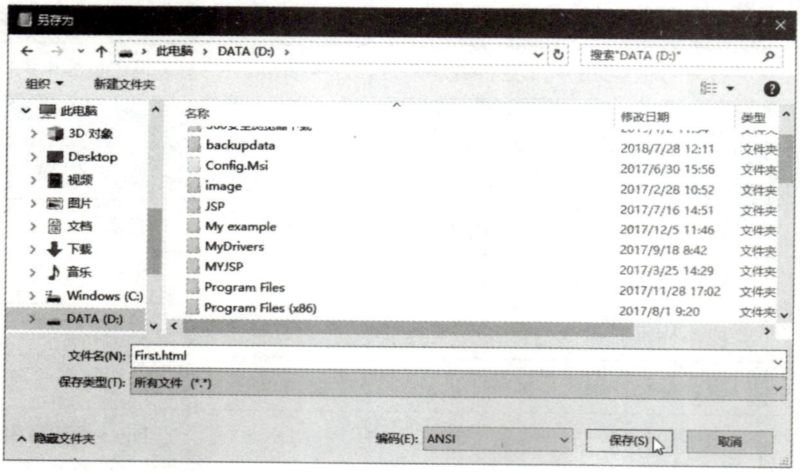

图 7-7　保存文档

步骤 3▶ 关闭记事本，打开“First.html”文件所在文件夹，双击“First.html”文件，在 IE 浏览器中将其打开，如图 7-8 所示（网页源文件位于本书配套素材“素材与实例”>“第 7 章”文件夹中）。

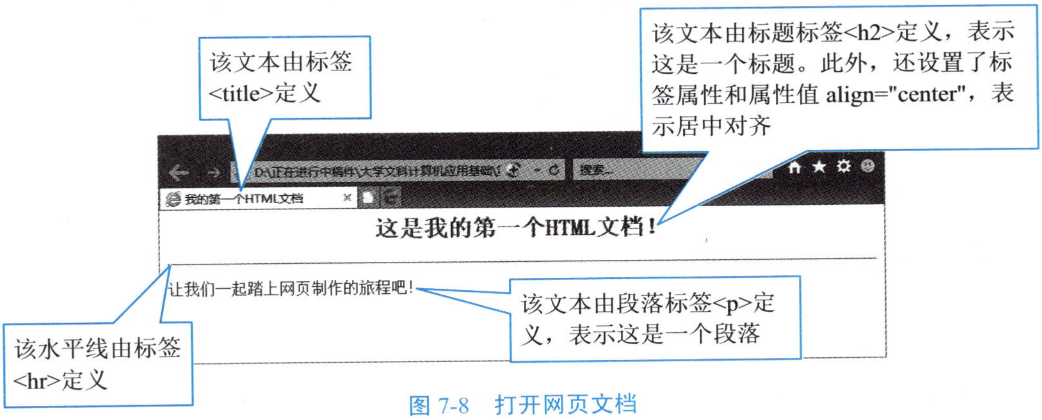

图 7-8　打开网页文档

7.3　应用 CSS 设置网页样式

CSS（Cascading Style Sheets，可译为“层叠样式表”或“级联样式表”）是一组格式设置规则，用于控制 Web 页面的外观。使用 CSS 设置页面格式，可将页面内容与表现形式分离。页面内容存放在 HTML 文档中，而用于定义表现形式的 CSS 规则则存放在另一个独立的样式表文件中或 HTML 文档的某一部分（通常为文件头部分）。将内容与表现形式分离，不仅可使站点的维护更加容易，还可以使 HTML 文档代码更加简练，缩短浏览器的加载时间。

7.3.1　在页面中引入 CSS 样式

HTML 与 CSS 是两种作用不同的语言，要让它们同时对一个网页产生作用，必须在 HTML 文件中引入 CSS，具体方法主要有以下几种：

（1）将 CSS 样式表放置在 HTML 文件头部：内部样式表。

（2）将 CSS 样式表放置在 HTML 文件主体：行内样式表。

（3）将 CSS 样式表放置在 HTML 文件外部：链接样式表与导入样式表。

1. 内部样式表

内部样式表也称嵌入式样式表，是指把对页面各元素的样式设置集中写在<head></head>标签对中，并用<style></style>标签对进行声明。可打开本书配套素材“素材与实例”>“第 7 章”>“7-1.html”示例文档，查看内部样式的形式，如图 7-9 所示。

```
<html>
<head>
<title>页面标题</title>
<style type="text/css">
<!--
p{
        color:#FF0000;                     /* 设置p标签文本颜色为红色*/
        font-weight:bold;                  /* 设置p标签文本加粗显示*/
        text-decoration:underline;         /* 设置p标签文本下划线*/
        font-size:25px;                    /* 设置p标签文本字号为25像素*/
}
-->
</style>
    </head>
<body>
        <p>红色、粗体、下划线、25px的效果1</p>
        <p>红色、粗体、下划线、25px的效果2</p>
        <p>红色、粗体、下划线、25px的效果3</p>
</body>
</html>
```

图 7-9　内部样式的形式

通过图 7-9 可以看出内部样式表的格式，下面简单介绍其各组成项及其意义。

（1）<style>标签用来声明使用内部样式表，各样式代码需要写在该标签对之间。

（2）type="text/css"属性用来声明这是一段 CSS 样式表代码。

（3）选择器也就是样式的名称，如此处的 p。

小提示

内部样式表将所有 CSS 代码都集中写在 HTML 文件头部，可以在整个 HTML 文件中调用，也方便后期的维护。但内部样式表在实际制作网页时并不常用。例如，如果一个网站中拥有多个页面，为了保持网站整体风格的一致性，一般会对不同页面上的<p>标签都采用相同的样式，这样使用内部样式表就要做很多重复性工作。因此，内部样式表仅适用于对某些特殊的页面设置单独的样式风格。

2. 行内样式表

行内样式表是直接对 HTML 标签使用 style 属性，然后将 CSS 代码作为属性值写在其中。利用这种方法定义的样式，只能控制某个标签。所以，它比较适于指定网页中某小段文字的显示风格，或某个元素的样式。这种方式从本质上并没有体现内容与样式分离的特征，因此不推荐使用。

3. 链接样式表

这种方式是将一个独立的样式表文件引入到 HTML 文件中，样式表文件就是我们常说的 CSS 文件，扩展名为.css。CSS 文件要和 HTML 文件一起发布到服务器上，这样在用户打开网页时，浏览器会按照 HTML 网页所链接的外部样式表的设置来显示网页。

外部样式表文件中不能含有任何 HTML 标签，如<head>或<style>等；外部样式表文件的扩展名必须为“.css”。读者可打开本书配套素材“素材与实例”>“第 7 章”>“CSS Style.html”示例文档，查看链接样式的形式，如图 7-10 所示。

```
CSS Style.html - 记事本
文件(F) 编辑(E) 格式(O) 查看(V) 帮助(H)
<!doctype html>
<html>
<head>
<meta charset="utf-8">
<title>无标题文档</title>
<style type="text/css">
p {
        color: #990000;
        font-size: 25px;
        font-weight: inherit;
}
</style>
<link href="s1.css" rel="stylesheet" type="text/css">
</head>

<body>
<p><span style="font-weight: bolder; font-size: 36px;">望天门山</span> 李白 </p>
<p>天门中断楚江开，<br>
  碧水东流至此回。<br>
  两岸青山相对出，<br>
  孤帆一片日边来。</p>
</body>
</html>
```

图 7-10　链接样式的形式

通过图 7-10 可以看到链接样式表的格式，下面简单介绍其各组成项及其意义。

（1）href 属性用来指定样式表文件的路径和名称，可以为绝对路径或相对路径。

（2）rel="stylesheet"属性用来声明在 HTML 文件中使用外部样式表。

（3）type="text/css"属性用来指明该文件的类型是样式表文件。

小提示

> 链接样式表是使用频率最高，也最为实用的 CSS 样式表。它将 HTML 页面和 CSS 分离成不同的文件，真正实现了网页结构层和表现层的分离。
>
> 这是因为，一个外部样式表文件可以应用于多个 HTML 文档，当改变该样式表文件时，所有网页的样式都随之改变，从而使得网站的前期制作和后期维护都非常方便。同时，在浏览网页时可以一次性将样式表文件下载，从而减少了代码的重复下载。

4. 导入样式表

导入样式表与链接样式表的功能基本相同，只是在引入和运作方式上有区别。采用导入方式引入的样式表在 HTML 文件初始化时，全部会被导入到 HTML 文件内，作为文件的一部分，类似嵌入式的效果；而链接样式表则是在 HTML 的标签需要格式时才以链接的方式引入。

7.3.2 CSS 中常用选择器类型

CSS 的选择器用来对 HTML 文件中的不同标签进行控制，从而使 CSS 可以对不同的网页元素进行修饰。CSS 的语法结构由 3 部分组成：选择器名、属性和属性值，具体为以下形式：

```
selector {property: value; property: value ……property: value }
```

其中，selector 为选择器名，property 为属性，value 为属性值。一个选择器可以有多个属性和属性值，从而可以对一个选择器声明多种样式风格。在实际编写 CSS 代码时，可以将不同属性写在不同行中，如下所示：

```
选择器名{
属性名 1:属性值;
属性名 2:属性值;
…..
属性名 n:属性值;
}
```

小提示

CSS 对于所有的属性和值都有严格的要求，如果设置的属性在 CSS 规范中没有，或者某个属性值不符合要求，则不能使 CSS 语句生效。

常用的 CSS 选择器有 3 种类型，分别是标签选择器、id 选择器和类选择器。

1. 标签选择器

一个 HTML 文件由很多不同的标签组成，利用标签选择器可以统一设置使用某类标签定义的元素的外观。例如，若希望 1 号标题标签<h1>的文本有以下效果：

- 标题文字居中对齐。
- 字体大小为 42 像素。
- 字体颜色为橙色。

则根据效果要求，可以定义如下的标签选择器：

```
h1{
text-align:center;
font-size:42px;
color:#FF6600;
}
```

小提示

在对网页的一部分内容进行样式设置时，首先需要查看<body></body>标签对里的内容，看看有没有 HTML 标签可以唯一标识此元素或范围。如果有，就可以用该标签选择器进行 CSS 样式设置。

2. 类选择器和 id 选择器

在使用标签选择器设置了某个标签的样式后，HTML 文档中所有使用该标签定义的元素都会相应地发生变化。例如，当设置了<p>标签的文本颜色为红色时，那么页面中所有<p>标签中文本的颜色都将变为红色。如果希望其中的某个或几个<p>标签不是红色，就需要使用 CSS 的类选择器或 id 选择器来实现。

（1）类选择器。使用类（class）选择器可以为相同或不同的标签分类设置不同的样式。使用该选择器时，需要在 HTML 中为希望设置同一样式的标签定义相同的类名，即设置标签的 class 属性，然后在 CSS 中定义类选择器。定义类选择器时，需要在类名称前面加一个点“.”，语法如下：

```
.类名{样式属性:取值;样式属性:取值;…}
```

如下面的代码，在<body>标签中分别为 3 个<p>标签设置了不同的类（class）名，并将<h>标签的类名设置为与其中一个<p>标签相同（由于 h 标签自带加粗样式，所以其不仅应用了类样式，还保留了其自带样式），然后利用类选择器设置不同类名的标签的样式。（实例文件：本书配套素材“素材与实例”>“第 7 章”>“7-2.html”）

```
<html>
<head>
<title>class 选择器</title>
<style type="text/css">
<!--
.one{                        /*类名为 one 的类选择器*/
    color:red;               /*文字颜色为红色*/
    font-size:18px;          /*文字大小为 18 像素*/
}
.two{                        /*类名为 two 的类选择器*/
    color:green;             /*文字颜色为绿色*/
    font-size:20px;          /*文字大小为 20 像素*/
}
.three{                      /*类名为 three 的类选择器*/
    color:cyan;              /*文字颜色为青色*/
    font-size:22px;          /*文字大小为 22 像素*/
```

```
}
-->
</style>
</head>
<body>
    <p class="one">再别康桥</p>
    <p class="two">轻轻的我走了</p>
    <p class="three">正如我轻轻的来</p>
    <h3 class="two">我挥一挥衣袖</h3>
</body>
</html>
```

小提示

为避免浏览器出现不兼容问题，应尽量规范选择器的命名规则，包括：一律小写；以字母开头，由字母和数字组成；尽量不加连接符（-）和下划线；尽量用英文，尽量见名知意等。

（2）id 选择器。id 选择器用来对单个元素设置单独的样式，在同一个 HTML 文件中，id 名不能重复。id 选择器的使用方法与类选择器相似，先在 HTML 中为希望单独设置样式的标签定义 id 名，然后在 CSS 中定义 id 选择器。定义 id 选择器时，需要在 id 名称前面加一个#号，语法如下：（实例文件：本书配套素材“素材与实例”>“第 7 章”>“7-3.html”）

```
#id 名{样式属性:取值;样式属性:取值;…}
```

小提示

CSS 的各种选择器可以配合使用。例如，很多时候页面中几乎所有的<p>标签都使用相同的样式风格，只有个别<p>标签需要使用不同的风格来突出显示，此时就可以使用 class 或 id 选择器与标签选择器配合，即先使用标签选择器 p 定义全局方案，然后使用 id 或 class 选择器设置个别<p>标签。（实例文件：本书配套素材“素材与实例”>“第 7 章”>“7-4.html”）

3. 伪类选择器

伪类选择器不属于选择器，它是让元素呈现动态效果的特殊属性。之所以称为“伪”，是因为它指定的对象在文档中并不存在，它指定的是元素的某种状态，如表 7-3 所示。

表 7-3　伪类选择器

伪类名	用　途
a:link	设置超链接未被访问时的样式
a:active	设置超链接被用户激活（在鼠标点击与释放之间）时的样式
a:visited	设置超链接被访问后的样式
a:hover	设置将光标移到超链接上时的样式

课堂案例 3　应用 CSS 设置网页样式

在简单了解了 CSS 的应用后，下面通过为网页设置 CSS 样式，进一步增强读者对 CSS 的认识。

步骤 1▶ 构建网页结构。打开记事本程序，在其中输入下面的 HTML 代码，并另存为网页文档“text.html”。

```
<html>
<head>
<title>我的第一个 HTML 文档</title>
</head>
<body>
<p>见或不见</p>
<p>你见<br />
  或者不见我<br />
  我就在那里<br />
  不悲不喜</p>
<p>你念<br />
  或者不念我<br />
  情就在那里<br />
  不来不去</p>
<p>你爱<br />
  或者不爱我<br />
  爱就在那里<br />
  不增不减 <br />
</p>
</body>
</html>
```

步骤 2▶ 添加 CSS 样式声明。在<head></head>标签对中添加以下代码。此代码表示在 HTML 页面中引入 CSS 内嵌样式。

```
<style type="text/css">
</style>
```

步骤 3▶ 添加 CSS 选择器。CSS 选择器用来详细设置各个网页元素的样式。CSS 样式表由多个选择器构成。这里为网页背景、文字等网页元素设置样式效果，如图 7-11 所示。

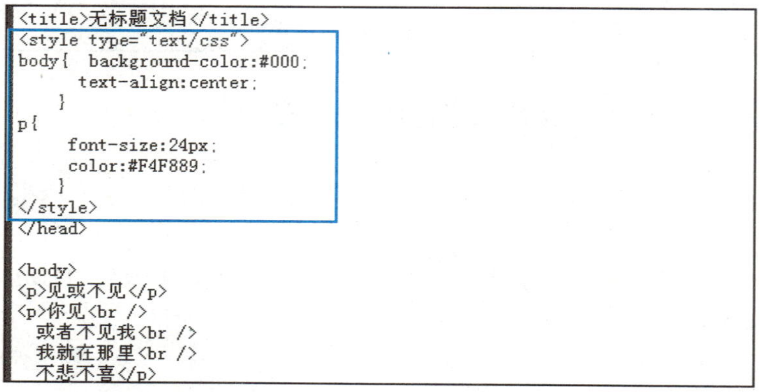

```
<title>无标题文档</title>
<style type="text/css">
body{  background-color:#000;
       text-align:center;
     }
p{
      font-size:24px;
      color:#F4F889;
     }
</style>
</head>

<body>
<p>见或不见</p>
<p>你见<br />
  或者不见我<br />
  我就在那里<br />
  不悲不喜</p>
```

图 7-11　添加选择器

```
<style type="text/css">
body{                                /*表示设置整体页面里的内容*/
   background-color:#000;            /*设置网页背景颜色*/
   text-align:center;                /*设置文字在页面中居中对齐*/
}
p{                                   /*表示设置段落标签里的内容*/
   font-size:24px;                   /*设置文字大小为 24 像素*/
      color:#F4F889;                 /*设置文字颜色*/
}
</style>
```

小 提 示

body{}和 p{}都是标签选择器。通过观察 HTML 代码可以发现，网页中所有显示的元素都放在<body></body>标签对中，因此可利用 body{}标签选择器对网页进行整体设置，如设置网页背景颜色等。本例中，网页中所有的段落文字都被<p></p>标签对括起来，因此可利用 p{}标签对文字进行修饰。

步骤 4▶ 此时网页的表现层制作完成。按“Ctrl+S”组合键保存网页，然后在浏览器中预览效果。添加 CSS 样式前和添加 CSS 样式后的网页效果分别如图 7-12 所示。

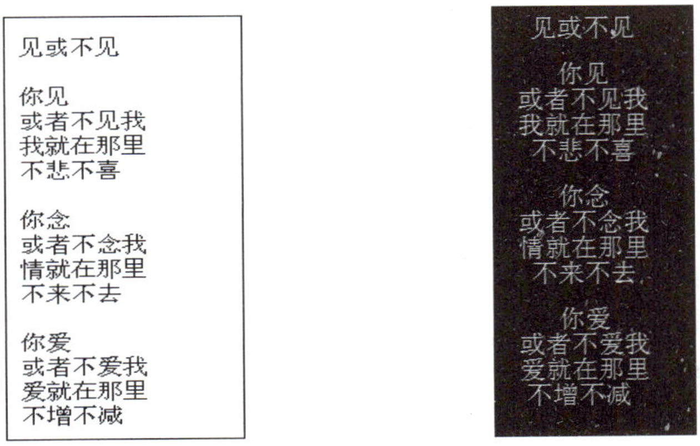

图 7-12　添加 CSS 样式前后的效果对比

7.4　网页制作与网站管理软件 Dreamweaver

Dreamweaver 是一款集网页制作和网站管理于一身，所见即所得的网页编辑软件。

7.4.1　初识 Dreamweaver

启动 Dreamweaver CC 后，进入其工作界面，按“Ctrl+N”组合键，在打开的窗口中单击“创建”按钮，新建一个文档，如图 7-13 所示。

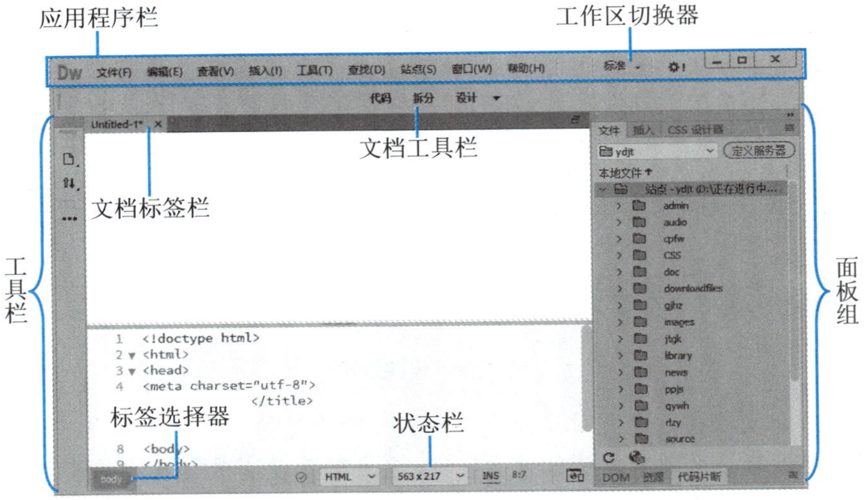

图 7-13　Dreamweaver CC 工作界面

（1）应用程序栏。应用程序栏位于工作区顶部，左侧显示菜单栏，右侧包含工作区切换器（可在其下拉列表中选择不同的工作区模式）和程序窗口控制按钮。

（2）工具栏。工具栏中放置了一些常用按钮，如打开文档、文件管理等。它会随着当前窗口的变化而显示不同的内容。

（3）文档标签栏。文档标签栏左侧显示当前打开的所有网页文档的标签（标签上显示相应网页文档的名称）及其关闭按钮；右侧显示当前文档在本地磁盘中的保存路径及向下还原按钮；文档标签下方显示当前文档中包含的文档及链接的文档。当用户打开多个网页时，通过单击文档标签可在各网页之间切换。另外，单击下方的包含文档或链接文档，同样可打开相应文档，如图 7-14 所示。如果文档名后带一个“*”号，表示网页已修改但尚未保存。

图 7-14　文档标签栏

（4）文档工具栏。文档工具栏位于文档标签栏上方，包括代码、拆分、设计等按钮。

① 代码：在文档窗口中显示代码视图。代码视图是一个用于编写 HTML，CSS，JavaScript，服务器语言（如 PHP 或 CFML）及其他任何类型代码的手工编码环境，如图 7-15 所示。在 Dreamweaver 的设计视图中对网页文档进行的操作，也将自动转换为相应的网页代码。

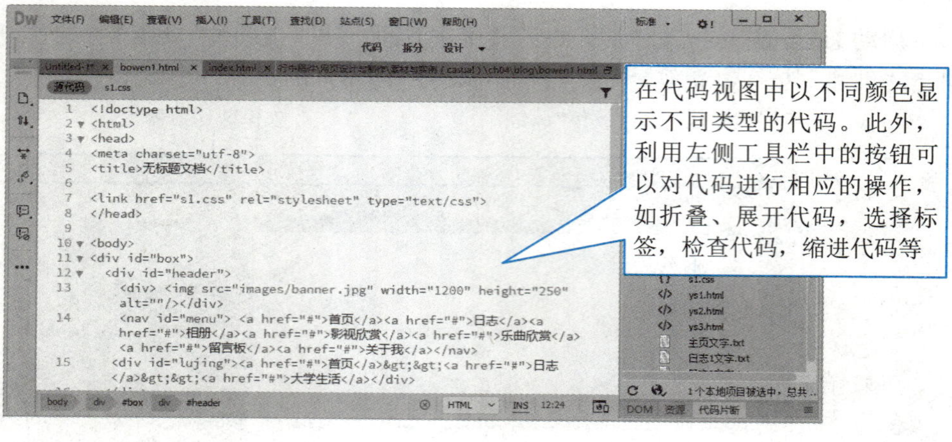

图 7-15　代码视图

② 拆分：在文档窗口中同时显示代码视图和设计视图。这样当用户在代码视图中编辑网页源代码后，单击设计视图中的任意位置，会立刻在设计视图中看到相应的编辑结果。

③ 设计：在文档窗口中显示设计视图。在设计视图中看到的网页效果类似于在浏览器中看到的效果，用户可在该视图中直接编辑网页中的各个对象。

④ 实时视图：单击“设计”按钮右侧的三角按钮，在其下拉列表中有实时视图，其与设计视图类似，但能更逼真地显示文档在浏览器中的效果，还可以像在浏览器中一样与文档进行交互。

（5）状态栏。状态栏位于文档窗口底部，它提供了与当前文档相关的一些信息，如图 7-16 所示。其中，标签选择器的作用很大，它显示了当前光标所在位置或当前选定内容的标签层次结构（HTML 网页文档就是由一个个标签组成的），单击某个标签可以选中网页中该标签所代表的内容，如单击<table>标签，可选中网页中与之对应的表格。

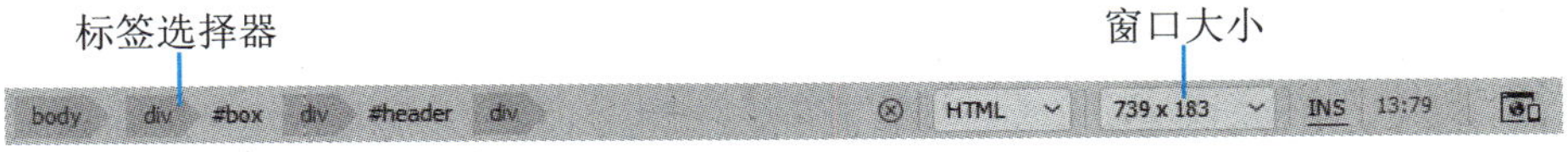

图 7-16　状态栏

（6）“插入”面板。“插入”面板包含用于创建和插入对象（如表格、图像和链接）的按钮，这些按钮按几个类别进行组织，默认显示“HTML”类别；也可以单击其右侧的三角按钮，在弹出的列表中选择其他类别。例如，要在页面中插入图像，可先定位插入点，然后单击“插入”面板“HTML”类别中的“Image”按钮。

（7）“文件”面板。使用“文件”面板可查看和管理站点中的所有文件和文件夹，包括素材文件和网页文件，如图 7-17 所示。

（8）“CSS 设计器”面板。使用“CSS 设计器”面板可以“可视化”地创建 CSS 样式和规则，并设置属性和媒体查询，如图 7-18 所示。

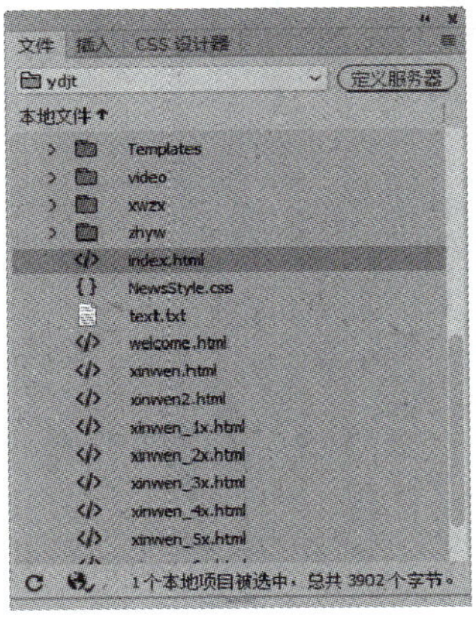

图 7-17　“文件”面板

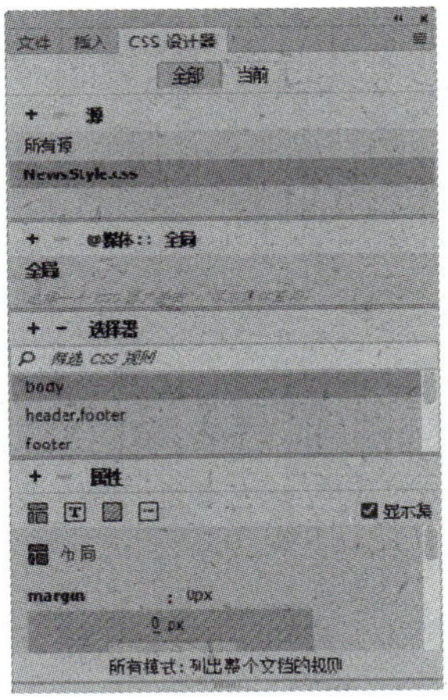

图 7-18　“CSS 设计器”面板

7.4.2 使用 Dreamweaver 创建和打开站点

一般在 Dreamweaver 中制作网页之前，最好先定义站点，然后在站点中创建网页。

1. 创建本地站点

站点一般包括本地站点（本地计算机上的一组文件）和远程站点（远程 Web 服务器上的一组文件）。下面以本地站点为例说明其创建过程。

步骤 1▶ 首先在本地磁盘创建一个新文件夹作为本地站点根文件夹，以便存放相关文档。此处在 D 盘新建一个名为“test”的文件夹，并在其中嵌套一个名为“images”的文件夹。

步骤 2▶ 启动 Dreamweaver CC，在菜单栏中选择“站点”→“新建站点”菜单，如图 7-19 所示。

步骤 3▶ 弹出“站点设置对象”对话框，默认显示“站点”选项，在“站点名称”编辑框中输入站点名称，此处为“test”；单击“本地站点文件夹”编辑框右侧的“浏览文件夹”按钮，在打开的“选择根文件夹”对话框中选择前面创建的文件夹“test”，然后单击“选择文件夹”按钮，设置网站根文件夹，如图 7-20 所示。

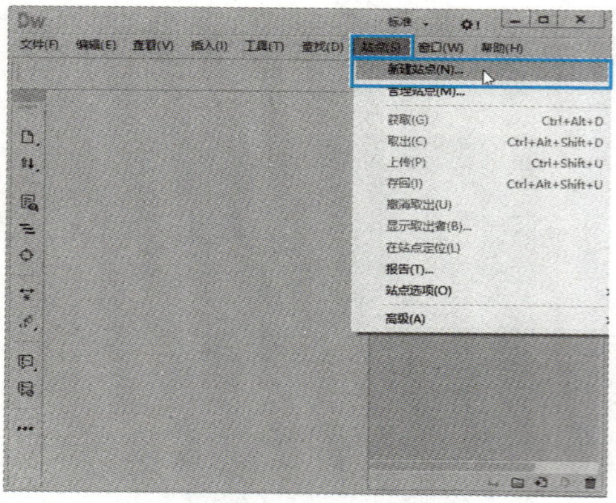

图 7-19 选择菜单

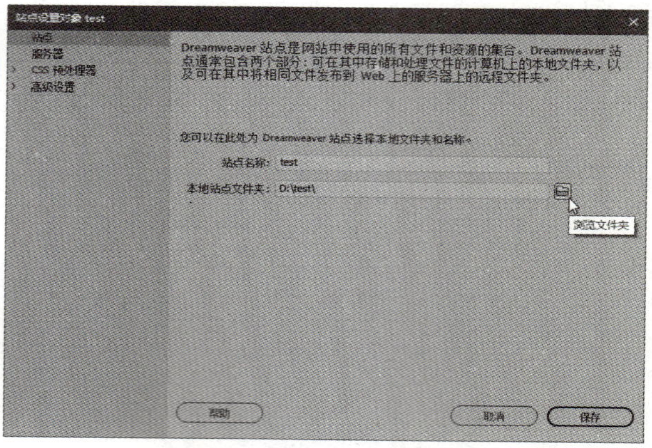

图 7-20 设置站点信息

小技巧

“本地站点文件夹”设置项用于设置网站文件的存储路径，除上述设置方法外，也可以直接在编辑框中输入已有的路径。

步骤 4▶ 设置服务器信息。在左侧列表中选择“服务器”选项，对话框右侧将显示服务器相关信息。站点服务器信息可以暂时不填写，在上传网站时再添加。

步骤 5▶ 高级设置。对“高级设置”部分，仅设定“本地信息”即可，如图 7-21 所示。设定好后，直接单击“保存”按钮，新的站点就创建完成了。

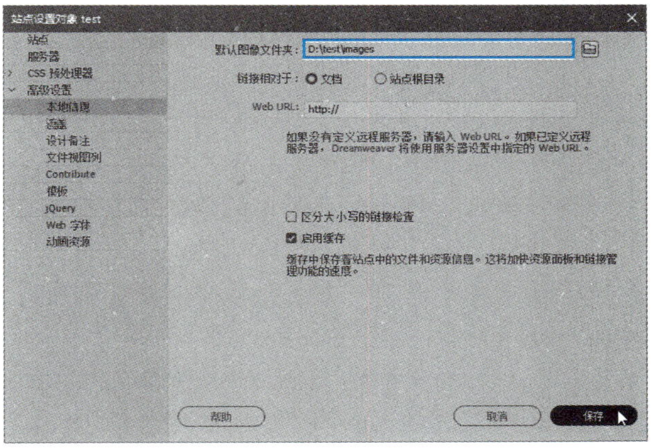

图 7-21　设置“本地信息”

2. 打开本地站点

打开本地站点的方法有以下两种：

（1）在菜单栏中选择“站点”→“管理站点”菜单，弹出如图 7-22 所示的“管理站点”对话框，选择要打开的站点，单击“完成”按钮即可。

（2）在“文件”面板的“站点”下拉列表中选择已创建的某个站点，也可将其打开，如图 7-23 所示。

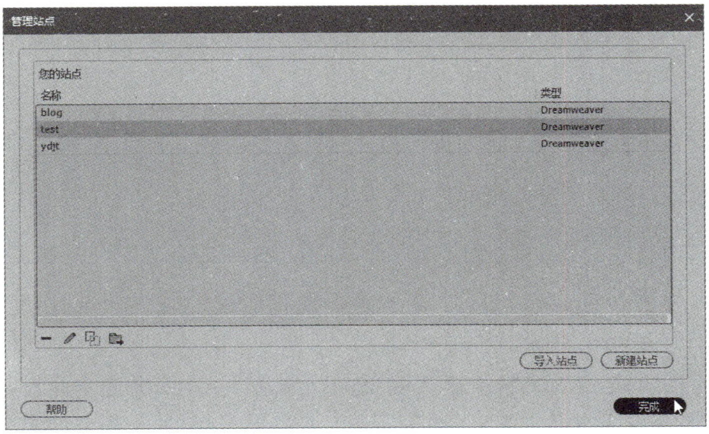

图 7-22　“管理站点”对话框

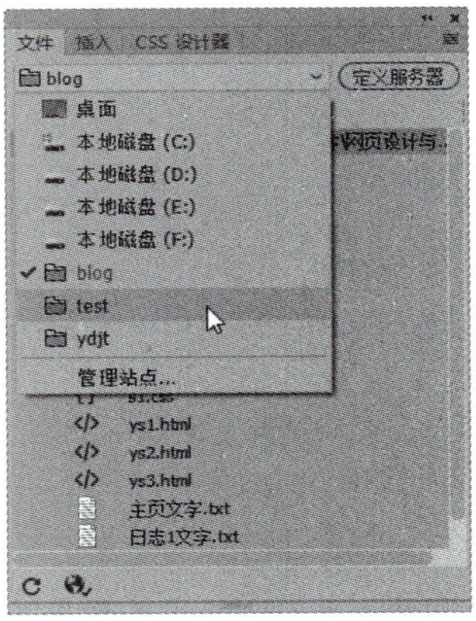

图 7-23　“文件”面板

7.4.3 网页文档基本操作

在 Dreamweaver 中定义站点后，使用“文件”面板可以非常方便地打开、新建、重命名或删除站点中的文档和文件夹。

步骤 1▶ 选择“窗口”→“文件”菜单，打开“文件”面板。要在当前站点的某个文件夹中创建网页文档，可右击该文件夹，在弹出的快捷菜单中选择“新建文件”选项，如图 7-24（a）所示。

步骤 2▶ 此时在当前站点中新建了一个网页文档，并且该网页文档名处于可编辑状态，如图 7-24（b）所示。

步骤 3▶ 用户可直接输入文档名并按“Enter”键命名文档。本例是在站点根文件夹下创建名称为“main.html”的网页文档，如图 7-24（c）所示。

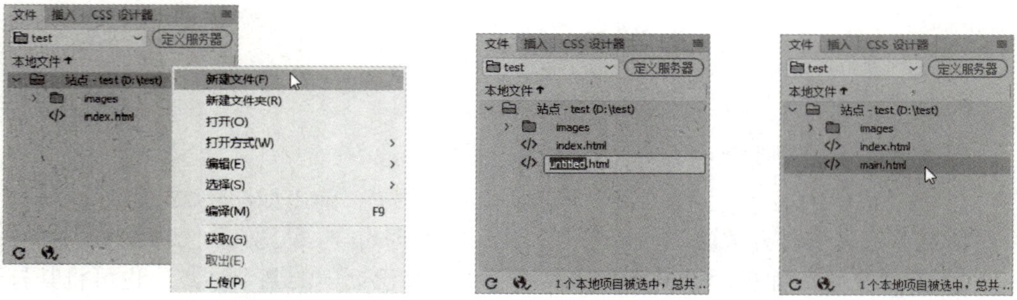

（a）（b）（c）

图 7-24 在“文件”面板中新建并命名网页文档

小提示

默认情况下，在“文件”面板中所建文档的扩展名为“.html”；如果要创建动态站点，在创建站点时还要配置“服务器”选项，其中若在“服务器模型”下拉列表中选择“ASP JavaScript”服务器模型，则新建文档的扩展名将默认为“.asp”。

步骤 4▶ 同样，要新建文件夹，可在目标文件夹上单击鼠标右键，在弹出的快捷菜单中选择“新建文件夹”选项，然后给新建的文件夹命名。

步骤 5▶ 要重命名现有的网页文档或文件夹，可首先在“文件”面板中选中文档或文件夹，然后单击文档名或文件夹名（或按“F2”键），此时文档或文件夹名将变为可编辑状态，输入新名称并按“Enter”键即可。

小提示

在重命名文档时，注意不要更改其扩展名。

步骤 6▶　当不需要站点中的某个网页文档或文件夹时，可将其删除，方法为：右击要删除的网页文档或文件夹，在弹出的快捷菜单中选择“编辑”→“删除”菜单，然后在弹出的提示框中单击“是”按钮，如图 7-25 所示。

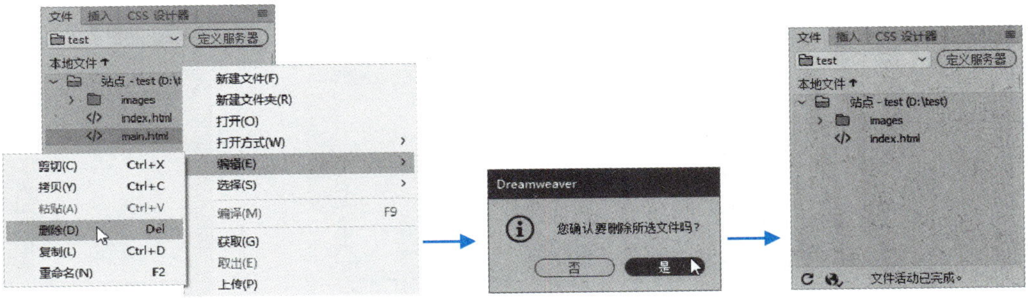

图 7-25　在“文件”面板中删除文档或文件夹

小技巧

> 在选中需要删除的文档或文件夹后，直接按键盘上的“Delete”键也会弹出确认删除提示框，单击“是”按钮即可。

步骤 7▶　除上述操作外，在“文件”面板中双击某个网页文档，可在文档编辑窗口中打开该文档。

课堂案例 4　制作企业网站欢迎页面

在了解了网页文档的基本操作后，下面为企业网站制作一个欢迎页面。

步骤 1▶　在“文件”面板的“站点”下拉列表中选择任一站点，打开该站点。

步骤 2▶　右击站点根文件夹，在弹出的快捷菜单中选择“新建文件”选项，在该站点中新建文档，并重命名为“welcome.html”。

步骤 3▶　在“文件”面板中双击文档“welcome.html”，在文档编辑窗口中将其打开。

步骤 4▶　在文档编辑窗口中单击，然后输入文字“欢迎访问中国忆达集团网站!”，如图 7-26 所示。

步骤 5▶　按“Ctrl+S”组合键保存文档，然后按“F12”键，在浏览器中预览页面效果，如图 7-27 所示。

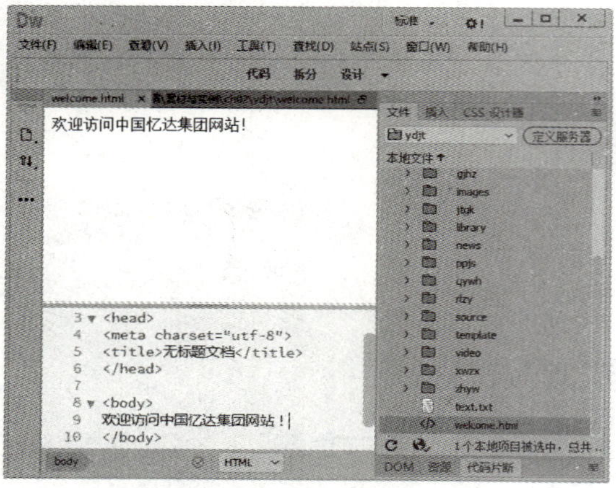

图 7-26　在文档中输入文字

图 7-27　保存并预览网页文档

本章总结

本章主要介绍了网页制作与网站建设基础知识。学完本章内容，读者应重点掌握以下知识：① 网站建设基本流程；② HTML 的标签构成和网页文档基本结构；③ CSS 基本形式及常用选择器类型；④ Dreamweaver 基本应用。

本章习题

1. 选择题

（1）下列选项中，（　　）不是网页的构成元素。

A．站标　　B．导航条　　C．广告条　　D．网线

（2）下列选项中，（　　）不是网页的组成文件。

A．文字　　B．图像　　C．Word文档　　D．脚本

（3）要创建动态网页，用户除了需要掌握常用网页设计软件和程序设计语言外，还需要掌握（　　）。

A．数据库　　B．HTML　　C．CSS　　D．ASP

（4）下列选项中，（　　）不能出现在<head></head>标签对中。

A．<title></title>　　B．<td></td>　　C．<meta>　　D．<style></style>

（5）在页面中引入 CSS 样式的方法，不包括下面选项中的（　　）。

A．内部样式表　B．行内样式表　C．嵌入样式表　D．链接样式表

（6）下列选项中，不属于 CSS 选择器的是（　　）。

A．标签选择器　B．分类选择器　C．类选择器　D．id选择器

2. 操作题

使用 Dreamweaver 创建一个站点，在其中创建多个网页，并为各个网页重命名，然后为其中一个网页设置简单的内容。

第 8 章 计算机新技术及应用

【本章导读】

近年来，在计算机领域出现了许多新技术和应用，包括物联网、大数据、云计算、人工智能和虚拟现实等。这些技术和应用对社会各行各业和人们的工作、学习、娱乐方式都产生了深刻的影响，同时对社会发展也起到了重要的推动作用。

【学习目标】

- 了解物联网的相关知识和应用。
- 了解大数据的相关知识和应用。
- 了解云计算的相关知识和应用。
- 了解人工智能的相关知识和应用。
- 了解虚拟现实和增强现实的相关知识和应用。

8.1 物联网

物联网（Internet of Things，IoT）作为新一代信息技术的典型代表，其应用目前在全球范围内呈现出爆发式增长态势，不同行业和不同类型的物联网应用为我们开启了万物互联时代。

8.1.1 物联网是什么

物联网又被称为传感网，是利用射频识别（RFID）、红外感应器、全球定位系统（GPS）、激光扫描器等信息传感设备，按约定的协议，把任何物体与互联网相连接，进行信息交换和通信，以实现对物体的智能化识别、定位、跟踪、监控和管理的一种网络。

物联网的定义包含两层意思：一是物联网的基础仍然是互联网，它是在互联网基础上延伸和扩展的网络；二是其用户终端延伸和扩展到了任何物体，使任何物体与物体之间都可进行信息交换和通信。简而言之，物联网就是"物物相连的互联网"，如图 8-1 所示。

图 8-1　物联网示意图

8.1.2　物理网的产生与发展

（1）1999 年，在美国召开的移动计算和网络国际会议提出传感网是下一个世纪人类面临的又一个发展机遇。

（2）2003 年，美国《技术评论》提出传感网络技术将是未来改变人们生活的十大技术之首。

（3）2005 年 11 月，在突尼斯举行的信息社会世界峰会（WSIS）上，国际电信联盟（ITU）发布《ITU 互联网报告 2005：物联网》，引用了"物联网"的概念。

（4）2008 年后，为了促进科技发展，寻找新的经济增长点，各国政府开始重视下一代的技术规划，将目光放在了物联网上。

（5）2009 年 1 月 9 日，IBM 全球副总裁麦特 • 王博士做了主题为"构建智慧的地球"的演讲，提出把传感器嵌入到家居、电网、铁路、桥梁、隧道、公路、建筑、供水系统、大坝、油气管道等各种物体中，并且相互连接，形成"物联网"，然后将"物联网"与现有的互联网整合起来，实现人类社会与物理系统的整合。

（6）2009 年 1 月 28 日，奥巴马就任美国总统后，与美国工商业领袖举行了一次圆桌会议。参与会议的 IBM 首席执行官彭明盛首次提出"智慧地球"这一概念，建议新政府投资新一代的智慧型基础设施。当年，美国将新能源和物联网列为振兴经济的两大重点。

今天，"智慧地球"战略被不少美国人认为与当年的"信息高速公路"有许多相似之处。该战略能否掀起如当年互联网革命一样的科技和经济浪潮，不仅为美国关注，更为世界所关注。

在中国，物联网技术和应用已被提升到了国家战略的层次。2010 年，物联网被正式列为国家五大新兴战略性产业之一，并写入《政府工作报告》；2011 年，物联网被列入"十二五”国家重点专项规划；2016 年，十八届五中全会通过的《中共中央关于制定国民经济和社会发展第十三个五年规划的建议》，明确指出要全面落地，助力物联网行业加速发展；2017 年，工信部下发了《关于全面推进移动物联网（NB-IoT）建设发展》的通知，提出要全面推进广覆盖、大连接、低功耗的移动物联网建设。

8.1.3 物联网的体系结构

物联网作为一个网络系统，与其他网络一样，也有其特有的体系结构。它包括感知层、网络层和应用层 3 个层次，如图 8-2 所示。

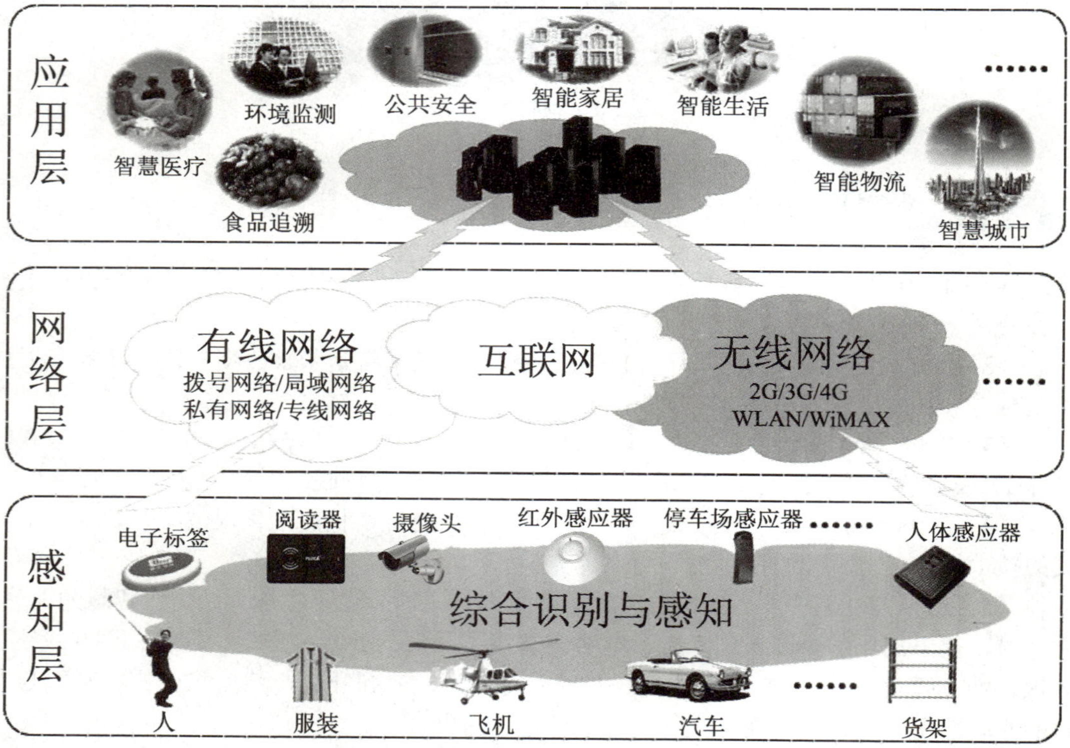

图 8-2　物联网三层结构模型

（1）感知层。物联网的感知层利用 RFID、传感器、摄像头、全球定位系统等传感技术和设备，随时随地获取物体的属性信息并传输给网络层。物体属性包括静态和动态两种，其中，静态属性可以存储在电子标签中，使用阅读器读取；动态属性（如温度、湿度、速度、位置等）则需要使用传感器、摄像头或全球定位系统（GPS）等实时探测。

小提示

RFID 是射频识别（Radio Frequency Identification）的英文缩写，是 20 世纪 90 年代开始兴起的一种自动识别技术。RFID 系统主要由 3 部分组成：电子标签（Tag）、阅读器（Reader）和天线（Antenna）。其中，电子标签用于存储物体的标识信息；阅读器用于以射频信号方式读取电子标签中的信息（有的阅读器也具有写入信息功能）；天线用于发射和接收射频信号，往往内置在电子标签和阅读器中。

例如，中国第二代身份证内嵌了存储个人基本信息的电子标签，需要时利用阅读器一扫，即可获取个人的身份信息；通过网络层将这些信息实时传输到公安部相关系统，即可识别出此人是否有犯罪前科，是否为通缉犯等。

此外，在铁路列车管理中，通过为每节车厢安装一个电子标签，并在铁路两侧相互间隔一段距离放置一个阅读器。这样，就可以随时掌握全国所有列车在铁路线路上所处的位置，从而便于列车的跟踪、调度和安全控制。

传感器也被称为感应器，是一种探测装置，利用它可感知物体或环境的温度、湿度、电磁辐射或气体成分等属性，并将感知的信息转换成电信号或其他形式输出。

（2）网络层。通过各种网络，将物体的信息实时、准确地传递给应用层。

（3）应用层。应用层有一个信息处理中心，用来处理从感知层得到的信息，以实现物体的智能化识别、定位、跟踪、监控和管理等实际应用。

物联网的 3 层结构体现了物联网的基本特征，即全面感知、可靠传递和智能处理。

8.1.4　物联网的应用场景

物联网作为一种新兴的信息技术，其应用正在迅速向各个领域蔓延，从家居、医疗、物流、交通、零售、金融、工业到农业，物联网的应用无处不在。例如，时下流行的共享单车，只要拿出手机扫一扫即可打开智能锁骑行，这些智能锁使用的就是物联网技术。

1. 智能家居

物联网在智能家居中的应用包括设备控制、设施控制、防盗报警等，如图 8-3 所示。例如，可利用物联网技术将家中的空调、电视、冰箱、洗衣机、电灯、窗户和窗帘等设备和设施连接在一起（需要为相关设备和设施安装传感器、智能插座并连接到互联网），然后通过智能手机远程查看、关闭或开启这些设备和设施。

此外，还可在设备之间或人和设备之间形成智能联动。例如，客厅门打开时，客厅灯自动开启；人离开客厅 10 分钟后，客厅灯自动关闭。

2. 智能医疗

物联网在智能医疗中的应用包括病人监控、远程医疗、医疗管理、医院物资管理等，如图 8-4 所示。例如，通过在病人身上安装医疗传感设备，医生可通过手机、平板电脑等实时掌握病人的各项生理指标数据，从而更科学、合理地制订诊疗方案，或者进行远程诊疗。此外，在医院看病时利用就诊卡挂号、分诊、付费、取化验单、取药等，也是利用物联网技术（就诊卡中内嵌有电子标签芯片）实现的。

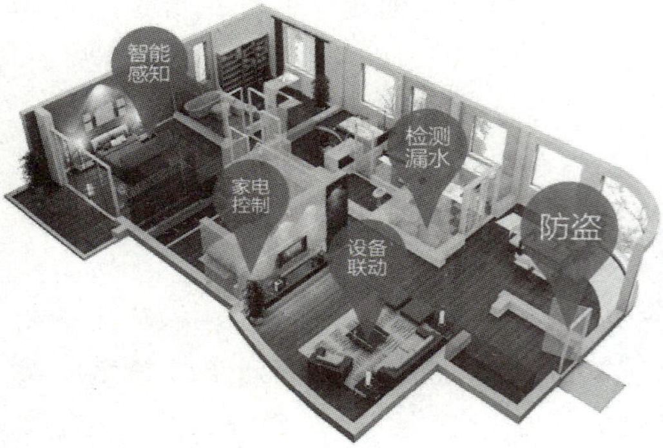

图 8-3　智能家居

图 8-4　智能医疗

3. 智能物流

物联网在智能物流中的应用包括库存监控、物品识别、配送管理、运输管理、包装管理、装卸管理、安全追踪等。例如，利用 GPS、RFID、传感器等物联网技术和设备，在物流过程中实现实时对车辆定位、运输物品监控、配送跟踪、在线调度的可视化管理。

4. 智能交通

物联网在智能交通中的应用包括车辆定位与调度、交通状况感知、交通智能化管控、停车管理等，如图 8-5 所示。例如，可通过检测设备（如摄像头）自动检测道路拥堵情况，并利用人工智能技术自动调配红绿灯，或者向车主预告拥堵路段、推荐最佳行驶路线。

5. 智能工业

物联网在智能工业中的应用包括生产过程控制、供应链跟踪、生产环境监测、产品质量检测等。例如，钢铁企业应用各种传感器和通信网络，在生产过程中对产品的宽度、厚度、温度等进行实时监控，可提高产品质量，优化生产流程。

6. 智能农业

物联网在智能农业中的应用包括自动灌溉、自动施肥、自动喷药、异地监控、环境监测等，如图 8-6 所示。例如，利用温度传感器、湿度传感器和光线传感器等，实时获得大棚内农作物的生长环境信息，然后通过手机等设备远程操控遮光板、通风口等设备的开启或关闭，让农作物始终处于最优的生长环境，从而提高农作物的产量和品质。

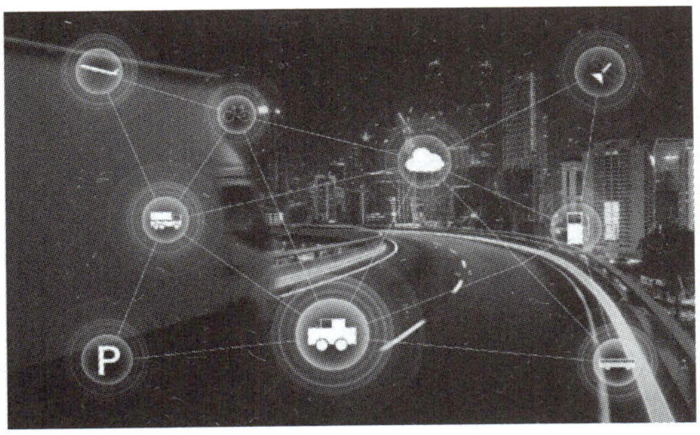

图 8-5　智能交通

图 8-6　智能农业

8.2　大数据

大数据被称为 21 世纪的石油和金矿。联合国 2012 年发布的大数据白皮书《大数据促发展：挑战与机遇》中指出，大数据时代已经到来，大数据的出现将会对社会各个领域产生深刻影响。2017 年，党的十九大报告提出："推动互联网、大数据、人工智能和实体经济深度融合"。那么，大数据是什么？大数据有哪些关键技术？如何应用大数据？

8.2.1　大数据是什么

大数据（Big Data）也称海量数据或巨量数据，是指数据量大到无法利用传统数据处理技术在合理的时间内获取、存储、管理和分析的数据集合。"大数据"一词除用来描述信息时代产生的海量数据外，也被用来命名与之相关的技术、创新与应用。

小提示

最早提出大数据时代已经到来的是全球知名咨询公司麦肯锡。麦肯锡在 2011 年发布的《大数据：创新、竞争和生产力的下一个新领域》报告中指出："大数据已经渗透到当今每一个行业和业务职能领域，成为重要的生产因素。人们对于海量数据的挖掘和运用，预示着新一波生产率增长和消费者盈余浪潮的到来。"

大数据具有海量的数据规模（Volume）、快速的数据流转（Velocity）、多样的数据类型（Variety）和价值密度低（Value）四大特征，简称 4V。

（1）海量的数据规模（Volume）。2004 年，全球数据总量为 30 EB，2005 年达到 50 EB，2015 年达到 7 900 EB。根据国际数据资讯（IDC）公司监测，全球数据量大约每两年翻一番，预计到 2020 年，全球将拥有 35 ZB 的数据。

（数据存储单位之间的换算关系：1 MB＝1 024 KB；1 GB＝1 024 MB；1 TB＝1 024 GB；

1 PB＝1 024 TB；1 EB＝1 024 PB；1 ZB＝1 024 PB）

小提示

大数据是随着互联网（尤其是移动互联网）的普及和物联网的广泛应用而产生的。在互联网中，人人都是数据制造者。例如，在社交网络媒体上发表文章、上传照片和视频，在购物网站购物，利用搜索引擎搜索信息，利用支付宝或微信付费，都会产生大量的数据。据统计，一天内，互联网产生的全部数据至少刻满 1.68 亿张 DVD 光盘。此外，在物联网中，各类传感设备、监控设备等每天也会产生大量的数据。

（2）**快速的数据流转**（Velocity）。指数据产生、流转速度快，而且越新的数据价值越大。这就要求对数据的处理速度也要快，以便能够及时从数据中发现、提取有价值的信息。

（3）**多样的数据类型**（Variety）。指数据的来源及类型多样。大数据的数据类型除传统的结构化数据外，还包括大量非结构化数据。其中，10%是结构化数据；90%是非结构化数据。

小提示

结构化数据是指可以使用二维表结构来表示的数据，一般使用传统的关系数据库进行存储和管理；非结构化数据是指数据结构不规则，不方便用二维表来表示的数据，包括各类文档、网页、图像、音频、视频等。

（4）**数据价值密度低**（Value）。指数据量大但价值密度相对较低，挖掘数据中蕴藏的价值犹如沙里淘金。

大数据正在众多领域掀起变革的巨浪，但是，我们要看到，大数据的核心在于挖掘数据中蕴藏的价值。例如，通过对大量数据的分析和挖掘来预测行业发展趋势、做精准营销、优化生产流程等。

8.2.2 大数据应用案例

亚马逊是美国的一家电子商务网站，它从销售图书起家，利用大数据进行精准营销，一步步打败竞争对手，成为如今美国最大的电子商务网站。下面通过分析亚马逊大数据精准营销案例，让大家体会大数据的应用。

第 1 步，采集海量数据

当用户访问亚马逊网站并购买图书时，都会产生行为数据和 IP 数据等。亚马逊花了几年时间采集了海量此类数据。

第 2 步，分析数据，找出成交数据共性

亚马逊利用大数据技术将有购买行为或重复购买行为的 IP 数据筛选出来，再对这些

人的行为、特征做精准分析，从这些人的年龄、学历、收入、爱好、消费水平、职业、地理位置、购物习惯等数据中找出购买群体的共同特征，分析出什么人会在亚马逊上买书：

（1）在 IP 地址实际地理位置 1.5 公里之内没有实体书店的；

小提示

在美国，每台上网的电脑 IP 地址都是固定的，因此可通过 IP 地址了解用户的地理位置，锁定用户。

（2）年龄层次在 18～35 岁之间的；

（3）受教育程度比较高，经常使用电脑或手机的。

这些共性形成了非常精准的潜在客户样本数据模型，只要符合以上特征的人群，就有可能成为亚马逊的潜在客户。

第 3 步，扩大共性数据范围，搜索精准目标数据

亚马逊通过与美国电信合作，将全美国使用电信用户的 IP 地址做位置分析，再通过谷歌地图大数据进行筛选，将凡是符合 IP 地理位置 1.5 公里之内没有书店的人找出来。

第 4 步，细分群体需求，打造广告文案

每个人的需求是不一样的，如果亚马逊用一个广告文案去进行大面积投放的话，不但成本高而且不精准。假如全美国有 2 000 万符合 IP 地址 1.5 公里之内没有实体书店的人，这 2 000 万人中每个人的职业、家庭、年龄和爱好都可能不同，相应的需求也会有所不同。例如，一位男士，他的职业是老板，同时也是爸爸，爱好是摄影，那么他有可能会对企业管理、亲子教育、摄影技巧的书籍感兴趣。因此，亚马逊通过大数据分析潜在客户人群的特征，判断不同的人群会对什么书籍感兴趣，并根据不同人群的需求打造不同的广告文案。

第 5 步，精准投放广告文案

亚马逊通过大数据对潜在客户人群做细分之后，与 Google，Facebook，Youtube 等网络媒体签订广告投放协议，规定不同的广告文案应投放到哪类人群。而这些网络媒体会利用大数据、人工智能等技术，将广告精准投放到亚马逊要求的人群。

第 6 步，监控流量质量，排除无效流量

当流量（网站访客）过来后，亚马逊会利用大数据技术对流量来源的质量进行采样分析。例如，假设 Youtube 引来了 1 000 万流量，经过分析发现其中 990 万流量的 IP 地址、年龄等方面与潜在客户样本数据模型不符，因此判断这些都是非精准的无效流量。

此时，亚马逊采用两种方案应对：一是关闭无效流量的广告平台；二是对广告文案进行升级，让文案更具有针对性，从而促使目标群体更愿意去点击广告。

8.2.3 大数据的关键技术

大数据技术是指用非传统的方式对大量结构化和非结构化数据进行处理，以挖掘出数据中蕴含的价值的技术。根据大数据的处理流程，可将其关键技术分为数据采集、数据预处理、数据存储与管理、数据分析与挖掘、数据可视化展现等技术。

（1）**大数据采集**。对于网络上各种来源的数据，包括社交网络数据、电子商务交易数据、网上银行交易数据、搜索引擎点击数据、物联网传感器数据等，在被采集前都是零散的，没有任何意义。数据采集就是将这些数据写入数据仓库中，整合在一起。数据采集常用的工具有 Flume，Kakfa，Sqoop 等。

（2）**大数据预处理**。由于大数据的来源和种类繁多，这些数据有残缺的、虚假的、过时的，因此，想要获得高质量的数据分析结果，必须在数据准备阶段提高数据的质量，即对大数据进行预处理。大数据预处理是指将杂乱无章的数据转化为相对单一且便于处理的结构，或者去除没有价值甚至可能对分析造成干扰的数据。

（3）**大数据存储与管理**。大数据存储是指用存储器把采集到的数据存储起来，并建立相应的数据库，以便对数据进行管理和调用。目前，主要采用 Hadoop 分布式文件系统（Hadoop Distributed File System，HDFS）和非关系型分布式数据库（NoSQL）来存储和管理大数据。常用的 NoSQL 数据库包括 HBase，Redis，Cassandra，MongoDB，Neo4j 等。

小提示

由于数据量太大，即使是最好的计算机也无法单独完成大数据的采集、预处理、存储、分析与挖掘等工作，因此需要聚合众多计算机的力量来完成大数据的处理。为此，需要利用分布式系统和并行处理等技术。

分布式系统：是由一组通过网络进行通信，为了完成共同的任务而协调工作的计算机组成的系统。分布式系统包括分布式计算与分布式存储。

并行计算：是指同时使用多个处理器来协同求解同一问题，即将被求解的问题分解成若干个部分，各部分均由一个独立的处理器来计算。

（4）**大数据分析与挖掘**。大数据分析与挖掘是指通过各种算法从大量的数据中找出潜在的有用信息，并研究数据的内在规律和相互间的关系。常用的大数据分析与挖掘技术包括 Spark，MapReduce，Hive，Pig，Flink，Impala，Kylin，Tez，Akka，Storm，S4，MLlib 等。

（5）**大数据可视化展现**。大数据可视化展现是指利用可视化手段对数据进行分析，并将分析结果用图表或文字等形式展现出来，从而使读者对数据的分布、发展趋势、相关性和统计信息等一目了然，如图 8-7 所示。常用的大数据可视化工具有 Echarts 和 Tableau 等。

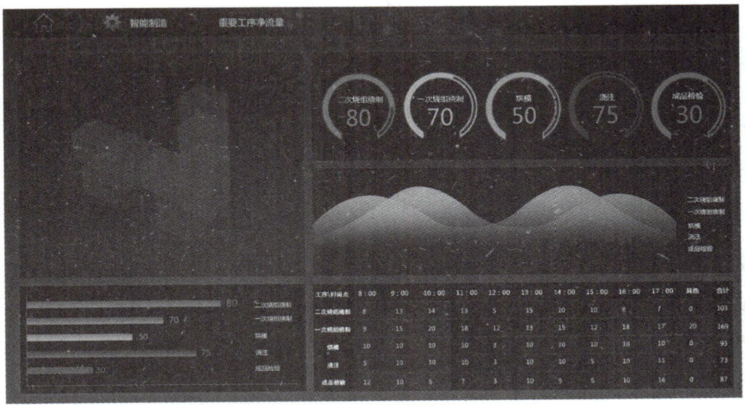

图 8-7 大数据可视化展现

典型案例

阿里云在 2016 云栖大会上发布全球首个一站式大数据平台——数加。该平台承载了阿里云“普惠大数据”的理想，即让全球任何一个企业、个人都能用上大数据。数加平台首批集中发布了 20 款产品，覆盖数据采集、计算引擎、数据加工、数据分析、机器学习、数据应用等数据生产全链条。

“这是一个人人都在谈大数据的时代，但只有极少数人在用大数据。”阿里云大数据事业部资深总监徐常亮说。在输出自身大数据能力的同时，数加还向有数据开发能力的团队开放。这些团队可入驻数加，借助数加的工具为各行业提供大数据服务。徐常亮说：“就像在淘宝开店一样，只是他们售卖的是专业能力。”

8.2.4 大数据的应用场景

如今，大数据在各行各业的应用无处不在，包括电商、金融、通信、物流、医疗、教育、农业、工业制造、城市管理等。相关企业、机构或自己搭建大数据平台，或与商业大数据平台（如腾讯大数据平台，见图 8-8）合作，收集数据并挖掘数据中蕴含的价值，从而洞察行业发展趋势、提升营销效率、优化生产流程、洞悉用户行为。

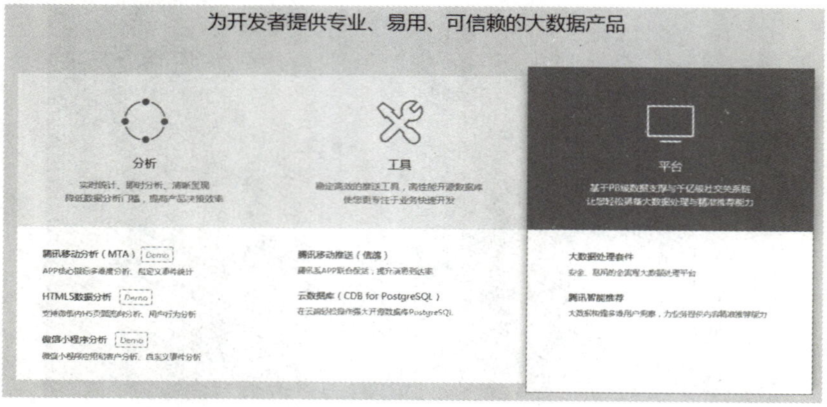

图 8-8　腾讯大数据平台

下面介绍大数据的一些典型应用场景。

1. 大数据在电商行业的应用

大数据在电商行业的应用较为广泛，其典型的应用场景是：① 电商企业收集大量用户在电商网站或网络媒体上的注册信息、行为数据（用户在网站和移动 APP 中的浏览/点击/发帖等行为）、交易数据、网络日志数据等；② 对收集的数据进行分析和挖掘，得出不同用户的购买能力、行为特征、心理特征、兴趣爱好、家庭情况、是否单身、喜欢的社交网络等；③ 根据分析结果做精准营销、精准推荐或提高用户的购物体验等。

2. 大数据在金融行业的应用

金融行业也是大数据应用的重点行业。目前，国内不少银行、保险公司已建立大数据平台，开始通过大数据来驱动业务运营。例如，银行通过收集并分析自身业务产生的数据、客户在社交媒体上的行为数据、客户在电商网站上的交易数据、客户的税务数据等，可以了解不同客户的消费能力、信用额度和风险偏好，从而对客户实施精准营销、风险管控。

3. 大数据在教育行业的应用

大数据在教育行业的应用包括优化教学管理、学生管理、教学内容、教学手段、教学评价等。例如，基于网络的学习平台能记录学生的作业完成情况、课堂言行、师生互动等数据，如果将这些数据汇集起来，就可以分析出学生的学习特点和习惯，从而对不同学生的学习提出有针对性的建议。同时，这些数据也可以促使教师进行教学反思，从而优化教学。

典型案例

案例一：中国电子科技大学曾经做了一个课题——寻找校园最孤独的人。他们通过校园一卡通物联网，从 3 万名学生中采集到了 2 亿多条行为数据，包括选课、进出图书馆、食堂用餐、超市购物等数据。通过对校园一卡通“一前一后刷卡”的记录分析，可以发现一个学生在学校有多少知心朋友。他们通过此方式找到了 800 多个校园中最孤独的人，这些人中有 17%可能产生心理疾病，需要学校和家长重点予以关爱。

案例二：美国纽约玛丽斯特学院与商业数据分析公司 Pentaho 合作，基于 Pentaho 的开源商业分析平台开发了一个分析模型。通过该模型收集并分析学生的学习情况，如点击线上的阅读材料、完成作业的时长等，可以在一门新课程开始的前两周内预测哪些学生可能会无法顺利完成课程，从而及时帮助有问题的学生，提升毕业率。

4. 大数据在政务管理中的应用

在我国，政府部门掌握着全社会量最大、最核心的数据，有效地利用这些数据，将使政务管理和服务、抢险救灾等的效率进一步提高，各项公共资源得到更合理的配置。

典型案例

大数据对地震、台风等天灾救援已经开始发挥重要作用。利用大数据技术可抓取气象局、地震局的气象历史数据、星云图变化历史数据，以及城建局、规划局等的城市规划、房屋结构数据等，然后构建大气运动规律评估模型、气象变化关联性分析模型等，从而精准地预测气象变化，寻找最佳的救灾解决方案。

8.3 云计算

如今，“云计算”这几个字对我们来说已不再陌生，它与大数据一样被广泛应用于各行各业。那么，云计算到底是什么？它与大数据有什么关系？它有哪些服务类型和应用？

8.3.1 云计算是什么

云计算（Cloud Computing）既是一种计算机创新技术，也是一种 IT 服务模式。它将计算任务分布在互联网上大量计算机（通常是一些大型服务器集群）构成的资源池中，并将资源池中的资源（计算力、存储空间、带宽、软件等）虚拟成一个个可任意组合、可大可小的资源集合，然后以服务的形式提供给用户使用。

传统模式下，企业建立一套 IT 系统（如网站、信息管理系统）不仅需要购买各种软硬件（如服务器），还需要专门的人员进行部署和维护。当企业规模扩大时还要继续升级软硬件以满足需要。而利用云计算，企业无需再购买和部署这些资源，只要按需购买云计算服务商提供的计算力、存储空间或应用软件即可，从而降低成本，提高效率。

有人将这种改变形象地比喻为从单台发电机的自我供电模式转向了电厂集中供电的模式。它意味着计算力也可以作为一种商品进行流通，就像电、煤气和自来水一样，取用方便，按使用量付费且费用低廉。

目前，国内外知名的云计算服务商有亚马逊 AWS、微软 Azure、谷歌 Cloud、阿里云、腾讯云、百度云等。图 8-9 为阿里云网站主界面。

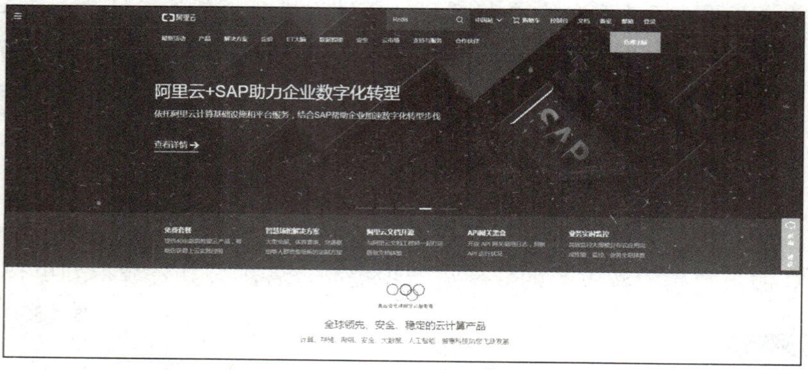

图 8-9　阿里云网站主界面

典型案例

铁路订票网站 12306 春运高峰时的流量是平时的数十倍。如果采用传统 IT 方案，为了避免每年一次的春运造成网站瘫痪，需要按照流量峰值部署大量的服务器，但是，春运过后有的服务器会处于空闲状态，造成巨大的资源浪费。

此外，如果在春运峰值流量超出预期时再临时部署服务器，网站也将面临瘫痪，因为大规模服务器的采购、上架、部署和调试，至少需要一两个月时间。

为此，12306 网站与阿里云合作，将最繁忙的车票查询模块迁移到阿里云上，借着阿里云强大的计算力解决了这一难题。

12306 网站还根据客运流量情况动态地调整所用的云计算资源大小。据了解，在十一黄金周和春运期间，12306 都会在云上做两次大型扩容，每次扩容的资源交付都在分钟级完成；在客运高峰期过后再释放掉多余的云计算资源，从而降低成本。

8.3.2　云计算的特点

云计算具有以下几个特点：

（1）超大规模。一般云计算都具有超大规模的计算机集群。例如，谷歌云拥有上百万台服务器；亚马逊 AWS、微软 Azure、阿里云、百度云等均拥有几十万台服务器。云计算通过整合这些数目庞大的计算机集群，赋予用户前所未有的计算和存储能力。

（2）虚拟化。云计算对于用户来说好像是一个虚拟的存在，没有具体的位置，看不到、摸不着，但在需要时，却可以在任何时间和地点，利用计算机、平板电脑或手机等终端设备，通过互联网按需获取其提供的各种服务。

（3）高可靠性。云计算通过专业、先进的技术和管理手段，保障了服务的高可靠性。云计算提供的计算力、存储空间等资源，比企业自己部署服务器更安全、更稳定。

（4）通用性。云计算不针对特定的应用，同一片“云”可以同时支撑不同的应用运行。

（5）可伸缩性。云计算的规模和计算能力可以根据应用需要弹性地伸缩。

（6）按需服务。云计算是一个庞大的资源池，用户可按需购买并随时调整其提供的资源，并像自来水、电和煤气那样按使用量计费。

（7）价格低。作为云计算服务商来说，云计算的公用性和通用性使资源的使用率大幅提升，从而降低了成本，可以用较低的价格提供云计算服务；作为使用云计算的企业来说，不必再负担高昂的软硬件购买和管理成本，即可享受超额的云计算服务。

（8）自动化。云计算不论是资源的部署、应用和服务，还是软硬件的管理，都主要通过自动化的方式来执行和管理。

小提示

大数据和云计算两个词经常一起出现，那么二者是什么关系呢？大数据和云计算的关系从技术上来看，就像一枚硬币的正反面一样密不可分。由于大数据需要使用大量的计算机进行处理，如果由企业自己部署这些硬件设备和软件，不仅投入成本高、技术难度大，而且会造成资源浪费，因此最好的措施是依托云计算进行处理；反过来，如果没有大数据，云计算的用武之地也大大减少。

实际上，物联网、大数据、云计算和人工智能都有密切的联系。其中，智能物联网的实现需要借助大数据、云计算和人工智能；物联网产生的数据是大数据的重要来源；云计算是处理大数据的主要手段；人工智能的算法依赖于大数据和云计算；人工智能的机器学习、视觉识别等是处理大数据的重要技术。因此，大部分云计算平台除提供计算、存储、网络模块外，还同时提供大数据、人工智能模块，如前图 8-9 所示。

许多智能系统都是结合上述几种技术设计而成。例如，人脸识别门禁系统虽然使用物联网实现，但其中又涉及大数据、人工智能、云计算。其具体实现原理是：摄像头将当前录入的人脸图像上传至云服务器；服务器对其进行识别，以确定图像中是否含有人脸；服务器确定图像中含有人脸后，同数据库中众多人脸图像进行对比，得出是否为其中某个人；如果是，则验证通过，自动开门，并把进出信息上传到云服务器。

8.3.3 云计算的服务类型

云计算按照服务类型分为基础设施即服务（IaaS）、平台即服务（PaaS）和软件即服务（SaaS）3 种类型。

（1）基础设施即服务（IaaS）。IaaS 主要是出售计算能力、存储和带宽等基础资源。IaaS 不像传统的服务器租赁商一样出租具体的服务器实体，而是将所有服务器的计算能力和存储能力整合成一个整体，然后划分为一个个虚拟的实例，每个实例代表着一定的计算能力和存储能力。购买云计算服务的企业以这些实例作为计量单位付费，并可以根据应用需要随时调整租用量大小，以减少开支。图 8-10 为阿里云的弹性计算资源出售界面。

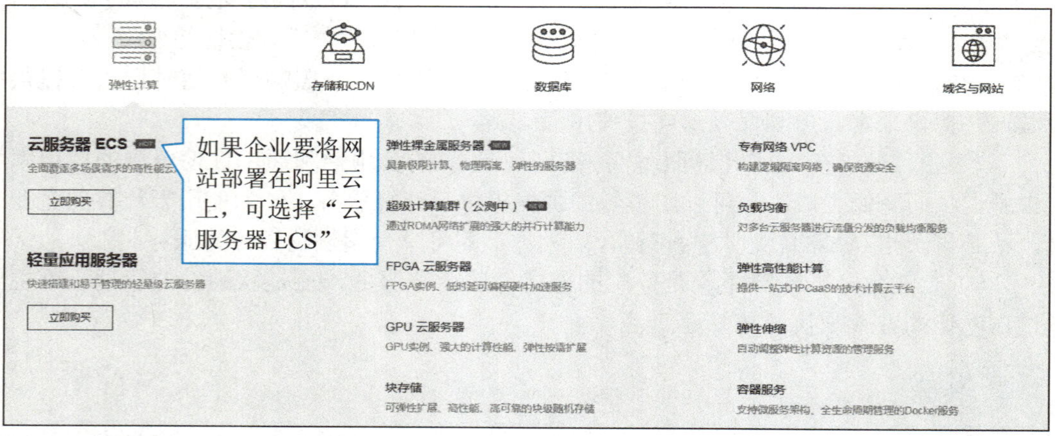

图 8-10　阿里云的计算资源出售界面

（2）**平台即服务（PaaS）**。PaaS 主要面向软件开发人员，它提供了完整的云端开发环境，使软件开发者无需在本地安装开发工具，可直接在云端开发软件，不但节省了开发者的成本和时间，而且加快了产品的上线速度。

（3）**软件即服务（SaaS）**。SaaS 主要面向企业或个人用户，它将某些应用软件封装成服务，让用户可通过浏览器或移动 APP 随时随地使用这些服务。例如，Salesforce 公司提供的在线客户关系管理系统 CRM，微软公司提供的 Office 365 办公套件都属于 SaaS。

8.3.4　云计算的应用场景

目前，阿里云是国内占据市场份额最大的云服务商，下面我们就以阿里云在各行业的应用为例，让大家了解云计算的应用。

1. 微博应用云计算案例

作为全球最具影响力的中文社交媒体平台，微博曾几次遭遇流量洪峰带来的服务器承载压力。春节期间，为了更好地应对除夕夜的海量弹性流量需求，微博选择和阿里云合作，购买阿里云的计算能力为己所用。

微博利用阿里云提供的计算资源，大幅度提升了图片和视频的打开速度。此外，在除夕流量高峰过去后，又将计算资源快速释放掉，从而避免了高峰期后的闲置浪费。

春晚直播期间，讨论春晚的微博达到 5 191 万条，网友互动量达到 1.15 亿；春晚相关话题的总阅读量更是达到 182 亿次。虽然如此庞大的流量，但得益于阿里云的支持，微博运行顺畅，保障了数亿用户的流畅体验，让更多人在微博上度过了一个难忘的辞旧迎新之夜。

2. 中石化应用云计算案例

2015 年 4 月，阿里云协助中石化搭建的工业品电商平台“易派客”正式上线。作为中石化首个互联网架构的电商平台，易派客从立项到上线仅用时 3 个月。依托阿里云企业级的互联网架构和技术实力，易派客的订单中心、用户中心、支付中心、物流中心、呼叫中心等几大模块都在短期内构建完毕。

上线 120 天，就有 100 余家单位在易派客电商平台上开展采购业务，涉及 100 多个物资小类，包括 9 000 多种商品、80 多万种单品，订单总额达到 3.8 亿元。

3. 浙江交通运输厅应用云计算案例

借助阿里云的大数据计算能力，浙江交通运输厅通过对省内高速公路历史数据、实时数据与路网状况的分析，实现了对未来 1 小时路况的精准预测。浙江省交通信息中心表示，通过对未来路况的预测，交通部门可以更好地进行交通引导，用户也可以做出更优的路线选择。

4. 影视渲染应用云计算案例

阿里云与瑞云科技合作，搭建了面向全球的云渲染平台 Render cloud。依托阿里云超 10 万核的计算能力，Render cloud 可在短时间内完成超高精细度与艺术美感的影视画面渲染。一部 2 小时的电影，如果使用传统方式渲染可能需要半年，而使用 Render cloud 则只需不到一周的时间，并节省 40%的成本。

8.4　人工智能（AI）

人工智能最早由美国科学家约翰·麦卡锡于 1956 年提出。经过 60 多年的演进，人工智能已被应用于社会各领域，并成为推动 21 世纪经济社会发展的新引擎。

8.4.1　人工智能是什么

人工智能（Artificial Intelligence，简称 AI）是研究、开发用于模拟、延伸和扩展人的智能的理论、方法、技术及应用系统的一门学科，其目标是生产出能以人类智能相似的方式做出反应的智能机器。具体来说，人工智能就是让机器像人类一样具有感知能力、学习能力、思考能力、沟通能力、判断能力等，从而更好地为人类服务。

近几年，在移动互联网、大数据、云计算、物联网、脑科学等新理论、新技术以及经济社会发展强烈需求的共同驱动下，人工智能的发展进入新阶段，人工智能已深深地融入我们的生活中。无论是手机上的指纹识别、人脸识别、导航系统、美颜相机、新闻推荐、智能搜索、语音助手、翻译助手、垃圾邮件过滤等应用，还是智能监控、智能音箱、智能机器人（见图 8-11）、自动驾驶汽车（见图 8-12）、无人机，这些都与人工智能密切相关。

图 8-11　智能机器人

图 8-12　自动驾驶汽车

8.4.2　人工智能的关键技术

人工智能的关键技术包括机器学习、计算机视觉、生物特征识别、自然语言处理、语音识别、机器人技术等，下面分别介绍。

1. 机器学习

机器学习是指使计算机能像人类一样学习，以获取新的知识或技能，重新组织已有的知识结构，从而不断改善自身性能，如图 8-13 所示。机器学习是使计算机具有智能的根本途径，它让计算机不再只是通过特定的编程完成任务，而是可以通过不断学习来掌握本领。

机器学习主要依赖大量数据训练和高效的算法模型，其背后需要具有高性能计算能力的软硬件和大量数据作为支撑。例如，给机器学习系统一个关于交易时间、商家、地点、价格及交易是否正当等方面的信用卡交易信息的数据库，系统就会学习到用来预测信用卡欺诈的算法模型，而且处理的交易数据越多，训练越多，模型越高效，预测结果越准确。

机器学习在人工智能的其他技术领域扮演着重要角色，包括计算机视觉、生物特征识别、自然语言处理、语音识别等。例如，在计算机视觉领域，它能在海量图像中通过不断训练来改进视觉模型，从而提高识别图像的准确率。

2. 计算机视觉

计算机视觉是指使计算机具备像人类那样通过视觉系统提取、观察、理解和识别图像和视频的能力，如图 8-14 所示。计算机视觉相当于人工智能的大门，包括医疗成像分析、智能监控、自动驾驶、机器人、工业产品检测等，均需要利用计算机视觉系统提取并识别现场图像或视频信息。计算机视觉的识别准确率普遍可达 90%以上，远远超过了人类。

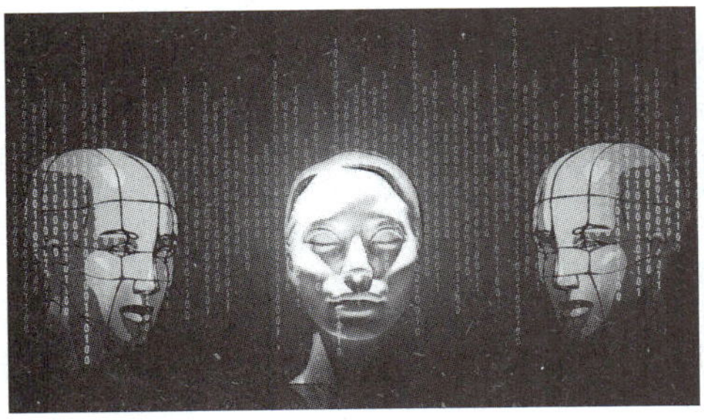

图 8-13　机器学习

图 8-14　计算机视觉

3. 生物特征识别

生物特征识别是指根据人的生理或行为特征对人的身份进行识别、认证，如图 8-15 所示。从应用流程看，生物特征识别通常分为注册和识别两个阶段。注册阶段是指通过传感器（摄像头、麦克风等）对人体的生物特征信息（如人脸、指纹、声音）进行采集并存储；识别过程采用与注册过程一样的采集方式对待识别人进行信息采集和特征提取，然后将提取的特征与存储的特征进行对比、分析，完成识别。

生物特征识别涉及的内容十分广泛，包括指纹、掌纹、人脸、虹膜、指静脉、声音、步态等。其识别过程涉及计算机视觉、语音识别、机器学习等多项技术。目前，生物特征识别作为重要的智能化身份认证技术，在金融、安防、交通等领域得到广泛的应用。

4. 自然语言处理

自然语言处理是指使计算机拥有理解、处理人类语言的能力，包括机器翻译、语义理解、问答系统等。其中，利用语义理解可自动识别文章的核心议题，自动将文章按内容进行分类，自动纠正文本错误，自动提取评论中表达的观点，自动检测文本中蕴含的情绪特征等；利用问答系统可让计算机用自然语言（人类语言）与人交流。

自然语言处理技术目前被广泛应用于自动翻译（如百度翻译）、聊天机器人（如京东的 JIMI 聊天机器人，见图 8-16）、新闻推荐（如今日头条）、简历筛选、垃圾邮件屏蔽、舆情监控、消费者分析、竞争对手分析等。

5. 语音识别

语音识别是指将人类语音中的词汇内容转换为计算机可读的输入，即让机器能听懂“人话”。目前，语音识别的应用包括语音拨号、语音导航、室内设备语音控制、语音搜索、语音购物、语音聊天机器人等。

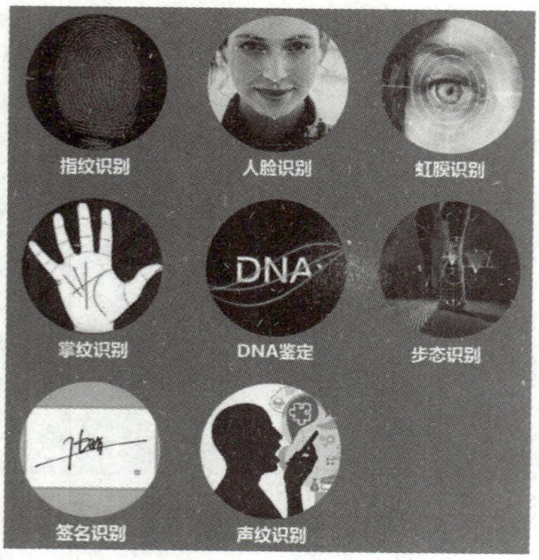

图 8-15　生物特征识别

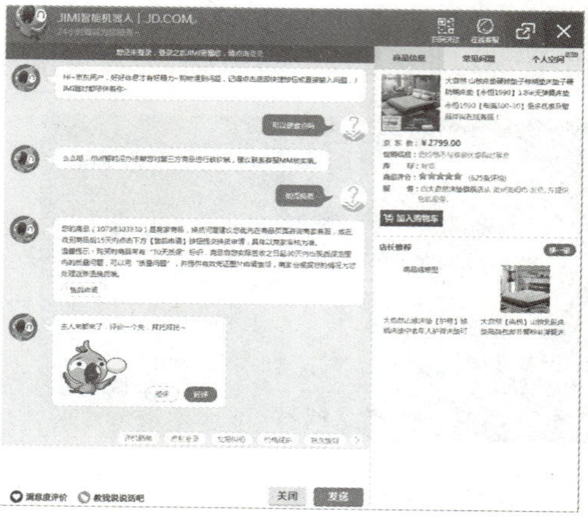

图 8-16　京东聊天机器人

6. 机器人技术

利用机器人技术可将计算机视觉、语音识别、自动规划等感知和认知技术整合至极小却高性能的传感器、致动器及其他设计巧妙的硬件中，制造出能在各种环境中灵活处理不同任务的机器人。从应用上看，可将机器人分为工业机器人和服务机器人两个类别，分别如图 8-17 和图 8-18 所示。

图 8-17　利用机器人组装汽车

图 8-18　利用机器人送餐

8.4.3　人工智能的应用场景

人工智能、物联网、大数据、云计算的应用往往彼此交叉。例如，物联网的应用中包含人工智能、大数据和云计算；大数据的应用中包含物联网、云计算和人工智能。前面我们已经学习了这几种技术的一些典型应用，下面再简单介绍人工智能在制造、交通、安防、医疗、物流行业的一些典型应用。

1. 智能制造

人工智能在智能制造方面的应用主要表现在以下两个方面：一是智能装备，包括自动识别设备、人机交互系统、工业机器人以及数控机床等具体设备；二是智能工厂，包括智能设计、智能生产、智能管理及集成优化等具体内容。

2. 智能交通

智能交通是指借助现代科技手段和设备，将各核心交通元素连通，实现信息互通与共享，以及各交通元素的彼此协调、优化配置和高效使用。

典型案例

2016 年 10 月，杭州市政府联合阿里云公布了一项计划：为这座城市安装一个人工智能中枢——杭州城市数据大脑。城市大脑的内核采用阿里云 ET 人工智能技术，可以对整个城市进行全局实时分析，自动调配公共资源，自动修正城市运行中的问题，并最终进化为能够治理城市的超级人工智能。“缓解交通堵塞”是该城市大脑的首个尝试，已在萧山区市心路投入使用，使部分路段车辆通行速度提升了 11%。

3. 智能安防

智能安防技术是一种利用人工智能对视频画面进行采集、存储和分析，从中识别安全隐患并对其进行处理的技术。智能安防与传统安防的最大区别在于，传统安防对人的依赖性比较强，非常耗费人力，而智能安防能够通过机器实现智能判断。

国内智能安防分析技术主要有两类：一类是采用画面分割等方法对视频画面中的目标进行提取和检测，然后利用一定的规则来判断不同的事件并产生相应的报警联动。其应用包括区域入侵检测、打架检测、人员聚集检测、交通事件检测等。另一类是利用计算机视觉识别技术，对画面中特定的物体进行建模，并通过大量样本进行训练，从而达到对视频画面中特定物体的识别，如车辆识别、人脸识别、人头识别等。

4. 智能医疗

人工智能在医疗方面的应用包括辅助诊疗、疾病预测、医疗影像识别、药物开发、手术机器人等。其中，在疾病预测方面，人工智能借助大数据技术可以进行疫情监测，及时预测并防止疫情的进一步扩散；在医疗影像方面，可利用计算机视觉等技术对医疗影像进行分析和识别，为患者的诊断和治疗提供评估方法和精准诊疗决策。

典型案例

手术机器人应用案例：世界上最有代表性的手术机器人是达·芬奇手术系统，如图 8-19 所示。达·芬奇手术系统分为手术台和远程监控终端两部分。其中，手术台是一个有三个机械手臂的机器人，它负责对病人进行手术。由于每个机械手臂的灵活性都远远超过人类，而且还带有可以进入人体内的摄像机，因此不仅手术的创口非常小，还能够实施一些人类很难完成的手术。目前全世界共装配了 3 000 多台达·芬奇机器人，完成了 300 万例手术。

辅助诊疗案例：在智能辅助诊疗的应用中，IBM Watson 是目前最成熟的案例。IBM Watson 是一个融合了自然语言处理、认知技术、自动推理、机器学习、信息检索等技术的人工智能系统，它可以在 17 秒内阅读 3 469 本医学专著、248 000 篇论文、69 种治疗方案、61 540 次试验数据、106 000 份临床报告。2012 年，IBM Watson 通过了美国职业医师资格考试，并部署在美国多家医院以提供辅助诊疗服务，如图 8-20 所示。目前，IBM Watson 提供诊治服务的病种包括乳腺癌、肺癌、前列腺癌、膀胱癌等。

医疗影像识别案例：以色列贝斯医学中心与哈佛医学院合作研发的人工智能系统，对乳腺癌病理图片中癌细胞的识别准确率达到 92%；美国企业 Enlitic 开发的人工智能系统对癌症的检出率超越了 4 位顶级的放射科医生。

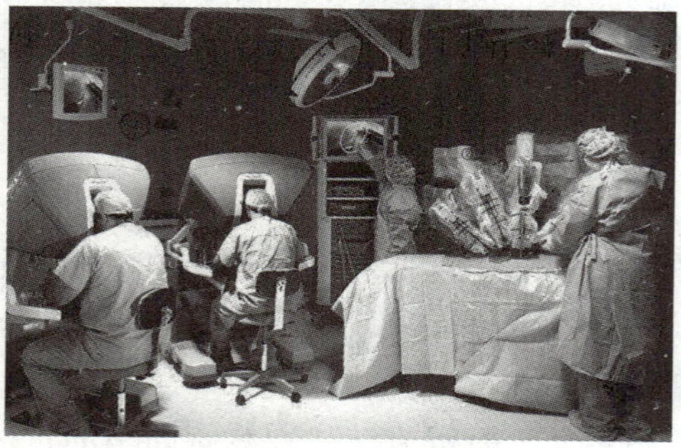

图 8-19　利用达·芬奇手术机器人做手术

图 8-20　利用 IBM Watson 进行辅助诊疗

5. 智能物流

物流企业除利用条形码、射频识别技术、传感器、全球定位系统等优化和改善运输、仓储、配送、装卸等物流业基本活动外，也在尝试使用计算机视觉及智能机器人等技术实现货物自动化搬运和拣选等，使货物搬运速度、拣选精度得到大幅度提升。

典型案例

京东商城（以下简称京东）是国内知名的电商企业。为压缩物流成本，提高物流效率，京东构建了以无人仓、无人机和无人车为三大支柱的智慧物流体系。

京东无人仓（见图 8-21）里主要用到了三种机器人——搬运机器人、小型穿梭车及分拣机器人。其中，搬运机器人负责搬运大型货架，自重约 100 公斤，负载量达 300 公斤左右；小型穿梭车负责将周转箱搬起并送到货架尽头的暂存区；分拣机器人配有先进的 3D 视觉系统，可以从周转箱中识别出客户需要的货物，并通过工作端的吸盘把货物转移到订单周转箱中，然后通过输送线将订单周转箱传输至打包区；打包机器将商品打包后，一个个包裹就可以发往全国各地了。据了解，京东无人仓的存储效率是传统仓库存储效率的 5 倍以上。其中，分拣机器人的拣选速度可达 3 600 次/小时，是传统人工拣选的 5 倍。

除无人仓外，京东还尝试使用无人机（见图 8-22）和无人车（见图 8-23）送货。京东无人车在行驶过程中，车顶的激光感应系统会自动检测前方的行人、车辆等，遇到障碍物会自动避障。

图 8-21　京东无人仓

图 8-22　京东无人机

图 8-23　京东无人车

8.5　虚拟现实（VR）和增强现实（AR）

虚拟现实（VR）和增强现实（AR）也是近几年比较热门的计算机技术，下面分别介绍。

8.5.1　虚拟现实（VR）

虚拟现实（Virtual Reality，VR）是指利用计算机技术模拟出一个逼真的三维虚拟世界，使用户完全沉浸其中，并能与其进行自然交互，就像在真实世界中一样。例如，VR 游戏可让用户完全沉浸在游戏中，犹如身临其境，图 8-24 所示。

图 8-24 VR 游戏

1. 虚拟现实系统的特点

一个良好的虚拟现实系统应具有沉浸性、交互性、自主性等特点。

- **沉浸性**：指虚拟环境的逼真程度。理想的虚拟现实环境应该使用户真假难辨，使用户获得与真实环境相同的视觉、听觉、触觉、嗅觉等感官体验。
- **交互性**：指用户与虚拟环境之间可以进行沟通和交流，并得到与真实环境一样的响应，即用户在真实世界中的任何动作，均可以在虚拟环境中完整地体现。例如，可以用手去直接抓取虚拟环境中的物体，这时不仅手有触摸感，同时还能感觉到物体的重量、温度等信息，而且被抓取的物体会随着手的移动而移动。
- **自主性**：指虚拟环境中物体按操作者的要求进行自主运动的程度。例如，当受到力的推动时，物体会向力的方向移动或翻倒。

2. 虚拟现实系统的设备

虚拟现实系统的设备包括建模设备、显示设备和交互设备。其中，建模设备主要有 3D 扫描仪；显示设备有普通显示器+3D 眼镜、3D 投影仪、头戴式 3D 显示器（又称 VR 头盔、VR 头显、VR 眼镜，见图 8-25）等；交互设备有 3D 控制设备（如 3D 鼠标、键盘、手柄等）、数据手套（见图 8-25）、位置追踪装置、动作捕捉装置、力觉反馈装置（见图 8-26）、触觉反馈装置、数据衣、操纵杆等。

图 8-25　头戴式 3D 显示器和数据手套

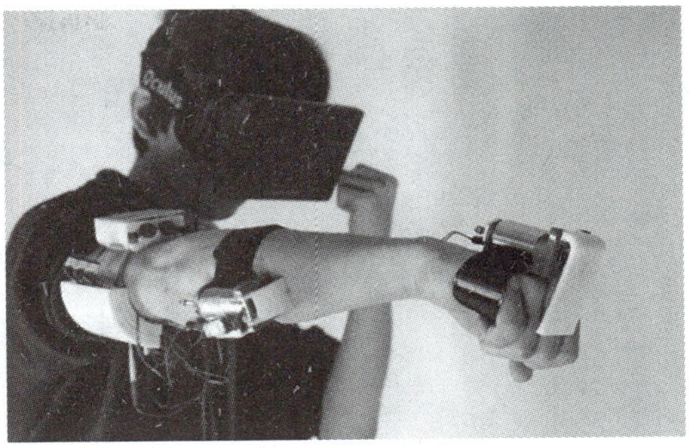

图 8-26　头戴式 3D 显示器和力觉反馈设备

3. 虚拟现实系统的分类

根据虚拟环境、使用目的和应用对象的不同，可将虚拟现实系统分为以下 3 类：

- **桌面式虚拟现实系统（Desktop VR）**：桌面式虚拟现实系统将计算机显示器（需使用 3D 眼镜）或投影仪投影作为用户观察虚拟现实世界的窗口，用户可通过 3D 控制设备和虚拟现实世界进行交互。桌面式虚拟现实系统的优点是实现容易，缺点是参与者容易受到外界的影响，缺少完全的沉浸。
- **沉浸式虚拟现实系统（Immersive VR）**：沉浸式虚拟现实系统通常利用头戴式 3D 显示器或其他设备，把用户的视觉、听觉等感觉封闭起来，提供一个完全虚拟的空间，并利用位置追踪器、数据手套、操纵杆等使用户产生一种身临其境和沉浸在虚拟空间的感觉。
- **分布式虚拟现实系统（Distributed VR）**：是基于网络的虚拟现实系统，即在沉浸式虚拟现实系统的基础上，将位于不同物理位置的多个虚拟环境通过网络相连，并共享信息。分布式虚拟现实系统主要应用于远程虚拟会议、虚拟医学会诊、军事模拟演习等领域。

4. 虚拟现实系统的应用

目前，虚拟现实系统主要应用于仿真演示、仿真实验、模拟训练、模拟演练、仿真设计、可视化管理、艺术与娱乐等方向，如教学仿真演示与实验（见图 8-27）、军事模拟训练与演习（见图 8-28）、消防模拟训练与演练、飞机和汽车等驾驶模拟训练（见图 8-29）、航天模拟训练、外科手术模拟训练、建筑仿真设计与演示、产品仿真设计与演示（见图 8-30）、交通路况与环境仿真演示、VR 影视与游戏、科学研究和工程管理可视化等。

图 8-27　VR 教学仿真实验

图 8-28　VR 军事模拟训练

图 8-29　VR 汽车模拟驾驶训练

图 8-30　VR 汽车产品演示

例如，在汽车专业教学领域，当学生学习发动机的组成、结构和工作原理时，传统教学方法是利用图示或者放录像的方式向学生展示相关知识，无法使学生直观地理解和运用；而利用虚拟现实技术，不仅可以用三维方式直观地向学生展示发动机的复杂结构、工作原理及工作时各个零件的运行状态，而且可以让学生在虚拟环境中进行拆装和维修发动机等实验，从而使教学和实验效果事半功倍。目前，许多学校都建立了虚拟仿真实验室。

8.5.2　增强现实（AR）

增强现实（Augmented Reality，AR）是把真实环境和虚拟环境结合起来的一种技术。与 VR 不同的是，AR 是在现实的环境中叠加虚拟内容，实现了虚实结合；此外，AR 在用户端无需头戴式 3D 显示器和 3D 鼠标、数据手套等交互设备，只需要一个智能手机、平板电脑或 AR 眼镜即可（利用 AR 眼镜可同时看到现实环境和虚拟内容）。

AR 的虚拟内容可以是简单的数字或文字信息，也可以是三维图像等，用户可对虚拟内容进行移动、旋转、缩放等操作。如图 8-31 所示为一本 AR 儿童书的应用效果，用户只需打开手机摄像功能（一些 AR 应用需要利用 APP 实现），然后将摄像头对准图书中的卡通动物，即可在手机屏幕上呈现卡通动物的三维影像，用户可直接用手与该影像互动，或者利用触摸屏移动、旋转、缩放影像。

目前，AR 主要应用于零售、教育、医疗、娱乐和游戏、广告、军事等领域。例如，在零售领域，可利用 AR 进行试装、试妆，让消费者得到更好的购物体验，如图 8-32 和图 8-33 所示；在教育和培训领域，可利用 AR 生动地演示相关知识和应用；在医疗领域做微创手术时，可利用 AR 实时观察手术部位，相当于增强了外科医生的视力。

典型案例

目前，京东和天猫都推出了 AR 试妆功能，通过真实世界与虚拟世界的“无缝”衔接与合成，让用户在线了解不同化妆品与自己的搭配度。用户只需利用手机在京东或天猫 APP 上点击商品主图上的试妆按钮，即可看见该化妆品在自己脸上的上妆效果。

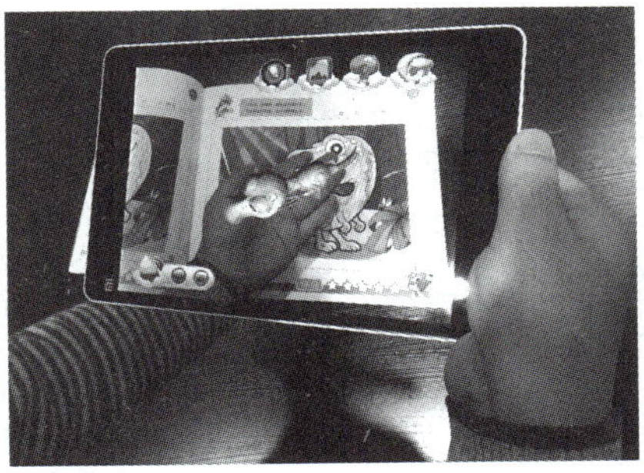

图 8-31 AR 儿童书

图 8-32 AR 线下试装

图 8-33 AR 线上试妆

本章总结

本章主要介绍了计算机新技术及应用的相关知识。学完本章内容后，读者应重点掌握以下知识：① 物联网的概念、体系结构和应用场景；② 大数据的概念、关键技术和应用场景；③ 云计算的概念、服务类型和应用场景；④ 人工智能的概念、关键技术和应用场景；⑤ VR 和 AR 的特点和应用场景。

本章习题

1. 填空题

（1）物联网是通过__________、红外感应器、全球定位系统、激光扫描器等信息传感设备，按约定的协议，把任何物体与互联网相连接，进行信息交换和通信的一种网络。

（2）物联网的3层结构分别是________、________、________。

（3）__________是一种探测装置，利用它可感知物体或环境的温度、速度等属性。

（4）大数据的4V特征是指________、________、________和________。

（5）云计算按照服务类型可分为三类，分别是____________、平台即服务（PaaS）和____________。

（6）云计算资源池中的资源包括________、________、________和软件等。

（7）人工智能的核心技术包括计算机视觉、机器学习、____________、机器人技术、____________等。

（8）虚拟现实系统（VR）具有________、________和________等特点。

（9）虚拟现实系统（VR）有________、________和________三种类型。

2. 简答题

（1）物联网3层结构的作用分别是什么？

（2）物联网有哪些应用？

（3）大数据有哪些关键技术？

（4）云计算可提供哪些服务？

（5）云计算有哪些特点？

（6）人工智能是什么？

（7）人工智能有哪些应用？

（8）虚拟现实（VR）和增强现实（AR）的区别是什么？

附录：全国计算机等级考试

二级 MS Office 高级应用考试大纲

基本要求

（1）掌握计算机基础知识及计算机系统组成。

（2）了解信息安全的基本知识，掌握计算机病毒及防治的基本概念。

（3）掌握多媒体技术基本概念和基本应用。

（4）了解计算机网络的基本概念和基本原理，掌握因特网网络服务和应用。

（5）正确采集信息并能在文字处理软件 Word、电子表格软件 Excel、演示文稿制作软件 PowerPoint 中熟练应用。

（6）掌握 Word 的操作技能，并熟练应用编制文档。

（7）掌握 Excel 的操作技能，并熟练应用进行数据计算及分析。

（8）掌握 PowerPoint 的操作技能，并熟练应用制作演示文稿。

考试内容

二级 MS Office 高级应用考试指导

1. 计算机基础知识

（1）计算机的发展、类型及其应用领域。

（2）计算机软硬件系统的组成及主要技术指标。

（3）计算机中数据的表示与存储。

（4）多媒体技术的概念与应用。

（5）计算机病毒的特征、分类与防治。

（6）计算机网络的概念、组成和分类；计算机与网络信息安全的概念和防控。

（7）因特网网络服务的概念、原理和应用。

2. Word 的功能和使用

（1）Microsoft Office 应用界面使用和功能设置。
（2）Word 的基本功能，文档的创建、编辑、保存、打印和保护等基本操作。
（3）设置字体和段落格式、应用文档样式和主题、调整页面布局等排版操作。
（4）文档中表格的制作与编辑。
（5）文档中图形、图像（片）对象的编辑和处理，文本框和文档部件的使用，符号与数学公式的输入与编辑。
（6）文档的分栏、分页和分节操作，文档页眉、页脚的设置，文档内容引用操作。
（7）文档审阅和修订。
（8）利用邮件合并功能批量制作和处理文档。
（9）多窗口和多文档的编辑，文档视图的使用。
（10）分析图文素材，并根据需求提取相关信息引用到 Word 文档中。

3. Excel 的功能和使用

（1）Excel 的基本功能，工作簿和工作表的基本操作，工作视图的控制。
（2）工作表数据的输入、编辑和修改。
（3）单元格格式化操作、数据格式的设置。
（4）工作簿和工作表的保护、共享及修订。
（5）单元格的引用、公式和函数的使用。
（6）多个工作表的联动操作。
（7）迷你图和图表的创建、编辑与修饰。
（8）数据的排序、筛选、分类汇总、分组显示和合并计算。
（9）数据透视表和数据透视图的使用。
（10）数据模拟分析和运算。
（11）宏功能的简单使用。
（12）获取外部数据并分析处理。
（13）分析数据素材，并根据需求提取相关信息引用到 Excel 文档中。

4. PowerPoint 的功能和使用

（1）PowerPoint 的基本功能和基本操作，演示文稿的视图模式和使用。
（2）演示文稿中幻灯片的主题设置、背景设置、母版制作和使用。
（3）幻灯片中文本、图形、SmartArt、图像（片）、图表、音频、视频、艺术字等对象的编辑和应用。
（4）幻灯片中对象动画、幻灯片切换效果、链接操作等交互设置。
（5）幻灯片放映设置，演示文稿的打包和输出。
（6）分析图文素材，并根据需求提取相关信息引用到 PowerPoint 文档中。

考试方式

上机考试，考试时长 120 分钟，满分 100 分。

1. 题型及分值

单项选择题（计算机基础知识）（20 分）。
Word 操作（30 分）。
Excel 操作（30 分）。
PowerPoint 操作（20 分）。

2. 考试环境

操作系统：中文版 Windows 7。
考试环境：Microsoft Office 2010。

参考文献

[1] 郭师虹. 大学计算机基础教程 [M]. 北京：电子工业出版社，2018.
[2] 刘敏. 大学计算机应用基础 [M]. 武汉：华中科技大学出版社，2018.
[3] 吴宛萍，魏媛媛. 大学计算机基础 [M]. 北京：清华大学出版社，2018.
[4] 贾如春，李代席. 计算机应用基础项目实用教程 [M]. 北京：清华大学出版社，2018.
[5] 翟萍，王贺明. 大学计算机基础（第 5 版）[M]. 北京：清华大学出版社，2018.
[6] 刘连忠. 大学信息技术实用教程 [M]. 北京：清华大学出版社，2018.
[7] 娄岩. 大学计算机基础 [M]. 北京：科学出版社，2018.
[8] 巨春飞. 大学计算机基础 [M]. 北京：人民邮电出版社，2018.